中国致密油勘探开发理论与技术丛书

陆相页岩层系石油地质认识与关键技术进展

杨　智　闫伟鹏　等著

石油工业出版社

内容提要

本书围绕我国松辽、鄂尔多斯、准噶尔、四川等重点盆地，分析总结了中国陆相页岩层系石油资源形成条件和富集规律，评价预测了资源潜力和甜点区分布，创新提出了中国陆相页岩层系石油“进源找油”和“地质工程一体化”内涵，系统集成了勘探开发关键技术，为致密碎屑岩、混积岩—沉凝灰岩、碳酸盐岩、泥页岩等多种类型页岩层系油区的发现和发展提供了科学依据和技术支持，有力支撑了中国陆相页岩层系石油理论技术创新和工业生产应用。

本书可供从事页岩层系石油研究的勘探、开发与工程技术人员以及相关院校师生参考使用。

图书在版编目（CIP）数据

陆相页岩层系石油地质认识与关键技术进展 / 杨智等著 .—北京：石油工业出版社，2021.7

（中国致密油勘探开发理论与技术丛书）

ISBN 978-7-5183-4689-9

Ⅰ. ① 陆… Ⅱ. ① 杨… Ⅲ. ① 陆相 – 油页岩 – 石油天然气地质 – 研究 – 中国 Ⅳ. ① P618.13

中国版本图书馆 CIP 数据核字（2021）第 130432 号

审图号：GS（2021）2892 号

出版发行：石油工业出版社

（北京安定门外安华里 2 区 1 号　100011）

网　址：www.petropub.com

编辑部：（010）64251539　　图书营销中心：（010）64523633

经　　销：全国新华书店

印　　刷：北京中石油彩色印刷有限责任公司

2021 年 7 月第 1 版　2021 年 7 月第 1 次印刷

787×1092 毫米　开本：1/16　印张：19.75

字数：500 千字

定价：200.00 元

（如出现印装质量问题，我社图书营销中心负责调换）

《陆相页岩层系石油地质认识与关键技术进展》

撰 写 组

组　　长： 杨　智　闫伟鹏

副 组 长： 李国会　唐振兴　贾希玉　吴颜雄　陈　旋
江　涛（华北油田）　黄　东　方　向　王　岚　吴因业

撰写人员：（按姓氏笔画排序）

于海跃　门广田　马达德　王小妮　王天煦　王武学
王霞田　邓　燕　付　蕾　白　蓉　吕佳蕾　刘文辉
刘世铎　刘俊田　江　涛（吉林油田）　李　彬　李文战
李秀清　李奇艳　李育聪　李朝晖　李嘉蕊　杨天泉
吴健平　何文军　张永平　范谭广　周　艳　赵家宏
胡延旭　战剑飞　施　奇　夏晓敏　钱　铮　郭旭光
黄立良　常秋生　康德江　梁江平　董万百　蒋文琦
曾朝润　薛建勤

前言 /PREFACE

本书陆相页岩层系石油，包括致密油和页岩油两种石油资源类型，是指陆相烃源层系生成、源内或近源聚集在覆压基质渗透率不大于 0.1mD 的砂岩、碳酸盐岩、混积岩、沉凝灰岩、泥页岩等致密储层中的富液态烃资源，是单井一般无自然产能或自然产能低于工业油流下限、依靠水平井体积压裂等现有技术可以实现规模效益开发的非常规陆相石油资源。美国海相页岩层系石油已实现革命性发展，中国陆相页岩层系石油的基础研究和勘探开发仍处于艰难的爬坡攻坚阶段。

从致密“磨刀石”砂岩到致密油概念提出，从油页岩向成熟页岩油转变，再到致密油、页岩油大规模工业实践，中国陆相页岩层系石油经历了艰苦而执着的探索发展过程。1907 年，延一井初日产原油 1.5t，结束了中国大陆不产石油的历史。2010 年，国内首次提出致密油概念，并研判其是继页岩气之后又一战略领域。2011 年，首次发现纳米级孔喉储集空间含油，提升了致密储层的工业价值；同年国家油气专项组织在西安召开中国石油致密油研究会议，致密油成为非常规油气资源。2012—2013 年，中国石油召开两次致密油推进会，推动了致密油工业化试验。2014 年致密油（页岩油）国家“973”项目、2016 年国家致密油重大专项相继启动，提供了强力科技支撑；2014 年前后中国石油勘探开发研究院评价了中国致密油、页岩油地质资源量，明确了发展的资源基础。2014 年，国内第一个亿吨级新安边致密大油田发现，之后吉木萨尔、庆城、古龙等页岩层系油田陆续发现，开辟了中国非常规石油新领域；2014 年国家能源致密油气研发中心成立，2015 年国家能源页岩油研发中心成立，成为国家陆相页岩层系石油科技创新的重要平台。2017 年和 2020 年，致密油和页岩油地质评价国家标准分别颁布实施，引领了陆相页岩层系石油规范规模发展。2010 年以来，中国石油、中国石化等致密油、页岩油开发试验区、示范区建设稳步推进，初步实现了规模工业化生产。

回顾“十二五”末，中国石油供应安全形势严峻，石油优质储量发现和产量稳定均面临严峻挑战。2015 年我国石油对外依存度突破 60%。寻找石油资源接替领域、保障原油稳产甚至上产，已成为保障国家能源安全的迫切需要。陆相页岩层系石油资源是我国未来石油增储上产的重点新领域。与美国不同，我国陆相页岩层系石油具有含油盆地复杂频繁构造沉积变动、储层及应力分布强烈非均质性、较低热演化程度、较高黏土矿物含量等特殊地质条件。陆相页岩层系石油是石油工业一块“难啃的硬骨头”，也是一块重要的石油资源阵地，需要石油人一茬一茬接力攻关，笔者有幸加入2016—2020年页岩层系石油执棒奔跑队伍。“十二五”末，重点盆地陆相页岩层系石油勘探开发面临诸多理论技术挑战，重点层系的富集主控因素和甜点区段分布仍需深入研究，关键技术的实用性、适用性和经济性仍需深入研发。“十三五”伊始，国家科技重大专项首次设立“致密油”专项，并专门设计了“重点盆地致密油资源潜力、甜点区预测与关键技术应用”（2016ZX05046-006）课题（以下简称“致密油课题”），由中国石油勘探开发研究院牵头，大庆、吉林、新疆、青海、吐哈、华北、西南等油气田参加，联合攻关中国陆相页岩层系石油发展面临的成藏研究、地质选区、甜点评价、工程增产、开发提效等科技难题。天南地北的中国石油8家单位200余位科研人员就此组成攻关团队，围绕着陆相页岩层系石油“选区”“定带”“落靶”和“提效”四项攻关任务，努力探求适合油田的、最好的理论技术，五年里密切合作、群策群力、守土担当，为接好棒、出成效奋力奔跑。本书即记述了研究团队五年的攻关答卷，可能距离完美还有不少差距，可能还有较多纰漏，但是倾注了研究团队的智慧、力量和坚持。

本书依托“十三五”国家油气重大专项致密油课题，研究团队针对中国石油探区松辽盆地、准噶尔盆地、柴达木盆地、四川盆地、三塘湖盆地等陆上重点盆地陆相页岩层系石油地质实际，开展了系统的地质评价、技术研发和现场试验，并举办7次主题鲜明的课题工作研讨会，即2017年7月大庆“高勘探程度区富集条件及资源潜力分级评价”、2018年3月成都“目的层段有利相带及储层研究认识”、2018年5月北京“中美致密油地质条件比较及地质工程一体化解决方案”、2018年8月敦煌“甜点区地质工程一体化实例解剖”、2019年4月任丘“甜点段储层特征及开发实践”、2019年8月乌鲁木齐“重点层系一体化认识技术及经验启示”和2021年4月长春“‘十三五’重点盆地陆相页岩层系石油攻关进展、启示与展望”，取得了三方面研究进展。（1）选区定带方面，编制重点盆地成藏条件系列图件，明确富集主控因素，建立源储参数分级评价标准，优选富集区带28个，为页岩层系石油规模发展提供有利资源基础。系统编制了以全国陆相致密油、页岩油勘探开发形势图及成果图为代表的5类18套成藏基础图件，优选出烃源规模、总有机碳、成熟度、游离烃含量等主要烃源参数，优选出储层规模、有效孔隙度、含油饱和度、主流喉道半径、脆性矿物含量、气油比、地层压力、天然裂缝发育程度等主要储层参数，确定参数分级评价标准，分层系剖析页岩层系石油富集主控因素，优选有利储集相带、近源或源内、构造背景3个共性富集要素，评选出页岩层系石油富集区带33个，资源规模约 110×10^8t。（2）甜点落靶方面，立足识别规模有利储层甜点，建立测井地震参数体系与评价方法，预测优选甜点区钻探目标63个，为页岩层系石油增储上产提供有利勘探开发靶区。建立页岩层系石油储层典型图版综合表征储层特征，优选出碎屑岩、混积岩—沉凝灰岩是较有利储集岩性，砂岩、白云岩、沉凝灰岩及页岩集中段是有利储层甜点段，研发岩性、孔隙和含油性表征及地质工程建模主要参数定量预测技术，形成以甜点储层为核心的测井甜点段评价、地震甜点区预测方法，井震约束综合预测甜点区，有效提高甜点储层预测精度，预测优选55个甜点区，面积 $7646km^2$，资源规模 32×10^8t，评选出63个有利钻探目标，其中32个目标已实施钻探32口井、27口井获工业油流，评价储备31个待钻探目标。（3）技术提效方面，开展重点盆地三类页岩层系石油典型区块实例分析，集成配套甜点 + 水平井 + 密切割一体化关键技术，为5个亿吨级页岩层系油区发展提供有力技术支撑。系统分析碎屑岩、混积岩—凝灰岩和碳酸盐岩三类页岩层系石油9个典型区块实例，重点推进地质工程一体化技术集成，配套形成地质评价、甜点预测、优快钻井、复杂缝网、效益开发等关键技术系列，支撑大庆、吉林、新疆、吐哈、青海等油田实现页岩层系石油规模快速发展，推动重点盆地页岩层系石油“十三五”新增探明储量约 5×10^8t，新建产能近 300×10^4t/a，累计产油400余万吨，产量实现逐年增长。五年攻关深刻认识到，陆相页岩层系石油是中国陆上石油勘探从“源外”走向“源内”的必然选择，地质工程一体化是实现中国页岩层系石油规模效益发展的必由之路，收获良多。未来我们将继续深入研究国内陆相页岩层系的地质规律和关键技术，努力为支撑致密油、页岩油成为中国原油年产量保 2×10^8t 的重要组成而不断作出新贡献。

本书是在各攻关专题研究成果总结基础上，组织课题组研究骨干共同撰写完成。专著共分九章，前言由杨智和闫伟鹏撰写；第一章由杨智、闫伟鹏、方向、王岚、吴因业、李奇艳、吕佳蕾、付蕾、李嘉蕊、王小妮、蒋文琦等撰写；第二章由李国会、杨智、门广田、王岚、康德江、董万百、张永平、梁江平、战剑飞、李奇艳、李嘉蕊等撰写；第三章由唐振兴、赵家宏、杨智、江涛（吉林油田）、王天煦、王岚、王武学、李朝晖、李奇艳、李嘉蕊等撰写；第四章由贾希玉、杨智、郭旭光、方向、王霞田、黄立良、何文军、常秋生、李奇艳、李嘉蕊等撰写；第五章由吴颜雄、薛建勤、杨智、吴因业、马达德、夏晓敏、施奇、刘世铎、周艳、吕佳蕾、付蕾等撰写；第六章由陈旋、刘俊田、杨智、范谭广、方向、刘文辉、曾朝润、于海跃、李奇艳、吕佳蕾、付蕾、李嘉蕊等撰写；第七章由江涛（华北油田）、杨智、李彬、吴因业、钱铮、李文战、胡延旭、吴健平、吕佳蕾、付蕾等撰写；第八章由黄东、杨智、李育聪、吴因业、白蓉、李秀清、杨天泉、邓燕、李奇艳、吕佳蕾、付蕾、李嘉蕊等撰写；第九章由杨智撰写。本书最后由杨智和闫伟鹏统稿和修改。

中国石油科技管理部、勘探与生产分公司、石油勘探开发研究院领导和专家对本研究给予了长期支持、指导和关怀，中国石油大庆油田、吉林油田、新疆油田、青海油田、吐哈油田、华北油田、西南油气田、长庆油田等同行对研究提出了指导和建议，在此表示诚挚的感谢。本书在撰写和研究中得到“致密油”国家科技重大专项研究团队胡素云、陶士振、白斌、郭彬程、陈福利、杨立峰、梁晓伟、朱如凯、金旭、吴松涛等领导和专家的帮助和支持，以及李德生、戴金星、贾承造、赵文智、邹才能、刘合、高瑞祺、付诚德、宋建国、顾家裕、罗治斌、陈志勇、李建忠、侯连华、杨威、张水昌、赵力民、关德师、王居峰、王铜山、李莉、王欣、丁云宏、冉启全、田昌炳、熊春明、赵先然、师永明、李登华、陶明华、柳波等院士和专家的指导和帮助，在此一并衷心致谢。

本书受国家科技重大专项“致密油富集规律与勘探开发关键技术”下设课题6“重点盆地致密油资源潜力、甜点区预测与关键技术应用”专题1（编号：2016ZX05046-006-001）和国家高层次特殊人才支持计划（中共中央组织部第四批国家“万人计划”青年拔尖人才）联合资助。鉴于所涉及领域的前沿性和快速发展性，同时受著者的经历、经验、时间、水平所限，不当、疏漏之处，敬请专家、读者斧正！

目录 /CONTENTS

第一章　重点盆地页岩层系石油富集区评价、甜点区预测与关键技术应用

依靠水平井体积压裂等技术，已实现对页岩层系石油的规模工业开采。页岩层系石油已成为美国最重要的石油增储上产领域，推动美国石油产量再次站上 6×10^8t 高位；中国陆相页岩层系石油勘探发现和开发试验也取得重要进展，展现出巨大资源潜力和良好发展前景。受特殊大地构造背景和沉积盆地演化控制，与美国海相相比，中国陆相页岩层系石油具有不同的形成分布规律和关键技术，需持续针对性攻关形成适用理论技术。

“十三五”（2016—2020 年）期间，研究团队在国家科技重大专项课题“重点盆地致密油资源潜力、甜点区预测与关键技术应用”的研究目标导向和经费资助下，依托国家能源致密油气研发中心等国家重点实验室分析测试和中国石油大庆、吉林、新疆、吐哈、青海、华北、西南等油气田工业试验，分析总结了中国陆相页岩层系石油资源形成条件和富集规律，评价预测了富集区和甜点区分布，提出了中国陆相页岩层系石油“进（近）源找油”和“地质工程一体化”内涵，系统集成了适用勘探开发关键技术，为致密砂岩、混积岩、沉凝灰岩、碳酸盐岩、泥页岩等多种类型陆相页岩层系油区的发现和发展提供了科学依据和技术支持。

第一节　地质特征与形成条件

一、地质特征

中国陆相页岩层系石油主要分布在鄂尔多斯、松辽、准噶尔、三塘湖、渤海湾、柴达木、四川等盆地（图 1–1）；以中—新生界为主，涵盖三叠系延长组、白垩系扶余油层、二叠系芦草沟组、二叠系条湖组、古近系沙河街组、古近系下干柴沟组、侏罗系大安寨段等层系（图 1–2），目的层段储层包括致密砂岩、混积岩、沉凝灰岩、碳酸盐岩、泥页岩等多种岩性。中国陆相页岩层系石油是一种非常规石油资源，具有“源区控油、近源富集”特点，陆相层系热演化成熟度多介于 0.5%～1.1% 之间，地层非均质性强、地层压力多变、流体品质多变，需要针对性开展深入的源储地质特征剖析与石油富集规律研究。

中国陆相和美国海相页岩层系石油地质特征有明显区别。（1）中国页岩层系石油以陆相为主，储层非均质性强，横向变化大，孔隙度相对较低；美国页岩层系石油以海相为主，分布较稳定，页岩层系孔隙度相对较高。（2）中国页岩层系石油主要分布于凹陷区及

斜坡带，分布面积、规模相对较小，可动液态烃部分含量相对较低；美国页岩层系石油分布范围较大，可动液态烃部分含量相对较高。（3）中国经历较强烈晚期构造运动，压力系数变化大；美国构造稳定，页岩层系以超压为主。（4）中国页岩层系石油油质相对较重，气油比较低；美国页岩层系石油油质较轻，气油比高。（5）中国页岩层系石油开发刚起步，主要处于先导试验阶段；美国页岩层系石油已实现规模开发，单井产量一般较高。

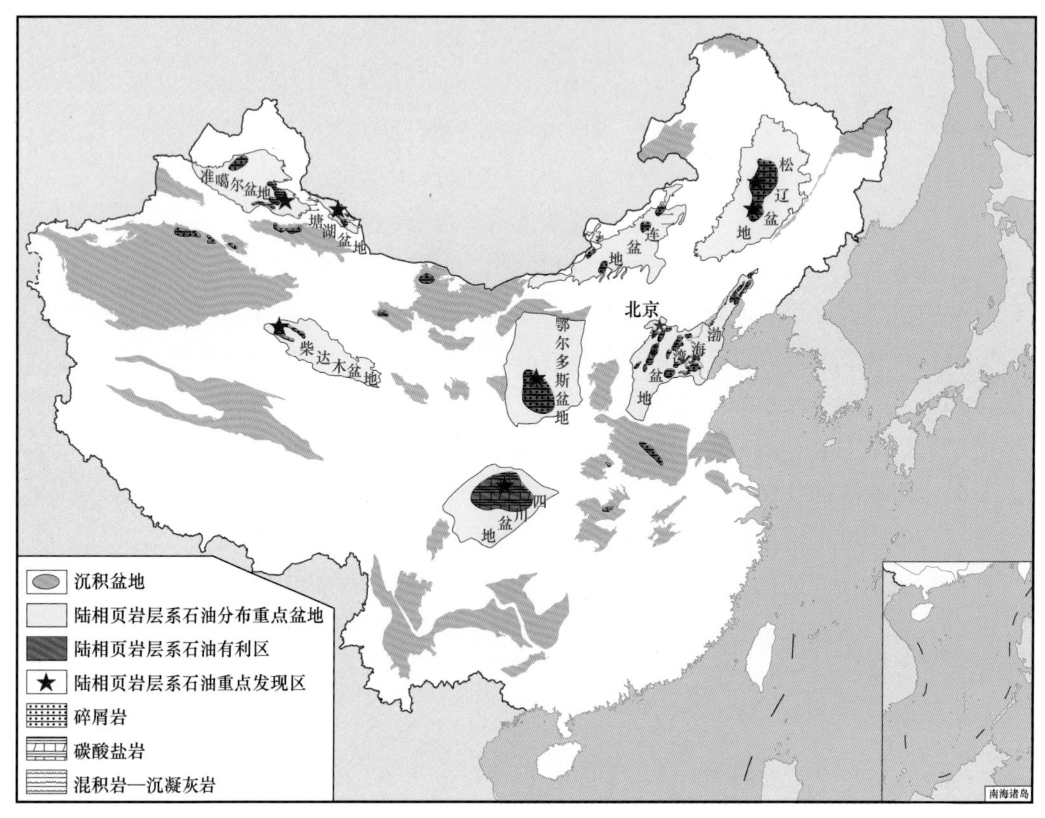

图 1-1　中国主要含油气盆地陆相页岩层系石油分布

二、形成条件

1. 页岩层系石油烃源条件

烃源岩品质、纹层构造与黏土矿物共同控制排烃效率，纹层状富有机质页岩排烃能力强，是页岩层系石油主力烃源岩。陆相湖盆发育富有机质烃源岩，为页岩层系石油大面积整体含油提供物质基础（图 1-3、图 1-4）。以鄂尔多斯盆地为例，黑色页岩叠合面积为 4.3×10^4km^2，平均厚度为 16m，最厚可达 60m。鄂尔多斯盆地延长组 7 段黑色页岩以腐泥组为主，页岩 TOC 值在 4%～12% 之间，成熟度值多介于 0.7%～1.1% 之间，生烃强度为 3×10^6t/km^2，排烃量大于 200mg/g。纹层状富有机质页岩排烃量最大，TOC＞5%，排烃效率＞50%；其次是准纹层状有机质页岩，2%＜TOC＜5%，排烃效率在 30%～40% 之间；再次为富碎屑矿物页岩，TOC＜2.0%，排烃效率小于 20%。

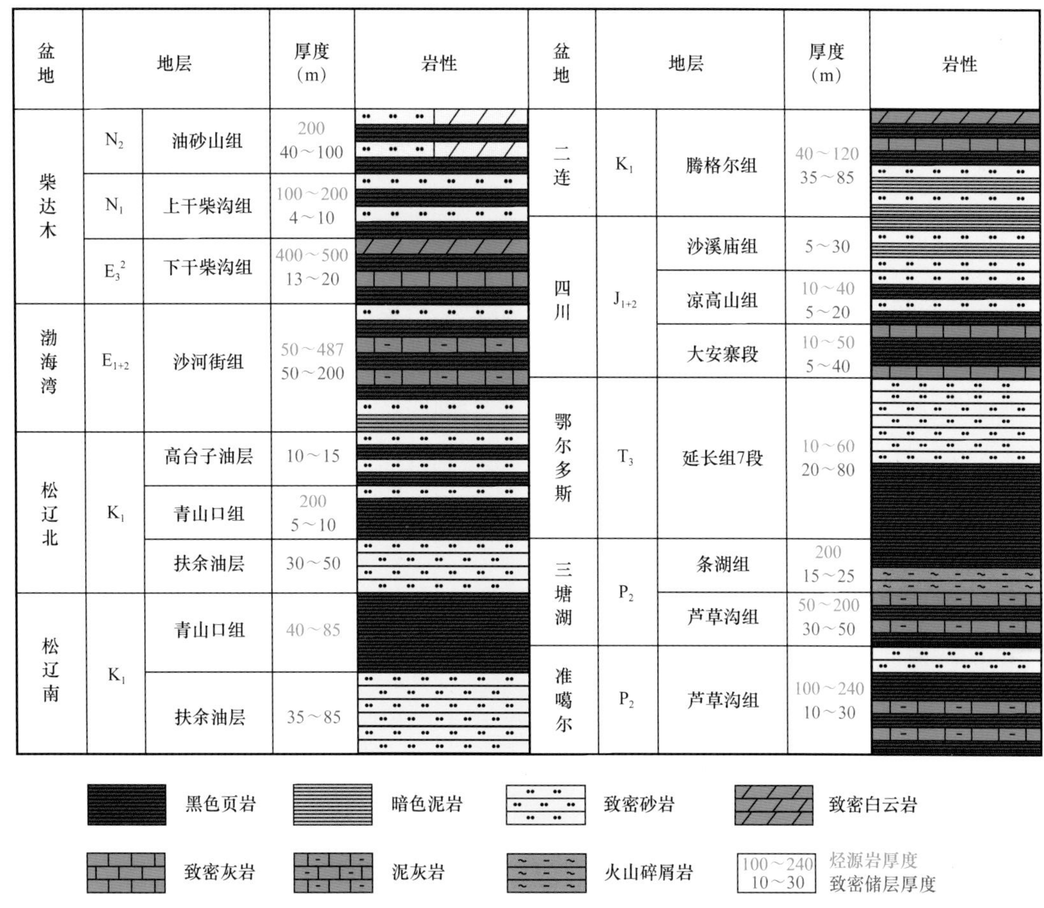

盆地
地层
厚度（m）
岩性
柴达木
N2
油砂山组
200
40～100
N1
上干柴沟组
100～200
4～10
E32
下干柴沟组
400～500
13～20
渤海湾
E1+2
沙河街组
50～487
50～200
松辽北
K1
高台子油层
10～15
青山口组
200
5～10
扶余油层
30～50
松辽南
K1
青山口组
40～85
扶余油层
35～85
二连
K1
腾格尔组
40～120
35～85
四川
J1+2
沙溪庙组
5～30
凉高山组
10～40
5～20
大安寨段
10～50
5～40
鄂尔多斯
T3
延长组7段
10～60
20～80
三塘湖
P2
条湖组
200
15～25
芦草沟组
50～200
30～50
准噶尔
P2
芦草沟组
100～240
10～30
黑色页岩
暗色泥岩
致密砂岩
致密白云岩
致密灰岩
泥灰岩
火山碎屑岩
100～240
10～30
烃源岩厚度
致密储层厚度

图 1-2　中国主要含油气盆地陆相页岩层系石油纵向分布

2. 页岩层系石油储集条件

陆相湖盆页岩层系石油储层类型丰富，主要发育陆源沉积和内源沉积两类储层（图 1-3、图 1-4）。以陆源沉积为主的页岩层系石油储层，普遍发育水下分流河道、滩坝、河口坝、远沙坝等三角洲前缘—滨浅湖沉积储层，以及重力流、砂质碎屑流、滑塌体、浊流等半深湖—深湖沉积储层。（1）鄂尔多斯盆地，水下分流河道、砂质碎屑流等是前期页岩层系石油勘探的有利储层类型；近期发现湖岸线附近发育多期叠置的滩坝优质储层，垂向厚度 10 余米，顶部含油性好，是新的有利储层类型；（2）松辽盆地，环湖坡折带发育多种储层类型，垂向叠置分布，呈多套三明治结构，发育多种重力流砂体，平面连片，具一定勘探潜力。以内源沉积为主的页岩层系石油储层，包括台地石灰岩、白云岩等浅湖沉积储层，和混积岩、沉凝灰岩、浊流等半深湖—深湖沉积储层。

3. 页岩层系石油储盖组合

中国页岩层系石油主要涉及源内和近源两种成藏组合（图 1-3、图 1-4）。源内成藏组合含油层段位于烃源层系内部，致密储层与烃源岩直接接触，往往在凹陷区、斜坡带下

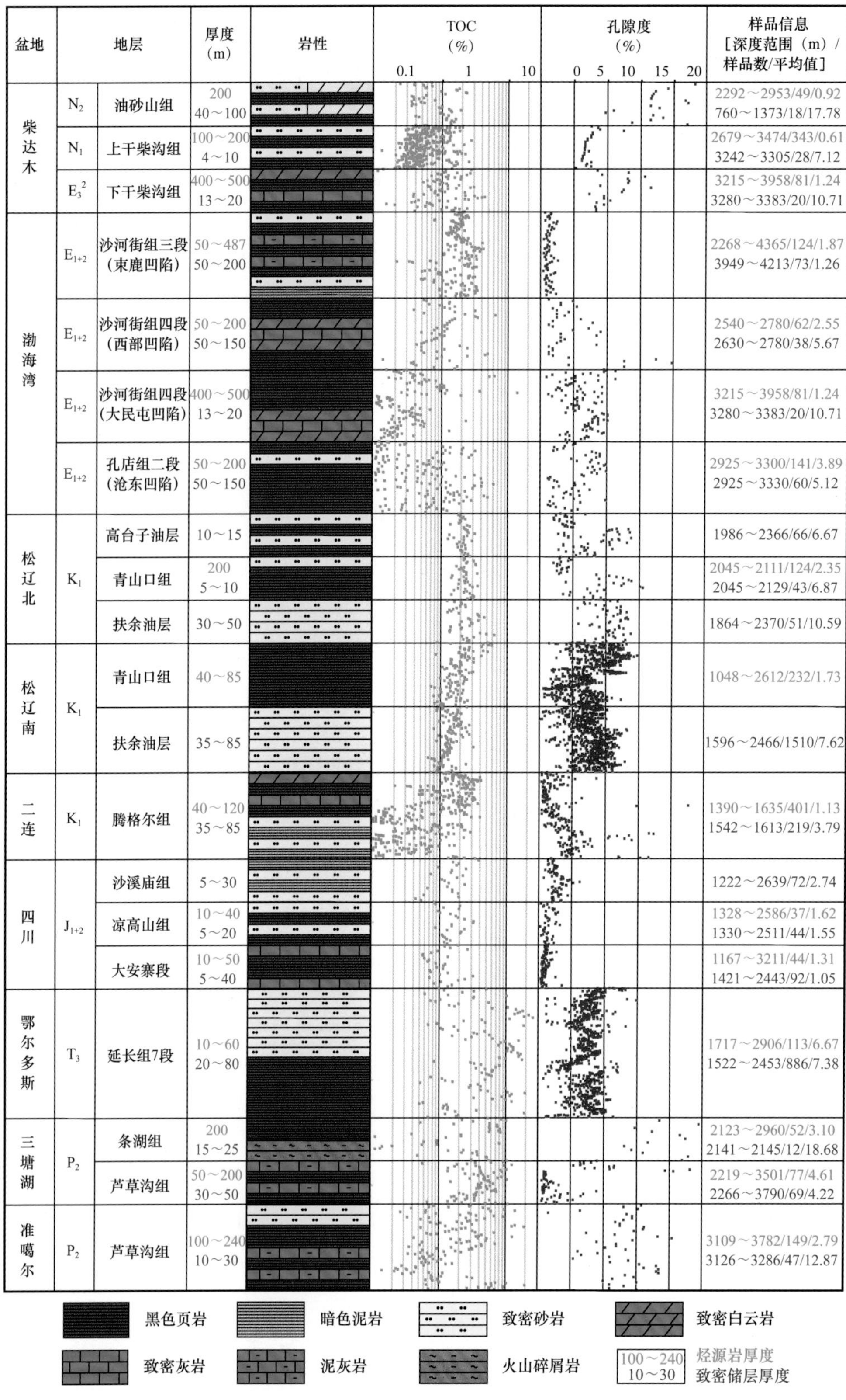

图 1-3 中国陆相页岩层系石油源储特征

图中绿色为烃源岩数据或散点，红色为储层数据或散点，平均值分别为 TOC（%）和孔隙度（%）的平均值部大面积连续分布，致密储层具有较高的油气充满度，分为致密砂岩油、致密碳酸盐岩油、致密混积岩油、泥页岩油等，如鄂尔多斯盆地三叠系延长组 7 段中上部、松辽盆地白垩系高台子油层、柴达木盆地上干柴沟组下段等致密砂岩油，渤海湾盆地西部凹陷沙河街组四段、束鹿凹陷沙河街组三段、准噶尔盆地玛湖凹陷风城组、四川盆地侏罗系大安寨段等致密碳酸盐岩油，准噶尔盆地吉木萨尔凹陷芦草沟组、三塘湖盆地马朗—条湖凹陷芦草沟组、沧东凹陷孔店组二段等混积岩页岩层系石油，三塘湖盆地条湖组致密沉凝灰岩油、松辽盆地古龙凹陷青山口组一段等纯页岩油。近源成藏组合含油层段与烃源层系空间上较近，不直接接触，往往在斜坡带上部大面积连续分布，储层物性相对较好，需借助通源断裂系统沟通成藏，储层油气充满度相对较低，分为致密砂岩油、致密沉凝灰岩油等类型，如鄂尔多斯盆地延长组 7 段中上部三角洲前缘致密砂岩油、松辽盆地白垩系泉头组四段扶余油层致密砂岩油、三塘湖盆地二叠系条湖组致密沉凝灰岩油等。

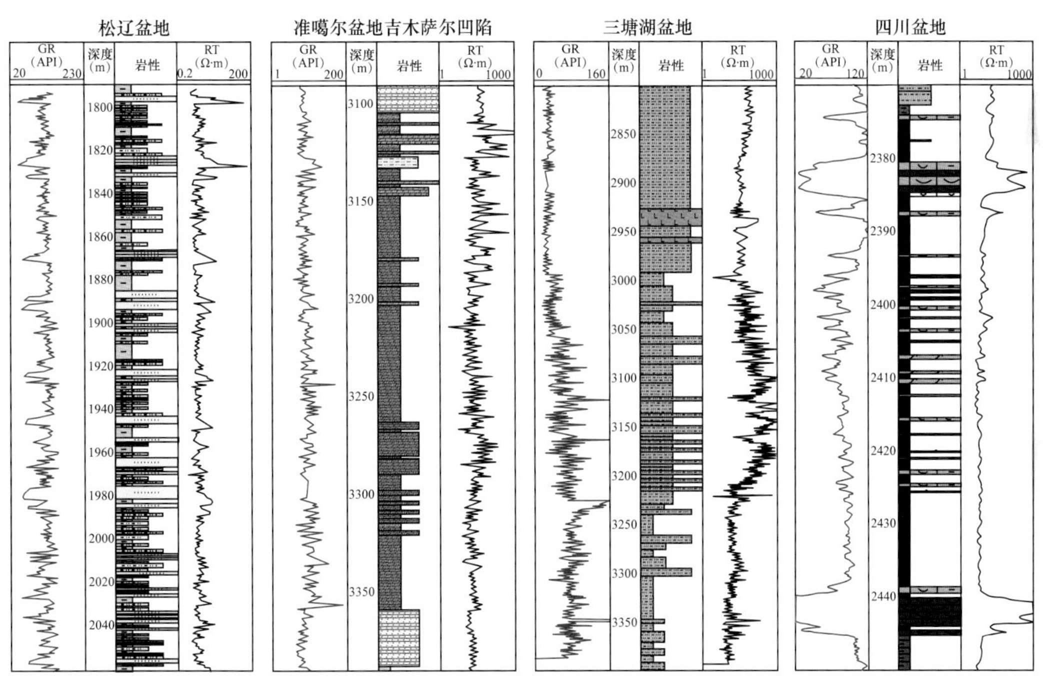

图 1–4　中国陆相大盆地页岩层系石油典型岩性柱状图

三、主要类型

综合考虑沉积物源、岩性岩相、物性特征、分布特征等因素，中国陆相湖盆主要发育以陆源为主、内碎屑为主和混积岩—沉凝灰岩为主的三种主要类型页岩层系石油（图 1–5），其中碎屑岩、混积岩及沉凝灰岩是更为有利的储集岩性，碎屑岩型、混积岩—沉凝灰岩型是页岩层系石油资源的主体部分。

（1）陆源碎屑页岩层系石油：以鄂尔多斯盆地延长组 7 段、松辽盆地泉头组四段及青山口组一段等为代表，分布范围最广、资源规模最大（图 1–6）。陆源碎屑供给较为充足，主要为河流—三角洲—湖泊相碎屑岩，三角洲平原—前缘—滨浅湖亚相包括河道、水下分流河道、滩坝、河口坝、远沙坝等有利储集体，半深湖—深湖亚相包括砂质碎屑流、滑塌体、浊流等有利储集体，主要发育砂岩、粉砂岩、泥质粉砂岩、泥页岩等致密储层，具有河道摆动频繁、砂泥互层的特点。致密砂岩储层岩性复杂、物性差、孔隙类型多样、非均质性强，岩性以岩屑砂岩和长石砂岩为主，组成岩石的沉积碎屑粒度细，储层物性表现为低孔低渗—特低孔特低渗，孔隙类型以粒间孔、粒间及粒内溶孔、微裂缝为主，主要为次生孔隙，微纳米级孔喉发育。

页岩层系石油类型	含油层系	岩性剖面	烃源岩TOC（%）	储层孔隙度（%）	源储组合	典型实例
碎屑岩	鄂尔多斯盆地 延长组7段中上部	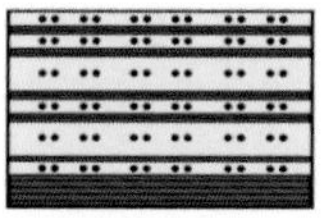	3～12	6～12	下生上储	新安边油田
	松辽盆地 白垩系扶余油层		2～4	5～12	上生下储	乾安油田
	柴达木盆地 上干柴沟组		0.3～1.2	5～10	下生上储	扎哈泉油田
混积岩—沉凝灰岩	准噶尔盆地 芦草沟组		2～8	5～16	源储共存	吉木萨尔凹陷
	三塘湖盆地 条湖组		2～8	10～25	下生上储	马朗凹陷
	渤海湾盆地 孔店组二段		1～5	3～8	源储共存	沧东凹陷
碳酸盐岩	柴达木盆地 下干柴沟组	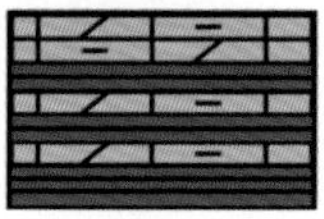	1～3	2～12	源储共存	英西地区
	四川盆地 侏罗系大安寨段		1～3	1～2（介壳灰岩） 2～6（黑色页岩）	源储分离 源储一体	川中北地区
	渤海湾盆地 沙河街组四段		1～4	3～7	下生上储	雷家地区

图 1-5　中国陆相页岩层系石油主要类型

（2）混积岩—沉凝灰岩页岩层系石油：以北疆地区芦草沟组和条湖组等为代表（图 1-6）。陆源碎屑供给相对不足，是陆源碎屑、内碎屑、火山碎屑等组分经混合沉积作用而形成的致密储层，主要发育云质粉砂岩、砂屑云岩、石灰岩、白云岩、沉凝灰岩、砂质云岩和泥晶灰岩等致密储层，具有混合沉积、互层频繁、纹层叠置的特点。致密储层物性受岩性与溶蚀作用双重控制，一般属于低孔—超低渗型储层，储集空间类型包括剩余粒间孔、微孔、溶孔、溶缝及晶间孔，以裂缝—溶孔为主，微米级与纳米级孔喉发育，百纳米以上的微纳米级孔喉系统是主要储集空间。

（3）内碎屑碳酸盐岩页岩层系石油：以柴达木盆地西南下干柴沟组、四川盆地大安寨段等为代表（图 1-6）。陆源碎屑影响较弱，通常形成于陆相湖盆最大湖泛期的深湖—半深湖重力流、前三角洲等沉积环境，主要分布在湖盆中心，主要发育藻屑或介屑灰岩、砂质白云岩、泥灰岩、白云岩等致密储层，具有源储共生、局限分布的特点。致密碳酸盐岩储层岩性复杂多样，储层物性表现为特低孔—特低渗，分布受盆地性质与相带展布控制，储集空间主要为溶蚀孔洞、溶蚀微孔、微裂缝及构造裂缝，以纳米级孔喉系统为主。

整体上，中国陆相页岩层系石油储层为陆相沉积体系，相比美国海相沉积体系，受构造作用影响更大，进而导致储层分布非均质性更强，地层压力应力更加多变，甜点区（段）评价预测、工程作业和试采开发难度更大，亟须深入推动中国特色的页岩层系石油工业发展。

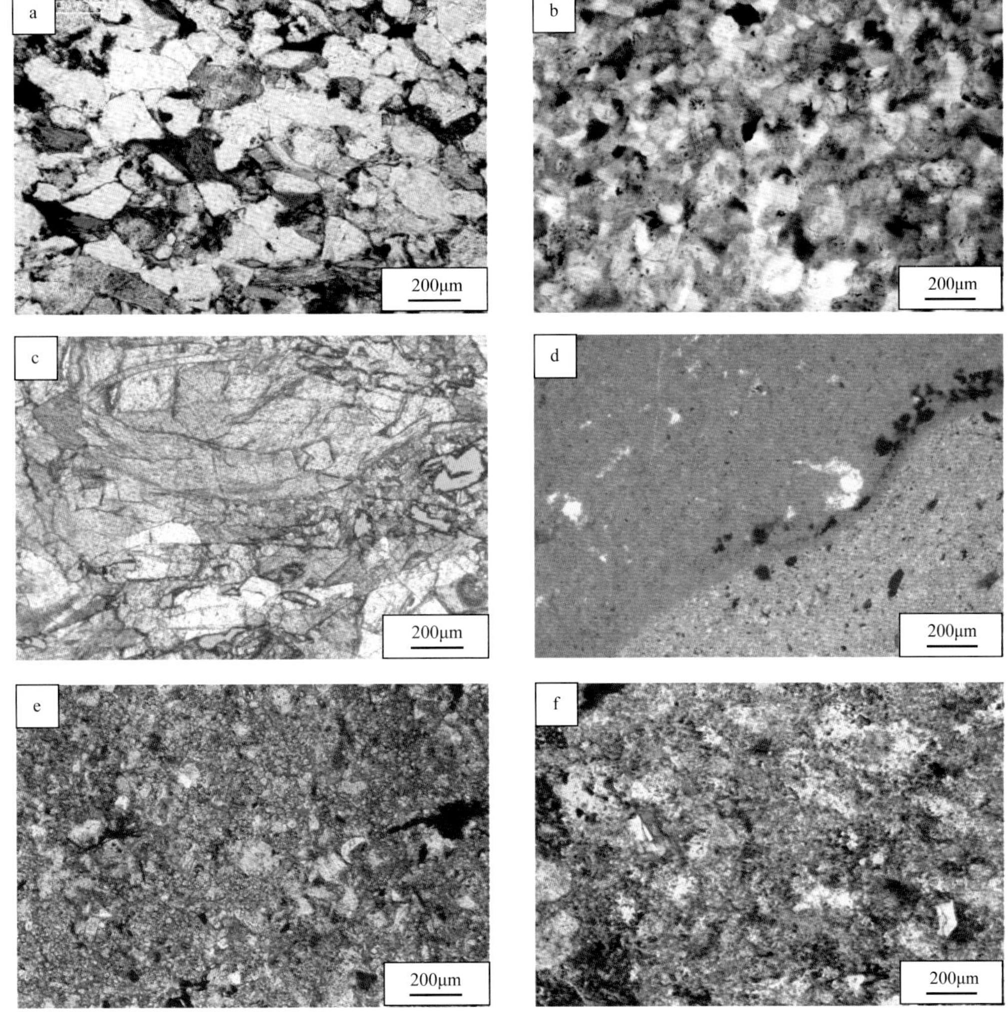

图 1-6　中国陆相主要类型页岩层系石油储层微观照片

a—鄂尔多斯盆地三叠系延长组 7 段致密砂岩，宁 66 井，1517.41m，长石溶孔、少量粒间孔；b—松辽盆地白垩系泉头组四段致密砂岩，乾 218 井，1795.8m，长石粒间孔、溶孔；c—四川盆地侏罗系大安寨段结晶灰岩，磨 030-H31 井，1425.9m，粒间溶孔；d—柴达木盆地新近系上干柴沟组藻团块灰岩，风西 101 井，2959.99m，溶蚀孔；e—准噶尔盆地吉木萨尔凹陷二叠系芦草沟组致密混积岩，吉 174 井，3141.04m，火山碎屑型混积岩；f—三塘湖盆地条湖凹陷条湖组沉凝灰岩，条 3402 井，3005.7m，火山尘凝灰岩溶蚀孔

四、典型页岩层系油区地质特征

1. 松辽盆地扶余、高台子油层碎屑岩致密油

松辽盆地扶余油层是碎屑岩致密油的重要阵地，主要包括松辽盆地北部和松辽盆地南部两个主要分布区，是一个 20×10^8t 级的致密油规模资源区。松辽盆地北部扶余油层，勘探面积约 10000km^2，资源规模 12.7×10^8t，三级储量 5.77×10^8t，剩余资源 6.93×10^8t；松辽盆地南部扶余油层，勘探面积约 5000km^2，资源规模 9.74×10^8t，三级储量 3.64×10^8t，剩余资源 6.1×10^8t。扶余油层致密油具有“三位一体”的成藏特点，形成“上生下储、超

压排烃、倒灌成藏”的模式。（1）上覆青山口组广泛的中—高成熟度优质烃源岩为页岩层系石油提供丰富的物质基础。青山口组一段烃源岩厚度大，一般在 40～120m 之间，有效面积达到 42000km^2，有机质类型好，以 Ⅰ 型为主，TOC 为 1%～2.5%，S_1+S_2 为 6～10mg/g、R_o 为 0.6%～1%（图 1-7）；生烃能力强，排烃强度大，烃源岩品质好。（2）松辽盆地扶余油层沉积主要受到盆地周边水系控制，发育曲流河、三角洲平原和前缘三种沉积环境。主要发育的砂体类型为曲流河道、分流河道、水下分流河道、决口扇、席状砂等。三角洲前缘砂体与广泛分布的青山口组成熟烃源岩垂向密切叠合，为形成扶余油层大面积叠合连片的致密油创造了有利条件（图 1-8）。松辽盆地南部更近物源，砂体单层和累计厚度大、物性好、甜点段集中发育，松辽盆地北部为远源三角洲，砂体单层和累计厚度相对小、甜点段不集中。（3）泉头组四段顶部断裂发育，有效沟通了青山口组一段烃源岩与泉头组四

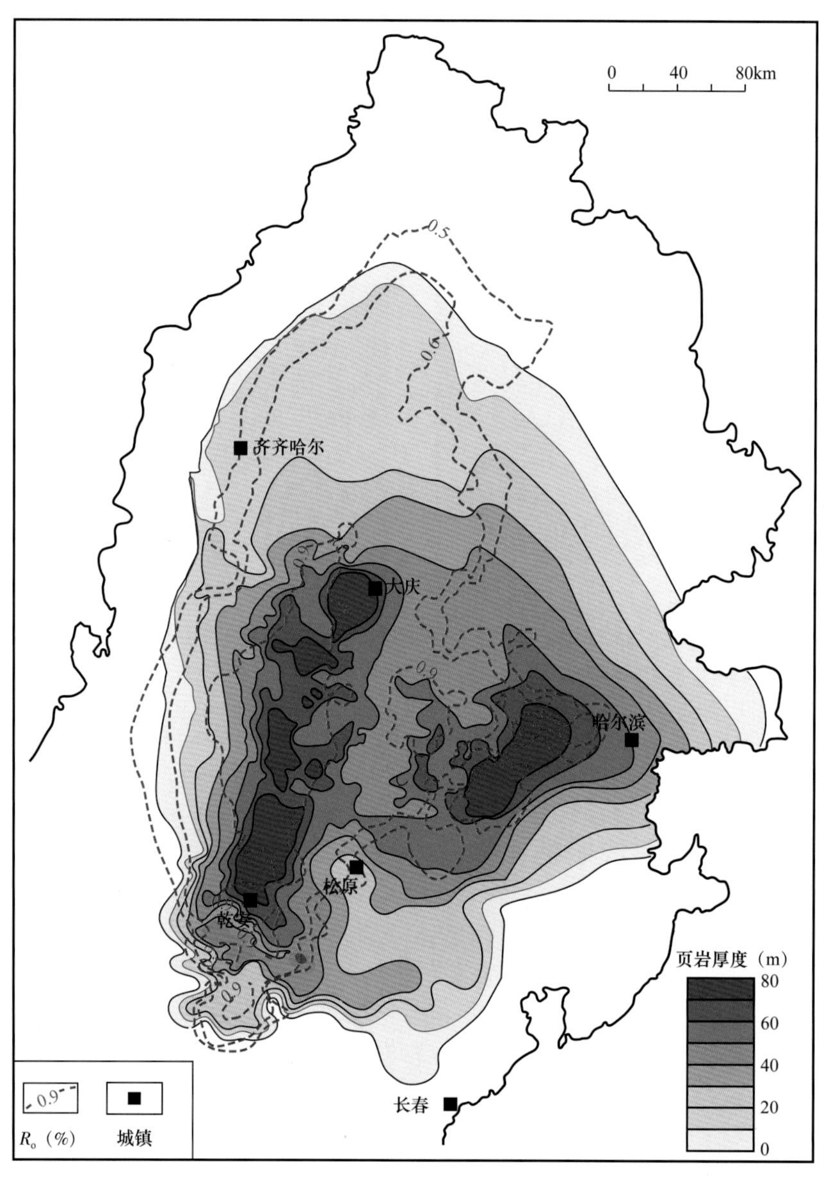

图 1-7　松辽盆地青山口组一段暗色泥岩厚度、R_o 等值线分布图

段致密层，形成“上生下储、超压排烃、倒灌成藏”的成藏模式。油气在超压作用下，穿过烃源岩底面、侧接面或以断层为通道，向下倒灌排烃到泉头组四段储层中，由于储层较为致密，孔隙及喉道狭小，油分子受到的浮力远小于界面张力，浮力无法驱动油分子纵向、横向运移，原油富集到致密储层中，形成大面积分布的致密油。超压是油气下排及运移的动力，如三肇地区致密砂岩排替压力介于0.329～12.623MPa之间，平均为2.28MPa。（4）扶余油层致密油油水分异差，整体表现为低饱和度油藏；致密油分布区试油、试采结果为油水同层，含油饱和度为35%～50%。

区域上，松辽盆地南北扶余油层致密油形成的地质条件存在三点主要差异：（1）盆地北部烃源岩体积规模大、成熟度高，向下供烃条件更优越，盆地北部泉头组四段具有更广的油气成藏域、更低的储层充注门槛（图1–7）；（2）盆地南部更近物源，并叠加CO_2溶蚀，储层厚度大、物性好，盆地南部泉头组四段河流—三角洲砂体分布预测、工程作业条件更好（图1–8）；（3）盆地正向构造带北多南少，北部上油下水，南部油水复杂，目前“下坡”“进源”勘探趋势明显，松辽盆地南北都面临更复杂的油水分布关系。

松辽盆地北部青山口组高台子致密油主要分布在北部三角洲及西部扇三角洲两大沉积体系及湖相区，储层类型为水下分流河道、河口坝、远沙坝、席状砂及少量浊积砂体。地层普遍具有超压，储层致密且多发育孔隙、裂缝双重孔隙体系，孔隙度介于2%～10%之间，渗透率为0.02～1mD、孔喉半径小于0.5μm。油水分布不受重力分异作用，呈片状大面积分布，在构造裂缝发育区可富集为局部甜点。烃源岩控制了平面上致密油的分布范围，构造、沉积及成岩作用产生的超压控制了局部甜点富油区。青山口组页岩层系石油的分布范围内没有明显的油水界面，局部发育的甜点是目前可成为商业油藏的重要勘探开发新领域。

2. 北疆二叠系混积岩—沉凝灰岩页岩层系石油

混积岩系是由多种来源或成因物质组成的岩层，包括陆源碎屑、碳酸盐组分、火山物质等多种组分在同一沉积体系或背景下混杂间互，岩性复杂多变，以中细粒沉积物为主，岩性主要为微晶白云岩、云质粉砂岩、云质泥岩、沉凝灰岩等过渡相岩类，互层频繁，纹层发育。我国混积岩系多个时代均有发育，多个盆地均有分布，准噶尔盆地吉木萨尔凹陷二叠系芦草沟组、三塘湖盆地马朗—条湖凹陷二叠系、四川盆地川中侏罗系自流井组等是典型代表，近年来多个盆地混积岩型页岩层系石油勘探开发取得重大突破和进展，展现出巨大资源潜力。

北疆地区中二叠统是混积岩—沉凝灰岩页岩层系石油的重要层系，具有相似的咸水湖盆沉积环境（图1–9），主要包括准噶尔盆地东部吉木萨尔凹陷芦草沟组、三塘湖盆地马朗—条湖凹陷条湖组及芦草沟组等重点区带和层系，是一个15×10^8t级的页岩层系石油整装富集区。准噶尔盆地东部吉木萨尔凹陷芦草沟组，勘探面积1278km^2，资源规模12.4×10^8t，探明储量2546×10^4t，剩余资源12.1×10^8t；三塘湖盆地马朗—条湖凹陷二叠系，勘探面积约3200km^2，资源规模4.63×10^8t，探明储量3715×10^4t，剩余资源4.26×10^8t。

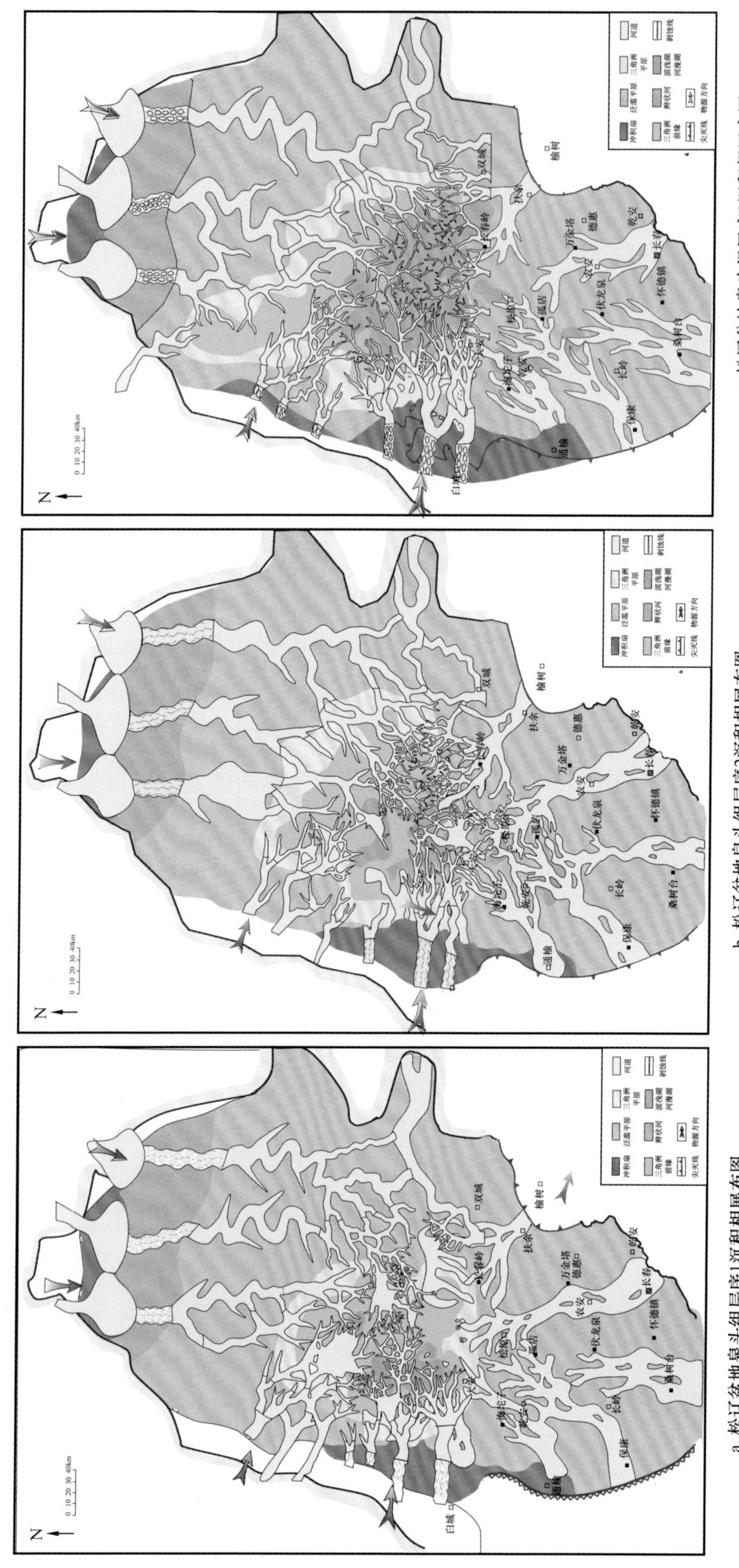

a. 松辽盆地泉头组层序1沉积相展布图

b. 松辽盆地泉头组层序2沉积相展布图

c. 松辽盆地泉头组层序3沉积相展布图

图 1-8　松辽盆地泉头组层序 1、2、3 沉积相平面分布图

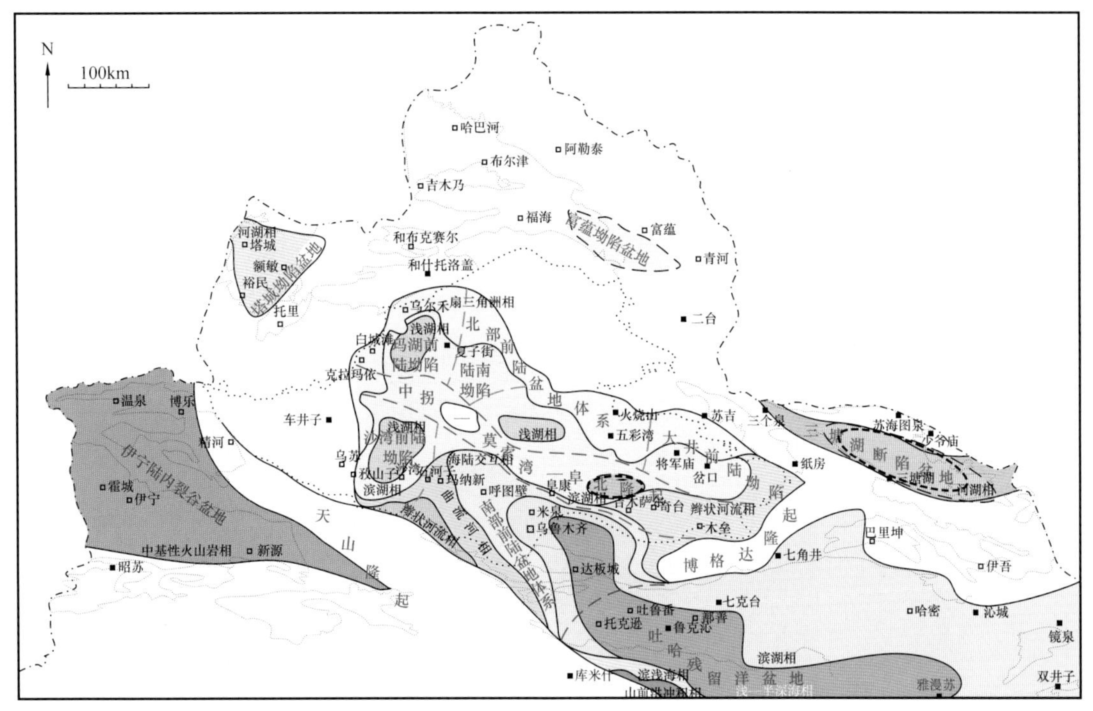

图 1-9　北疆地区中二叠世岩相古地理图

北疆地区中二叠统混积岩—沉凝灰岩页岩层系石油具有三点独特石油地质特点。（1）沉积条件特殊，湖水频繁波动，岩性复杂、频繁互层。北疆地区中二叠统芦草沟组为一套近海咸化湖盆混积岩，厚度 50～300m，多种岩性薄互层，陆源碎屑、内源化学沉积、火山物质混积过渡岩性，在三塘湖盆地和准噶尔盆地东部广泛分布。如吉木萨尔凹陷芦草沟组，岩性复杂多样，总体以云质岩为主，火山物质、陆源碎屑物质和碳酸盐物质混杂，受机械沉积作用、化学沉积作用及生物沉积作用控制，岩石粒级普遍较细，由三大类岩性组成，岩石类型包括泥岩（含粉砂泥岩、粉砂质泥岩、含云泥岩、凝灰质泥岩、灰质泥岩等）、石灰岩（藻球粒灰岩、鲕粒灰岩、砂屑灰岩等）、粉砂岩（泥质粉砂岩、云质粉砂岩）和白云岩等，细粒混积过程受陆源和火山物质供给及湖平面波动的控制，导致混积岩性频繁变化，反映了沉积时期整体为深湖—半深湖细粒沉积，但湖水频繁波动。（2）源储一体或紧密接触，形成大面积页岩层系石油资源。北疆地区芦草沟组油—源对比结果证实，芦草沟组油源来自自身烃源岩，芦草沟组既是储油层，也是生油层，为典型源内或近源聚集。芦草沟组储层与烃源岩交相互层、紧密接触，页岩层系石油为自生自储或短距离运移形成聚集。以吉木萨尔凹陷为例，纵向宏观上泥地比大于 60%，总体上源储界限难分，云质岩储层可溶有机质含量高于相邻泥岩，而相邻泥岩残余有机碳含量高于云质岩储层，储层内原油主要来自相邻泥岩生成的油气（图 1-10）。（3）游离态和吸附态并存，整体含油，甜点富集。混积岩型页岩层系石油主要以游离态和吸附态两种形式存在，受岩性、物性、原油特征等因素控制，游离态主要分布在大孔、裂缝和层理缝中，吸附态主要分布在纳米级基质孔隙中，源储紧密接触、厚度较大、薄层叠置、整体含油、连续分布，岩性差异和物性变化导致纵横向上页岩层系石油甜点段和甜点区分布非均质性较强。

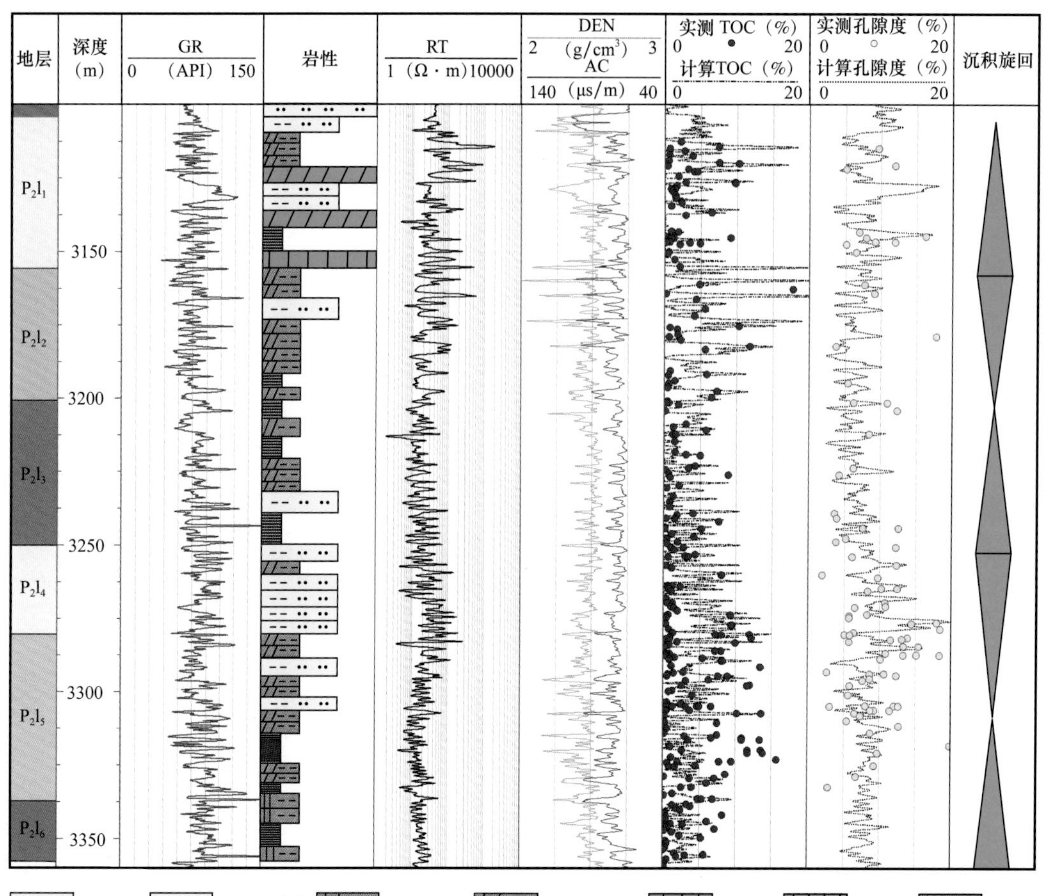

图 1–10　吉木萨尔凹陷吉 174 井上甜点段源储分布关系

区域上，准噶尔盆地东部和三塘湖盆地芦草沟组页岩层系石油形成的地质条件存在两点主要差异（图 1–9、图 1–11）。（1）构造沉积背景决定了不同有利源储组合的分布范围，其中吉木萨尔凹陷是前陆构造背景，干旱—咸化还原的沉积环境，云质岩发育，相带环状分布，发育两套源储组合；三塘湖盆地是断陷盆地背景，受火山运动影响显著，岩性岩相复杂，三个沉积洼地，主要发育一套源储组合。（2）吉木萨尔凹陷储层以云质、砂质岩为主，三塘湖盆地以沉凝灰岩为主，其中吉木萨尔凹陷芦草沟组从半开放到闭流湖盆，物源供给减弱，发育云质、砂质薄互层细粒混积岩，纵向上全层系含油，发育两个甜点段，广泛稳定分布；三塘湖盆地芦草沟组物源供给较充足，火山活动较强，沉凝灰岩发育，纵向上发育三个甜点段，下甜点段富火山质，中—上甜点段为富有机质、富云质薄互层混积岩，下甜点段局部发育，中甜点段广泛分布，上甜点段主要在马朗凹陷。

3. 湖相碳酸盐岩页岩层系石油

湖相碳酸盐岩是指在内陆湖泊盆地中形成的碳酸盐岩，一般是湖盆从淡水、咸水到盐湖、碱湖演变过程的必然产物，其分布受物源供给、水体盐度、古气候等因素的影响，在古生代、中生代、新生代陆相湖盆广泛发育湖相碳酸盐岩。由于湖相碳酸盐岩多与烃源岩共生或互层发育，勘探实践证实其具有生油和储油能力，目前在四川盆地侏罗系、柴达木盆地古近系和新近系、渤海湾盆地等获得较多探明储量。

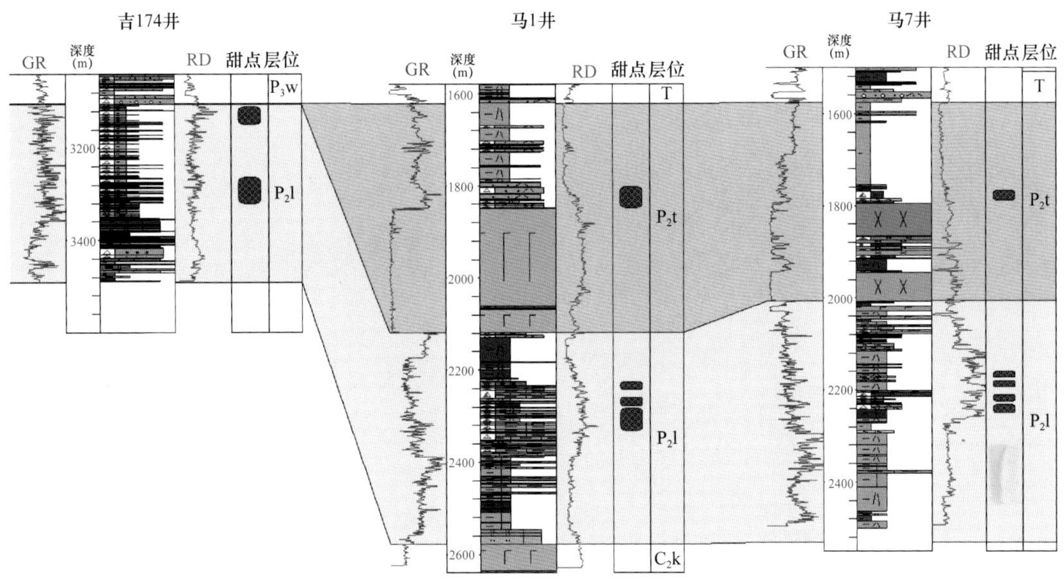

图 1-11　准噶尔盆地吉木萨尔凹陷和三塘湖盆地二叠系芦草沟组地层对比

1）中国含油气盆地页岩层系石油储层沉积相带分类

主要依据盆地构造类型以及页岩层系石油储层的岩性和沉积层序演化特征进行分类，四类沉积相带可形成湖相碳酸盐岩页岩层系石油储层。（1）四川、柴达木盆地等干旱气候封闭—咸化湖盆碳酸盐岩页岩层系石油储层分布区，为内源沉积湖相碳酸盐岩储层沉积有利相带。（2）松辽、鄂尔多斯盆地等潮湿气候敞流淡水湖盆碎屑岩页岩层系石油储层分布区，为陆源沉积碎屑岩储层沉积有利相带。（3）三塘湖、二连盆地等火山喷发叠合的混积岩页岩层系石油储层分布区，为火山碎屑沉积凝灰岩储层沉积有利相带。（4）准噶尔、三塘湖盆地芦草沟组等混积页岩层系石油储层分布区，为混源沉积的混积岩储层沉积有利相带。通过上述分类，一是查明了盆地类型与页岩层系石油储层有利相带之间的关系；二是纵向上了解不同类型盆地沉积相带与有利储集体沉积演化的联系；三是平面上探索不同类型盆地沉积相带与有利储集体分布的联系；四是为同类型或相似类型页岩层系石油储层勘探开发提供科学依据。

2）湖相碳酸盐岩页岩层系石油储层沉积模式与成因机理

沉积相 / 微相分布的主要控制因素是湖平面的变化和岸线的迁移（图 1-12）。沉积模式的建立可反映出不同体系域的分布和沉积相带之间的关联。从滨浅湖到半深湖—深湖区，存在浅湖相碳酸盐岩—碎屑岩混积滩坝、白云岩化泥灰坪 / 泥云坪、半深湖礁滩和湖相裂缝性泥灰岩有利微相带。在滨浅湖地带，泥云坪和泥灰坪发育，白云岩化作用使得部分碳酸盐岩有一定的孔隙度，形成油气储层。浅湖带是叠层石礁灰岩和礁云岩的发育区，也是页岩层系石油储层的甜点。半深湖—深湖地区发育风暴岩或泥灰岩，在裂缝发育时也有储集性。湖平面的升降，导致湖侵体系域和高位体系域的不断迁移，形成良好的生储盖组合。当碎屑物质注入时，与碳酸盐岩交替，可以形成三角洲前缘—湖相碳酸盐岩的混积岩发育区。

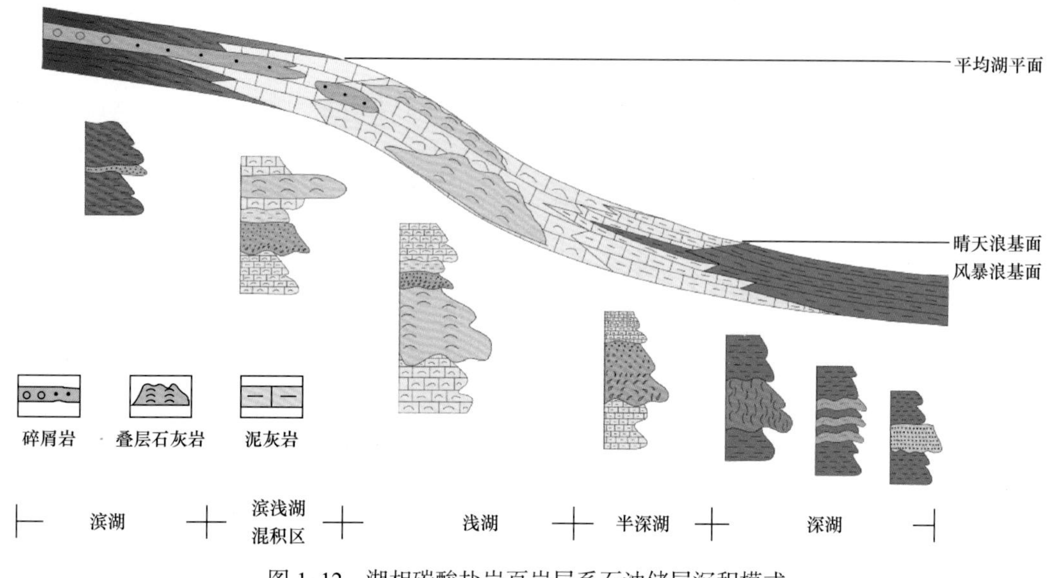

图 1–12　湖相碳酸盐岩页岩层系石油储层沉积模式

3）湖相碳酸盐岩储层石油地质参数特征

柴达木盆地湖相碳酸盐岩页岩层系石油储层有利相带一般发育在半干旱—干旱气候的前陆盆地，纵向沉积层序演化处于湖侵体系域和高位体系域。除了柴达木湖盆外，四川盆地的碳酸盐岩也具有非常典型的湖相沉积特征。四川盆地侏罗系碳酸盐岩平面上分布特点如下：（1）大安寨段湖相发育滨湖介壳滩、浅湖介壳滩、半深湖介壳滩三类有利微相，围绕湖盆呈环带状分布；（2）介壳灰岩厚度、物性从滨湖介壳滩到浅湖介壳滩到半深湖介壳滩逐渐减薄、变差；（3）从老到新呈现湖域扩大即湖侵体系域再到湖退时期的高位体系域特征；（4）最大洪泛面附近是页岩油气的有利发育相带。

柴达木盆地西南古近系、四川盆地侏罗系是碳酸盐岩页岩层系石油的典型实例。柴达木盆地西南古近系下干柴沟组为干旱强蒸发环境多期盐湖沉积，向上为变浅的沉积旋回；早期为整体凹陷区，以灰泥岩、灰云岩为主，有利源储组合；晚期呈隆坳相间格局，有利储层以泥质灰云岩、盐岩为主；基于深入的地质基础研究，“十三五”在碳酸盐岩有利储层地震预测、压裂工程等方面取得很大进展。川中大安寨段是四川盆地侏罗系页岩层系油气资源赋存的主力层位，发育介壳滩内洼地或滩间洼地沉积，介壳灰岩和页岩是主要储层，纵向发育两类多套有利储层，井震结合可有效识别出有利储层。2018 年前四川盆地侏罗系主要是针对构造或构造裂缝、致密灰岩两类目标，2019 年以来转变思路，优选大安寨段黑色页岩为勘探甜点段，研究发现页岩段孔隙度为 4%～6%，远优于顶底板致密灰岩（图 1–13）。从滨浅湖页岩层系石油转向浅湖—半深湖页岩油，资源规模更大，四川盆地侏罗系“进源找油”开启新前景。

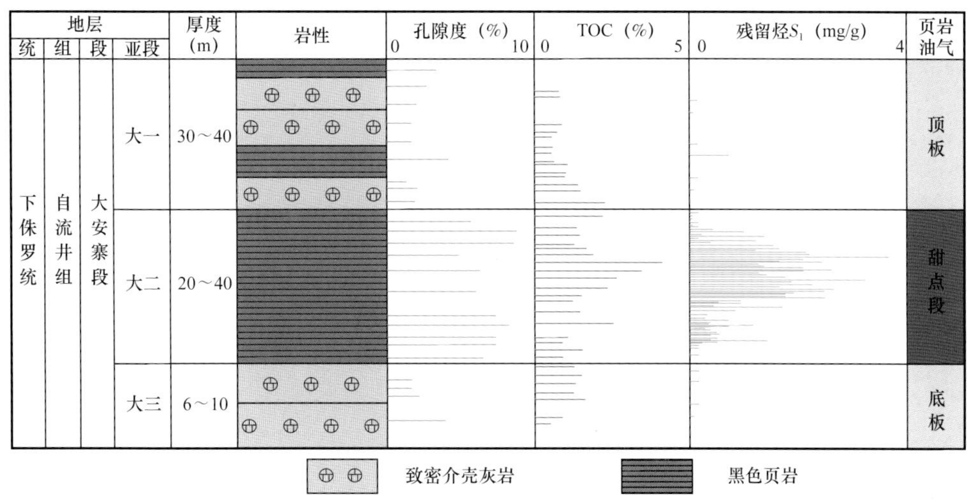

图 1-13　四川盆地侏罗系大安寨段典型综合柱状图（据邹才能等，2019）

第二节　资源潜力评价与有利区优选

一、资源评价参数

开展了对页岩层系石油资源的分级评价工作，对评价参数及标准进行了探讨，总体分类评价参考要素主要包括生烃强度、储层岩石类型、储层有效厚度、储层物性、孔隙类型、含油饱和度等方面，这些研究或主要针对单个盆地，参数多而操作性不强，或试图建立一个统一的评价参数和体系，由于我国页岩层系石油为陆相背景，形成条件复杂多变，难以用一个标准去评价。因此根据各含油气盆地独特的石油地质条件，提取共性关键参数，分地区开展分级评价有着重要意义。

页岩层系石油运移距离相对较短，形成和分布主要受构造背景、烃源岩、储层及源储配置控制，呈现在优质烃源岩发育区内连续或准连续分布，局部富集的特点，构造背景控制了烃源岩和储层发育的宏观特点，烃源岩、储层特征决定了页岩层系石油资源的规模和分布，源储配置关系可划分为源内型和近源型，这两类页岩层系石油在中国各大含油气盆地广泛分布。源内型和近源型页岩层系石油资源有着不同的分布与富集控制因素，分析其不同的控制因素、优选关键参数是对页岩层系石油资源开展分级评价的关键，明确页岩层系石油资源潜力和主要勘探方向。不论是源内型还是近源型页岩层系石油资源，分级评价都应该将烃源岩和储层这两个核心参数作为关键参数。

二、资源分级评价

1. 烃源岩分级评价

我国陆上沉积背景各异，相带类型多样，页岩层系石油烃源岩类型复杂多样，分淡水—微咸水、微咸水以及半咸水—咸水三类，有机质丰度差异较大，热演化历史和母质类型也有一定差异，导致生烃门限和生烃总量方面也有较大差异。

鄂尔多斯盆地三叠系及四川盆地侏罗系为淡水—微咸水环境。其中鄂尔多斯盆地延长组 7 段沉积期是晚三叠世的湖盆最大湖泛期，湖盆面积大，半深湖—深湖面积达 $6.52\times10^4km^2$，富有机质页岩发育，高丰度烃源岩分布广、生烃强度大、排烃能力强；四川盆地侏罗系虽然分布面积也很广泛，但母质类型和有机质含量相对较差。

松辽盆地青山口组沉积时为半封闭内陆微咸水湖盆，曾受到大范围海侵，青山口组一段沉积期为湖盆最大湖泛期，湖盆面积达 $8.72\times10^4km^2$，自下而上由贫氧强还原环境演化为弱还原环境。

准噶尔盆地、三塘湖盆地二叠系及柴达木盆地古近系为咸化湖盆背景，炎热干旱古气候与咸水环境结合，有机质生产力较高，但湖盆面积较小，烃源岩品质变化较大。总体上准噶尔盆地、三塘湖盆地二叠系烃源岩有机质丰度和生排烃能力强于柴达木盆地古近系。

通过重点盆地页岩层系石油主力烃源岩分级评价标准及综合排序，形成以烃源规模、总有机碳含量、成熟度、游离烃含量为主要参数的重点盆地页岩层系石油烃源岩分级评价标准（表 1–1），综合评价鄂尔多斯盆地延长组 7 段和松辽盆地青山口组为Ⅰ类优质烃源岩，准噶尔—三塘湖盆地芦草沟组、柴达木盆地下干柴沟组上段、上干柴沟组和四川盆地侏罗系大安寨段为Ⅱ类优质烃源岩（表 1–1）。

表 1–1　重点盆地页岩层系石油主力烃源岩分级评价标准

盆地	地区	烃源岩	有效分布面积（km^2）	烃源岩厚度范围（m）	生烃强度（$10^4t/km^2$）	生烃量（10^8t）	评价参数	分级标准		
								Ⅰ	Ⅱ	Ⅲ
松辽	盆地北部	青山口组一段、二＋三段	16700	170～220	100～400	1033	TOC（%）	>2	0.6～2	<0.6
							R_o（%）	>0.75	0.5～0.75	<0.5
							S_1（mg/g）	>2	0.5～2	<0.5
							S_1+S_2（mg/g）	>10	5～10	<5
	盆地南部	青山口组一段、二段	5000	50～90	100～450	130	TOC（%）	>2.0	0.8～2.0	<0.8
							R_o（%）	0.7～1.0	0.5～0.7	<0.5
							S_1（mg/g）	>2	1～2	<1
							S_1+S_2（mg/g）	>10.0	6.0～10.0	<6.0
准噶尔	吉木萨尔凹陷	芦草沟组	1086	100～240	300～800	46	TOC（%）	>3.5	2.0～3.5	<2.0
							R_o（%）	>1.0	0.9～1.0	<0.9
							S_1（mg/g）	>1.5	0.5～1.5	<0.5
							S_1+S_2（mg/g）	>30	10～30	<10

续表

盆地	地区	烃源岩	有效分布面积（km^2）	烃源岩厚度范围（m）	生烃强度（$10^4t/km^2$）	生烃量（10^8t）	评价参数	分级标准		
								Ⅰ	Ⅱ	Ⅲ
青海	扎哈泉地区	上干柴沟组	1800	100～600	53～910	90	TOC（%）	>0.8	0.6～0.8	0.4～0.6
							R_o（%）	0.8～1.0	0.7～0.8	0.5～0.7
							S_1（mg/g）	>2.0	1.0～2.0	0.25～1.0
							S_1+S_2（mg/g）	>4.0	2.0～4.0	0.5～2.0
	英西地区	下干柴沟组上段	3810	300～900	60～2168	514	TOC（%）	>1.0	0.7～1.0	0.4～0.7
							R_o（%）	0.8～1.3	0.7～0.8	0.5～0.7
							S_1（mg/g）	>3.0	1.5～3.0	0.25～1.5
							S_1+S_2（mg/g）	>6.0	3.0～6.0	0.5～3.0
三塘湖	马朗、条湖凹陷	芦草沟组	1677	50～150	460	77	TOC（%）	>5.0	3.0～5.0	<3.0
							R_o（%）	0.7～1.3	0.5～0.7	<0.5
							S_1（mg/g）	>1.5	0.5～1.5	<0.5
							S_1+S_2（mg/g）	>30	10～30	<10
渤海湾	束鹿凹陷	沙河街组三段下亚段	160	300～500	500～1860	13	TOC（%）	>2.0	1.0～2.0	0.5～1.0
							R_o（%）	>1.0	0.6～1.0	<0.6
							S_1（mg/g）	>2.0	1.0～2.0	<1.0
							S_1+S_2（mg/g）	>12.0	7.0～12.0	2.0～7.0
二连	阿南凹陷	腾格尔组一段下亚段	331	40～100	100～400	8	TOC（%）	>2.0	1.5～2.0	0.5～1.5
							R_o（%）	>1.0	0.6～1.0	<0.6
							S_1（mg/g）	>1.5	1.0～1.5	<1.0
							S_1+S_2（mg/g）	>12.0	6.0～12.0	2.0～6.0
四川	川中地区	大安寨段二亚段	48211	5～57	10～65	93	TOC（%）	>2.0	1.5～2.0	1.0～1.5
							R_o（%）	>0.9	0.7～0.9	0.5～0.7
							S_1（mg/g）	>3	1～3	<1
							S_1+S_2（mg/g）	>8	4～8	<4

以柴达木盆地古近系上干柴沟组页岩层系石油主力烃源岩为例。柴达木盆地古近系为咸化湖盆背景，虽然有机质丰度和成熟度均较低，但因具有母质类型好（Ⅰ—$Ⅱ_1$型为主）、生烃时间早（生烃高峰 R_o=0.6% 左右）、转化效率高（高于同类烃源岩 20% 以上）的特点，也形成了页岩层系石油资源规模聚集。柴达木盆地西部上干柴沟组暗色灰质泥岩烃源岩有机质类型主要为$Ⅱ_1$型，有机碳含量平均值为 0.9%，S_1+S_2 平均值为 2.05mg/g，暗色泥岩有机质类型主要为$Ⅱ_2$—Ⅲ型，平均有机碳含量为 0.51%，S_1+S_2 平均值为 0.23mg/g，依据地球化学分析资料，确定柴西地区有效烃源岩 TOC 下限为 0.4%，优质烃源岩 TOC 下限为 0.6%。热演化程度总体不高，R_o 大部分小于 1.0%，热模拟分析表明，烃源岩在 R_o=0.6% 时已开始大量生油，R_o=1.0% 时达到最大生油量（350mg/g_{TOC}），R_o=2.0% 时生油趋于结束，进入大量裂解生气阶段，综合以上指标，建立了烃源岩分类评价标准。据此测算，TOC≥0.6% 的优质烃源岩厚度可达 200～1000m，分布面积为 7203km^2。

2. 储层分级评价

我国陆上页岩层系石油储层岩石类型复杂多样，分布较广，主要发育陆源碎屑岩、内源碳酸盐岩、火山源、混源等多种沉积成因的储层，在晚古生代至新生代陆相盆地广泛分布，物性较差，岩性致密，孔隙度普遍小于 1%，渗透率普遍小于 0.1mD。

中国陆相盆地由于构造背景多样、面积相对较小、沉积相带窄、岩性岩相变化快、分布稳定性差，以及构造活动性较强等因素，储层表现为更致密、单层厚度更薄、非均质性更强的特点。因此在进行储层评价时，需根据各盆地的具体情况，制定不同的分级评价标准。通过重点盆地页岩层系石油主力储层分级评价标准及综合排序，形成以储层规模、有效孔隙度、含油饱和度、主流喉道半径、天然裂缝为主要参数的重点盆地页岩层系石油储层分级评价标准（表 1–2），综合评价鄂尔多斯盆地延长组 7 段、松辽盆地泉头组四段、准噶尔盆地芦草沟组和三塘湖盆地条湖组为Ⅰ类优质储层，柴达木盆地下干柴沟组上段、上干柴沟组和四川盆地侏罗系大安寨段页岩为Ⅱ类优质储层（表 1–3）。

以准噶尔盆地吉木萨尔凹陷二叠系芦草沟组页岩层系石油储层为例。二叠系芦草沟组发育湖相云质混积岩页岩层系石油储层，岩性主要由砂屑白云岩、粉砂质白云岩 / 白云质粉砂岩和微晶白云岩组成，见少量粉砂岩和沉凝灰岩。储集空间以次生粒间溶蚀孔隙和部分剩余粒间孔隙为主，微裂缝仅在少数样品中发育。在查明芦草沟组岩石学与储集空间基本特征的基础上，综合储层的物性和含油性对储层进行了分类评价。

根据驱替实验法确定页岩层系石油储层孔隙度下限，即在常规蒸馏抽提洗油后，采用一定的驱替压力（最高 20MPa）对不同孔隙度的样品进行驱替实验，实验结果以 5% 为界，孔隙度大于 5% 的储层内的油可以驱替，孔隙度小于 5% 的储层内的油无法驱替，说明样品太致密难以产油，据此以 5% 作为有效储层孔隙度下限。再根据含油产状法等方法综合确定不同级别的储层评价参数（图 1–14）。

Ⅰ类储层包含全部的油浸级样品和部分油斑级样品，孔隙度大于 12%，渗透率大于 0.1mD。Ⅱ类储层包含大部分油斑级和油迹级样品，孔隙度为 8%～12%，渗透率为 0.01～0.1mD。Ⅲ类储层包含部分油迹级和荧光级显示样品，孔隙度在 5%～8% 之间，渗透率介于 0.005～0.01mD 之间。

表 1-2　松辽盆地致密油储层评价参数及分级标准

地区	层位	储层岩性	分布面积（km^2）	储层厚度（m）	分级标准	有效孔隙度（%）	渗透率（mD）	含油饱和度（%）	可动油饱和度（%）	主流喉道半径（nm）	脆性矿物含量（%）	黏土含量（%）	原油密度（50℃）（g/cm^3）	原油黏度（50℃）（mPa·s）	气油比（m^3/m^3）	压力系数	水平应力差（MPa）	天然裂缝发育程度
松辽盆地北部	高台子油层	致密砂岩	1700	20～50	Ⅰ	＞8.0	＞0.1	＞50	＞50	＞100	＞40	＜10	＜0.84	＜20	＞30	＞1.2	＜10	较发育
					Ⅱ	4.0～8.0	0.01～0.1	40～50	40～50	60～100	30～40	10～20	0.84～0.86	20～50	20～30	1.0～1.2	10～15	一般
					Ⅲ	＜4.0	＜0.01	＜40	＜40	＜60	＜30	＞20	＞0.86	＞50	＞30	＜1.0	＞15	不发育
	扶余油层	致密砂岩	8000	30～100	Ⅰ	＞8.0	＞0.1	＞50	＞50	＞200	＞50	＜10	＜0.84	＜20	＞30	＞1.0	＜10	较发育
					Ⅱ	5.0～8.0	0.01～0.1	40～50	40～50	150～200	40～50	10～30	0.84～0.86	20～50	20～30	0.9～1.0	10～15	一般
					Ⅲ	＜5.0	＜0.01	＜40	＜40	＜150	＜40	＞30	＞0.86	＞50	＜20	＜0.9	＞15	不发育
松辽盆地南部	扶余油层	致密砂岩	3600	20～85	Ⅰ	＞9.0	＞0.2	50～55	47～52	400～1000	＞50	＜7	0.84～0.86	10～20	＞30	＞1.0	＜8	较发育
					Ⅱ	5.5～9.0	0.05～0.2	40～50	37～47	150～400	30～50	7～15	0.86～0.88	20～30	20～30	0.9～1.0	8～12	一般
					Ⅲ	＜5.5	＜0.05	35～40	32～37	70～150	＜30	＞15	＞0.88	＞30	＜20	＜0.9	＞12	不发育

表 1–3　重点盆地页岩层系石油主力储层段分级评价标准

盆地	地区	储层	评价参数	分级标准		
				Ⅰ	Ⅱ	Ⅲ
鄂尔多斯	湖盆中部	三叠系延长组 7 段	孔隙度（%）	＞10	8～10	6～8
			渗透率（mD）	＞0.12	0.07～0.12	0.03～0.07
松辽	北部	白垩系扶余油层	孔隙度（%）	≥8	5～8	＜5
			渗透率（mD）	≥0.05	0.02～0.05	＜0.02
	南部	白垩系扶余油层	孔隙度（%）	＞9	5.5～9.0	＜5.5
			渗透率（mD）	＞0.2	0.04～0.2	＜0.04
准噶尔	吉木萨尔凹陷	二叠系芦草沟组	孔隙度（%）	＞12	8～12	5～8
			渗透率（mD）	＞0.1	＞0.01	＞0.005
三塘湖	马朗、条湖凹陷	二叠系条湖组	孔隙度（%）	≥18	8～18	＜8
			渗透率（mD）	≥0.1	0.01～0.1	＜0.01
柴达木	柴西南	古近系上干柴沟组	孔隙度（%）	≥7	2.0～7.0	＜2.0
			渗透率（mD）	≥0.01	0.001～0.01	＜0.001
		古近系下干柴沟组	孔隙度（%）	≥2.0	1.0～2.0	＜1.0
			渗透率（mD）	≥1.0	0.1～1.0	＜0.1
四川	川中	侏罗系大安寨段	孔隙度（%）	＞2.0	1～2	＜1.0
			渗透率（mD）	＞0.1	0.01～0.1	＜0.01

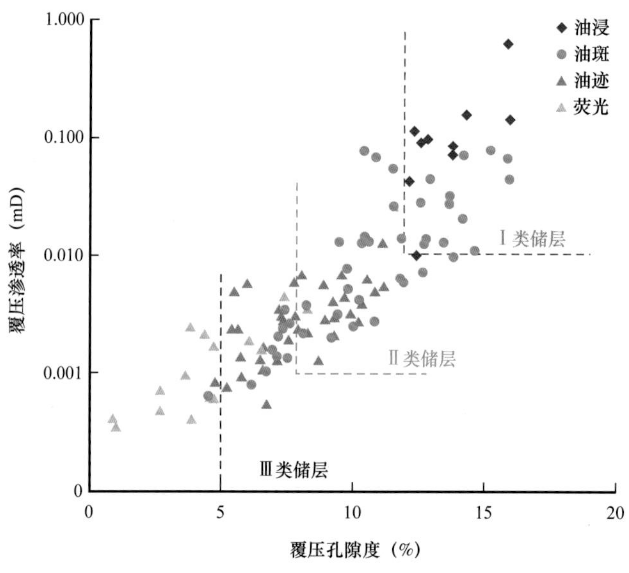

图 1–14　吉木萨尔凹陷芦草沟组页岩层系石油储层分级评价图

3. 资源评价结果

以烃源岩、储层分级评价结果与资源评价结果结合，可将页岩层系石油资源分为三级，在进行资源分级评价的时候，储层和烃源岩评价结果有差异，评价时以储层分级评价为主，参考烃源岩分级评价结果。一级页岩层系石油资源一般是勘探甜点区，也是近期可升级和动用资源，通常位于烃源岩和储层分级评价的Ⅰ类区，孔隙度大于8%，资源丰度较高，单井产量较高。二级页岩层系石油资源是勘探有利区，一般是目前难以动用但随着技术进步和经济条件改善有望动用的资源，通常位于烃源岩和储层分级评价的Ⅱ类区，孔隙度为5%～8%，资源丰度较低，单井产量较低。三级页岩层系石油资源则是勘探的前景区，是除去一级和二级页岩层系石油资源之外的其他部分，通常位于烃源岩和储层分级评价的Ⅲ类区，资源丰度很低，勘探程度和认识程度也很低，是需要长期探索的远景资源，孔隙度一般小于5%，单井产量普遍较低。

烃源岩和储层特征是页岩层系石油勘探潜力评价中最重要的参数。通常根据储层物性、烃源岩厚度、有机碳含量、成熟度等参数划分页岩层系石油评价单元，根据储层条件、烃源岩条件和储盖配置条件等要素和解剖区对比，确定与刻度区的类比相似系数，结合体积法、资源丰度类比法、小面元法等资源评价方法，综合进行页岩层系石油资源潜力分析。烃源岩评价的参数主要包括TOC（%）、R_o（%）、S_1（mg/g）、S_1+S_2（mg/g）等；储层评价的参数主要包括有效孔隙度（%）、渗透率（mD）、含油饱和度（%）、可动油饱和度（%）、主流喉道半径（nm）、脆性矿物含量（%）、黏土含量（%）、原油密度（50℃）（g/cm^3）、原油黏度（50℃）（mPa·s）、气油比（m^3/m^3）、压力系数、水平应力差（MPa）、天然裂缝发育程度等。

根据资源评价的结果，重点盆地的页岩层系石油资源总量为176.8×10^8t，其中一级资源量59.6×10^8t，二级资源量48.6×10^8t。

三、富集区带评价优选

围绕重点盆地主要含油层系，以源储参数为重点，通过编制地质背景、储层参数、烃源岩参数、井震预测、综合评价5类18套聚集条件基础图件，系统梳理各地质因素，深刻认识聚集条件，为页岩层系石油聚集有利区优选提供依据。通过研究，形成了中国陆相页岩层系石油的四点主要地质认识：（1）淡水、咸水湖盆两类有效烃源岩层位多，大面积连续分布，均具规模生烃能力；（2）发育碎屑岩、混积岩、碳酸盐岩、泥页岩等多类储层，均具规模储集能力；（3）发育源储一体、源储分离、源储共存等多类源储组合，石油充注程度较高、含油层系多，石油资源规模大，存在多类型局部有利储层甜点；（4）存在较多的具有超压、高气油比、天然裂缝及脆性夹层纹层的有利含油页岩层系，证实可获得工业油气流，开发潜力和价值大。

中国陆相页岩层系石油具有“源区控油、近源富集”特点。围绕主要含油层系高勘探程度区，通过分析高勘探程度区富集条件，差异性分析不同页岩层系的分布面积、地层厚度、埋藏深度、源储组合、烃源岩参数、储层参数等富集主控因素，形成了以源储为核心参数的重点盆地页岩层系石油有利区优选方法，优选出有利储集相带、近源或源内、构造背景三个共性富集要素（表 1–4）。通过攻关，综合评选出重点盆地页岩层系石油富集区带 33 个，资源规模 109.8×10^{8}t，主要分布在鄂尔多斯、松辽、准噶尔等大盆地富油气凹陷（表 1–4），为中国石油矿权区页岩层系石油整体规划部署提供了科学依据。

表 1–4　中国陆相页岩层系石油富集区带分布

盆地 / 坳陷	主要分布区	层位	富集主控因素	勘探面积（km^2）	富集区带情况		
					名称	数量	资源量（10^8t）
鄂尔多斯	湖盆中心区	延长组 7 段	（1）厚层烃源岩；（2）砂质碎屑流砂体等有利储层；（3）裂缝发育区	50000	姬塬、志靖—安塞、陇东、盆地东南	4	40
松辽	中央坳陷区	泉头组四段	（1）位于生烃中心；（2）鼻状构造 + 斜坡；（3）断裂发育；（4）储层广泛发育；（5）气油比高，原油黏度低	20000	三肇、长垣、龙虎泡阶地、大安—海坨子、塔虎城、新北、乾安、余字井、大情字井、孤店	10	21
		青山口组二 + 三段	（1）有效烃源岩；（2）三角洲前缘相带；（3）有利储层和裂缝发育带	2500	齐家南	1	1.5
		青山口组一段	页理密度大、孔隙发育、水平应力差较小的有利页岩段	2500	古龙凹陷	1	10
准噶尔	吉木萨尔凹陷	芦草沟组	（1）一定厚度较均质的优质烃源岩；（2）源储配置，较好物性储层；（3）构造较平缓，后期改造作用弱；（4）远离大断裂，保存较好	1300	上甜点、下甜点	2	12
	玛湖西斜坡	风城组		2300	上甜点、中甜点、下甜点	3	11
	石树沟	平地泉组		600	石树沟	1	3
柴达木	柴西碎屑岩	上干柴沟组	（1）斜坡—凹陷背景下的古隆起区；（2）坝中砂体有利储层相带；（3）有利储集物性的中—粗砂岩	1800	扎哈泉地区	1	0.3
	柴西南碳酸盐岩	下干柴沟组	（1）构造背景；（2）优质烃源岩；（3）有利相带与裂缝发育	1600	英雄岭地区	1	1
		新近系		4900	大风山地区	1	0.5
三塘湖	马朗—条湖凹陷	条湖组	通源断裂沟通的沉凝灰岩段	600	马朗凹陷、条湖凹陷	2	0.9
		芦草沟组	生烃凹陷内的富凝灰质储层	1000	马朗凹陷、条湖凹陷	2	1.7

续表

盆地/坳陷	主要分布区	层位	富集主控因素	勘探面积（km^2）	富集区带情况		
					名称	数量	资源量（10^8t）
冀中	束鹿凹陷	沙河街组三段	（1）泥灰岩—砾岩、砂岩—凝灰岩特殊岩性；（2）有利岩石组构、溶蚀作用	200	中洼槽	1	2.3
二连	阿南凹陷	腾格尔组一段		400	阿南洼槽、哈南洼槽	2	1.3
四川	川中隆起带	大安寨段	纹层、裂缝发育的有利页岩段	5000	川中	1	3.3

第三节 甜点区（段）评价预测

寻找甜点段和甜点区是页岩层系石油勘探的主要任务（匡立春等，2021；邱振等，2020；黎茂稳等，2019；杨智等，2021）。中国陆相重点盆地页岩层系石油富集区普遍位于富油气凹陷页岩层系发育区（段），处于主力生油窗口，具有石油充注程度高、储层整体含油气、油气大面积连续分布的有利聚集条件，储层品质是控制页岩层系石油富集的第一共性地质因素，储层甜点的评价是页岩层系石油甜点区（段）评价的核心内容。

依靠水平井体积压裂等现有技术，厚度大、物性好、含油饱和度高、脆性矿物含量高、微裂缝发育、较小水平应力差的储层发育区（段），往往是页岩层系石油优先勘探开发的有利目标区（段）。含油致密储层甜点包括“地质、工程、经济”三个甜点品质：地质甜点着眼于储层、超压与裂缝等综合评价；工程甜点着眼于埋深、岩石可压性、地应力各向异性等综合评价；经济甜点着眼于资源规模、埋深、地面条件等评价。

中国陆相含油致密储层类型较多，总体呈现岩性杂、物性差、非均质性强、各向异性强、弹性复杂多变、分布面积相对较小、资源丰度较低等特点。含油致密储层甜点评价的三项主要任务是地质评价优选储层段、测井评价识别甜点段和地震评价预测甜点区。地质评价一般包括沉积相带、储集体结构、岩矿组成、物性特征、孔隙结构、脆性特征、裂缝及地应力、含油性、构造条件等参数，测井评价一般包括岩性、孔隙性、电性、脆性、裂缝、岩石力学、地应力各向异性等参数，地震评价一般包括叠后—叠前资料多属性、多反演技术等预测裂缝、岩性、物性、地应力、脆性、地层压力等参数及方法（表 1–5）。在陆相富油气凹陷页岩层系中，开展综合研究，优选出敏感参数，准确评价识别出相对较好品质的储层，圈定出甜点段和甜点区，对明确页岩层系石油有效作业靶区、提高钻井和压裂成功率、提高单井和区块产量及采收率，发挥着十分重要的先导和支撑作用。

表 1–5　陆相主要类型页岩层系石油代表性区带储层甜点参数

储层类型	陆源碎屑沉积为主				内碎屑沉积为主				混积岩为主		
分布单元	鄂尔多斯盆地中南部	松辽盆地北部	松辽盆地南部	柴达木盆地西南扎哈泉地区	四川盆地中部	柴达木盆地西南英西地区	渤海湾盆地辽河坳陷雷家地区	渤海湾盆地冀中坳陷束鹿凹陷	准噶尔盆地吉木萨尔凹陷	渤海湾盆地黄骅坳陷沧东凹陷	三塘湖盆地马朗—条湖凹陷
地层	三叠系延长组 7 段	白垩系泉头组四段	白垩系泉头组四段	新近系上干柴沟组	侏罗系大安寨段	古近系下干柴沟组	古近系沙河街组四段	古近系沙河街组三段	二叠系芦草沟组	古近系孔店组二段	二叠系条湖组
埋深（m）	1000～3000	1700～2500	1750～2650	2700～3500	1500～3000	3200～4800	2800～3200	3200～5000	1500～4000	2600～4200	1800～5000
储层厚度（m）	5～30	5～15	10～25	4～10	20～50	10～20	20～40	50～100	20～50	50～100	5～25
有利储层相带	三角洲平原—前缘、半深湖—深湖重力流	三角洲平原—前缘、半深湖—深湖重力流	三角洲平原—前缘	滨浅湖滩坝	滨湖—半深湖	半深湖灰云坪	浅湖—半深湖	半深湖—深湖	浅湖—半深湖	浅湖—半深湖	近火山口火山碎屑岩相
储层岩性	粉细砂岩	粉细砂岩	粉细砂岩	粉细砂岩	介壳灰岩	灰云岩	云质泥岩、泥质云岩	泥灰岩、砾岩	云质岩、砂质岩等	云质岩、砂质岩等	沉凝灰岩等
储集空间	微—纳米孔喉系统	微—纳米孔喉系统	微—纳米孔喉系统	微米级孔喉系统	纳米级孔喉系统	微米级孔喉系统	微米级孔喉系统	纳米级孔喉系统	百纳米孔喉系统	百纳米孔喉系统	百纳米孔喉系统
储层甜点参数 / 地质甜点参数	沉积特征、物性特征、孔隙类型、孔隙结构、裂缝密度、隔层厚度等	小层沉积特征、储层厚度、岩性、物性、构造条件、断裂特征等	小层沉积特征、储层厚度、岩性、物性、构造条件、断裂特征等	沉积特征、储层厚度、岩性、物性、孔隙结构、构造条件等	沉积特征、储层厚度、岩性、孔隙性、构造条件、裂缝等	沉积特征、储层厚度、岩性、孔隙性、构造条件、裂缝等	沉积特征、储层厚度、岩性、孔隙性、构造条件、裂缝等	沉积特征、储层厚度、岩性、孔隙性、构造条件、裂缝等	沉积特征、储层厚度、岩性、物性、孔隙特征、裂缝特征等	沉积特征、储层厚度、岩性、物性、孔隙特征、裂缝特征等	岩相特征、储层厚度、岩性、物性、孔隙特征、裂缝特征等

续表

储层类型		陆源碎屑沉积为主				内碎屑沉积为主				混积岩为主		
储层甜点参数	测井甜点参数	岩性、物性、砂体结构、孔隙结构、岩石脆性、裂缝及地应力等	岩性、孔隙性、岩石脆性、裂缝及地应力、含油性等	岩性、孔隙性、岩石脆性、水平应力差、含油性等	岩性、孔隙性、脆性、地应力特征、含油性、可动油等	基质孔隙度、岩性、裂缝、裂缝孔隙度、含油性、水平应力差等	成像孔隙结构、裂缝孔隙度、基质储层因子、脆性、应力特征等	岩性、孔隙性、裂缝、脆性、地应力各向异性、含油性等	岩性、孔隙性、裂缝、脆性、地应力各向异性、含油性等	优势岩性、孔隙性、脆性、裂缝、水平应力差、含油性、可动油等	岩性、层理结构、声波时差与密度交会、阵列感应电阻率频率结构等	岩性、孔隙性、孔隙结构、裂缝、水平应力差、含油性、可动油等
	地震甜点参数	时间域特征、频率域特征、叠前高亮体特征、岩石力学脆性指数等	振幅反射特征、最大振幅属性、波形指示反演、电阻率反演等	波形特征、振幅属性、时间域波阻抗反演、深度域伽马反演等	波形特征、均方根振幅属性、流体活动性属性等	波组组合特征、纵波速度、叠后裂缝预测等	叠前时间域特征、纵横波阻抗反演、蚂蚁体裂缝预测等	叠前时间域特征、岩石弹性参数、波阻抗反演、纵横波速度比反演等	电阻率拟声波反演、叠前弹性反演、均方根振幅属性等	波形特征、甜点振幅特征、均方根振幅属性、弧长属性等	波形特征、振幅特征、波阻抗反演、电阻率反演等	波形特征、叠前高亮体特征、波阻抗反演、绝对阻抗属性等
成效		城96井等多个“七性”评价铁柱子，落实甜点区面积约3000km^2	源63等多个“七性”评价铁柱子，落实规模甜点区23个	让平15井等多个“七性”评价铁柱子，落实可动用甜点区面积约300km^2	扎平1井等“七性”评价铁柱子，落实甜点区面积约80km^3	龙浅2井等“七性”评价铁柱子，落实规模甜点区5个	狮42井等“七性”评价铁柱子，落实甜点区面积约200km^3	雷88井等“七性”评价铁柱子，落实甜点区面积约300km^3	束探1井等“七性”评价铁柱子，落实甜点区面积约200km^4	吉174等多个“七性”评价铁柱子，落实甜点区面积约1000km^2	官108-8井等“七性”评价铁柱子，落实甜点区面积约200km^2	芦1井等多个“七性”评价铁柱子，落实甜点区面积约300km^2

通过研究，陆相页岩层系石油储层甜点评价预测取得两方面主要进展。（1）建立致密储层典型图版，形成储层甜点储集特征综合表征方法。通过精选重点层系代表样品，多方法多尺度表征孔隙、矿物和流体特征。系统研究发现，砂岩、混积岩—沉凝灰岩有效储集空间大，集中发育段是有利储层甜点段。准确表征和研判储层甜点，是井震约束预测甜点区段的重要基础。（2）形成以甜点储层为核心的测井甜点段评价、地震甜点区预测方法。① 关键技术研发方面：围绕面临的岩性复杂多样、纳米级孔隙表征难、核磁共振 T_2 谱含油性校正难、含油饱和度计算误差大等具体难题，发展完善了岩性、孔隙和含油性表征技术，创新研发了物性、脆性、水平应力差、裂缝等地质工程建模主要参数定量预测技术，地质—工程甜点综合表征技术研发，支撑了精准落实黄金靶点。② 甜点区段评价方面：建立井震分级评价标准，井震约束预测甜点区，有效提高预测精度，支撑了油区水平井网部署。

以松辽盆地南部白垩系泉头组四段含油致密储层为例阐述。泉头组四段大面积连片发育三角洲平原河道砂体和三角洲前缘水下河道砂体，河道主要由西南向东北呈条带状展布，多个单期河道叠加、切割而成复合河道；平面上，小层砂岩呈条带状、网状展布，砂体延伸方向大致为西南—北东向，小层砂岩厚度一般为 4～10m，大多发育 2～3 个单砂层，单砂层厚度一般为 2～8m；纵向上，砂岩多期河道叠加或切叠，顺物源方向砂体连通性好，切物源方向砂体连通性相对较差，河道变化快，单井一般发育 6～12 个单砂层，单砂层厚度一般为 2～8m，累计厚度一般为 20～55m。依据砂体规模、单砂层厚度、储层物性、油气显示、油层厚度、识别难度等优选地质储层甜点，泉头组四段包括上部水下分流河道砂组和下部叠置分流河道砂组两个储层甜点（图 1–15）。依据储层厚度、岩性、砂地比、常规电性、孔隙度、脆性、孔喉结构等参数响应特征，结合岩石物理实验，建立了“七性”测井定量分级评价标准体系，综合识别储层甜点段（图 1–16）。泉头组四段上部储层甜点与青山口组页岩层系直接接触，顶界面在地震剖面上反射能量强，表现为一个相对较强的相位组成的反射波组，连续性好，容易对比追踪。上下两个储层甜点同相轴连续，层间信息丰富，断点清晰可靠，可对比追踪，满足构造解释需要，利于储层甜点预测（图 1–17）。依靠深度域三维地震资料，依据储层厚度、储层物性、波形特征等参数响应特征，开展相控储层甜点参数预测，建立了河道砂体储层甜点地震分级评价标准体系，综合预测上部可作业储层甜点区约 300km^2 和下部可作业储层甜点区约 230km^2。储层甜点描述精度逐年不断提高，有效支撑了水平井导向，确保了试验区产能效果。

围绕陆相含油致密储层复杂的岩性特征、特殊的物性特征、难以识别的含油气特征和对工程参数计算的迫切要求，近年来重点页岩层系储层甜点攻关取得重要进展，形成了系列配套技术。

（1）陆源碎屑致密砂岩储层：① 松辽盆地北部针对白垩系泉头组四段、青山口组二 + 三段薄储层难题，在大庆长垣、三肇、齐家、龙虎泡地区开展地震资料处理解释攻关，形成了一套薄互层砂体识别和储层甜点预测地震处理解释技术，有效支持了致密油勘探开发部署。②松辽盆地南部在泉头组四段储层建模和“七性”评价基础上，重点选取反映储层品质和工程品质的敏感参数，构建了地质甜点和工程甜点评价指数，开展甜点评价及分类研究，确定了小层甜点空间展布，优化射孔段、射孔簇，为提高水平井优质钻遇率和后期水平井压裂施工提供了技术支持。

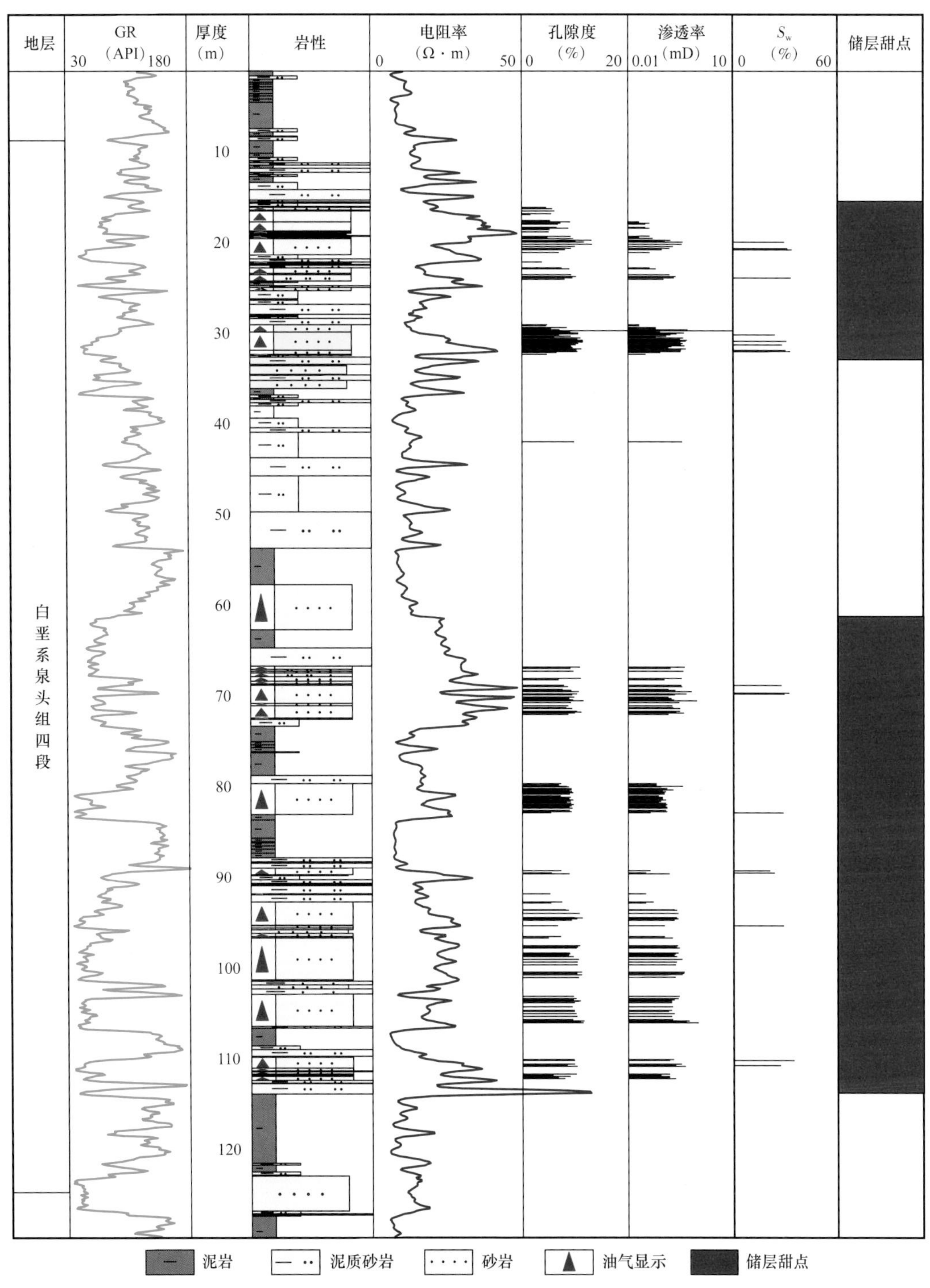

图 1-15　松辽盆地南部泉头组四段含油致密储层甜点综合柱状图

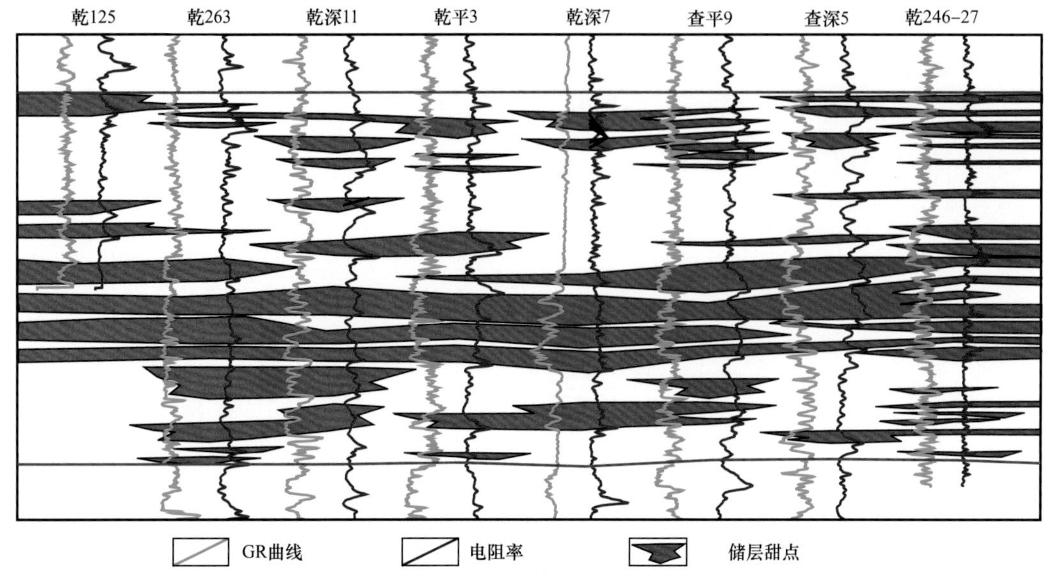

图 1-16　松辽盆地南部泉头组四段含油致密储层甜点连井剖面图

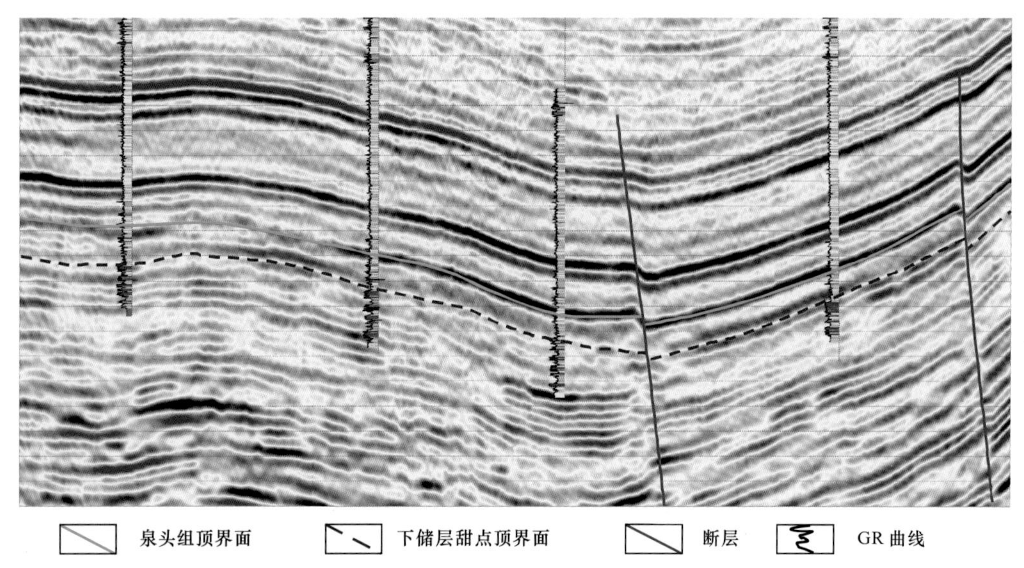

图 1-17　松辽盆地南部泉头组四段含油致密储层甜点井震约束剖面图

（2）内碎屑致密碳酸盐岩储层：① 柴达木盆地西南以叠后、叠前两套数据体为基础，井震结合，形成了地质地震多手段、多信息联合，多属性预测储层甜点配套适用技术；② 四川盆地大安寨段开展了致密油和页岩油甜点区（段）评价标准、识别与预测；③ 华北探区探索形成了以“优质烃源灶精细刻画—致密储层甜点预测—地层可压性评价”为核心的地质—地球物理页岩层系石油甜点区预测评价技术。

（3）致密混积岩储层：① 吉木萨尔凹陷芦草沟组据核磁共振测井识别储层甜点段，井震结合精细解释，开展甜点段纵向识别、横向对比与预测，实钻井约束定量预测编制上、下甜点段工业图件；② 三塘湖盆地条湖组形成了沉凝灰岩致密油“七性”关系评价技术和“模式控区带、参数控质量、融合控甜点”甜点评价预测技术规范、分类标准及技术手册。

通过攻关，基于 18 套基础图件，通过甜点储层表征、测井甜点段和地震甜点区研究，研究区预测优选甜点区 55 个，资源规模 32×10^8t，面积 7646km^2，评价优选出 65 个钻探目标，其中实施钻探 32 个，27 个获得突破发现，对明确页岩层系石油有效作业靶区、提高钻井和压裂成功率，发挥了重要先导和支撑作用（表 1–6）。

表 1–6　2016—2020 年重点盆地页岩层系石油甜点区评价结果

盆地 / 坳陷	层位	区带名称	三维地震（km^2）	甜点区编号	甜点区名称	甜点区面积（km^2）	甜点区资源（10^8t）
松辽北部	扶余	中央坳陷区	11719	1	树 14	198.8	0.52
				2	肇平 2	121.0	0.25
				3	肇平 8	146.5	0.25
				4	肇平 11	182.1	0.41
				5	葡 471	128.0	0.22
				6	肇平 22	192.1	0.61
				7	源 16	356.7	0.98
				8	肇平 25	222.2	0.73
				9	敖平 2	394.0	0.47
				10	大 424	111.2	0.06
				11	垣平 1	256.6	0.41
				12	高 17	133.1	0.15
				13	太 21	145.1	0.17
				14	龙 26	17.3	0.03
				15	龙 23	50.8	0.07
				16	塔 28	158.4	0.52
				17	塔 161	24.6	0.10
				18	哈 12	74.3	0.16
				19	英 142	120.0	0.19
				20	英 77	41.9	0.04
松辽南部	扶余油层	红岗阶地、扶新隆起带	5200	21	乾 246—让 70	379.0	1.30
				22	查 25	72.0	0.30
				23	黑 179	32.0	0.10
		长岭凹陷		24	乾 216	34.0	0.10
				25	新 362	89.0	0.25
				26	红 152—红 89	84.0	0.20
				27	嫩 9	27.0	0.05

续表

盆地/坳陷	层位	区带名称	三维地震（km^2）	甜点区编号	甜点区名称	甜点区面积（km^2）	甜点区资源（10^8t）
准噶尔	芦草沟组	吉木萨尔凹陷	852	28	芦草沟组上段	342.8	4.46
				29	芦草沟组下段	673.7	6.66
	风城组	玛湖西斜坡风城地区	963	30	风城组一段	358.0	2.11
				31	风城组二段	406.0	3.51
				32	风城组三段	291.0	2.69
柴达木	上干柴沟组	柴西碎屑岩	1800	33	扎 401 区块	5.1	0.02
	下干柴沟组上段	柴西南碳酸盐岩	1600	34	狮 52 区块	36.1	0.31
				35	狮 49 区块	12.1	0.14
				36	狮 41 区块	9.7	0.16
	油砂山组	柴西碳酸盐岩	4900	37	风西区块	87.5	0.51
三塘湖	条湖组	马朗—条湖凹陷	2622	38	条 19—条 34 区块	51.7	0.20
				39	条 5 区块	29.2	0.10
				40	条 8 区块	23.8	0.10
				41	牛圈湖区块	32.6	0.16
				42	马中区块	68.3	0.32
	芦草沟组	马朗—条湖凹陷	2622	43	ML1 区块芦草沟组一段凝灰岩	66.9	0.10
				44	牛圈湖—ML1 芦草沟组二段沉凝灰岩	351.6	0.55
				45	条 25—条 8 块芦草沟组二段沉凝灰岩	227.3	0.36
				46	条 5—条 7 芦草沟组二段玻屑凝灰岩	30.3	0.05
				47	条 34 区块芦草沟组二段玻屑凝灰岩	66.9	0.10
冀中坳陷	沙河街组三段下亚段	束鹿凹陷	895	48	束探 3	17.6	0.06
				49	晋 100	26.2	0.05
				50	晋古 11	19.9	0.08
				51	晋 67	18.7	0.04
				52	晋 97	14.5	0.02
				53	晋古 3	29.2	0.06
				54	晋古 2	44.8	0.07
四川	大安寨段	川中	13812	55	川中页岩油	512.6	0.329
总计						7645.8	31.96

第四节　勘探开发关键技术总体进展

一、“进（近）源找油”及地质工程一体化内涵

陆相页岩层系石油是国内“进（近）源找油”的主要对象。“进（近）源找油”有两个内涵，找出甜点区和采出甜点体（图 1-18）。我国陆上含油页岩层系大面积连续分布，总体厚度大，油气贴近烃源或生烃层系内部分布，资源规模大，但含油丰度较低，需要准确的地质评价和精细的物探识别，找出找准含油储层甜点区；含油页岩层系一般储层致密、地层能量不足，无稳定自然产能，渗流能力较差，需要制订系统的人工干预方案，打进甜点层、压好甜点段，平台式工厂化作业，多井多层立体联动，形成人工渗透率，制造人工甜点体，开发人工油气藏。页岩层系石油实现“进（近）源找油”，地质工程一体化是“杀手锏”，追求地质物探上看对看清、钻井改造上打准压开、油藏开发上高产稳产。

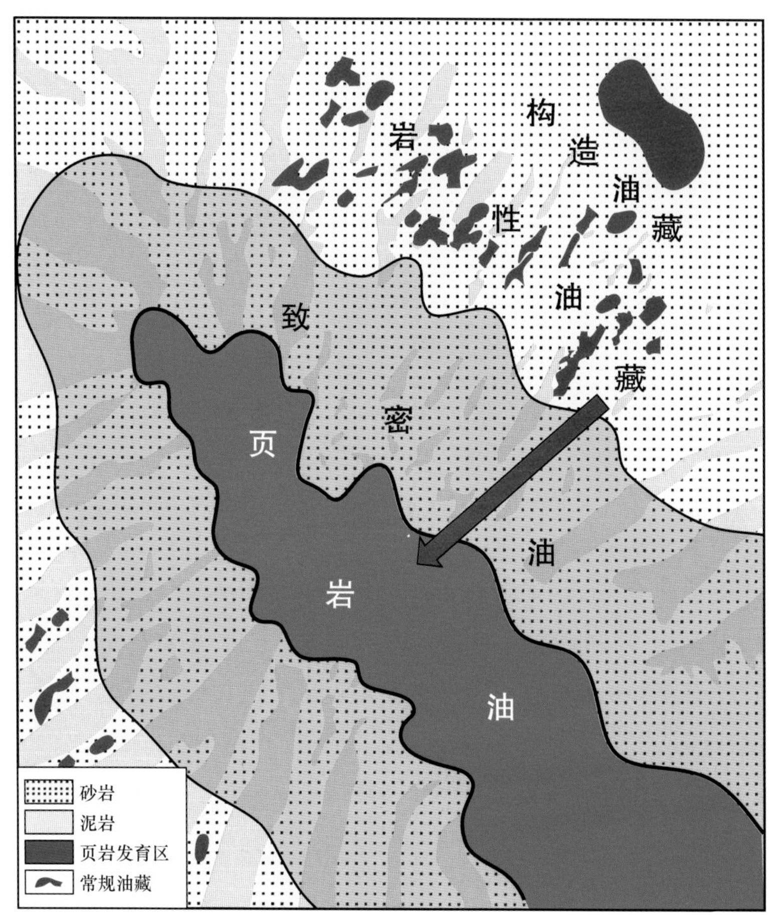

图 1-18　页岩层系石油“进（近）源找油”内涵

页岩层系石油地质工程一体化，就是针对陆相含油页岩层系储层，以甜点区（段）评价识别为基础，以甜点体高产稳产为目标，以逆向思维设计、正向作业施工为工作指南，坚持地质设计与工程实践一体化组织管理，做好甜点区（段）评价刻画和人工油藏制造开发两项工作，最终把蓝图设计转化为工程作业、效益产量的系统工业过程。

二、地质工程一体化进展

系统开展重点盆地致密砂岩、混积岩及沉凝灰岩和碳酸盐岩三类页岩层系石油典型区块实例分析，重点集成地质工程一体化技术，推进关键技术应用，支撑大庆、吉林、新疆、吐哈等油田实现页岩层系石油规模快速发展。以下分地质评价预测、工程关键技术和主要管理举措等三个方面展开叙述。

1. 碎屑岩页岩层系石油地质工程一体化的主要进展

碎屑岩页岩层系石油在松辽盆地白垩系扶余油层、鄂尔多斯盆地三叠系延长组 7 段、柴达木盆地西南部扎哈泉新近系上干柴沟组等地质工程一体化实践取得重大进展。

1）松辽盆地南部吉林探区致密砂岩油

通过深刻剖析乾安泉头组四段致密油层地质条件，发现制约发展的储层甜点预测、提产稳产和降本增效三个主要难题。通过五年针对性攻关，取得了重要进展。（1）攻关储层甜点一体化预测技术，提高了水平段油层钻遇率。以甜点段油层段集中、地质可对比、地震可识别、水平井可钻、压裂可沟通和产能已证实“六要素”一体化研发理念为准绳，着力推动由时间域二维地震资料属性定性预测砂组、高分辨率反演半定量刻画砂体，向利用深度域三维地震资料相控储层参数定量描述预测优质储层的跨越，实现了 5m 以上优质储层定量描述，落实有利钻探目标 6 个，水平段砂岩钻遇率提高到 91%、油层钻遇率提高到 82%。（2）形成水平井勘探开发工程 3 项配套技术，支撑了致密油有效开发。① 优化水平井油藏工程方案设计，通过实行“一区一策、一井一策”，“水平井产量—储量—效益”倒算工程参数，优化井位部署和井眼轨迹，保障储量动用及效益最大化。② 优快水平井钻完井，通过不断优化和提高关键技术指标，水平段长度突破 2000m，钻井周期降低 36%，钻井成本降低 42%～53%。③ 大规模水平井体积压裂，调整转变压裂理念（图 1-19），通过密切割蓄能压裂、控液生产等有效措施，实现材料更加优化、改造规模更大，不断增强提产能力。（3）通过统筹油藏评价、产能建设、生产运行的一体化管理，和分解单井投资构成、降低运行成本的市场化运作，切实实现了降本增效。三方面技术管理成果，支撑了松辽盆地乾安泉头组四段致密油层“十三五”产量实现跨越式增长，年产量由攻关前的 0.3×10^4t 大幅增长到 26.6×10^4t，为形成“十四五”百万吨产能开发方案、实现 50×10^4t 年产量目标打下坚实基础。

2）松辽盆地北部大庆探区致密砂岩油

（1）地质评价预测方面。扶余油层纵向上划分为 7 个砂层组，发育大型河流—浅水三角洲沉积体系，主要储集砂体类型为曲流河、网状河及分流河道等，坳陷区广泛分

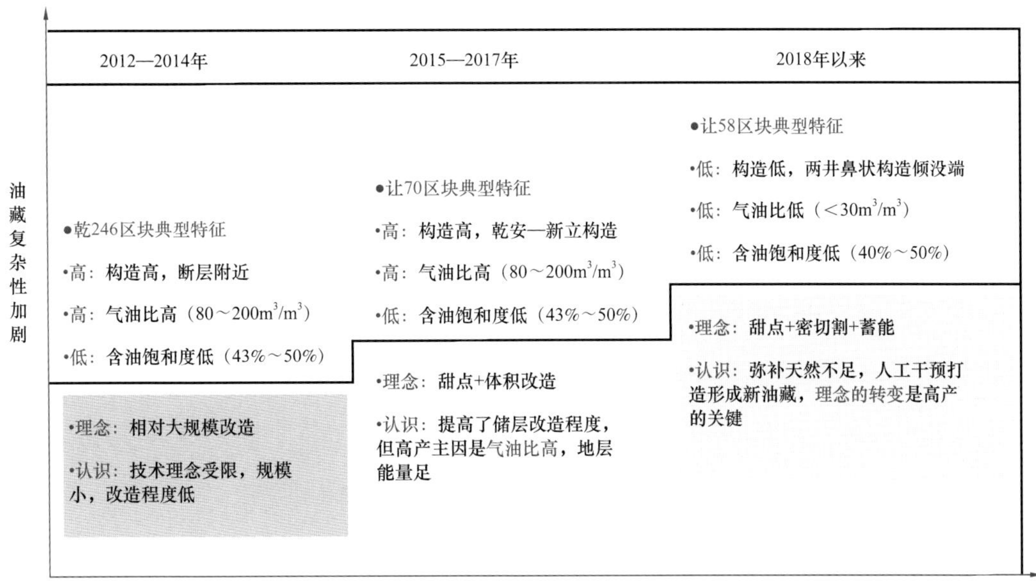

图 1-19　松辽盆地南部吉林探区扶余油层致密油水平井储层改造技术发展路线

布。致密油富集受控于有利相带厚储层、源储叠合区、通源断裂、埋藏深度等因素，主要聚集于中部以三角洲前缘河道砂储层为主的 3 个砂层组。建立了以实验数据约束的测井“七性”参数定量评价方法，有效识别出含油甜点段。区域上根据砂体成因，应用地震多属性优选分析技术，优选对砂体厚度敏感的均方根振幅等属性，多方法反演比对，形成地震储层预测和砂体精细刻画方法，精细描述甜点区分布。（2）两类开发模式工程关键技术。“十三五”大庆油田采用水平井体积压裂和直井大规模压裂两种不同的开发模式，开展了 10 个水平井体积压裂和 5 个直井大规模压裂的现场试验，取得了积极进展。如芳 198-133 水平井试验区，把握储层和产能两个关键参数，优选有利目标区；选好资料、用对属性，刻画甜点储层，精细钻井跟踪导向，提高有效钻遇率；精细压裂设计，减小缝间距，增大砂液比，提高裂缝波及范围及导流能力；平台布井、优快钻井、连续压裂，采用“工厂化”施工模式，实现控投资提效率；通过一体化攻关，实现砂岩钻遇率 91.2%，含油砂岩钻遇率 88.1%，初产油 32.7t/d，平均日产 14t。如塔 21-4 直井试验区，立足沉积微相开展储层精细分类评价，制订多轮次地震预测方案，不断提高储层跟踪预测精度，支撑平均单井钻遇有效厚度 10.0m/9.9 层；形成斜直井多层缝网压裂一体化平台开发设计技术，共完成 5 个批次 86 口井 509 层段，单井平均砂岩厚度 16.5m，平均单层设计砂量 45.1m^3、滑溜水量 709m^3，达到了不同品质储层个性化有效改造；通过一体化攻关，试验区已见油 50 口井，平均单井日产油 3.7t，综合含水 69.3%，全区累计产油 12561t。（3）以效益开发为目标，通过赋予项目经理部机构编制设置权、投资计划审批权、市场化运作权、招标管理权、物资采购权等 11 项权利，统一组织、统一管理、统一运行，实行产量及经营指标全生命周期管理，实现降投资、降成本目标。

3）柴西扎哈泉地区上干柴沟组致密砂岩油

上干柴沟组纵向上划分为6个砂组，下部主要发育优质烃源岩，致密油主要分布在中上部的3个砂组，以湖相滩坝砂为主要储层，埋藏浅、物性差，致密油富集受构造背景、优势岩性等因素控制，发现了扎2、扎7、扎探1等多个甜点区。2013年以来，立足甜点区，经历了优化产建目标、勘探开发一体化、高效开发、外围甜点突破四个发展阶段，形成了多手段多属性预测甜点储层、开发早期介入的勘探开发一体化运行、基于试采评价的产建方案设计等有效举措，推进了新的产能建设和外围新区接替。

2. 混积岩—沉凝灰岩页岩层系石油地质工程一体化的主要进展

混积岩—沉凝灰岩页岩层系石油在准噶尔盆地东部吉木萨尔凹陷二叠系芦草沟组、三塘湖盆地马朗—条湖凹陷条湖组、渤海湾盆地沧东凹陷古近系孔店组二段等地质工程一体化取得重要进展。

1）吉木萨尔凹陷芦草沟组混积岩页岩层系石油

（1）地质评价预测方面。芦草沟组沉积期为近海咸化湖盆沉积，主要为碎屑岩类和碳酸盐岩类组成的混积岩，岩性复杂、粒度较细、薄层纹层叠置，凹陷区内大面积连续分布。页岩层系石油富集受控于宽缓斜坡构造背景、烃源岩成熟度、云质与砂质有利储层、微裂缝系统等因素，页岩层系石油主要聚集于上、下两个甜点段，横向分布稳定，其中上甜点段岩性主要为砂屑云岩、岩屑长石粉细砂岩和云屑砂岩，油层跨度38m，主体区域叠合厚度大于16m，是目前的主要开发目的层。建立了测井与岩石物理结合“七性”评价技术，优选骨架密度、结构指数两个敏感参数，连续评价岩性含量，应用核磁共振测井T_2截止值计算页岩孔隙度及含油饱和度，有效提高甜点段解释精度。建立多井地质模型，明确甜点段地震响应特征，优选纵波阻抗、均方根振幅等地震属性参数分层段有效预测孔隙度，定量预测岩石脆性、水平应力、多尺度裂缝等工程参数，地质工程结合准确刻画甜点区分布。（2）吉木萨尔凹陷中南部为试验建产的重点示范区，基于地震预测的地质—工程参数三维模型，形成了四项关键工程技术。一是建立地质工程一体化薄油层水平井轨迹跟踪技术，指导轨迹设计及随钻调整，工程上旋转导向和探边，甜点段钻遇率大幅提高。二是配套形成水平井钻完井技术体系，优化井身结构、钻井液体系、钻具方案等，设计两套方式实现工厂化钻井，钻井周期明显缩短。三是形成了高密度裂缝切割、多粒径支撑剂组合、大排量大规模改造的水平井体积压裂技术系列，储层改造水平明显提高。四是努力推进试验区大平台及细分层系开发试验，优化钻井方位、井距、水平段长度、初期产能等关键参数，大井丛、工厂化，优先动用一类区，力求勘探—评价—产能一体化、整体部署、分步实施、平面接替、保持稳产。（3）主要管理举措方面，成立了现场指挥部，方案、钻前、钻井、压裂、试产、生产一体化管理，做好降本与技术提效攻关工作。通过不断推进地质工程一体化，页岩层系石油已作为新疆油田石油建产上产的重点领域之一，“十三五”探明了超1.5×10^8t的页岩层系石油储量，近年将建成年产量百万吨级页岩层系油田。

2）马朗凹陷条湖组致密沉凝灰岩油

（1）地质评价预测方面。条湖组纵向上划分为三段，上段为泥岩、凝灰质泥岩，有一定生烃能力，中段为沉凝灰岩，是主要的储层甜点段，下段为火山熔岩。条湖组沉凝灰岩致密油是火山碎屑落入富含有机质湖盆斜坡及中心，伴随湖盆沉降、有机质成熟，生成油气就近聚集在火山灰脱玻化蚀变产生的大量微孔中，形成大面积连续分布的致密油资源，具有断缝输导下部芦草沟组油源、火山机构周缘湖盆区洼地沉凝灰岩储层聚集石油的富集模式。形成了储层“七性”评价技术，常规测井交会识别岩性、核磁共振测井评价有效储层、阵列声波测井分析力学参数，建立了沉凝灰岩储层分类评价标准。研发了地震预测储层甜点关键技术，运用多属性、地震反演、含油气检测技术综合落实甜点区，井震结合识别甜点区 260km^2，储量规模 0.77×10^8t。（2）马朗凹陷马 56 井区是条湖组致密油的开发试验区，2013 年以来经历基础井网建设、转变开发方式、井网加密三个发展阶段，试验技术方案，优化工艺参数，形成四项关键工程技术，建立了条湖组沉凝灰岩致密油开发模式。一是水平井设计技术，应用区域应力分析资料初步确定水平井方位，压裂裂缝监测校正主缝网方位，有效确定水平井轨迹方向，提出五点法井网，两水平井首尾在主应力方向错开，确保体积改造缝网的立体全覆盖。二是钻完井技术，自主研制专用导向耐磨 PDC 钻头、弱凝胶钻井液，集成配套可视化随钻导向及水平井固井技术，创新可控斜全压钻进模式，解决了安全快速钻井难题。三是体积压裂技术，配套形成了“分段多簇、大排量、大液量”水平井体积压裂改造技术系列，实现了由传统单缝改造到大规模体积改造的转变；通过微地震裂缝监测证明，体积压裂形成了复杂裂缝网络系统，证实沉凝灰岩体积压裂工艺的适用性。四是开发前期试验方面，针对地层压力低、供液能力差的难题，积极转变开发方式，以补充地层能量为目标追求参数优化设计，各 10 口井分别试验增能压裂和注水吞吐，单井周期增油取得较好效果。（3）两个阶段的主要举措。第一阶段，通过井网适应性评价，编制两次加密方案，共部署水平井 73 口，建产能 32×10^4t/a，加密后采收率提升至 10%，初具经济性；第二阶段，结合矿场试验和室内实验，将扩大水驱 + 吞吐应用规模，努力将最终采收率提升至 15%。

3. 碳酸盐岩页岩层系石油地质工程一体化的主要进展

碳酸盐岩页岩层系石油在柴达木盆地西南部古近系下干柴沟组、四川盆地中北部侏罗系大安寨段、渤海湾盆地西部凹陷雷家地区古近系沙河街组四段等地质工程一体化取得积极进展。

1）柴西南英西地区下干柴沟组碳酸盐岩页岩层系石油

（1）地质评价预测方面。英西地区下干柴沟组为浅湖—半深湖沉积，纵向划分为盐间和盐下两套组合 6 个油层组，页岩层系石油主要分布在盐下 3 个油层组，可划分出膏坪、滩、灰云坪、湖泥 4 种微相，其中灰云坪和滩为有利沉积相带，滩—坪复合体较发育，纵向上层段多，累计厚度 200～500m，储地比 50%～60%，有效储层占 30%～40%。页岩层系石油富集主控条件为位于烃源中心、有利沉积相带和有利储层发育区。建立了缝洞—孔隙型、裂缝—孔隙互补型（溶蚀孔）、裂缝—孔隙互补型（晶间孔）等三种储层类型测井“七性”甜点段评价技术，开展灰云岩储层纵横波阻抗反演预测，利用相干蚂蚁体预测优势裂缝发育区，支持了甜点区识别。（2）三项工程关键技术。一是水平井设计技术，综合确定水平段长度在 800～1000m 之间，水平井压裂缝间距为 60～80m，结合最大主应力方向优化水平井网设计。二是针对英西地区井漏突出、溢漏共存、钻井周期长的难题，形成以高效提速工具为核心的钻井提速方案，钻完井配套技术不断完善。三是持续优化工艺参数与体系配方，采用产出液配制滑溜水、小粒径石英砂替代陶粒，形成英西复杂储层水平井体积压裂特色技术。（3）主要管理举措方面。按照“整体部署、分批实施、强化跟踪、优化调整”原则，缝洞—孔隙型储层部署直井开发，裂缝—孔隙互补型储层以平台方式部署水平井 + 规模压裂投产，部署井数超百口。“十三五”围绕英西地区下干柴沟组碳酸盐岩开展中—深层源内页岩层系石油勘探，相继发现 5 个甜点区。

2）川中北大安寨段页岩油

过去四川盆地侏罗系油气勘探开发集中在川中地区，总资源量超过 20×10^8t，累计完钻井 2220 口，以侏罗系为目的层的井 1229 口，大安寨段累计完钻井 1037 口，探明石油地质储量 8118×10^4t，1997 年峰值产量为 23.95×10^4t，2018 年产量仅有 2.4×10^4t，资源转化率极低。2019 年以来，转变思路，优选大安寨段页岩为勘探甜点段，主要基于页岩段孔隙度（4%～6%）远优于顶底板致密灰岩、已有多口井页岩段有工业油气流发现等重要新认识新发现，评价出盆地中北部大安寨段富有机质页岩厚度 20～50m、目的层埋深 1400～2500m 的页岩油气甜点区面积约 2×10^4km^2（图 1–20）。目前，中国石油立足川中地区大安寨段湖相页岩油气有利区，按照“突出重点、突出突破、突出效果”部署思路，在两个区块开展两个层次的资料录取和整体风险勘探评价工作：一是优选老井结合地震预测成果开展“直改平”，采用水平井 + 体积压裂技术，突破产量关；二是开展新井部署和论证，在取全取准资料的前提下，进一步验证含油气性，并开展工艺试验。四川盆地侏罗系油气进入页岩油气勘探新阶段，潜力巨大，前景可期，地质工程一体化提前介入和系统规划，应在该阶段发挥核心作用，有望开辟海相页岩气之后非常规页岩层系石油的新领域。

三、勘探开发关键技术总体进展

中国重点盆地陆相页岩层系石油储层岩性岩相多样、地层时代跨度很大、地质条件复杂多变，整体勘探开发页岩层系石油，需要结合实际地质条件对症下药，以页岩层系石油甜点区（段）评价为核心（图 1–21），针对性形成适用、配套的地质评价、甜点区预测、钻完井、储层改造、有效开发等关键技术系列。

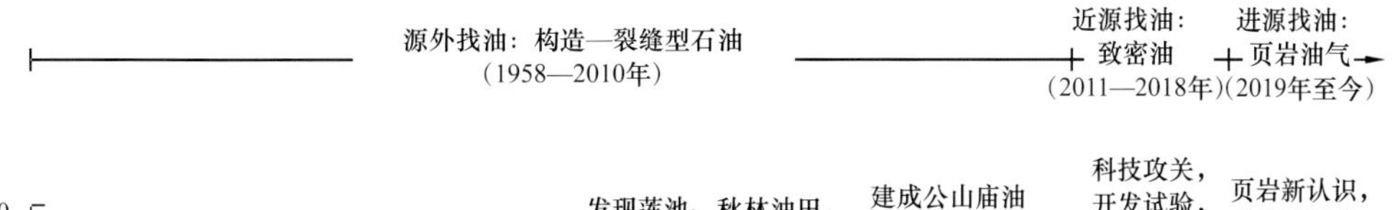

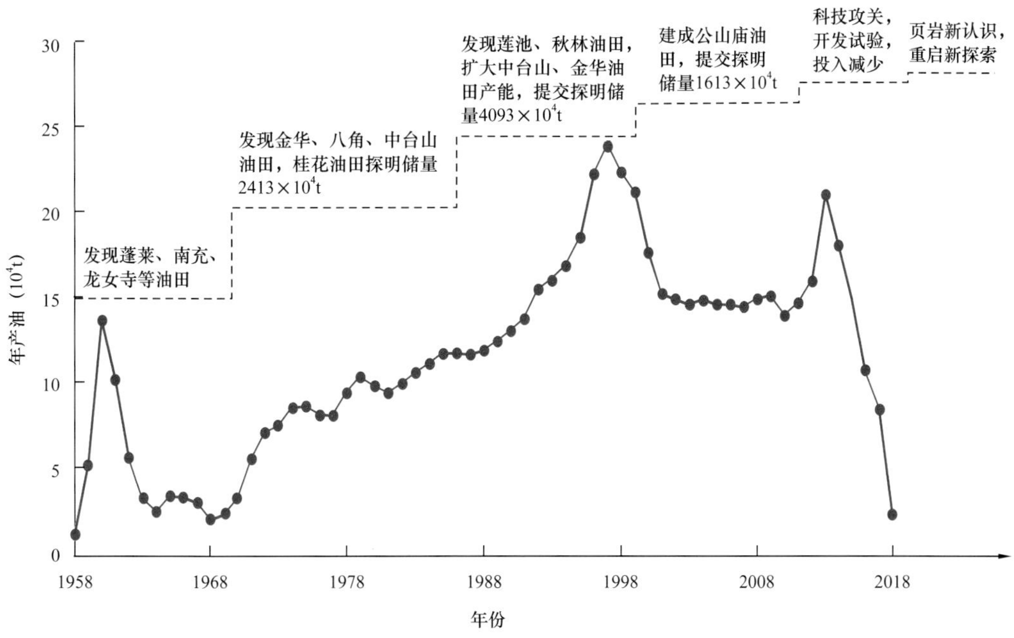

图 1–20　四川盆地侏罗系勘探阶段划分与油气产量变化关系

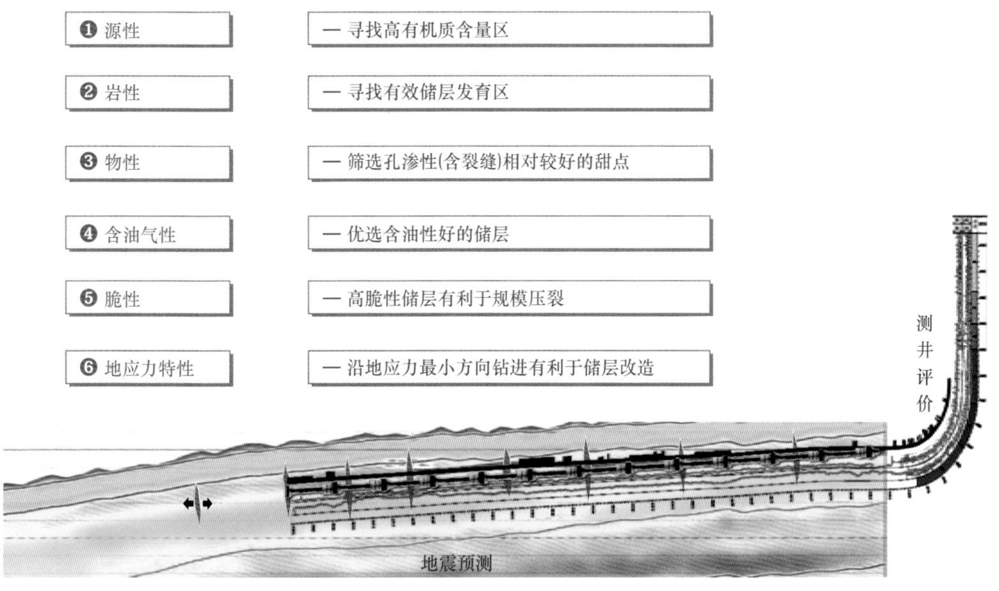

图 1–21　非常规页岩层系油气甜点区评价预测技术

通过五年攻关，以甜点 + 水平井 + 密切割为代表，集成配套地质评价、甜点预测、优快钻井、复杂缝网、效益开发等关键技术系列，取得了明显技术进展和应用成效，为大庆、吉林、新疆、青海、吐哈等 5 个亿吨级页岩层系油区快速发展提供了有力技术支撑（表 1–7）。

表 1-7　重点盆地陆相页岩层系石油关键技术进展及应用

探区	应用对象	关键技术	技术进展及应用成效	
大庆	泉头组四段致密油层	薄互层砂体识别和储层甜点预测地震处理解释技术	地震资料品质提高 15Hz，大于 3m 砂层识别准确率由 57% 提高到 75% 以上	指导预测优选甜点区 3075km^2，钻探目标 8 个均高产，累计产油 11.2×10^4t
	青山口组二 + 三段致密油层	水平井体积压裂、穿层压裂和直井缝网压裂配套技术	压裂施工效率提高 78%；试油施工效率提高 91%	
吉林	乾安地区	二开浅表套井身结构、水平井高效钻完井技术	钻井周期 1 砂组由 43d 降至 25d，3 砂组由 66d 降至 31d，投资由 910 万元降至 510 万元	支撑新建产能 46.45×10^4t/a，累计产油 76.1×10^4t
	泉头组四段致密油层	蓄能式体积压裂为核心的致密油压裂配套技术	压裂段间距由 70～90m 降至 40～50m，簇间距由 30～40m 降至 7～15m	
新疆	准噶尔盆地	采用井地联采的方式实施“两宽一高”纵波三维	运用地震、测井、岩石物理、地质等信息，建立了基于 AI 学习的甜点预测技术	指导预测优选甜点区 2072km^2，钻探目标 3 个均获高产
	二叠系	创新形成了 VSP 井驱地面地震宽频处理技术	甜点钻遇率大于 92%，水平井试油获得高产	
青海	柴西南古近系	缝控压裂储层改造技术	促进了亿吨级规模储量发现和落实	支撑“十三五”新建产能 48.9×10^4t/a，累计产油 66.2×10^4t
	扎哈泉新近系	套管桥塞多簇多段体积压裂技术	措施成功率从 33% 提高至 86%，平均增产 3.4 倍	
吐哈	马朗凹陷条湖组	集成可视化随钻导向 + 固井的水平井低成本优快钻井技术	实现千米水平段一只钻头、一趟钻，平均油层钻遇率 83.8%，固井质量一次合格率由攻关前的 66.7% 提高至 100%；与马 57H 对比，多压裂 1 段，但大幅降低了成本，初期百天产量提高 60%	支撑“十三五”新建产能 40.3×10^4t/a，累计产油 82.69×10^4t
		低成本大排量、大液量、低黏液体体积压裂技术		
		水平井注水增能压裂 + 二次加密致密油增产技术		
华北	束鹿沙河街组三段	源灶刻画—储层甜点—可压性评价甜点区评价技术	指导钻探束探 3 井获日产 67.32t 高产	指导预测优选甜点区 171km^2
西南	大安寨段	页岩层系石油甜点区（段）评价标准、识别与预测技术	明确不同源储配置的地震响应特征，预测甜点	指导预测页岩段甜点区 500km^2，钻探有利目标 3 个

第五节　应用成效及前景展望

一、应用成效

“十三五”期间，中国石油探区通过大力推进页岩层系石油地质工程一体化，“进（近）源找油”油气发现和产能建设实现双丰收，研究区三种类型页岩层系石油新增探明地质储量约 5×10^8t，新建产能近 300×10^4t/a，累计产油 400 余万吨，产量实现逐年增长（图 1–22）。

研究成果为页岩层系石油整体快速发展提供了有力支持。近年来，中国石油页岩层系石油勘探在鄂尔多斯、松辽、准噶尔、三塘湖、渤海湾等盆地取得了重要进展。（1）鄂尔多斯盆地延长组 7 段发现庆城 10×10^8t 级储量规模区。（2）松辽盆地扶余油层落实 11 个致密油富集区带，储量规模超 5×10^8t。盆地北部扶余、高台子油层形成超 3×10^8t 规模储量区，盆地南部扶余油层形成近 2×10^8t 规模储量区，建成了以乾安等为代表的致密油水平井试验区。（3）准噶尔盆地吉木萨尔凹陷芦草沟组发现亿吨级规模储量，直井小规模压裂、水平井大规模试验取得积极效果，已探明超 1.5×10^8t 地质储量，井控资源规模 11.1×10^8t。（4）三塘湖盆地马朗、条湖凹陷发现条湖组沉凝灰岩亿吨级致密油资源富集区，已建成马中地区致密油水平井开发区，形成 5000×10^4t 规模储量区。（5）柴达木盆地西部古近系碳酸盐岩、新近系碎屑岩、混积岩页岩层系石油勘探进展大，形成超 2×10^8t 规模储量区。此外，四川盆地川中北侏罗系页岩层段、渤海湾盆地冀中坳陷束鹿凹陷和饶阳凹陷、二连盆地阿南凹陷等页岩层系石油领域也取得较大进展。

二、前景展望

中国陆相页岩层系石油剩余资源潜力大，通过攻关进一步明确了页岩层系石油富集地质规律，形成了一整套针对页岩层系石油勘探开发配套技术，页岩层系石油有望成为“十四五”乃至今后一个时期中国石油工业增储上产的重要现实领域。大力推进页岩层系石油勘探开发，对于确保中国石油 2×10^8t 持续稳产具有重要现实意义。展望未来页岩层系石油重点勘探开发领域，建议聚焦大盆地重点层系储层甜点，分层次大力推进鄂尔多斯、松辽、准噶尔、柴达木、四川、渤海湾等重点盆地多种类型页岩层系石油勘探开发，预计剩余资源约 130×10^8t，预计可识别甜点区面积约 17000km^2，预测未来 10 年页岩层系石油产量有望占到中国原油总产量的 10%～15%（表 1–8）。

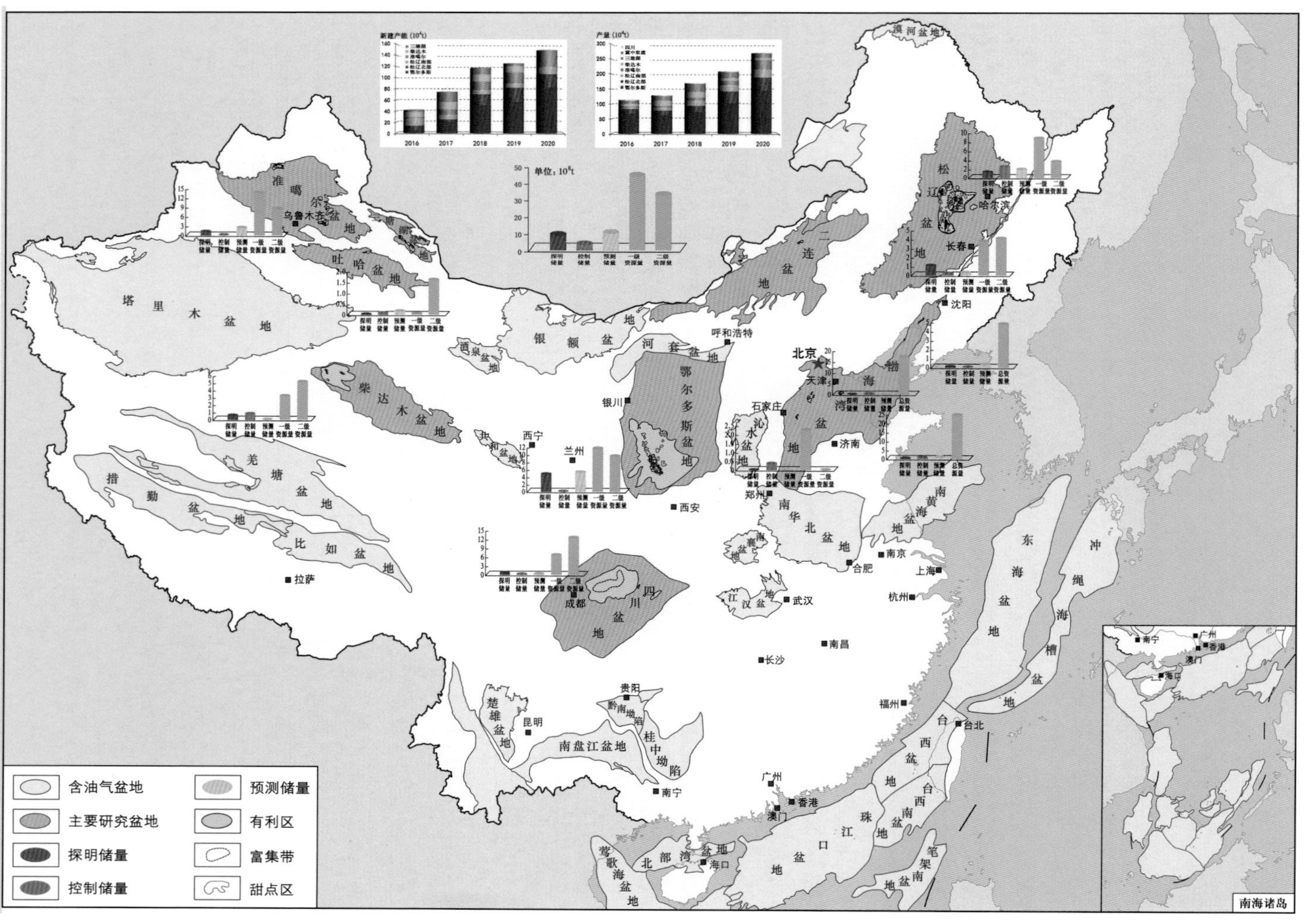

图 1-22　中国陆相重点盆地页岩层系石油勘探开发成果图

表 1-8　中国陆相页岩层系石油重点层系油层特征及资源潜力

页岩层系石油类型	凹陷/区带	含油层系	岩性	油层特征							资源潜力预测			
				埋深（m）	厚度（m）	孔隙度（%）	渗透率（mD）	原油密度（g/cm^3）	气油比（m^3/m^3）	含油饱和度（%）	资源规模（10^8t）	三级储量（10^8t）	剩余资源（10^8t）	预计甜点区面积（km^2）
碎屑岩	鄂尔多斯盆地湖盆中心	延长组7段	粉细砂岩	1000～2600	10～40	7～13	0.01～0.3	0.80～0.86	70～120	60～80	41	20	21	5000
	松辽盆地北部	泉头组四段	粉细砂岩	1700～2400	2～10	5～12	0.01～0.5	0.81～0.85	15～35	50～55	12.7	9.4	3.3	3000
	松辽盆地南部	泉头组四段	粉细砂岩	1750～2500	8～20	5～12	＜1	0.82～0.86	70～150	40～50	10.0	8.0	2.0	1000
	松辽盆地	青山口组一段	黑色页岩	1650～3000	10～25	3～8	0.01～0.3	0.79～0.83	50～400	40～80	30	—	30	4000
	柴达木盆地扎哈泉地区	上干柴沟组	粉细砂岩	2700～3500	4～10	6～12	＜1	0.83～0.87	20～110	50～70	3.3	0.5	2.8	100
混积岩—沉凝灰岩	准噶尔盆地吉木萨尔凹陷	芦草沟组	云质岩、砂质岩	2300～4500	20～50	5～16	＜0.1	0.88～0.92	10～20	60～90	12.4	4.9	7.5	500
	三塘湖盆地马朗—条湖凹陷	条湖组	沉凝灰岩	1400～3200	5～30	10～25	0.001～1	0.86～0.9	10～40	40～90	1.4	0.5	0.9	100
	渤海湾盆地沧东凹陷	孔店组二段	云质岩、砂质岩	2600～4200	10～40	3～6	＜1	0.86～0.91	30～90	40～60	5	0.2	4.8	100
	渤海湾盆地歧口凹陷	沙河街组三段	云质、砂质页岩	2700～4500	40～90	3～8	＜1	0.82～0.88	100～300	—	10	—	10	300

续表

页岩层系石油类型	凹陷 / 区带	含油层系	岩性	油层特征							资源潜力预测			
				埋深（m）	厚度（m）	孔隙度（%）	渗透率（mD）	原油密度（g/cm^3）	气油比（m^3/m^3）	含油饱和度（%）	资源规模（10^8t）	三级储量（10^8t）	剩余资源（10^8t）	预计甜点区面积（km^2）
碳酸盐岩	柴达木盆地英西地区	下干柴沟组	礁灰岩、藻灰岩	3800～6000	2～20	2～12	0.02～1	0.82～0.88	50～150	50～80	3.3	1.2	2.1	200
	渤海湾盆地西部凹陷	沙河街组四段	云质岩	2800～3500	30～40	4～20	＜1	0.87～0.91	—	50～70	2.3	0.2	2.1	100
	四川盆地中北部地区	大安寨段	黑色页岩	2000～2800	20～50	2～6	0.03～0.58	0.76～0.87	150～1000	40～80	22.6	1.6	21.0	1000
	准噶尔盆地玛湖凹陷	风城组	黑色页岩	4500～5500	30～60	5～9	＜1	0.84～0.87	60～110	50～70	15	—	15	2000

第二章　松辽盆地北部致密油资源潜力、甜点区预测与关键技术应用

“十三五”（2016—2020 年）期间，大庆油田研究团队在国家科技重大专项课题“重点盆地致密油资源潜力、甜点区预测与关键技术应用”的研究目标导向和经费资助下，取得 5 项地质认识，明确 4 项甜点要素，形成 8 项致密油有效勘探开发配套技术。按照预探先行、评价跟进、勘探开发整体研究、联合部署、一体化评价思路，松辽盆地北部已建成 17 个致密油开发试验区，建产能 39.5×10^4t/a。“十三五”期间，37 个开发区块（包括 17 个试验区）累计建产 83.4×10^4t/a，2020 年产油 45.1×10^4t，累计产量 122.9×10^4t，松辽盆地北部致密油勘探开发取得良好成效。

第一节　区域成藏条件与富集主控因素分析

一、青山口组优质烃源岩

辽盆地北部青山口组一段、二段优质烃源岩奠定了致密油形成的资源基础。青山口组一段沉积期为湖泊先成期的快速水进期，形成了广泛分布的厚层富有机质泥页岩（图 2-1）。青山口组一段烃源岩发育条件最好，有机碳含量（TOC）大于 2%、厚度大于 50m 的分布范围覆盖了整个齐家—古龙地区，镜质组反射率（R_o）大于 1.0% 的面积约 6600km^2，覆盖齐家—古龙凹陷，R_o 在 0.75%～1.0% 之间的面积约 14000km^2。不同丰度烃源岩生烃潜力差异较大，TOC 大于 2% 为优质烃源岩（图 2-2）。

青山口组一段排油强度大于 200×10^4t/km^2 的面积大于 10000km^2，齐家—古龙地区主体排油强度大于 100×10^4t/km^2。青山口组二段有机碳含量主要分布在 1%～2% 之间，厚度一般为 30～170m，厚度大于 100m 的范围基本覆盖了齐家—古龙地区，向古龙凹陷内部，厚度增大，烃源岩质量更好。青山口组二段 R_o 大于 1.0% 的面积约 1500km^2，R_o 在 0.75%～1.0% 之间的面积约 8000km^2，齐家地区 R_o 整体大于 0.9%。青山口组二段排油强度大于 200×10^4t/km^2 的面积约 8000km^2，齐家地区主体的青山口组二段烃源岩排油强度大于 100×10^4t/km^2。

重点探井烃源岩对比研究表明，纵向上青山口组一段烃源岩质量最好，TOC 平均大于 2%、R_o 大于 1%、生烃潜量（S_1+S_2）一般大于 9mg/g，属优质烃源岩。青山口组二段烃源岩质量较好，一般 TOC 大于 1.2%、R_o 一般大于 0.9%、S_1+S_2 一般大于 7mg/g，属于好烃源岩。向上的青山口组三段烃源岩质量变差，TOC 平均小于 1%、R_o 小于 0.75%、

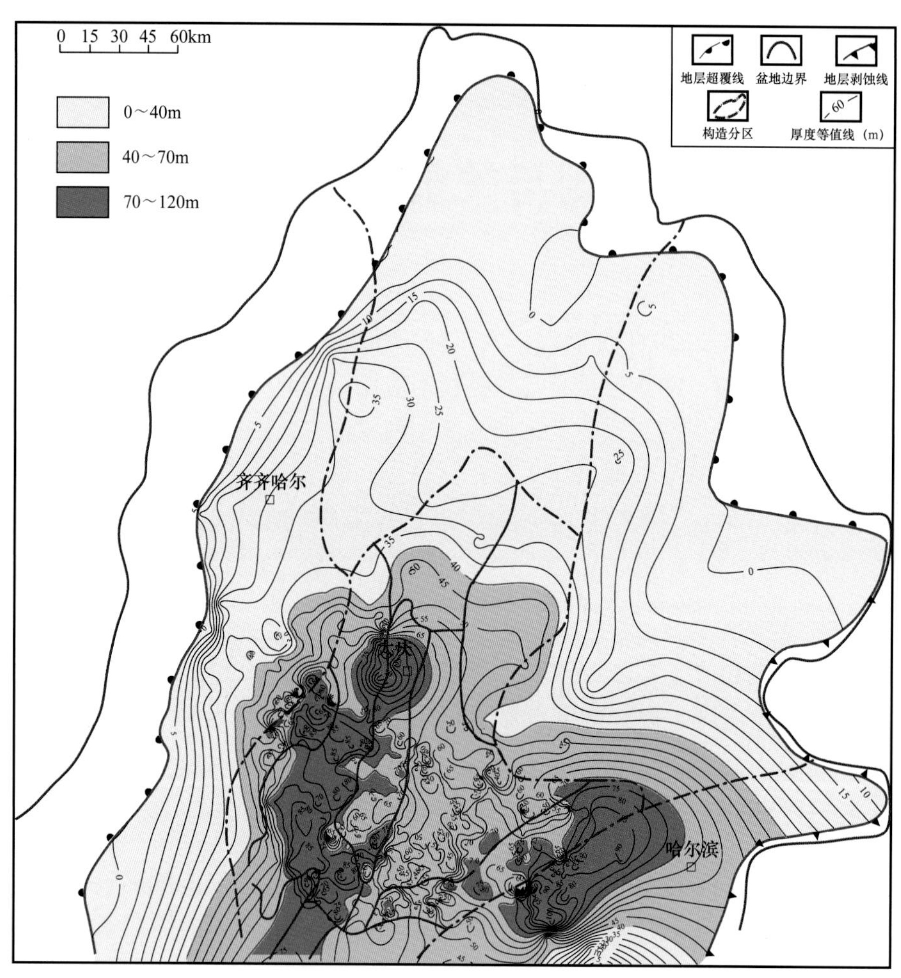

图 2-1　松辽盆地北部青山口组一段暗色泥岩等厚图

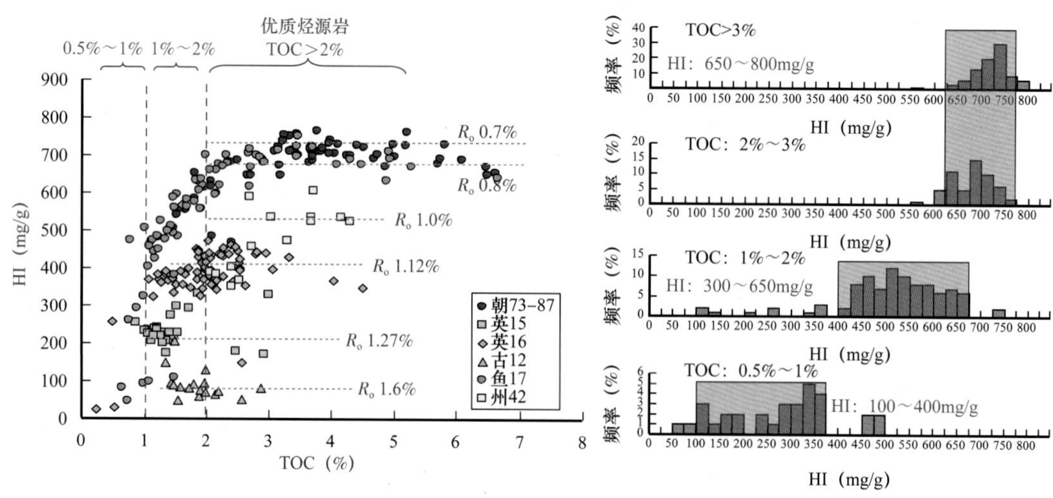

图 2-2　松辽盆地北部青山口组烃源岩有机质丰度分布

S_1+S_2 一般小于 5mg/g，属于差烃源岩。说明烃源岩随着地层埋深的增大，暗色泥岩有机碳含量增高而烃源岩质量变好，由青山口组一段到青山口组三段 TOC、R_o 和 S_1+S_2 垂向上整体表现为由高变低、由大变小的趋势。杏 83 井青山口组一段泥岩有机碳含量平均为 2.2%，平均生烃潜量为 9.5mg/g，镜质组反射率为 1.1%，平均氯仿沥青“A”含量为 0.378%；青山口组二段泥岩有机碳含量为 1.7%，平均生烃潜量为 8.5mg/g，镜质组反射率为 0.98%，平均氯仿沥青“A”含量为 0.329%；而青山口组三段有机碳含量平均为 1.1%，生烃潜量为 5.1mg/g，镜质组反射率为 0.75%（图 2–3、图 2–4）。

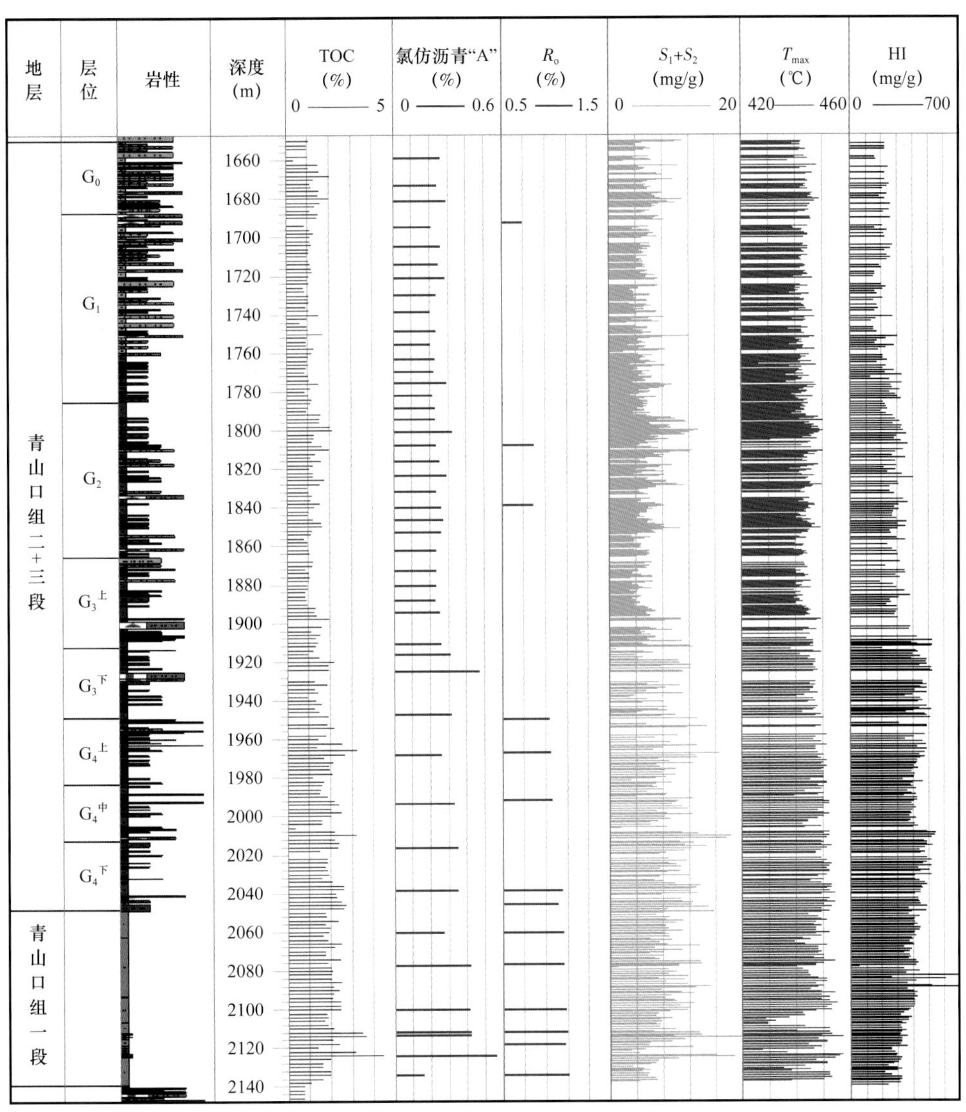

图 2–3　杏 83 井烃源岩综合评价图

青山口组二段成熟烃源岩主要控制高三—高四油层组致密油的分布；青山口组一段成熟烃源岩主要控制着扶余油层致密油的分布。源内高台子致密油整体分布在青山口组二段 R_o 大于 0.9% 的成熟烃源岩范围内，在该范围内排油强度大，排油强度一般大于 $100\times10^4t/km^2$，油层发育，在成熟烃源岩范围外的探井水层和干层增多。扶余油层致密油主体分布在青山

口组一段 R_o 大于 0.9% 的范围内，该范围内部烃源岩排油强度一般大于 $200\times10^4t/km^2$，在成熟烃源岩范围内的探井油层发育，纯油区连片。这些特征说明烃源岩质量对源内及源下致密油分布具有一定的控制作用。

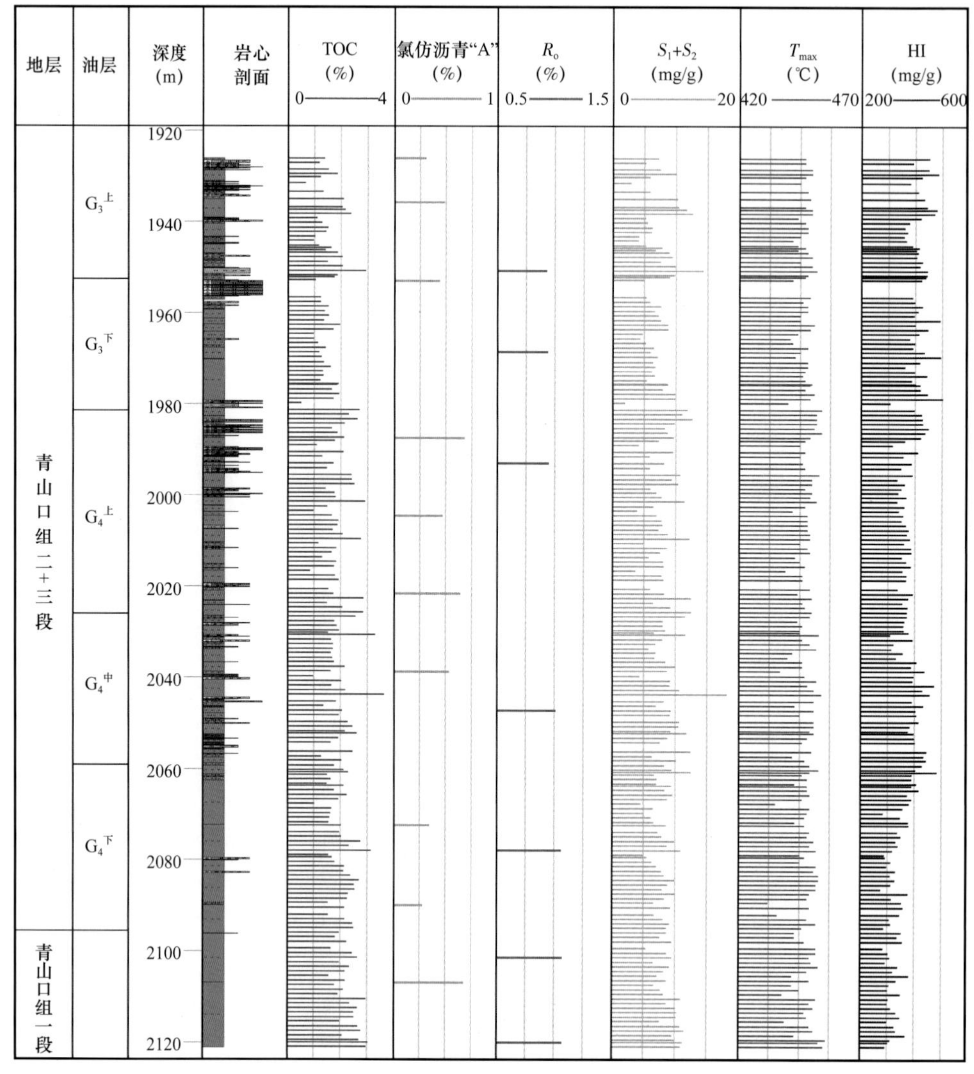

图 2-4　齐平 1 井青山口组烃源岩综合评价图

二、河流—三角洲相砂体储层

1. 高台子油层

利用岩心观察描述、地震解释、测井曲线以及分析测试数据，综合多种相标志，对齐家—古龙地区高台子油层的沉积环境和沉积相进行综合分析。齐家—古龙地区高台子油层高三、高四油层组主要发育分流河道、分流间湾、决口扇、河口坝、远沙坝、席状砂以及浅湖泥质沉积等沉积微相（图 2-5、图 2-6a）。高台子油层沉积时期，松辽盆地处于坳陷

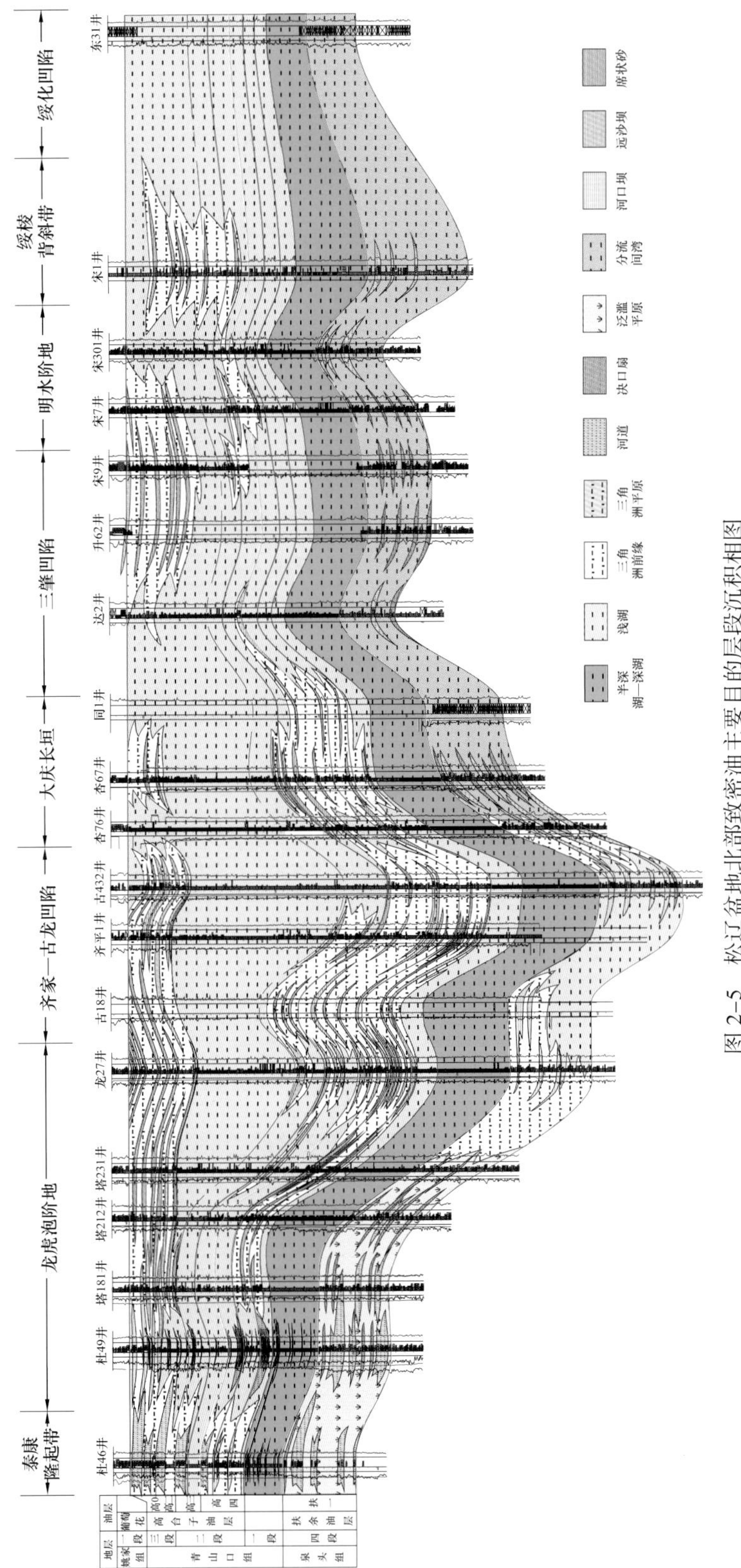

图2-5 松辽盆地北部致密油主要目的层段沉积相图

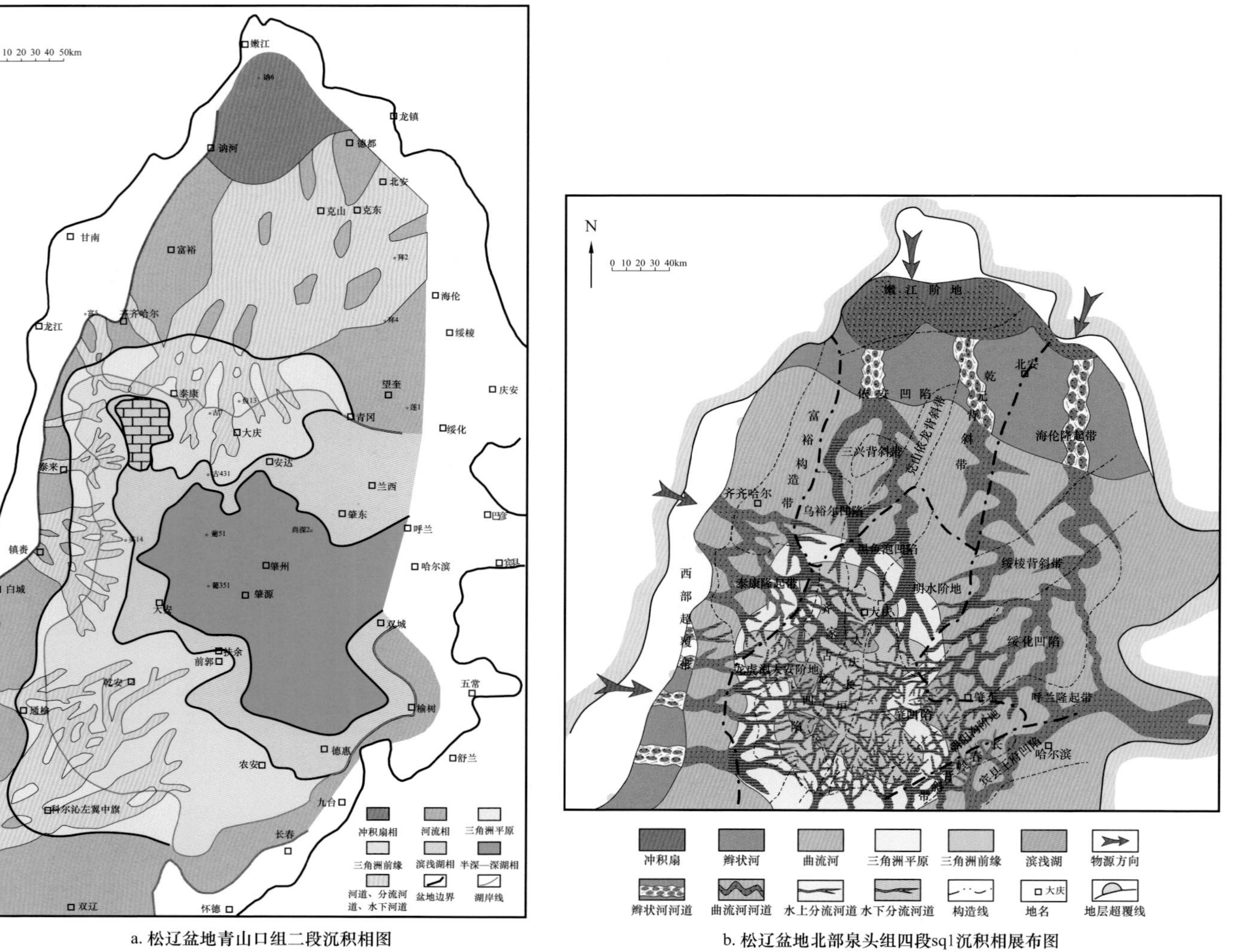

a. 松辽盆地青山口组二段沉积相图

b. 松辽盆地北部泉头组四段sq1沉积相展布图

图 2-6 古龙—三肇地区杜 46 井—东 31 井泉头组—青山口组东西向沉积相剖面图

深陷期，湖区分布广，而沉积范围大。齐家—古龙地区目的层段发育北部三角洲及西部扇三角洲两大沉积体系，两个沉积体系在泰康—齐家地区汇集。随着湖盆不断收缩，大型的三角洲沉积体系继续稳定地向盆内推进。由高台子油层沉积早期分布在泰康—齐家北一带的三角洲沉积体系到了高台子油层高三油层组沉积时期已延伸、展布到杏西—塔 34 井一带。西北部齐齐哈尔沉积体系以三角洲沉积体系为主，呈多支向盆内延伸展布，在物源供应充足时，可发育 2～3 支分流河道，当物源欠缺时，只可见 1 支小规模三角洲水下分流河道向盆内延伸。西部英台物源仅在高四下油层组发育扇三角洲前缘沉积。齐家地区南部不发育三角洲沉积体系，物源供应不充足，沉积的岩性一般较细，以湖泊沉积体系为主，伴有小河流注入。

2. 扶余油层

扶余油层沉积类型多样，横向稳定性差，分流河道砂体发育。扶余油层属于泉头组三段上部和泉头组四段。下白垩统上部的泉头组是松辽盆地由断陷向坳陷转变时期的沉积物。研究区泉头组三、四段沉积期以河流强盛发育为特征，该时期气候干旱，地形平坦，古坡角一般小于 1°，物源供应充沛。根据岩性、沉积构造、古生物特征、沉积序列特征、岩石组合特征及其测井相等研究结果，扶余油层（扶Ⅰ油层组、扶Ⅱ油层组）发育曲流河相、三角洲平原亚相、三角洲前缘亚相（图 2-5、图 2-6b）。扶Ⅱ油层组沉积时期长垣及三肇地区主要为三角洲平原沉积，该时期研究区主要受南部物源控制，河道整体呈南—北向展布，河道宽度由南向北逐渐减小。河道摆动较为剧烈，频繁发生分叉和合并，形成多条分流河道，交织呈网状。齐家—古龙地区主要处于三角洲平原—三角洲前缘—滨浅湖沉积环境。其中，三角洲平原亚相分布面积最大，岩性以紫红色泥岩为主，夹杂少量灰色、灰绿色泥岩，与灰色、紫色粉砂岩、少量细砂岩、钙质粉砂岩、泥质粉砂岩呈不等厚互层。扶Ⅰ油层组沉积时期长垣及三肇地区主体为三角洲平原沉积，在该时期受南部物源控制。研究区南部发育的主河道整体呈南—北向展布，河道从南部到北部呈现出宽度逐渐递减的趋势。河道自南部向北部注入，向工区西部和东部流出。齐家—古龙地区发育以滨浅湖相为中心、呈环带状分布的三角洲前缘—三角洲平原亚相。扶Ⅰ油层组沉积晚期，三角洲平原亚相沉积范围向工区东北方向急速收缩，东南部曲流河相在该时期消失，反映出研究区沉积水体急速变深的特点。

三、连续充注动力条件

（1）源内高台子油层致密油在明水组沉积末期发生油气充注，沿优势砂体持续运聚成藏。通过对齐家地区高台子油层储层成岩矿物特征和荧光观察确定烃类包裹体类型，在齐家地区高台子油层 19 块样品中观察到三种类型油包裹体，Ⅰ类为分布于方解石胶结物中的发荧光的油包裹体，Ⅱ类为分布于石英颗粒裂纹中的发荧光的油包裹体，Ⅲ类为分布于裂缝充填方解石中的发荧光的油包裹体。流体包裹体颜色主要为黄色、黄绿色、蓝绿色荧光油包裹体。油包裹体荧光光谱主峰波长显示三种不同范围值，分别为

471～528nm、530～548nm、576～585nm，表明主要存在三期石油充注过程。油包裹体均一温度显示三个明显的区间值（第一期为 60～70℃，第二期为 80～90℃，第三期为 100～110℃），说明主要存在三期充注，分别为嫩江组沉积末期（78—72Ma）、明水组沉积末期（67—65Ma）和古近纪中晚期（39—28Ma），包裹体类型以第二期黄绿色荧光包裹体分布最多，结合对金 34 井粉砂岩微裂缝中原油浸染光谱分析，其特征与第二期油包裹体光谱特征一致，结合前人研究认识（侯启军和冯子辉，2005），认为第二期即明水组沉积末期应为油气运聚成藏的主要时期，油气大规模成藏时间与青山口组烃源岩大规模生排烃期相吻合。

在对齐家地区单井埋藏史、热史模拟的基础上，进而对生排烃史进行模拟和分析。研究结果表明，齐家—古龙地区青山口组烃源岩主要经历四个演化阶段：第一个阶段，青山口组一段烃源岩在嫩江组二段沉积期—嫩江组沉积中期陆续进入生烃门限，镜质组反射率达到 0.5%，开始生烃，但干酪根烃转化率很低，烃生成量很少，还未能满足烃源岩的吸附、溶解，因而该阶段基本没有或很少有烃类排出。第二个阶段，嫩江组沉积中期，有机质已普遍进入成熟阶段，镜质组反射率达到 0.7% 以上，烃源岩生烃量也在不断增加，干酪根烃转化率较快增加，开始有烃类排出。嫩江组沉积末期，地层抬升，随着温度的降低，干酪根烃转化率缓慢增加，但有机质成熟度不变，烃类持续排出。第三个阶段，四方台组—明水组沉积初期，地层快速沉降，齐家地区凹陷内部高三—高四油层组埋深达到 1800m 以上，古地温迅速升高，有机质成熟度也快速增加，烃源岩达到生烃高峰，镜质组反射率达到 1.0% 以上，干酪根烃转化率快速增加，部分烃源岩 R_o 可达到 1.3%，干酪根烃转化率最高可达 97%，烃源岩排烃也达到高峰。根据松辽盆地湖相烃源岩生排烃模式及 TOC 与氢指数（HI）关系图可以看出，青山口组烃源岩 R_o 为 0.75%～1.0%，HI 从 750mg/g 降到 200mg/g，排烃效率为 85%，表明齐家地区明水组沉积时期，烃源岩达到生排烃高峰。第四个阶段，明水组沉积末期之后，随着地层抬升剥蚀，有机质成熟度基本不变，干酪根烃转化率缓慢增加直至不再增加，烃源岩层虽有部分吸附烃排出，但由于地层温度下降、压力降低，生排烃强度几乎为零。所以，明水组沉积时期为青山口组烃源岩的主要生排烃期。

利用包裹体测压技术对齐家地区高台子油层成藏时期的储层古压力进行了恢复。取样测试井 12 口，压力数据 30 个。嫩江组沉积时期和古近纪末期捕获的油包裹体压力系数显示出常压的特征；在明水组沉积末期捕获的油包裹体压力系数最大为 1.38，最小为 1.27，平均为 1.32，表现出高压异常的特征。明水组沉积末期致密储层之所以会出现异常高压，是该时期烃类大量生成产生异常高压并传递至储层的结果。

齐家地区高台子油层位于青山口组一段主力烃源岩上部，储层本身的静水压力小于烃源岩。在嫩江组沉积期刚开始成藏时齐家地区的高台子油层为正常压力；至明水组沉积末期，储层已经致密，随着烃源岩内有机质大量转化为烃类，生烃所产生的剩余压力通过石油运移传递至致密储层，因此齐家地区的高台子油层表现出高压异常特征；古近纪末期随着有机质生烃的结束，失去了烃源岩的剩余压力传递，加上异常高压的释放，储层压力逐渐降低。

在嫩江组沉积末期，齐家地区的剩余压力总体表现出南高北低、基本沿凹陷呈发散状分布的特征，齐家凹陷内部剩余压力远小于古龙凹陷。古龙凹陷由于在嫩江组沉积末期埋深已经较大，所以生烃高峰早于齐家凹陷，有机质转化率在此时也远高于齐家地区，因此可以看出古龙凹陷内的烃源岩剩余压力总体超过 20MPa，最大在古 122 井一带可达 35MPa 以上；而齐家地区青山口组一段烃源岩的剩余压力不超过 12MPa。

与青山口组一段相同，嫩江组沉积末期古龙凹陷内青山口组二段烃源岩成熟度高于齐家地区，有机质转化率也相对较大，因此在古龙凹陷内剩余压力值可达 30MPa 以上，古 651 井一带为高压中心且向西部偏移；齐家地区剩余压力普遍小于 10MPa。齐家地区高台子油层在嫩江组沉积末期地层压力系数普遍超过 1.2，在凹陷中部地层压力系数可达 1.4 以上，已经达到超压标准。

在明水组沉积末期，随着生烃高峰的到来，齐家和古龙地区青山口组一段烃源岩的剩余压力差值有所减小，凹陷中心剩余压力普遍达到 30MPa 以上，在中部地区的高压中心剩余压力值可达到 35MPa 以上。齐家地区剩余压力出现东高西低的分布特征，西部阶地的剩余压力小于 20MPa。与嫩江组沉积末期不同，齐家和古龙地区的青山口组一段烃源岩有机质转化率差别不大，剩余压力上也反映出同样的特征。明水组沉积期是青山口组一段在三个成藏期剩余压力值最大的时期，且在凹陷中部出现两个高压中心，剩余压力向四周呈发散状分布。

在明水组沉积末期齐家和古龙两个地区青山口组二段烃源岩剩余压力值大小几近相同，凹陷内剩余压力普遍超过 15MPa，在中部剩余压力可达 20MPa 以上。齐家地区的高压中心在古 42 井一带，古龙地区高压中心在英 83—敖 151 井一带，两个高压中心沿古 11—古 535 井一线分割。在明水组沉积末期凹陷内部的地层压力系数最高可达 2.0 以上，显示为强超压的特征。

至古近纪末期，古龙凹陷内的青山口组一段烃源岩剩余压力已经消失，而齐家地区由于有机质还在继续生烃，因此仍然存在一定的剩余压力，但是数值已经大为减小，仅在凹陷靠西部阶地一侧可达 10MPa 以上。在古近纪末期，齐家—古龙凹陷青山口组二段烃源岩的剩余压力大为降低，古龙地区的剩余压力只在古 138—古 61 井一带存在，其余地区剩余压力基本消失；齐家地区剩余压力在凹陷中部为高压中心，但都小于 10MPa。在古近纪末期凹陷内部的地层压力系数基本都在 1.2～1.4 之间，显示为常压—弱超压的特征。

通过对高台子油层致密油沉积成因模式、源储配置方式、储层岩性、物性分布及成藏机理等因素综合分析，建立了源内高台子油层致密油的源储共生成藏模式（图 2–7）。明水组沉积时期，齐家地区高台子油层高三—高四油层组在压实和胶结作用下，整体已经致密。此时，青山口组主体烃源岩已进入生油高峰期，生油效率高，排烃强度大，生烃增压作为油气运移的主要动力，石油通过砂体及裂缝优先进入紧邻烃源岩的砂岩储层，并沿优势砂体持续运聚成藏。由于储层位于成熟烃源岩内部，在持续生烃及剩余压力作用下，石油持续运聚，并在大孔隙和大喉道的储层内部优势富集。

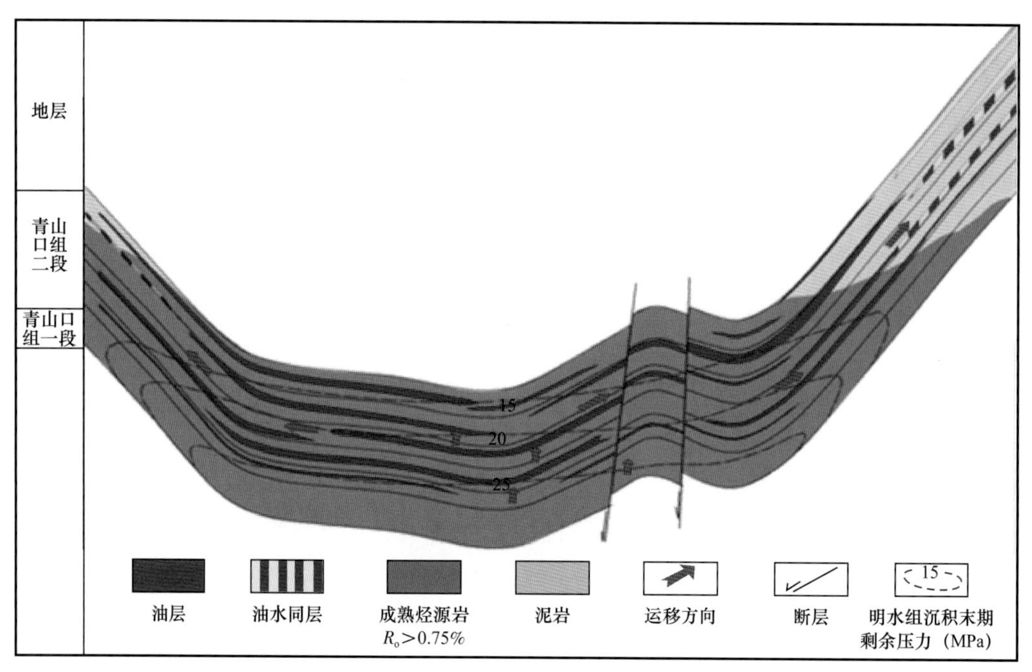

图 2-7　齐家凹陷高台子油层致密油成藏模式

（2）源下扶余油层致密油主要存在两期成藏过程，明水组沉积末期为重要的成藏时期。明水组沉积末期烃源岩处于生烃高峰期，生烃增压产生的剩余压力使石油沿着裂缝、断层和砂体进行侧向和垂向运移。综合 11 口井 15 块样品流体包裹体均一温度数据表明，升平地区扶余油层主要捕获有四幕流体（图 2-8）。第一幕：盐水包裹体均一温度为 73.8～99.2℃，伴生的气液烃包裹体均一温度为 51.2～79.6℃。第二幕：盐水包裹体均一温度为 100.2～119.6℃，伴生的气液烃包裹体均一温度为 81.5～99.3℃。第三幕：盐水包裹体均一温度为 120.5～129.8℃，伴生的气液烃包裹体均一温度为 100.8～109.4℃。第四幕：盐水包裹体均一温度为 130.4～149.4℃，伴生的气液烃包裹体均一温度为 110.8～126.2℃。为了更加准确地确定油气成藏时期，针对高台子油层和扶余油层检测到的烃类包裹体进行单个油包裹体显微荧光光谱分析，以比较其组分（谱形）和成熟度（Q 值、λ_{max} 和 QF535）方面的异同。综合升 554 等 6 口井单个油包裹体显微荧光光谱分析的结果说明：升平地区主峰波长显示四种不同范围值（图 2-9），分别为 441～457nm、491～516nm、532～549nm、575～585nm，反映该区至少存在四幕油气充注。

升平地区扶余油层发生了两期四幕成藏，第一期发生在嫩江组沉积末期 79—74Ma 期间，对应第一幕充注；第二期发生在四方台组—明水组 69—64Ma 期间，对应第二幕、第三幕和第四幕充注。就平面分布来看，升平地区油气包裹体揭示的油气充注信息表明，升平地区扶余油层油气平面充注差异性不明显。油气充注范围从生烃凹陷到斜坡区均有分布。

分析升平地区 32 口井不同时期青山口组烃源岩 R_o 值和生烃强度的模拟结果，嫩江组沉积末期大部分烃源岩进入成熟阶段，生烃强度不大，由北向南生烃强度逐渐增大，中南部烃源岩生烃强度最大，生烃强度主要在 15×10^4～20×10^4t/km^2 范围内；明水组沉积末期，烃源岩进入生烃高峰，生烃强度明显增大，中南部烃源岩生烃强度最大，生烃强度主要在 100×10^4～$500\times10^4t/km^2$ 范围内。根据烃源岩生烃史模拟结果，升平地区青山口组一段烃源岩在嫩江组沉积末期剩余压力最大在 10MPa 左右，明水组沉积末期剩余压力可以达到 15～20MPa。明水组沉积末期为剩余压力高峰，之后随着排烃剩余压力得到释放；现今恢复至正常压力，局部保留有弱超压。

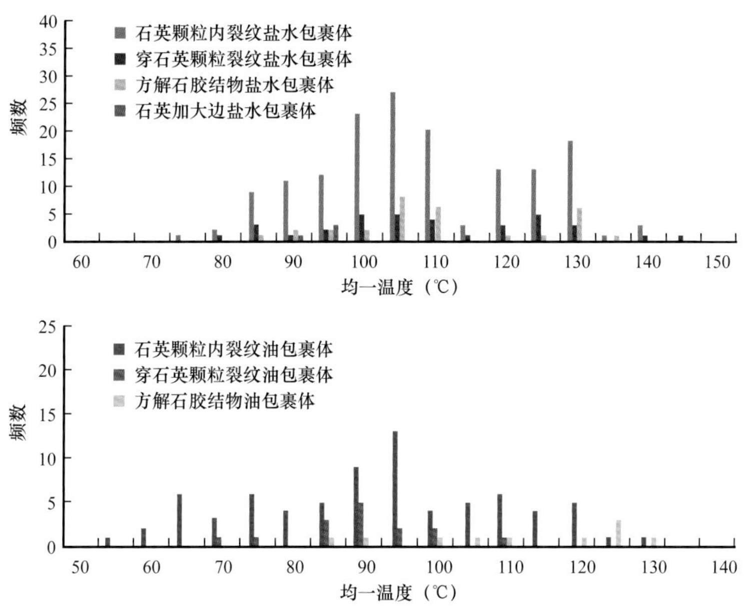

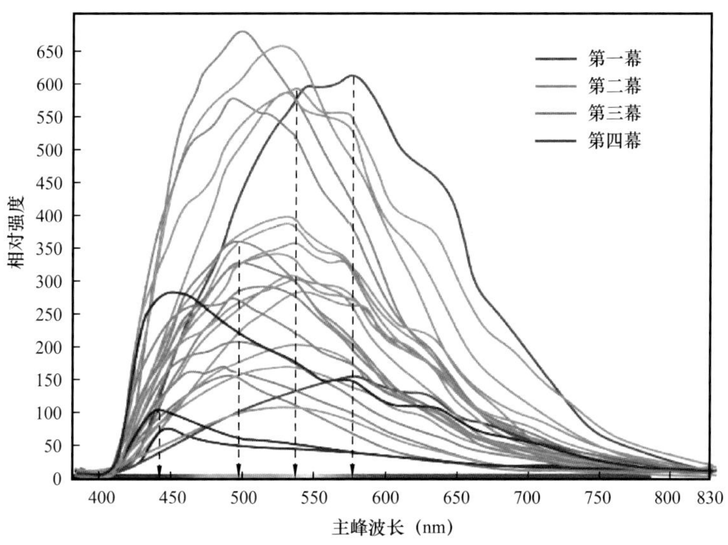

图 2-8　松辽盆地北部扶余油层盐水和油包裹体均一温度直方图

图 2-9　松辽盆地北部扶余油层单个油包裹体典型光谱图

升平地区嫩江组沉积末期青山口组一段烃源岩剩余压力呈现出东西走向、南高北低的特征，在南部徐 141—昌 401 井一带剩余压力可以达到 10MPa 以上，向北在芳 242—升 31 井一带剩余压力在 4MPa 以下。在明水组沉积末期，升平地区青山口组一段烃源岩的剩余压力仍然是南高北低的特征，研究区内剩余压力普遍超过 16MPa，南部徐 141—树 122 井一带为超压中心。综上可知，升平地区主力烃源岩青山口组一段在明水组沉积末期主要成藏期时的剩余压力普遍在 16～18MPa 之间。扶余油层油气主要来自上覆青山口组一段泥岩排烃，整体上具有上生下储的源下致密油特点。由于长垣及三肇地区泉头组四段顶面断裂（带）大量密集发育，相当一部分断裂都断入青山口组一段甚至青山口组二、三段或嫩江组，起到了沟通源储的桥梁作用，成为油气向下排替的重要通道。由于长垣及三肇地区构造形态复杂，凸凹相间格局明显，长垣作为邻近三肇凹陷的最大正向构造，在油气排替过程中，优先接受大量油气充注，因此，在其较多的较大圈闭中，形成了常规油气藏聚集，这一点与三肇地区一些正向构造的部分圈闭，如肇州鼻状构造、宋芳屯鼻状构造等情况类似。

在致密油成藏过程中，扶Ⅰ油层组与扶Ⅱ油层组在沉积环境、砂体特征、储层物性和供烃能力等多方面存在差异，导致其含油性也明显不同。在扶Ⅰ油层组上部的扶Ⅱ油层组，由于受控于以三角洲前缘为主的沉积环境，水下分流河道砂体规模小、物性差，油气沿断裂向下运聚后，在储层条件允许的岩性圈闭内聚集成藏，但因为水下分流河道非均质性较强，同时出现了一些干砂层与油层互层或叠置共生。由于生烃膨胀作用的影响，青山口组一段泥岩在底面与砂岩的接触位置产生破裂缝，紧邻青山口组一段烃源岩下部的河道砂体可以直接受到部分油气充注，但该处砂体一般厚度较小，连续性不强，物性变化快，因此往往形成孤立的透镜体油藏或小规模岩性油藏（图 2-10）。

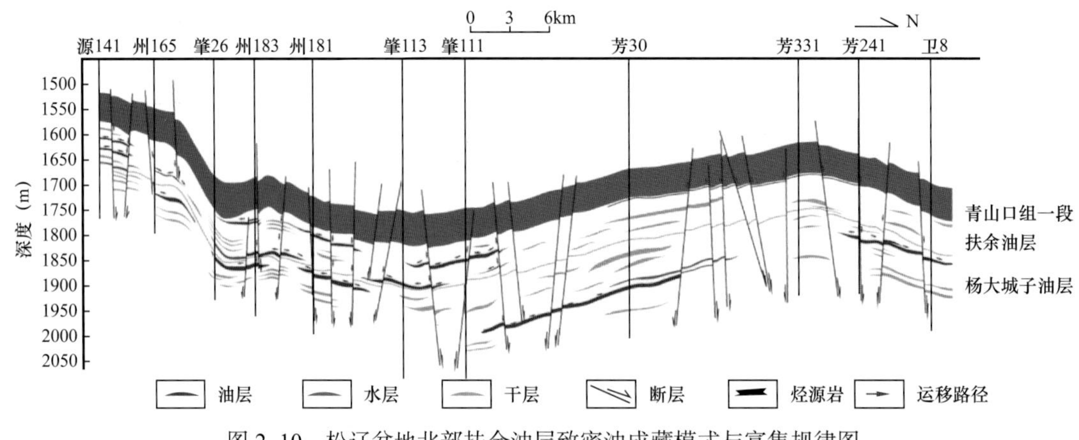

图 2-10　松辽盆地北部扶余油层致密油成藏模式与富集规律图

在扶Ⅰ2 至扶Ⅱ1 油层组中，以分流河道砂体为主要储层，烃类沿断层向下运聚，在优质储层中形成聚集。由于储层非均质性的影响，通常会出现断裂附近较好储层中聚集油气，而远端砂体的含油性变差，甚至为干层，或者在油层的上下由于多期小型河道或者决口扇的叠置，纵向砂体增厚，但仅局部砂体含油性较好。一般情况下，距离断裂较近的储层含油性相对较好。在通常情况下，由于断裂大都起到的是垂向输导的作用，在油气排替进入泉头组物性较好的储层中后，会进行短距离的侧向运聚。同时，在不同地区会出现多期河道垂向叠加，在一定程度上增大侧向运聚距离，但由于河道方向多变和断裂密集，整体侧向运聚的距离仍然有限。在构造、砂体和断裂的综合作用下，大都形成岩性、断层—

岩性油藏，干层的出现受河道砂体物性的影响，分布无明显规律。但是，在扶Ⅰ和扶Ⅱ1油层组上部，水层出现相对较少，少量出现在密集断裂带，尤其是地堑内部，不存在统一的油水边界。决口扇砂体储层以薄互层为主，非均质性较强，含油性较差。在扶Ⅱ油层组的中下部，沉积环境由三角洲平原相向曲流河相过渡，河道砂体规模变大、厚度增加，由于与上覆烃源岩层距离增大，一般会大于 100m，导致油气充注量减少，充注动力减弱，使得砂层组的含油性明显减弱，平面上的油层发育区呈局部分布，含水增加，在宋芳屯至徐家围子一线以南，水层尤其发育，无统一油水界面，经常出现油水倒置现象。

第二节　资源分级标准、资源潜力及有利区优选

一、致密砂岩储层特征

（1）扶余油层储层物性决定含油性，分流河道砂体物性好、含油级别高。扶余油层纯油区孔隙度整体处于 12%、渗透率小于 1mD 的范围内。大庆长垣、齐家中部及龙虎泡地区存在局部孔隙度大于 12% 的储层，渗透率为 0.2～1mD，相对其他地区物性稍好。齐家—古龙凹陷内部大部分地区孔隙度在 8% 以下。龙虎泡地区西侧和北侧物性好，油水同层，水层发育，主要为常规油藏发育区。大庆长垣与三肇凹陷过渡的斜坡带、齐家—古龙凹陷的新肇鼻状构造和敖南鼻状构造以及三肇凹陷内部大部分地区在不同层系孔隙度发育在 5%～12% 之间，渗透率在 0.02～1mD 之间，以纯油区为主（图 2-11、图 2-12）。

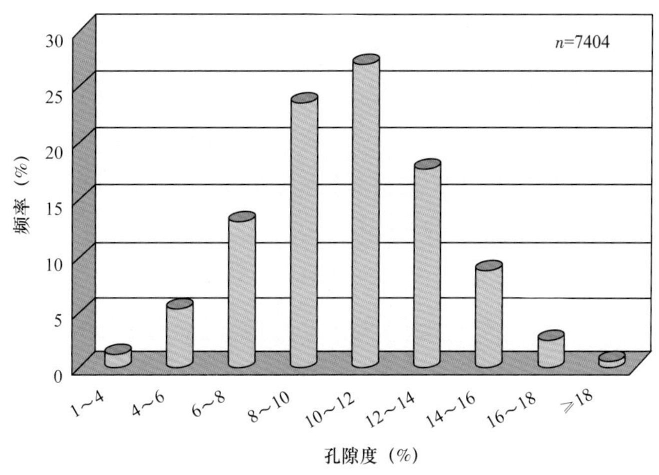

图 2-11　长垣—三肇扶余油层致密储层孔隙度分布

从物性与含油性关系来看，油迹显示的储层样品，孔隙度总体大于 5%，渗透率大于 0.03mD，孔隙半径一般为 10～30μm，平均喉道半径总体大于 50nm，孔隙配位数一般小于 3。油斑显示的储层样品，孔隙度总体大于 7%，渗透率大于 0.06mD，孔隙半径一般为 20～50μm，孔隙配位数一般为 2～4，平均喉道半径总体大于 60nm。油浸显示的储层样品，孔隙度总体大于 9%，渗透率大于 0.15mD，孔隙半径一般为 20～100μm，平均喉道半径大于 100nm，孔隙配位数一般为 2～5。

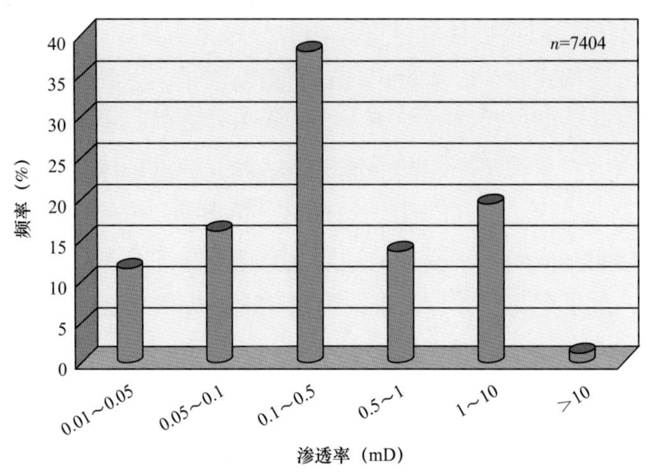

图 2-12　长垣—三肇扶余油层致密储层渗透率分布

分流河道砂体中粉—细砂岩类物性好、含油性好。对英 X58 井进行含油饱和度分析，粉砂岩含油饱和度一般低于 40%，细砂岩含油饱和度普遍较高，最高可达 70%。对龙虎泡油田塔 28 区块计算含油饱和度，扶Ⅰ油层组 61 口井，含油饱和度一般为 43.8%～64.3%，平均为 55.7%，扶Ⅱ油层组 60 口井，含油饱和度一般为 48.1%～64.5%，平均为 56.8%，含油饱和度较高。总体分析，源下致密油最主要是找好砂体，物性高，含油饱和度高。

（2）河口坝和远沙坝砂体构成高台子油层致密油甜点区主体。齐家地区高台子油层孔隙度一般分布在 4%～12% 之间，平均为 8.5%，小于 12% 的样品占 80%；渗透率一般分布在 0.01～0.5mD 之间，平均为 0.23mD，小于 1mD 的样品占 93%。根据高台子油层高三—高四油层组致密储层发育区 15 口取心井 641 块岩心样品的孔渗分析数据显示，孔隙度分布范围在 2%～16% 之间，平均为 8.5%，主峰区间主要在 4%～12% 之间，小于 12% 的样品占 80%；渗透率分布范围在 0.01～10mD 之间，平均为 0.23mD，主峰区间在 0.01～0.5mD 之间，小于 0.5mD 的样品占 87%，小于 1mD 的样品占 93%（图 2-13、图 2-14）。

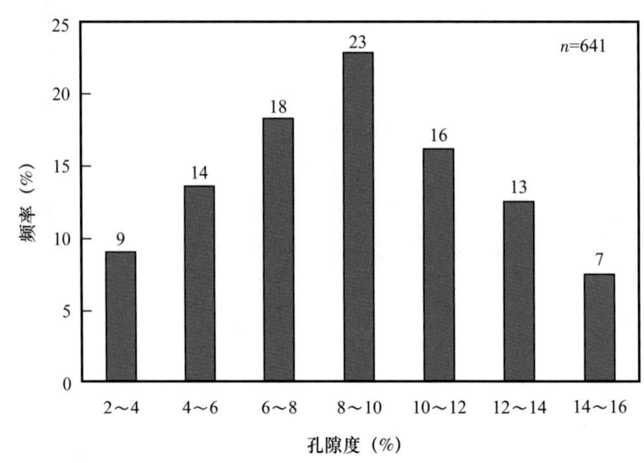

图 2-13　齐家地区高台子油层孔隙度分布图

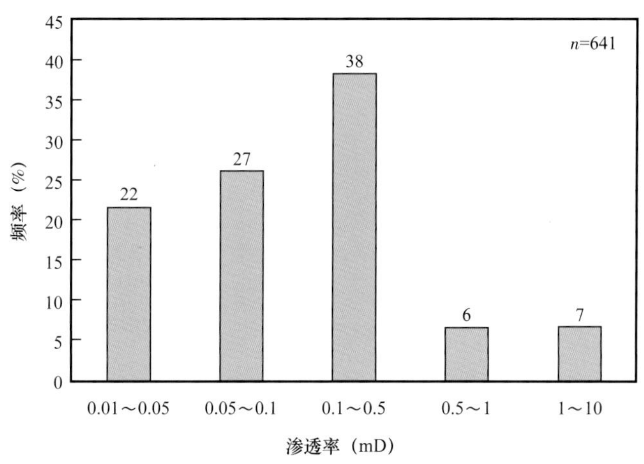

图 2-14　齐家地区高台子油层渗透率分布图

喉道半径大的储层，孔隙空间的连通性好，液体在孔隙系统中的渗流能力就强。油迹显示的储层样品，孔隙度一般大于 4%，渗透率大于 0.02mD，平均喉道半径一般为 20～45nm，总体大于 30nm，孔隙配位数一般小于 2。油斑显示的储层样品，孔隙度总体大于 6%，渗透率大于 0.03mD，平均喉道半径一般大于 45nm，孔隙配位数一般为 1～3。油浸显示的储层样品，孔隙度总体大于 8%，渗透率大于 0.05mD，平均喉道半径一般为 50～500nm，总体大于 60nm，孔隙配位数一般为 2～5。

钻井取心及荧光薄片观察表明，高台子油层致密储层砂岩含油普遍，高三—高四油层组整体处于好烃源岩发育区、地层超压发育带。三角洲内前缘相带以河口坝、远沙坝储层含油普遍性好，外前缘相带整体上孔隙度大于 4% 的砂体含油普遍性较好。含油级别受物性控制，内前缘相带储层含油主体为厚度大于 1m 的河口坝和远沙坝砂体主体部位，沙坝砂体远端的薄砂体物性差，多为干层。

二、致密砂岩储层的分类与评价

1. 源内高台子油层储层分类评价标准

高台子油层致密储层分为两大类四小类（表 2-1），Ⅰ类储层岩性以粉砂岩、含泥粉砂岩为主，孔隙度在 8%～12% 之间、渗透率在 0.05～1mD 之间，平均喉道半径大于 50nm，排驱压力相对较小，一般小于 5MPa，含油产状一般以油斑和油浸为主，含油饱和度大于 40%；工程参数方面主要参考脆性和储层破裂压力数据，Ⅰ类储层脆性指数一般大于 40%，破裂压力小于 40MPa，应力差小于 10MPa，最小主应力小于 35MPa。Ⅱ类储层岩性以泥质粉砂岩、钙质粉砂岩为主，孔隙度主要在 4%～8% 之间、渗透率主要在 0.02～0.05mD 之间，平均喉道半径小于 50nm，含油产状一般以油迹和油斑为主，含油饱和度整体小于 50%，脆性指数一般小于 40%，破裂压力大于 40MPa，应力差大于 10MPa，最小主应力大于 35MPa。在实际生产应用中，还可适当参考储层单层厚度、纵向集中度、储层隔层厚度等参数，指导水平井部署和工程压裂设计。

表 2-1　松辽盆地北部高台子致密油储层评价标准

大类	参数	储层类别			
		Ⅰ		Ⅱ	
		Ⅰ-1	Ⅰ-2	Ⅱ-1	Ⅱ-2
地质参数	岩性	粉砂岩、含泥粉砂岩、含钙粉砂岩		钙质粉砂岩、含泥粉砂岩、泥质粉砂岩	
	孔隙度（%）	$12 \geqslant \phi \geqslant 10$	$10 > \phi \geqslant 8$	$8 > \phi \geqslant 6$	$6 > \phi \geqslant 4$
	渗透率（mD）	$1 \geqslant K \geqslant 0.1$	$0.1 > K \geqslant 0.05$	$0.05 > K \geqslant 0.03$	$0.03 > K \geqslant 0.02$
	平均喉道半径（nm）	$r \geqslant 100$	$r \geqslant 60$	$60 > r \geqslant 45$	$45 > r \geqslant 30$
	含油性	油浸、油斑；含油饱和度≥45%	油斑为主，见油浸；含油饱和度≥40%	油斑、油迹；含油饱和度<40%	油迹、荧光；含油饱和度<40%
	单层厚度；集中度	$H \geqslant 1$m；砂地比≥30%		$H \geqslant 0.5$m；砂地比≤30%	$H < 0.5$m；砂地比≤30%

2. 源下扶余油层储层分类评价标准

Ⅰ类储层孔隙度大于8%、渗透率大于0.1mD，喉道半径大于75nm，脆性指数大于40%，破裂压力小于33MPa；Ⅱ类储层孔隙度在5%～8%之间、渗透率在0.02～0.1mD之间，喉道半径小于75nm，脆性指数小于40%，破裂压力大于33MPa（表2-2）。

表 2-2　松辽盆地北部扶余油层致密油储层评价标准

大类	参数	储层类别	
		Ⅰ	Ⅱ
地质参数	岩性	细砂岩、粉砂岩	粉砂岩、含泥粉砂岩、泥质粉砂岩
	孔隙度（%）	$12 \geqslant \phi \geqslant 8$	$8 > \phi \geqslant 5$
	渗透率（mD）	$0.25 \geqslant K \geqslant 0.1$	$0.1 > K \geqslant 0.02$
	平均喉道半径（nm）	$r \geqslant 75$	$75 > r \geqslant 30$
	含油性	油浸、油斑	油斑、油迹
	单层厚度	$H \geqslant 2$m	$H < 2$m

三、致密油资源潜力评价

依据构造单元划分及勘探领域划分，致密油资源分布在大庆长垣、三肇和齐家—古龙地区三个区带，应用孔隙度、渗透率、含油饱和度、孔喉半径、含油级别等参数，分区、分层、分类型编制砂岩厚度图、油层厚度图、孔隙度图等，应用体积法估算Ⅰ、Ⅱ类致密油资源量合计 12.7×10^8t，其中扶余油层 11.1×10^8t、高台子油层 1. 6×10^8t（图 2–15、表 2–3）。

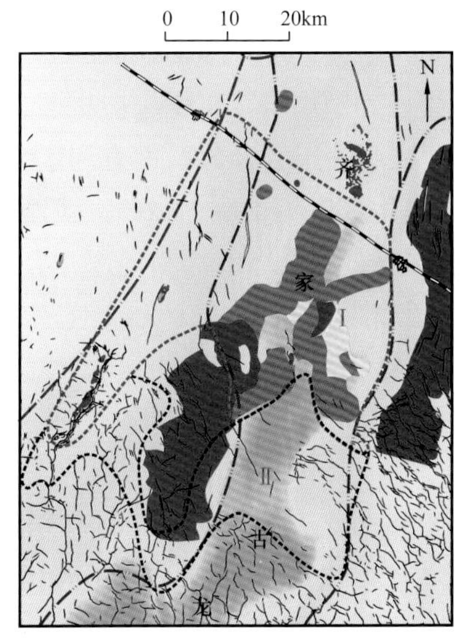

a. 分级评价平面分布图

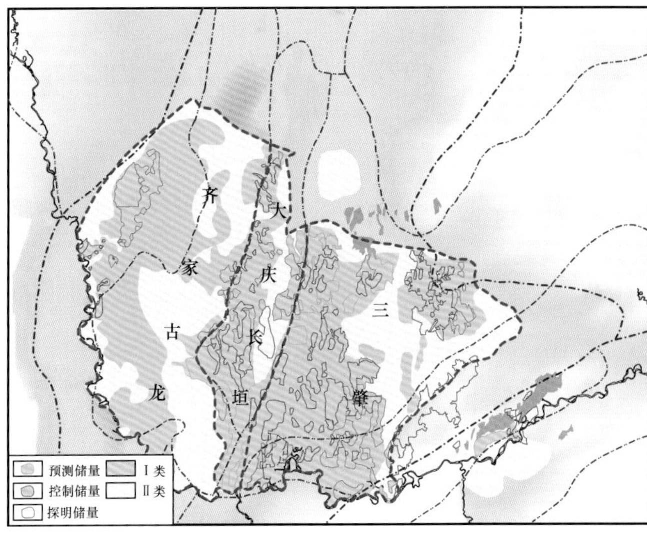

b. 有利区平面分布图

图 2–15　松辽盆地北部致密油资源分级评价及有利区平面分布图

表 2–3　松辽盆地北部致密油资源分级评价结果

盆地	层系	区带名称	面积（km^2）	探明储量（10^8t）	三级储量（10^8t）	一级地质资源量（10^8t）	二级地质资源量（10^8t）	总地质资源量（10^8t）
松辽盆地北部	扶余油层	大庆长垣中南部、三肇凹陷、齐家—古龙	8000	1.27	2.93	9.20	1.90	11.10
	高台子油层	齐家	1700	0.10	0.87	1.30	0.30	1.60

1. 源下扶余油层

依据构造单元划分及勘探领域划分，源下扶余油层平面上分布在大庆长垣、三肇和齐家—古龙地区三个区带（图 2–15）。

1）大庆长垣

大庆长垣位于松辽盆地北部中央坳陷区，二级构造单元面积 2472km^2，加上西侧的鼻状构造带，勘探面积达 4700km^2。该区多层位含油，中部组合的萨尔图、葡萄花、高台子油层已投入开发，下部组合的扶余油层近年取得良好的勘探成果。目前制约该区勘探的主要问题是丰度低、产量低、升级动用难，其中预测升级控制比率为 85%，控制升级探明比率为 18%。扶余油层沉积时期受控于北部和南部物源，自下而上发育曲流河—网状河—浅水三角洲沉积，主要砂体类型为曲流河点坝、网状河道、分流河道。河道砂厚度大、物性好、产量高，是主要的储集砂体。但受不同物源控制，不同地区储层物性不同，北部杏树岗地区孔隙度为9%～21.8%，平均为16%，渗透率为0.1～61.7mD，平均为2.41mD；中部高台子地区孔隙度为9%～15.0%，平均为11.5%，渗透率为0.1～3.0mD，平均为1.04mD；南部葡萄花地区孔隙度为9%～15.0%，平均为13.1%，渗透率为0.1～5.0mD，平均为1.29mD。统计分析表明长垣储层物性北部好、中部差、南部中等。根据构造特征、储层厚度、油水关系、储层物性、探井成果等，将大庆长垣扶余油层划分为两类有利区。Ⅰ类有利区埋深为1600～2000m，有效厚度为3～6m，有效孔隙度为10%～12%，渗透率为0.3～1.2mD，主要为工业油流井控制区域；有利区主要分布在长垣中部和南部，有利区面积1100km^2，估算剩余资源量0.32×10^8t。Ⅱ类有利区埋深为1800～2100m，有效厚度为3～5m，有效孔隙度小于10%，渗透率小于0.3mD，主要为低产油流井和油气显示井控制区域；有利区主要分布在长垣中部和西侧带，面积1900km^2，估算剩余资源量0.94×10^8t。

2）三肇地区

三肇地区勘探面积6000km^2，三肇凹陷内主要发育三个向斜、四个鼻状构造，正向构造及断裂带油气富集，凹陷内整体含油，具有垒堑相间的构造特点，断裂发育，储量区外也普遍含油。受南北两大物源体系控制，发育河流—三角洲沉积。砂岩发育，厚度一般大于30m，正向构造孔隙度一般大于12%，大部分已提交石油探明储量，剩余资源主要分布在孔隙度6%～12%储层中，以河道砂为主，厚度一般为1～7m，油层主要发育在扶Ⅰ、扶Ⅱ油层组。砂体具有纵向不集中、横向不连续、多期叠合连片的特点，且正向构造带上油层厚度大，一般大于8m，产量相对较高，单井产量一般大于1t/d。三肇地区Ⅰ类有利区主要分布在卫星—升平、宋芳屯—肇源，面积1900km^2，有利区埋深为950～2000m，有效厚度主要分布在3～7m之间，有效孔隙度为9%～12%，渗透率为0.5～1.3mD，估算剩余资源量1.13×10^8t。Ⅱ类有利区主要分布在卫星—升平、宋芳屯—肇源、丰乐—徐家围子、双城和安达＋尚家—太平川，面积3000km^2，有利区埋藏较深，在1100～2100m之间，有效厚度较薄，在1～4m之间，有效孔隙度分布在小于9%的范围内，渗透率分布在小于0.5mD的范围内，主要为低产油流井和见油气显示井控制区域，估算剩余资源量1.69×10^8t。

3）齐家—古龙地区

齐家—古龙地区勘探面积7300km^2，齐家—古龙地区扶余油层主要受西部物源控制，以曲流河—三角洲沉积为主，砂体发育。凹陷西侧大型斜坡带含油性存在差异，北部简单缓坡带油水同层，南部龙虎泡鼻状构造背景下以纯油为主。齐家—古龙地区Ⅰ类有利区主要分布在齐家油田和龙虎泡油田周边，面积1000km^2，有利区埋深为1200～2200m，有效厚度为5～8m，有效孔隙度为10%～12%，渗透率为0.3～1.5mD，主要为工业油流井控制区域，估算剩余资源量0.94×10^8t。Ⅱ类有利区分布在古龙鼻状构造带和龙西鼻状构造带，面积1100km^2，埋深为2000～2400m，有效厚度为3～5m，有效孔隙度小于10%，渗透率小于0.3mD，主要为低产油流井和见油气显示井控制区域，估算剩余资源量0.41×10^8t。

2. 源内高台子油层

青山口组是松辽盆地的主要烃源岩层，生油层具有厚度大、有机质丰度高、生油母质类型好的特点，为油气的大量生成提供了充足的物质基础。齐家—古龙凹陷成熟度高，生油条件好，有利于形成自生自储油藏。北部和西部两大物源体系向齐家—古龙凹陷汇聚，为致密油成藏提供了有利储集空间，致密油主要分布在齐家地区（图 2–15）。齐家地区受北部大型三角洲控制，内前缘亚相发育致密油藏，外前缘亚相及湖相发育页岩油藏，高三、高四油层组含油性好。高四—高三下油层组沉积时期为水退沉积过程，到高三上油层组沉积时演变为水进沉积过程，物源都以北部物源为主，广泛发育三角洲沉积，可进一步细分为三角洲内前缘和三角洲外前缘相带。这些相带的砂体沉积广泛，砂体类型主要为三角洲前缘的分流河道、河口坝、席状砂及滨浅湖沙坝等。三角洲内前缘相带主要发育在齐家地区的北部，其分流河道沉积的单砂体厚度一般在 2～8m 之间，宽度一般在 200～500m 之间，河口坝沉积的单砂体厚度稍小，一般为 1～5m。三角洲外前缘相带主要发育在齐家地区的中南部，其河口坝沉积的单砂体厚度一般在 2～4m 之间，主要在高三上油层组的顶部发育；席状砂沉积的砂体厚度较薄，一般为 0.8～2m，但是平面延伸远，一般为 0.6～11km。高三下和高四上油层组三角洲外前缘延伸远、分布广，砂地比适中，是致密油探索重点层系。齐家地区高台子油层纯油区内划分为两类有利区，Ⅰ类有利区主要位于三角洲内前缘相带，为分流河道和河口坝沉积的砂体，油藏类型以构造—岩性复合油藏为主，有效厚度为 3～5m，有效孔隙度为 10%～13%，渗透率为 0.1～1.5mD，单井产量为 1～5t/d，估算剩余资源量 0.4×10^8t。Ⅱ类有利区以三角洲外前缘相带为主，砂体主要为席状砂和一些透镜状砂体，由于埋藏更深、远离物源，有效厚度主要分布在小于 3m 的范围内，有效孔隙度小于 10%，渗透率主要分布在小于 0.5mD 的范围内，单井产量小于 2.0t/d，估算剩余资源量 0.3×10^8t。

第三节　甜点区（段）评价标准、识别与预测

一、高台子油层致密油甜点区预测

松辽盆地北部高台子源内致密油主要分布在齐家地区。高台子油层致密油具有单层厚度薄、局部优势发育的特点，致密储层非均质性较强，导致致密油资源空间分布不均，为落实高台子致密油有利甜点区，建立了以细分层、储层分类为基础的甜点识别技术。

1. 细分层致密油层预测

齐家地区高台子油层高三—高四油层组在原有地层 5 分的基础上，按照沉积旋回对比的方法，进一步细分为 15 个砂层组，细分单元厚度为 15～20m，结合储层分类评价标准，精细刻画每一砂层组 4 类储层空间分布位置和分布规模，细分层，分类计算致密油资源量。以地层细分层、储层细分类为基础，精编孔隙度、油层厚度、油水分布、最大单层厚

度、油层层数、构造、地震属性、储层反演图等 8 种图作为评价资源潜力的关键图件，平面上依据不同地质条件，落实致密油资源潜力及不同品质资源空间分布位置。综合油层厚度（大于 2m）、油水关系、构造、断裂条件等地质要素，分层、分类锁定甜点区。

2. 甜点区分类评价标准

通过对齐家地区高台子油层 8 口典型井致密油单井“铁柱子”七性研究，致密油储层质量主要受砂体类型、油层厚度、储层物性及脆性条件的控制，在储层分类评价认识的基础上，结合水平井钻探实际情况，建立高台子油层致密油甜点区优选评价标准及工程参数评价标准。参数中，重点参考油层厚度、储层物性及脆性指数评价优选甜点区。借鉴长垣地区扶余油层致密油储层细分类评价研究，初步建立齐家—古龙地区高台子油层致密油甜点区评价标准（表 2–4）。

表 2–4　齐家—古龙高台子油层致密油甜点区优选评价标准

参数	地质参数						工程参数			
	相带	油层厚度（m）	孔隙度（%）	渗透率（mD）	面积（km^2）	烃源岩	压力系数	脆性指数（%）	水平应力差（MPa）	埋深（m）
指标	河口坝、远沙坝、叠置席状砂	≥2（单层≥1）	≥6	≥0.03	≥10	TOC≥1% R_o≥0.7%	≥1	≥40	≤10	≤2500

3. 有利区预测

在细分 15 层基础上，综合油层厚度、储层物性、油水关系、构造、断裂条件等因素，分层、分类优选甜点目标区。含油砂岩单层厚度大于 1m、累计厚度大于 2m，一定的层厚可以保证水平井目标的有效钻探；孔隙度大于 6%、渗透率大于 0.03mD，保证储层具有一定的含油饱和度和可动油存在；工程参数主要参考脆性指数和地层压力特征，脆性指数大于 40%，利于大规模压裂产生缝网，沟通更多的致密储层储集空间，提高导流空间。在 5 分叠合基础上优选甜点区 33 个，高台子油层高三—高四油层组总叠合优选致密油甜点区 1 个，包括 19 个甜点，叠合面积 238.9km^2，甜点资源量共计约 0.57×10^8t。Ⅰ类目标 13 个，资源量 0.47×10^8t，主要分布在三角洲内前缘相带，Ⅱ类目标 6 个，资源量约 0.1×10^8t，主要分布在三角洲外前缘相带（图 2–16）。

齐家地区高台子油层致密油下步勘探主要在齐家地区南部的杏西地区。杏西地区高台子油层高三、高四油层组为三角洲外前缘沉积，砂体主要为席状砂及一些透镜状砂体，纵向上薄砂层与薄层泥岩交互频繁出现，砂体厚度薄，砂地比一般为 10%～35%。但由于其埋藏较齐家中部致密油藏更深、远离物源，导致储层物性变差，孔隙度一般为 4%～9%，局部大于 9%，渗透率一般为 0.01～1mD，以纯油层为主，油层厚度一般小于 5m，主要发育致密油Ⅱ（ϕ＜9%）类储层，局部地区发育致密油Ⅰ类（ϕ≥9%）储层。

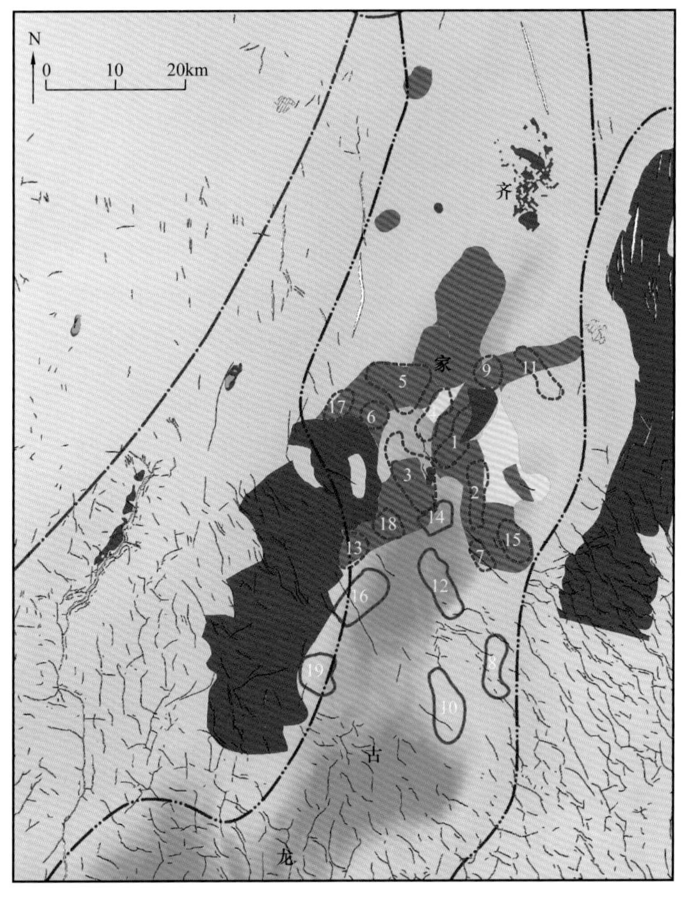

图 2-16　松辽盆地北部高台子油层致密油甜点区分布图

二、扶余油层致密油甜点区预测

致密油地质甜点是指在以致密油成藏主控要素综合分析为基础确定有利勘探区后，综合储层、烃源岩、含油显示、断裂距离及工程参数等多项指标，从井筒中最终确定可进行水平井部署的有利目标砂层。扶余油层按照等时地层对比原理，纵向在原 5 个油层组划分基础上，进一步精细划分为 12 层，细分单元厚度为 10～15m，包含 1～2 期河道砂体。

1. 大庆长垣—三肇地区

在烃源岩评价、储层分类评价基础上，综合考虑储层、工程因素，将长垣及三肇地区扶余油层致密油地质甜点共划分为两大类、三小类，这两大类储层的共同特征都位于烃源岩下部且紧邻，有机碳含量一般大于 2%，镜质组反射率一般都大于 0.75%，已经处于成熟阶段。其中第一大类是最好的地质甜点，共分为Ⅰ-1 和Ⅰ-2 两小类（表 2-5）。Ⅰ-1 类地质甜点主要以Ⅰ-1 类致密油层为基础，沉积相以曲流河、分流河道为主，储层岩性为细砂岩和粉砂岩，通常为单层或两期叠置，旋回清晰，电性特征明显；孔隙度为 10%～12%，渗透率为 0.25～1mD，微观孔喉结构以喉道半径中值为 150～350nm、排驱压力小于 1MPa 为特征；油气显示通常为油浸及以上级别，含油饱和度一般大于 50%；

作为有利地质甜点，参照井的单层油层厚度一般大于3m，单井产量大于1t/d，且脆性指数大于40%，破裂压力小于33MPa，有利于后期的大规模体积压裂改造储层质量。Ⅰ-2类地质甜点主要以Ⅰ-2类致密油层为基础，沉积相以分流河道为主，储层岩性为细砂岩、粉砂岩和粉细砂岩，通常为单期或多期叠置，含油性不均；孔隙度为8%～10%，渗透率为0.1～0.25mD，微观孔喉结构以喉道半径中值为75～150nm、排驱压力主要位于1～3MPa为特征；油气显示通常为油迹、油斑和油浸，含油饱和度一般为45%～65%；仅次于Ⅰ-1类的有利地质甜点，参照井的单层油层厚度有所减薄，一般在2～3m之间，单井产量在0.3～1t/d之间，两侧邻近断裂距离在0.6～1.0km之间，且脆性指数大于40%，破裂压力小于33MPa。

表2-5 大庆长垣及三肇地区扶余油层致密油地质甜点评价标准

<table>
<tr><th colspan="3" rowspan="2">评价参数</th><th colspan="2">Ⅰ类</th><th rowspan="2">Ⅱ类</th></tr>
<tr><th>Ⅰ-1</th><th>Ⅰ-2</th></tr>
<tr><td rowspan="9">储层</td><td rowspan="3">沉积特征</td><td>相类型</td><td>曲流河、分流河道</td><td>分流河道</td><td>水下分流河道、决口扇</td></tr>
<tr><td>岩性</td><td>细砂岩、粉砂岩</td><td>细砂岩、粉砂岩</td><td>粉砂岩、泥质粉砂岩、含钙粉砂岩</td></tr>
<tr><td>砂体结构</td><td>单层或两期叠置，旋回清晰，电性特征明显</td><td>单层或多期叠置，含油性不均</td><td>河道与决口扇叠加，层薄、非均质性强</td></tr>
<tr><td rowspan="2">物性特征</td><td>ϕ（%）</td><td>10～12</td><td>8～10</td><td>5～8</td></tr>
<tr><td>K（mD）</td><td>0.25～1</td><td>0.1～0.25</td><td>0.02～0.1</td></tr>
<tr><td rowspan="2">孔喉特征</td><td>喉道半径中值（nm）</td><td>150～350</td><td>75～150</td><td>30～75</td></tr>
<tr><td>排驱压力（MPa）</td><td><1</td><td>1～3</td><td>>3</td></tr>
<tr><td colspan="2">主要含油级别</td><td>油浸及以上</td><td>油迹、油斑、油浸</td><td>油迹、油斑</td></tr>
<tr><td colspan="2">S_w（%）</td><td><50</td><td>45～65</td><td>>60</td></tr>
<tr><td rowspan="2">烃源岩</td><td colspan="2">有机碳含量（%）</td><td colspan="3">>2</td></tr>
<tr><td colspan="2">镜质组反射率（%）</td><td colspan="3">>0.75</td></tr>
<tr><td>油层</td><td colspan="2">最大单层厚度（m）</td><td>>3</td><td>2～3</td><td><2</td></tr>
<tr><td>规模</td><td colspan="2">断裂距离（km）</td><td>>1</td><td>0.6～1</td><td><0.6</td></tr>
<tr><td rowspan="2">工程参数</td><td colspan="2">脆性指数（%）</td><td colspan="2">≥40</td><td><40</td></tr>
<tr><td colspan="2">破裂压力（MPa）</td><td colspan="2">≤33</td><td>>33</td></tr>
</table>

Ⅱ类地质甜点是相对较差的一类目标类型，主要以Ⅱ类致密油层为基础，沉积相以水下分流河道、决口扇为主，储层岩性为粉砂岩、泥质粉砂岩、含钙粉砂岩，通常为单层薄砂体、砂泥互层结构；孔隙度相对较小，一般为5%～8%，渗透率为0.02～0.1mD，微观

孔喉结构以喉道半径中值为30～75nm、排驱压力大于3MPa为特征；油气显示通常为油迹、油斑，含油饱和度一般小于40%；受沉积环境影响，砂体较薄，参照井的单层油层厚度一般小于2m，单井产量小于0.3t/d，脆性指数小于40%，破裂压力大于33MPa，这样的地质目标不利于水平井的钻探，也不利于后期工程上的大规模缝网压裂来改造储层质量，因此该类地质目标不宜作为勘探部署的重点目标砂体。

按照上述致密油地质甜点评价标准，长垣及三肇地区扶余油层致密油甜点区以Ⅰ类为主。其中，大庆长垣识别甜点区6个，面积1076.3km^2，资源量2.21×10^8t；三肇地区识别甜点区8个，面积1552.6km^2，资源量3.18×10^8t（图2-17）。

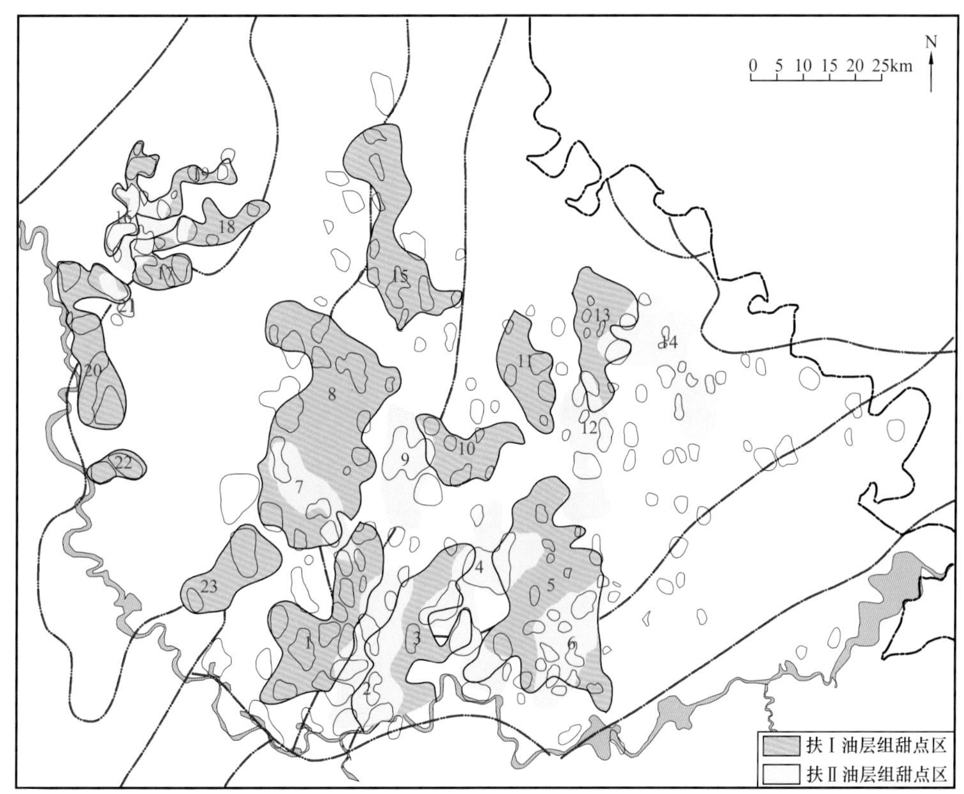

图2-17　松辽盆地北部扶余油层致密油甜点区分布图

2. 齐家—古龙凹陷

扶余油层沉积时期主要受西部物源影响，储层类型主要为三角洲分流河道沉积，各期砂体在平面上相互交织错叠连片。该区扶余油层单砂体规模小，砂体宽度为250～500m，一般为350m，单层砂体厚度为0.8～4m，砂地比在6.0%～45.6%之间，发育致密油Ⅰ、Ⅱ类储层。

按扶余油层甜点区评价标准（表2-6），在构造简单区，单层含油砂岩厚度大于2m为甜点区，主要发育在龙虎泡构造和古龙两个地区。其中，龙西识别甜点区7个，面积487.3km^2，资源量1.0×10^8t；古龙地区识别甜点区2个，面积295.2km^2，资源量0.61×10^8t（图2-17）。

表 2-6　齐家—古龙凹陷扶余油层致密油储层甜点区优选评价标准

参数	地质参数							工程参数	
	相带	油层厚度（m）	孔隙度（%）	渗透率（mD）	喉道半径（nm）	面积（km^2）	局部构造	脆性指数（%）	水平应力差（MPa）
指标	分流河道	≥2	Ⅰ类≥9；9>Ⅱ类≥5	Ⅰ类≥0.15；0.15>Ⅱ类≥0.03	Ⅰ类≥150；150>Ⅱ类≥50	≥10	斜坡相对高部位	≥ 40	≤10

从整体上看，松辽盆地北部致密油甜点区发育以扶余油层为主，目前共识别出规模甜点区 24 个，累计面积 3650km^2（图 2–17），试验区 17 个，钻井 366 口（投产 222 口），目前建产能 34.58×10^4t/a（表 2–7）。

表 2–7　松辽盆地北部致密油资源分级评价结果

盆地	层位	三维地震（km^2）	甜点区面积（km^2）	甜点区勘探目标	甜点区资源量（10^8t）
松辽北部	扶余	11719	3411	23	7.00
	高台子	1654	239	1	0.57

第四节　勘探开发工程关键技术进展及应用

一、地震技术与应用

针对松辽盆地北部扶余、高台子油层低渗透薄储层地震勘探难题，在大庆长垣、三肇、齐家、龙虎泡地区开展地震资料处理解释攻关，形成了一套适合于松辽盆地致密油地质特点的砂体识别和储层预测地震处理解释技术，有效支持了致密油勘探开发部署。

（1）建立了高分辨率保幅处理技术系列，成果剖面目的层频宽拓展 30Hz 以上，突出了薄互储层反射特征。主要是在原有流程基础上研发表层 Q 补偿和黏弹性叠前时间偏移等新技术，同时量化监控手段和处理解释一体化评价。

① 研发并推广了表层模型静校正及表层 Q 补偿技术，目的层原始单炮地震资料频宽 20～30Hz，成果资料频宽 15～20Hz。通过近地表调查发现，松辽盆地表层潜水面之上为厚度 10m 左右的未成岩介质，平均 Q 值在 10 以内，地震波的吸收衰减 80% 发生在近地表层，严重降低地震资料的垂向分辨率，消除或减小近地表层对地震波的吸收衰减作用是提高地震分辨率的有效途径之一。近地表 Q 值场的建立方法，主要是利用近地表调查资料求得不同区域近地表 Q 值，由地震初至波获得三维工区内地震波的相对振幅变化，求出全区 Q 值相对变化，再用已知点 Q 值对其标定，获得空变 Q 值场。应用稳健 Q 补偿算法实现三维叠前振幅补偿与相位校正，并且研究试验了近地表补偿在地震处理流程中的位置。在多个地震工区进行了推广应用，有效恢复表层对高频信号的衰减，目的层地震原始单炮频宽 20～30Hz，成果资料频宽 15～20Hz，效果明显。

② 研发并推广了黏弹性叠前时间偏移技术，进一步拓宽成果剖面有效频宽 10～20Hz。实际地球介质存在黏性吸收，地球介质的小尺度非均质性也产生类似于黏性吸收的幅值衰减效应。这些客观存在的因素导致地震波在传播过程中发生幅值的吸收衰减；衰减对地震波的不同频率成分是不同的，频率越高，衰减越强。因此，地表记录到的来自不同深度反射的地震信号其频宽是不同的，导致构造越深，常规偏移成像的分辨率就越低。黏弹性叠前时间偏移技术通过等效 Q 场与等效速度场的有机结合，在偏移过程中补偿地震波的地球介质黏性、薄层散射导致的高频地震波幅值衰减，恢复被衰减的高频成分，使得中、深层构造的成像分辨率达到与浅层接近的程度，且可保证稳定性并避免噪声放大。该方法不对 Q 值的空间分布作层状或均质的假设，通过引入描述地震波幅值吸收衰减的等效 Q 值，将补偿吸收衰减与叠前时间偏移有效地结合到一起，同时在算法上改进了相位稳定项，从而达到提高频率并保持相位合理的效果。该技术自 2017 年以来，完成了多个水平井重点目标区工作，进一步拓宽成果剖面有效频宽 10～20Hz。以兴城工区为例，常规叠前时间偏移的地震频宽为 8～80Hz，黏弹性叠前时间偏移的地震频宽可达到 5～87Hz。通过地震剖面的储层标定结果可以看出，扶余油层的地震分辨率得到较大幅度提高，多个砂体的地震响应特征得到明显改善。

总体来看，以上两项 Q 补偿技术的应用，使地震资料有效频宽提高 30Hz 以上，扶余油层薄互层砂体地震识别率由 25% 提高到 50%，为甜点地震预测奠定了良好资料基础。

（2）完善了扶余油层甜点有效识别技术系列，实现了窄小河道砂体识别、有利储层预测和水平井目标刻画。

① 研发并推广了薄层波阻抗直接反演技术（Z 反演），砂体识别率在黏弹偏 50% 基础上提高到 75%，对薄互层的识别能力明显提高。传统 BG 反演理论在地球物理反演表示为统一的泛函方程 $\boldsymbol{d}=\boldsymbol{GM}+\Delta\boldsymbol{d}$，其中 $\boldsymbol{d}$ 为观测数据，$\boldsymbol{G}$ 为算子矩阵，$\boldsymbol{M}$ 为地质模型，$\Delta\boldsymbol{d}$ 为观测数据 $\boldsymbol{d}$ 的误差。该理论认为，若正演结果 $\boldsymbol{GM}$ 与实际观测数据 $\boldsymbol{d}$ 不符合，原因在于观测数据存在误差 $\Delta\boldsymbol{d}$，或者模型 $\boldsymbol{M}$ 不准确，而不可能来自算子矩阵 $\boldsymbol{G}$。在重磁电反演中，这种描述是适合的，因为在重磁电反演中，作用于地质模型的矩阵是一个三维积分算子，理论上无误差。但对于地震波阻抗反演来说，算子矩阵 $\boldsymbol{G}$ 是由地震子波构成的，地震子波不但有误差，而且有时误差很大。这就是说，若地震正演结果 $\boldsymbol{GM}$ 与地震记录 $\boldsymbol{d}$ 不符合，原因可能来自模型 $\boldsymbol{M}$ 不准确，也可能是地震记录中含有噪声 $\Delta\boldsymbol{d}$，更可能是地震子波组成的算子矩阵 $\boldsymbol{G}$ 引起的。很多情况下，声波测井合成地震记录与井旁道不吻合，大多数情况下存在波形上的差异，这明显不是地震随机噪声引起的，不符合的原因主要来自算子矩阵 $\boldsymbol{G}$。所以需要对传统 BG 反演理论进行改进，使其更加适合地震波阻抗反演。现有商业软件都是基于 BG 反演理论，大致可分为两类：一类是确定性的约束稀疏脉冲反演，反演结果的分辨率低；另一类是模型约束地质统计学随机模拟反演，反演结果纵向分辨率高，但是有多个反演结果，结果有不确定性。Z 反演改进了 BG 反演存在的不足，提高了地震子波的精度，保证了波阻抗反演的精度，降低了反演的多解性。Z 反演求解数学模型与确定性反演不同，薄互层情况下，地震反射并不适合用稀疏脉冲来描述，而各层面反射系数也不随机分布，每一层顶和底的反射系数都是有关联的，近似成对地出现，所以 Z 反演求

解的是层状波阻抗模型，比较符合薄互层地质情况，降低了反演的多解性，算法还更稳定。偏移后地震记录并非自激自收，而是由多个入射角叠加构成，相当于存在一个等效入射角，而声波测井合成地震记录属于自激自收，合成记录与井旁道就会存在偏差，Z 反演算法考虑并消除了该偏差，提高了合成记录与井旁地震道的相似程度，因此，在井点上 Z 反演的结果与测井的声波阻抗比较符合。现有反演算法中，合成记录与井旁地震道相似度低，在井点上的反演结果就不正确，因为用模型约束，掩盖了该事实。在常规的反演中，子波的相位常常被忽略，而在 Z 反演算法中，使用了稳定的相位分析与计算方法，保证了地震子波相位的准确性。充分考虑了反演目的层数据边界对反演的影响，将振幅过零点作为反演的开始和结束的界面，不仅数据的截断误差小，而且在后续傅里叶变换中引起吉布斯效应最小，保证了地震高频信息的精度。同样以杏山工区为例，Z 反演对薄互层的识别能力明显提高。应用工区的统计结果显示，砂体识别率在黏弹偏 50% 基础上提高到 75%。

② 对扶余油层致密油河道砂体甜点地震反射模式及预测能力进行了分类评价，并形成了相应的配套技术（图 2–18）。扶余油层的河道砂体具有单砂体厚度薄、横向变化快、纵向不集中的地质特点，同时由于河道频繁改道所形成的多期砂体叠置现象也十分常见。通过多个开发井区砂体对比，划分四种不同河道砂体组合类型；同时考虑到 T_2 强反射层对扶Ⅱ油层组三个砂层组的不同屏蔽影响，又总结出三种类别。扶余油层的砂体岩相类别一共有三大类（简单模式、复合波模式和 T_2 屏蔽模式）、七小类（稳定砂组、单期河道、两期河道叠加、多期河道相邻叠加、砂体位于 T_2 波峰内、砂体位于波谷内、砂体位于 T_2 下弱波峰）。通过实际资料井震联合标定与正演模拟分析研究发现，当前地震资料现状下，不同砂体岩相类别有不同的地震反射特征，并且地震预测甜点的难度也有所不同。针对以上类别划分，根据研究实践总结出不同的相对有效的配套技术。稳定砂组具有相对稳定的振幅特征，可采用黏弹性保幅偏移资料与 Z 反演相结合的方式识别甜点，应用符合率为 79%。单期河道具有短轴状强反射特征，空间变化快，可采用黏弹性保幅偏移剖面、Z 反演、地质统计学反演等预测，实际应用的符合率为 91%。两期河道叠加，在夹层厚度小的情况下表现为一个同相轴，随着夹层厚度加大，下部砂体逐渐表现为复波，可采用黏弹性保幅偏移剖面、谱反演拓频剖面、Z 反演、地质统计学反演等预测；多期河道相邻叠加，上部砂体的顶面为强反射特征，中部砂体被屏蔽，下部砂体逐渐表现为复波，可采用黏弹性保幅偏移剖面、谱反演拓频剖面、Z 反演、地质统计学反演等预测，复合波模式的实际应用符合率为 65%。T_2 屏蔽模式中砂体位于 T_2 波峰内时，T_2 反射振幅加强，可采用黏弹性保幅偏移剖面、谱反演拓频剖面、Z 反演和波形分解特色技术预测；砂体位于 T_2 波谷内，波谷幅度减弱或出现弱复波，可采用黏弹性保幅偏移剖面、谱反演拓频剖面、Z 反演和地质统计学反演预测；砂体位于 T_2 下弱波峰时，弱波峰的反射振幅强时砂体相对较发育，可采用黏弹性保幅偏移剖面、谱反演拓频剖面、Z 反演和地质统计学反演预测，T_2 屏蔽模式的实际应用符合率为 70%。

通过持续探索，致密油甜点地震预测技术持续攻关，不断完善，有效支撑了甜点目标优选和水平井实施。近年来，共支撑扶余油层致密油预探及评价区块 47 口水平井实施，以长垣南部、三肇凹陷扶余油层为主，水平井入靶点砂岩地震预测准确率 80%，水平段平

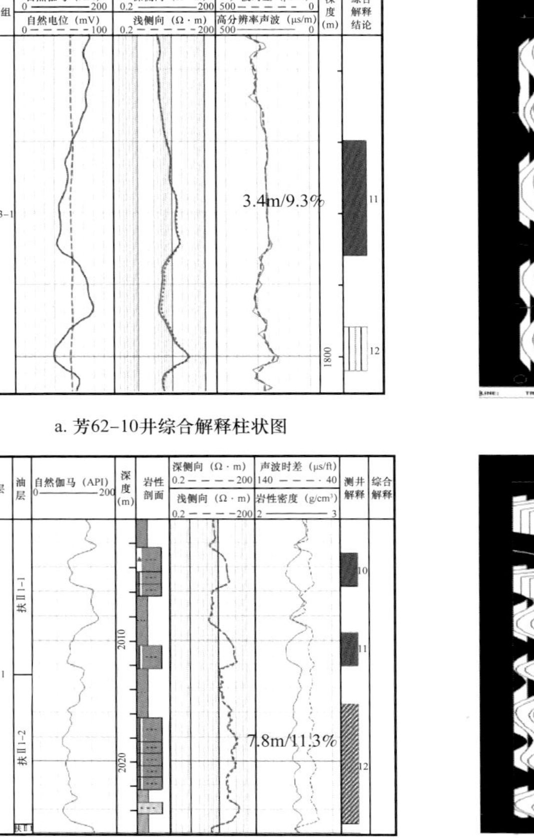

a. 芳62-10井综合解释柱状图

c. 肇平6井综合解释柱状图

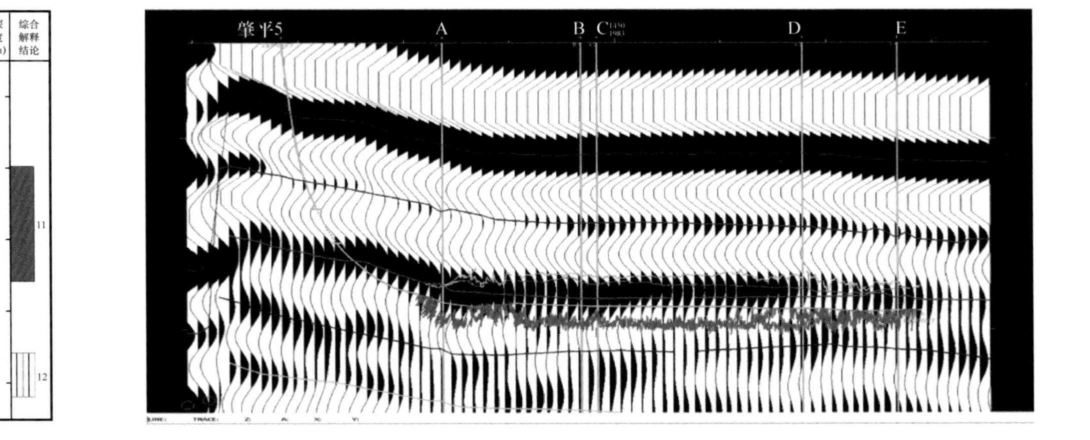

b. 肇平5井轨迹方向地震剖面图

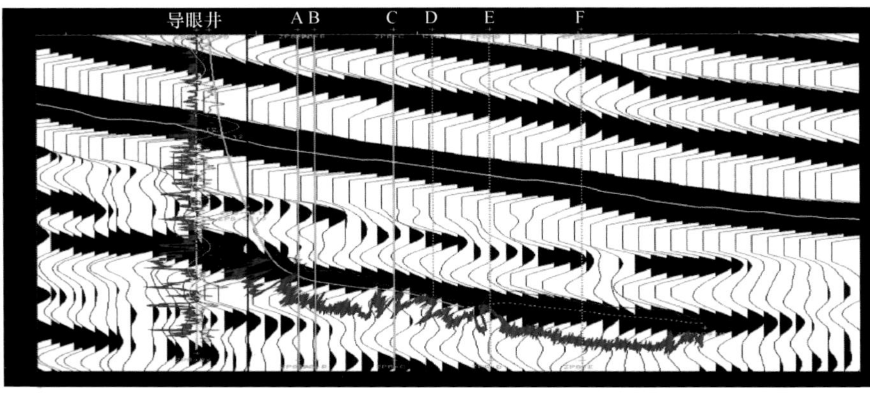

d. 肇平6井轨迹方向地震剖面图

图 2-18　松辽盆地北部扶余油层致密油甜点层段地震响应特征

均砂岩钻遇率 75% 以上。2019 年永乐工区完钻水平井 3 口，平均水平段长度 1352m，钻遇砂岩 1192m，油层 1033m，砂岩钻遇率 88%，油层钻遇率 76.5%。以肇平 26 井为例，该井位于三肇凹陷永乐地震工区，2017 年通过黏弹性偏移处理，地震分辨率得到大幅度提高，砂体的响应特征明显，并开展了 Z 反演砂体预测，甜点砂体的特征也明显。该水平井的实钻效果较好，水平段长 1370m，其中砂岩 1274m，砂岩钻遇率 93%，含油砂岩 1131m，油层钻遇率 82.6%，实钻与地震预测一致。

二、钻完井、测录井甜点层段评价技术与应用

以提供优质井眼为核心的低成本优快钻完井技术，形成了井深结构优化技术、致密油钻井的新型钻井液体系及钻完井工具自研、致密油气钻井提速技术、致密油气固井配套技术 4 项技术系列，并形成了 4 套固化的固井模式，研制了 8 套具有自主知识产权的钻完井工具。致密油钻井提速技术解决了井壁坍塌、水平井钻井周期长、固井质量不能满足后期压裂改造要求等难题。通过井深结构、钻头钻具、固井措施的优化，实现了致密油气领域提速、降本的目的。优化井身结构，提高施工效率，优化钻头和钻具，各段“一趟钻”，优化固井措施，改善固井质量，固化旋转导向技术，提高机械钻速，平均全井机械钻速提高 30% 以上。直井段优选钻具组合和钻井参数，确保打直打快；造斜段优选钻头和动力钻具，提高造斜效率；水平段应用旋转地质导向，提高钻速。在松辽盆地北部中浅层致密油领域现场试验 25 口井，平均全井机械钻速提高 37%，平均单井缩短钻井周期 30%，取得较好的效果。

以甜点层段为核心的非常规测录井综合评价技术，形成了致密油气领域的以三品质为核心的“七性”参数评价技术。建立了岩性评价、微观孔隙结构评价、电性及含油性评价解释方法，以及岩石力学参数求取、脆性指数计算、地应力及破裂压力计算等储层工程品质评价方法。形成了砂岩致密油储层甜点评价标准，岩性、物性、电性、含油性“四性”关系储层评价和脆性、杨氏模量、泊松比、破裂压力、地应力五项参数工程品质评价配套技术系列。建立了包括水平井测井响应特征与直井差异分析、水平井井眼轨迹与地层位置确定、基于井眼轨迹的水平井测井资料校正方法，以及水平井甜点层段储层品质 + 工程品质评价技术，为致密油水平井、直井压裂甜点层段优选提供了保障。依据“七性”参数，建立了缝网压裂直井产能预测模型、水平井产能预测模型，在松辽盆地北部致密油甜点识别与评价中发挥了重要作用。

三、增产改造技术与应用

以提高单产为核心研发增产改造技术，形成了致密油水平井体积压裂、穿层压裂和直井缝网压裂三项配套技术系列。建立了致密油水平井压裂优化设计，施工诊断控制，以静态与试油动态资料为依据的试油求产，适合致密油储层改造的压裂液体系，应用压后返排数据进行压裂改造区域拟合、实现压后初期 SRV 预测并获取压后初期裂缝周围压力分布，致密油直井缝网压裂等关键技术。

针对致密油层自主研发了速钻桥塞、水力喷射、固井滑套三项体积压裂工艺及配套工

具，耐温 120℃、承压 70MPa，较国外工具均降低成本 50% 以上。

速钻桥塞分段压裂工艺具有加砂规模大、施工排量高的特点，可实现大规模多簇体积压裂。研制了轻质合金速钻桥塞和复合桥塞系列产品，配套可溶球、轻质球，耐温 120℃、耐压 70MPa，桥塞单级钻磨时间现场磨铣 55min，达到国外同类产品技术水平，已累计应用 10 口井。

连续油管水力喷射环空加砂分段压裂工艺技术具有安全、环保、高效、规模大的特点，具有改造针对性强、施工效率高的特点，累计应用 16 口井。研发了拥有自主知识产权的新型 Y211 封隔器、平衡阀等配套工具，形成了机械底封式压裂工艺管柱，耐温 120℃、承压 70MPa，单趟管柱可压裂 20 段，以 5 段计算，国产工具 5 万元 / 趟，较国外工具 30 万元 / 趟，工具成本降低 83%。例如高平 1 井 42h 施工时间内，一趟管柱完成 19 段压裂施工（第 17 段喷砂射孔压裂 2 次，实际压裂 20 段），最高施工压力 62MPa，最大排量 6.7m^3/min，液量 8814.5m^3，砂量 830.5m^3。该井国产工具费仅 5 万元，比引进国外工具成本节省 109 万元。

自主研制了两种类型套管固井压力平衡滑套，该工艺具有无须射孔、施工规模大、排量和效率更高的特点，耐温 120℃、承压 70MPa，工具成本降低 50% 以上，并开展 8 口井现场试验。该工艺原理为将多级预置滑套随套管下入并固井，压裂时将封隔器和水力锚下入压裂层段的预置滑套位置坐封，提高环空压力，开启喷砂口后进行压裂。肇 56—平 29 井Ⅰ型压力平衡滑套压裂现场试验，连续油管补液施工排量 0.8～0.9m^3/min，环空加砂施工排量 4～5m^3/min，施工压力 17～22MPa，压裂 6 段，液量 1305m^3，加砂 80m^3，单日完成 5 段压裂施工，滑套长时间入井后仍能可靠开启，并且显示明显，技术指标达到国外同类水平，同时，降低施工成本 50% 以上。

利用滑溜水、清水、冻胶的造缝特性，建立 SWS 复合压裂液体系的压裂液模式。清水与滑溜水交替注入，即利用清水摩阻特性，注入地层后增大近井流动阻力，提高缝内压力，控制缝网体系纵向横向有效延伸。

以实现合理开发为核心，建立了致密油压后产量变化预测技术、水平井全生命周期优化技术、水平井分段产能测试技术三项技术系列；形成了三个阶段产量变化趋势；建立了焖井、控排、保压采生产方式；对开采半年的 28 口致密油水平井进行产能预测，预测符合率 86.3%，区块单井半年累计产量 2948t，是直井的 8.5 倍。

四、工厂化作业模式

以实现高效钻井为核心研发工厂化作业技术，形成了工厂化钻井、工厂化交叉作业压裂施工两项技术；建立了钻井、压裂工厂化施工作业模式。

工厂化作业配套技术是围绕“提时效、降成本、上水平”总体目标，系统总结成熟经验、全面深化专项管理，不断加强一体化运行、节点式管控、专业化施工能力。同时，通过健全考核评价机制，突出刚性预算控制，推进大型压裂由局部最优化向全局最优化模式深入。

建立供水流程、供液流程、供砂流程、泵注流程四个独立单元的工艺流程，满足缝网压裂和体积压裂施工的工艺需求，简化了井场的设备设施。初步形成液体不落地、管线吹扫、噪声屏蔽、加料除尘等综合环保工艺措施，有效缓解了地面各类环境污染问题。

井位部署方案考虑工厂化施工，井位部署平台率达到 66.7%；钻井采用接替式、循环式工厂化施工，完钻水平井 92 口，施工效率提高 23.4%；压裂采用平台、邻近井交叉作业、共用水源井远程供水、优化配液模式，完成压裂 58 口，施工效率提高 78.2%；试油采用多井流水线、无缝衔接作业，施工效率提高 91.3%。建立远程供水、供液系统，创新应用移动式蓄水池，实现了蓄水冬季保温防冻及水体信息无线监测，达到区域一体化保障模式，临井组施工可减少 2 口水源井、1 个蓄水池投入，节省费用 50 万元以上。移动式蓄水池 12h 内即可快速组装，效率高、安全环保性好。

通过工厂化作业施工使施工成本进一步降低。例如直井缝网压裂，2016 年平均单井成本降至 267 万元，同比 2015 年降幅 10.6%。其中，人工费降低 3.9 万元，降幅 16%；机械费降低 18.9 万元，降幅 10.1%；材料费降低 1 万元，降幅 3%；间接费降低 7.8 万元，降幅 14.7%。致密油水平井压裂：通过提高施工能力、应用新工艺、优选原材料、缩短施工周期等措施，2016 年平均单井费用 611.5 万元，与 2015 年的 841.9 万元相比降低 230.4 万元，降幅 27.4%。

加快系统配套升级，减少用工人数。一是创新一体化联动控制系统。以自动化控制技术为基本手段，建成供液联动控制系统，实现仪表车发出指令—混砂车按需求响应—供液设备按需配送，控制响应更加精确、及时，供（配）液区域施工人数由 12 人减为 6 人，劳动强度有效降低。二是实现压裂、推塞流程分离。通过优化管汇结构，配套地面分流器，由以往压裂、推塞流程共用向独立式转变，实现了阀门快速转换，安全控制能力大幅提升，管线数量减少 20% 以上，平台井日压裂段数由 2～3 段提高到 4～5 段。三是加快高压直管锚定、运输机械化进程。自主研发了高压直管运输锚定车，实现了高压直管机械运输、机械手自动抓放，螺旋式地锚桩机械锚定，大幅减轻工人劳动强度，用工人数由 6 人减至 3 人，施工效率提高 50% 以上。

第五节　典型试验区开发效果分析与经验总结

致密油资源整体表现为物性差、产量低、丰度低，升级、动用难度大。2011 年以来，大庆油田按照“预探先行、储备技术，评价跟进、探索有效开发模式”致密油勘探开发一体化思路，通过精细落实资源和甜点，在储层精细分类、纵向精细分层、平面精细分区的基础上，分类、分层、分区计算扶余、高台子油层致密油资源量为 12.7×10^8t，积极探索水平井体积压裂配套技术，逐步发展完善了水平井 + 大规模体积压裂和直井 + 缝网压裂致密油藏增产改造技术。按照“落实长垣、齐家，展开三肇，准备齐家—古龙”的思路开展部署，在大庆长垣南部、三肇、齐家、龙西预探引领，开发快速跟进，最先开设的垣平 1、龙 26、齐平 2 三个先导性试验区取得良好效果。松辽盆地北部在 17 个试验区基础上，共扩大到 37 个致密油开发区。2016—2020 年新增探明储量 1.5×10^8t、控制 + 预测储量 2.4×10^8t，三级储量 3.8×10^8t；累计建产能 83.4×10^4t/a，2020 年产油 45.1×10^4t，勘探开发成效显著（图 2-19、表 2-8）。

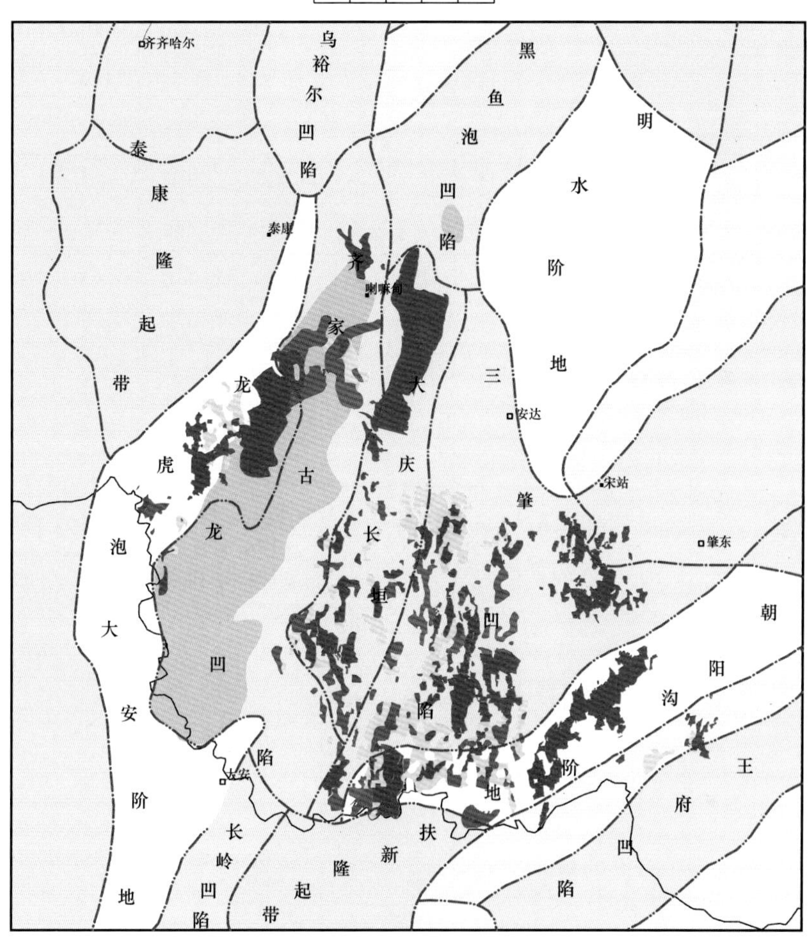

图 2-19　松辽盆地北部扶余油层致密油勘探开发成果图

一、芳 198-133 水平井体积压裂示范区

芳 198-133 水平井开发示范区位于三肇凹陷肇州鼻状构造带，扶余油层发育，通过油藏开发全过程精细化管理模式，应用水平井、小井距、密切割开发理念，单井产量大幅度提高，投资成本明显降低，积累了宝贵经验（表 2-9）。

为优化水平井设计，完善甜点识别技术，优选均方根振幅属性，预测砂体平面分布，应用 Z 反演等三种反演方法，精细刻画甜点目标空间分布，从 15 套储层中找到扶Ⅰ4_1、扶Ⅰ7_2 两套主力砂体，多轮次部署研究。开发方案从密集切割、沟通远端、强化支撑、降低伤害四个方面优化设计，解决缝控储量小、裂缝长度短、纵向支撑差、储层伤害大的改造难题，实现产量大幅度提升。

表 2-8　松辽盆地北部致密油试验区情况统计表

序号	区块	层位	面积（km^2）	储量（10^4t）	井数（口）			建成产能（$10^4t/a$）	日产油（t）		累计产油（10^4t）	开发模式
					设计	完钻	投产		初期	目前		
1	垣平 1	F	11.8	305	9	9	9	3.77	247.5	41.4	11.03	水平井体积压裂
2	葡 34	F	14.5	297	14	11	11	1.88	135.3	53.9	4.16	
3	葡 42-5	F	6.6	139	6	4	4	1.152	53.6	47.2	1.2	
4	芳 38	F	19.3	299	15	9	9	1.1	65.7	30.2	2.4	
5	芳 198-133	F	6.38	239	9	9	9	3.618	153	134	1.9	
6	齐平 2	G	12.8	239	11	11	11	1.23	36.3	18.7	3.46	
7	龙 26	G	21.6	345	12	12	12	6.34	277.2	46.8	14.56	
8	龙 26 外扩	G	129.8	2124	42	35	18	1.84	113.4	37.8	4.94	
9	源 151	F	4.3	203	9	6	6	1.15	52.8	17.4	2.18	
10	源 211	F	16.4	349	9	9	2	0.18	11.2	4.6	0.37	
11	树 25-2	FY	2.47	135.48	7	7	6	2.36	47.4	45.3	2.19	
12	肇平 22	F	11.29	250.9	20	6	4	0.96	22.3	2.9	0.41	
小计			257.24	4925.38	163	128	101	25.58	1215.7	480.2	48.8	
13	葡 483	F	4.5	321	74	18	2	0.11	8	4.4	0.12	直井大规模压裂
14	州 602-4	F	2.1	84	19	19	15	0.57	45	12	1.86	
15	塔 9	F	7.3	263	17	15	11	0.54	33	8.8	1.07	
16	塔 21-4	F	45.6	2317	290	153	70	6.72	/	160	2.22	
17	树 9-2	F	2.7	194.2	33	33	23	1.06	167.9	48.3	1.82	
小计			62.2	3179.2	433	238	121	9	253.9	233.5	7.09	
零散探井							39	8.4	230.7	53.4	12.16	
合计			319.44	8104.58	596	366	261	42.98	1700.3	767.1	68.05	

表 2-9　芳 198-133 水平井体积压裂示范区方案设计表

动用面积	6.38 km^2	平均日产油	13.5t
地质储量	238.51×10^4t	扶 I 7_2 层水平井	8 口
井控储量	150.5×10^4t	扶 I 4_1 层水平井	1 口
孔隙度	13.7%	平台 / 单井	3 个 /1 个
渗透率	1.12mD	水平段长度	1000～1200m
预建产能	$3.65\times10^4t/a$	水平井间距	400～500m

在求产过程中油嘴逐级放大，控制放喷，延长自喷生产时间，保持地层能量，实时跟踪自喷产量和套管压力变化，确定机采时机。套管压力小于 0.5MPa、产油量低于 7t/t，装机生产，流动压力保持在 7MPa 以上。制定资料录取制度，规范各节点资料台账，做到资料全准，精确计量，数据对扣，及时上报，闭环管理。

利用平台布井、工厂化施工优快钻井、连续压裂，大幅度降低全过程施工成本，缩短施工周期。试验区平均单井施工周期节省 13d，提高施工效率 27%，平均单井节省施工费用 580 万元。截至 2019 年 4 月底，完钻 9 口水平井，平均单井水平段长度 1182m，砂岩钻遇率 91.2%，含油砂岩钻遇率 88.1%。初期平均单井日产油 32.7t，目前平均单井生产 175d，日产油 14.0t，累计产油 2155t，返排率 14.8%。形成的致密油甜点区水平井开发全过程精细管理模式，为致密油水平井实现规模开发提供了借鉴。

二、塔 21–4 直井缝网压裂示范区

龙西地区位于松辽盆地北部龙虎泡构造西侧，扶余油层主要受西部短轴物源控制，砂体厚度薄，层数多，不适合大规模水平井开发。该区探明未动用储量 3112×10^4t，近年来开展了不同井网方式注水现场试验，但单井初期日产油 1.0t，投产效果和效益均较差（表 2–10）。

表 2–10　塔 21–4 区块直井体积压裂示范区原投产统计表

区块	井网类型（m×m）	储层性质			生产状况					采出程度（%）
		孔隙度（%）	空气渗透率（mD）	有效厚度（m）	油井数（口）	初期日产油（t）	目前日产油（t）	单井累计产油（t）	注采比	
塔 181	400×150	13.3	1.3	4	10	1.1	关井	1462	5.1	7.6
塔 182	400×100 400×150	13.3	1.6	4.6	7	0.9	关井	1080	2.9	3.6
塔 283–1	300×150	11.2	1.5	13.5	103	1.1	0.5	813	5.2	2.1
合计 / 平均		12.6	1.5	7.4	120	1	0.2	1118	4	4.5

2018 年，为探索多薄层错叠扶余油层致密油有效动用方式，优选龙西塔 21–4 区块开辟原油直井效益建产示范区。该区块有效厚度 10.8m/8.3 层，单层 1.3m，涉及直井缝网压裂 + 弹性开采，井网 500m×300m，采取“少井高产”理念，采用大井丛、平台式、工厂化模式设计，降本提效（31 个平台），动用储量 1438×10^4t，共布井 174 口，设计初期单井产油 3.6t/d，建产能 18.7×10^4t/a。在 5 口先导性试验井效果基础上，将塔 21–4 区块加砂强度由 11.2m^3/m 提高到 16.3m^3/m。针对投产完钻井显示砂体规模小、横向变化快、井间差异大的状况，以及初期产量不达标的实际，重新开展适合多层发育储层的地震处理解释工作，形成了分片研究、联合预测、综合评价储层精细预测方法。建立油层分类图版，按照“提升Ⅰ类、压好Ⅱ类、控制Ⅲ类”的原则个性化设计，Ⅰ、Ⅱ类储层压裂比例达 98.5%。

通过对储层厚度、物性、含油性、压裂施工参数等产量影响因素进行全面分析，将加砂强度由塔 9 试验区的 $7.7m^3/m$ 提高到 $11.7m^3/m$，砂液比由 1∶64 增加到 1∶36，取得较好效果。

开展焖井试验，优选水上环境部分物性较好、厚度中等、有代表性的塔 261–166– 斜 126 井开展试验。压后焖，压力 15.0MPa，焖井 25d，压力稳定到 8MPa 后开井。与同平台其他井对比见油较早，见油返排率低，累计产量高。在此基础上，优选位置和物性接近的 35 号平台 5 口井开展焖井，对物性相对较差的 8 号平台中 2 口井进行焖井试验，进一步研究物性差储层焖井的可行性，物性好的井 13d 见油，返排率 17.5%，与同类区块未焖井 27d 见油，返排率 32.3% 对比，效果较好。

将已投产井按时间分为四个批次，前两批投产井见油时间、阶段特征基本一致。受焖井效果较好、压裂工艺改进等因素影响，后投产井见油更早，初期产量增加，随见油井数逐渐增多，产量叠加，区块整体处于稳定上升阶段。塔 21–4 区块已投产 90 口井（第 1、2 阶段设计方案 78 口井），抽油生产 61 口井，自喷生产 29 口井，正常生产 79 口井，关井 11 口（其中焖井试验关井 6 口，待大修 2 口，正作业 3 口）。见油 70 口井，平均单井日产液 7.6t，日产油 4.0t，含水 81.6%，累计产油 318t。

第六节　主要结论及“十四五”展望

（1）取得了 5 项地质认识。① 广泛分布的青山口组一、二段优质烃源岩奠定了源内、源下致密油形成的物质基础。② 三角洲前缘相带与青山口组有效烃源岩叠合，为形成大面积连续型致密油藏创造了有利条件。③ 扶余、高台子油层储层致密过程主要受压实和胶结作用控制，纳米级喉道为主要的渗流通道，致密油藏上限渗透率为 1mD，孔隙度为 12%，成藏下限渗透率为 0.02～0.03mD，孔隙度为 4%～5%。④致密油成藏经历两期主要充注，边成藏、边致密过程，晚期主生烃增压作用提供成藏有效动力。⑤扶余油层储层物性控制致密油分区，构造高部位与砂体匹配控制富集程度，Ⅰ类区分布在三肇、长垣中南部及西侧带、龙西、安达地区，Ⅱ类区分布在齐家—古龙、双城地区；高台子致密油受砂体及物性控制，在齐家南部三角洲前缘相带富集。

（2）明确了 4 项甜点要素。① 近源更富集；② 物性决定含油状况；③ 砂体大小决定甜点单体规模；④ 构造位置影响油富集程度。松辽盆地北部中浅层致密油 3 大有利靶区面积超万平方千米，落实资源总量 12.7×10^8t。

（3）形成 8 项致密油有效勘探开发配套技术。形成了以提供甜点目标为核心的非常规储层地震预测技术、以提供优质井眼为核心的非常规优快和低成本钻完井技术、以提供甜点层段为核心的非常规测录井综合评价技术、以提供评价参数为核心的非常规地质实验分析技术、以提供提高单产为核心的非常规增产改造技术。地震预测技术单层厚度大于 3m 的目标层甜点预测精度为 80%。测录井综合评价大于 10m 的目标层段甜点判准率为 91.4%。形成满足增产改造所需的水平井技术，水平段长度可达 2660m ；多段（层）体积增产技术实现直井可达 8 段、水平井可达 18 段 41 簇段大规模体积压裂。形成非常规实验技术系列，应用覆盖率大于 90%。形成适合松辽盆地北部致密油开发的产能评价技术，以便更合理地确定开发界线。形成适合松辽盆地北部致密油地质条件的开发井网优化技术和工厂化开发模式。

（4）按照“预探先行、评价跟进，勘探开发整体研究，联合部署，一体化评价”思路，松辽盆地北部在 17 个试验区基础上，共扩大到 37 个致密油开发区。2016—2020 年新增探明储量 1.5×10^8t、控制 + 预测储量 2.4×10^8t，三级储量 3.8×10^8t；累计建产能 83.4×10^4t/a，2020 年产油 45.1×10^4t，勘探开发成效显著，证实了松辽盆地北部致密油可以实现经济有效开发。

松辽盆地北部致密油剩余资源潜力大，通过攻关，进一步明确了致密油富集地质规律，形成了一整套针对致密油的勘探开发配套技术，致密油已经成为“十四五”，乃至今后一个时期大庆油田增储上产的重要现实领域。大力推进松辽盆地北部致密油勘探开发，对于确保大庆油田持续稳产具有重要的现实意义，对推动国家和地方经济和社会发展具有重要战略意义。

第三章 松辽盆地南部致密油资源潜力、甜点区预测与关键技术应用

“十三五”（2016—2020 年）期间，吉林油田致密油研究团队在国家科技重大专项课题 6 专题 3“松辽盆地南部致密油资源潜力、甜点区预测与关键技术应用”的研究目标导向和经费资助下，通过重点攻关松辽盆地南部扶余油层源下致密油，聚焦甜点不落实、直井产量低、技术不配套、效益动用难等关键问题，深化研发扶余油层致密油形成分布规律和适用配套技术，形成了以甜点区评价预测为核心的地质综合评价技术、以水平井提产为目标的配套工程技术及以降本增效为标准的一体化开发管理新模式。近年来乾安试验区完钻水平井 256 口，累计产原油 76.1×10^4t，吉林油田致密油一体化增储建产规模不断扩大，实现了“十三五”致密油整装探明储量 1.18×10^8t、建产能 46.45×10^4t/a 的目标。松辽盆地南部致密油攻关成果为吉林油田成熟探区石油资源持续效益开发，提供了有效理论技术保障。

第一节 区域成藏条件与富集主控因素分析

一、地质特征

扶余油层是松辽盆地南部的重要含油层系，致密油主要发育于中央坳陷埋深大于 1750m 的地区，有利勘探面积 5000km^2（图 3–1），包括红岗阶地、长岭凹陷、扶新隆起带西侧、华字井阶地四个构造单元。扶余油层致密油储层以河道砂体为主（图 3–2），油气主要来自上覆青山口组烃源岩，形成“上生下储、源储紧临”型大面积连片致密油区，具有埋深大于 1750m、孔隙度小于 12%、空气渗透率小于 1.0mD，直井压裂试油产量 0.2～5t/d、未经过长距离运移、广覆式聚集、无统一油水界面、无明显油藏边界的地质特征。

构造整体表现为夹持在孤店逆断层与红岗逆断层之间的向斜，东西两侧发育大安—海坨子鼻状构造、新北鼻状构造，内部除乾安构造外以斜坡背景为主，缺乏正向构造（图 3–3）。扶余油层顶面 T_2 反射层断裂发育，断裂一般断穿泉头组—嫩江组，能有效沟通源储。断裂断距 30～60m，延伸长度 3～15km，北北向为主；平面上断裂呈南北向、北偏西向条带状展布，整体为垒堑相间构造格局。断裂也能有效切割砂体，利于油藏形成。

青山口组一、二段沉积时期为湖泛期，盆地内发育半深湖—深湖相大面积暗色泥岩，

其中青山口组一段（以下简称青一段）为区域最优质烃源岩。青一段烃源岩厚度一般在40～120m之间，大于40m的烃源岩面积为13000km^2；干酪根以Ⅰ类腐泥型干酪根为主，TOC为1%～2%的烃源岩有利面积为5500km^2，生烃强度一般为2×10^6～4×10^6t/km^2，排烃强度一般大于120×10^4t/km^2。青一段烃源岩和扶余油层叠置分布，扶余油层致密油主要分布于烃源岩厚度大于40m、TOC为1%～2.5%、S_1+S_2为6～10mg/g、R_o为0.6%～1%的优质烃源岩下部及周边。

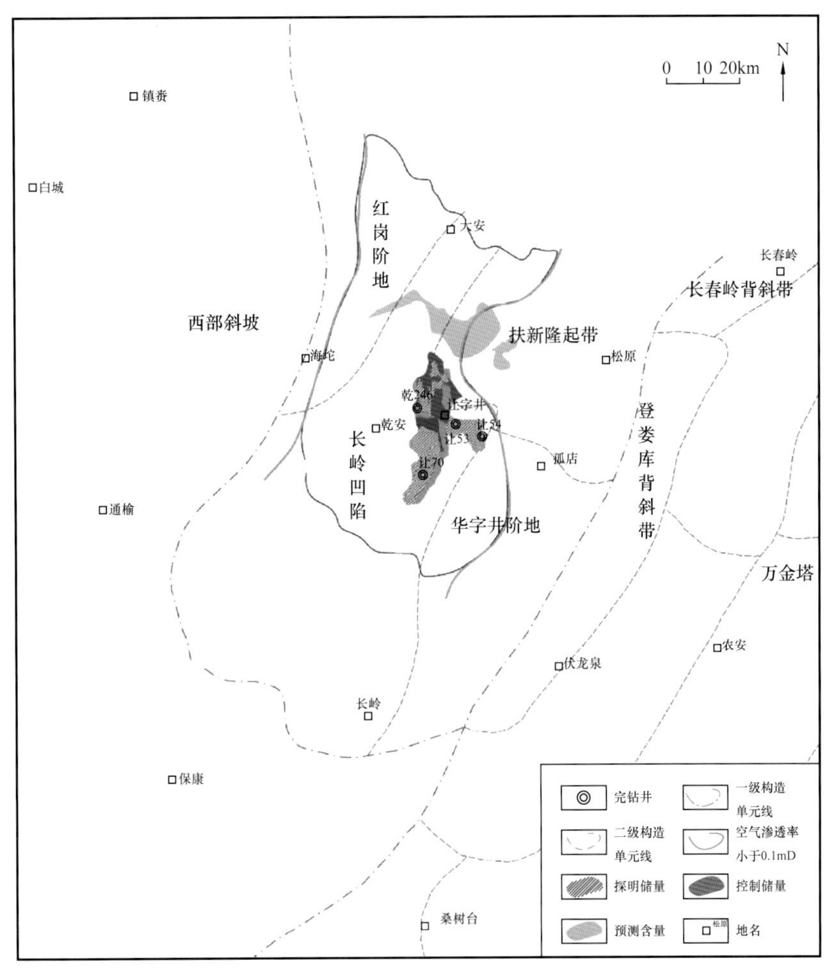

图3-1　松辽盆地南部构造单元划分及扶余油层致密油分布

松辽盆地南部中央坳陷区泉头组四段（以下简称泉四段）发育河流—三角洲前缘沉积体系，砂体来回摆动，横向上连通性较差，纵向上相互叠置，满凹含砂。致密油发育区单砂岩厚度为4～8m，累计砂体厚度一般在20～60m之间。纵向上，按沉积旋回可分为四个砂组，Ⅳ—Ⅱ砂组中部以河流相砂体为主，到Ⅰ砂组逐渐过渡到三角洲前缘相砂体（图3-2）。Ⅳ、Ⅲ砂组沉积时期砂地比一般在45%～75%之间，主砂带处于乾安、孤店地区（图3-4）；Ⅱ砂组砂地比一般在30%～50%之间，主砂带处于孤店地区；Ⅰ砂组砂地比一般在20%～40%之间，主砂带处于乾安、余字井地区（图3-4）。

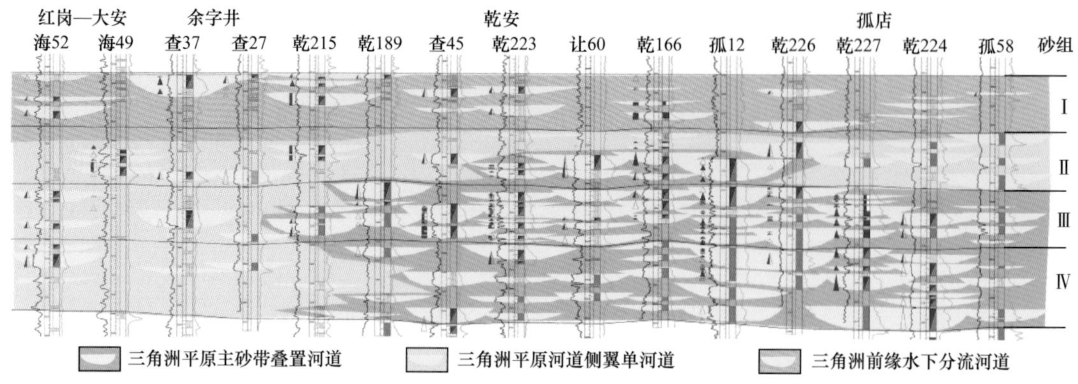

图 3-2　松辽盆地南部泉四段海 52—孤 58 井连井沉积相剖面

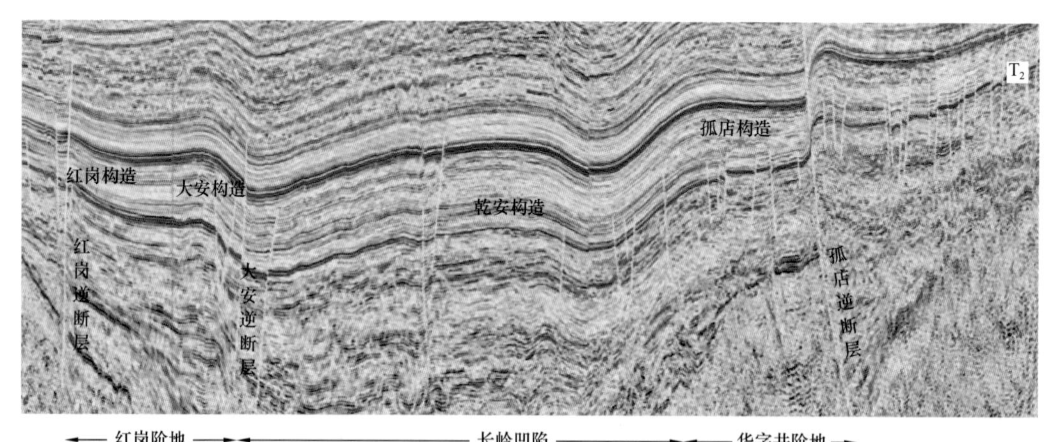

图 3-3　松辽盆地南部东西向地震剖面

泉四段致密储层岩石颗粒成分中石英平均含量为 33.2%，钾长石平均含量为 22.7%，斜长石平均含量为 8.1%，火成岩岩屑平均含量为 31.19%，变质岩岩屑和沉积岩岩屑含量为 3.0% 左右，填隙物含量为 5%～15%。储层填隙物主要为泥质杂基和胶结物。其中，泥质杂基平均含量为 45.2%，在胶结物成分中碳酸盐胶结物含量约为 34.42%，硅质胶结物含量约为 14.9%。

分析坳陷区泉四段致密储层 7396 个物性样品（图 3-5），储层孔隙度平均为 10.4%，主峰分布在 4%～14% 之间，孔隙度小于 10% 的样品含量占 66%；储层渗透率平均为 0.26mD，主要分布在 0.02～0.4mD 之间，渗透率小于 0.2mD 的样品含量占 49.8%。

分析坳陷区泉四段致密储层 2378 个薄片样品，储集空间类型常见原生粒间孔，次见粒间、粒内溶孔，可见颗粒微裂缝。原生粒间孔主要在储层孔隙度为 2%～6% 的区间范围内大量发现（图 3-5）；另外，溶孔及微裂缝在孔隙度为 8%～12% 的储层中有较大比例，因此溶孔及微裂缝是局部储层物性相对较好的重要原因。

储层以纳米孔喉为主（图 3-5），统计 857 块岩心压汞资料，储层孔喉中值半径为 20～800nm，主要集中在 50～500nm 之间。同时，不同孔隙度的储层纳米孔喉所占比例明显不同。其中孔隙度为 12%～16% 的储层，纳米孔喉占 54%，孔喉中值半径主要为 100～

500nm；孔隙度为 9%～12% 的储层，纳米孔喉占 74%，孔喉中值半径主要为 50～500nm；孔隙度为 6%～8% 的储层，纳米孔喉占 93%，孔喉中值半径主要为 50～250nm；孔隙度为 4%～6% 的储层，纳米孔喉占 100%，纳米孔喉中值半径一般小于 250nm。

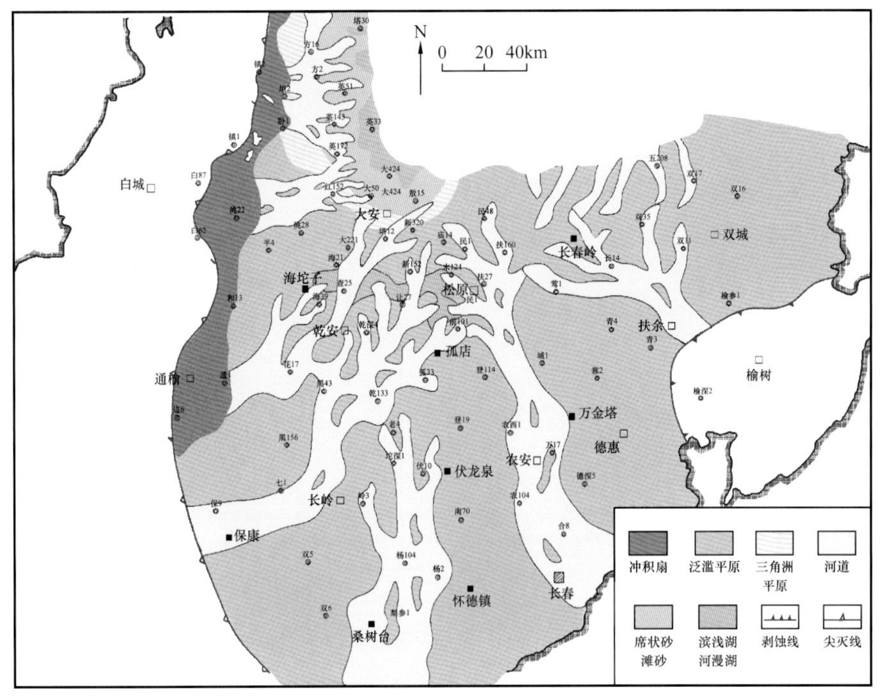

a. Ⅲ砂组沉积相分布图

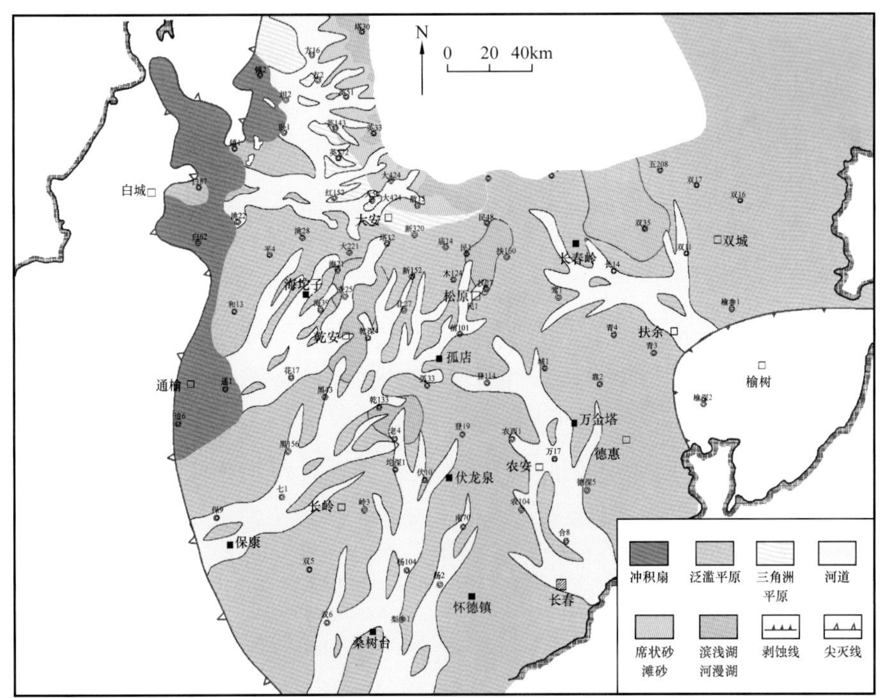

b. Ⅰ砂组沉积相分布图

图 3-4 松辽盆地南部泉四段Ⅲ砂组和Ⅰ砂组沉积相分布图

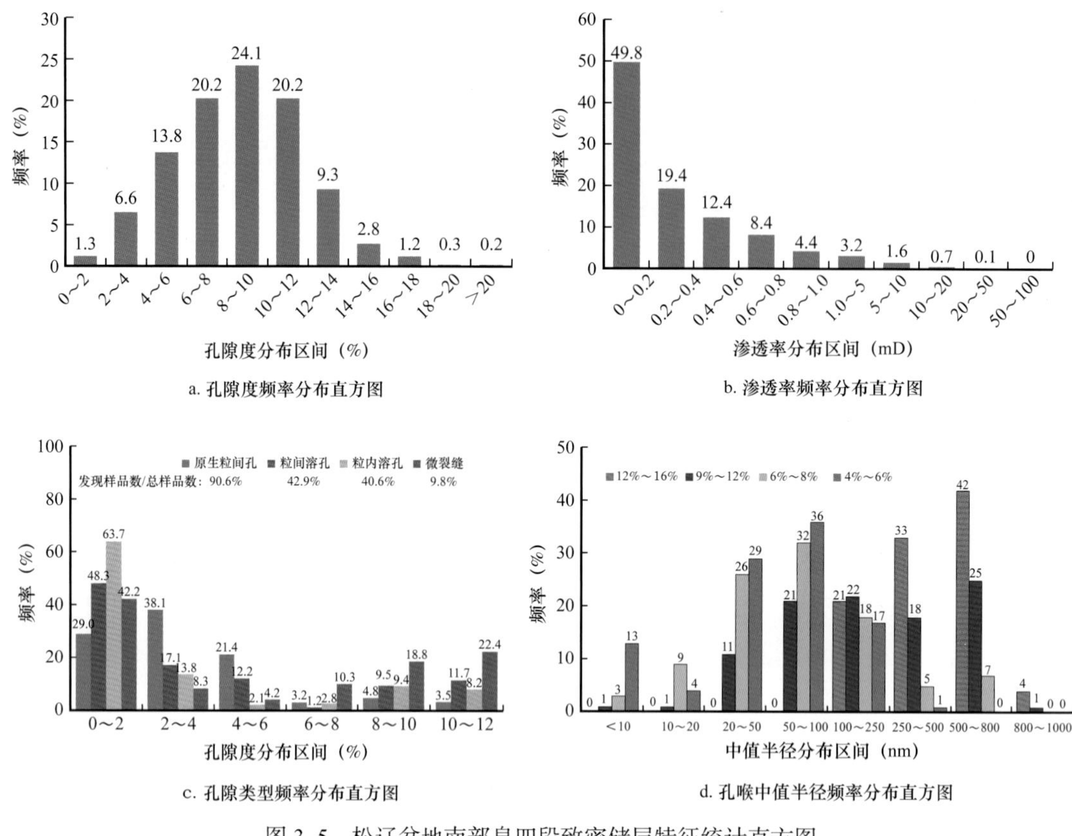

图 3-5　松辽盆地南部泉四段致密储层特征统计直方图

二、聚集特征

扶余油层坳陷区致密油成藏可概括为："三位一体""上生下储、超压排烃、倒灌成藏"。"三位一体"是指：青一段发育的高成熟度优质生油岩、泉四段大面积连续分布的河道砂体、大量发育的沟通源储的断裂和微裂隙三者有机匹配，为油藏形成提供了基础。"上生下储、超压排烃、倒灌成藏"是指：烃源岩生成的油气，在超压作用下，通过源储侧向对接或以断层、微裂隙为通道，幕式运移到下部的扶余油层；同时，由于储层致密、孔喉狭小，油气受到的浮力小于界面张力，浮力无法驱动油的运移，在坳陷区形成连续分布的岩性油藏，整体成藏具备"满坳含油、宏观连片"的特征。

勘探实践证实，扶余油层致密油平面上连片分布，纵向分布受岩性组合、断裂控制（图 3-6）。一是岩性组合不同导致排烃方向和充注强度有差异。青山口组烃源岩是下伏扶余油层、内部高台子油层的供烃层系；大情字井地区高台子油层砂地比 10%～40%，高台子油层油藏发育，扶余油层仅在油层顶部的Ⅰ、Ⅱ砂组有所发现；乾安及其以东地区高台子油层砂地比 5%～10%，扶余油层广泛发育，含油深度可达 80～150m。二是油气在超压作用下向下排烃成藏，油气优先在扶余油层上部优质储层成藏，纵向上自上而下扶余油层含油饱和度逐渐降低。三是断裂及微裂隙是油气运移主要通道，距离油源断裂 1～2km 区域内油气显示级别较高、厚度较大，甚至断堑带内含油性优于邻近断垒。

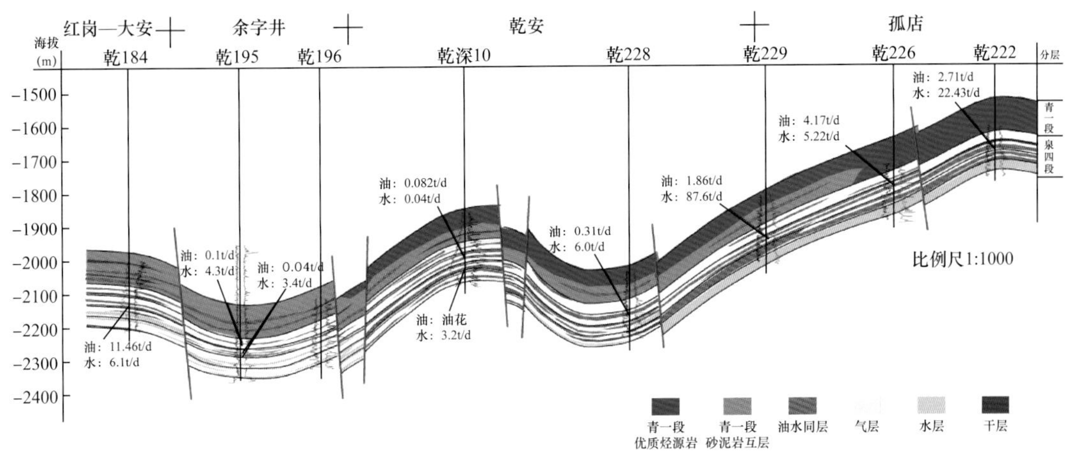

图 3-6　松辽盆地南部扶余油层乾 184—乾 222 井油层剖面（东西向）

三、富集主控因素

松辽盆地南部中央坳陷区青一段暗色泥岩生烃强度最高达 100×10^4t/km^2，排烃强度最高达 50×10^4t/km^2，生成的油气以超压为驱动力，下排至泉四段水下分流河道砂体中形成上生下储式油藏；中央坳陷区泉四段储层主要为水下分流河道、河口坝砂体，作为油气富集的主要场所，中央坳陷区具有“满坳含油、宏观连片”特征和“东富西贫、南富北贫”差异性（图 3-7），其中长岭凹陷东部让字井区油层厚度集中在 40～50m 范围内，富集程度明显高于其他区块；乾安地区油层厚度多小于 10m，是工区内资源匮乏区。

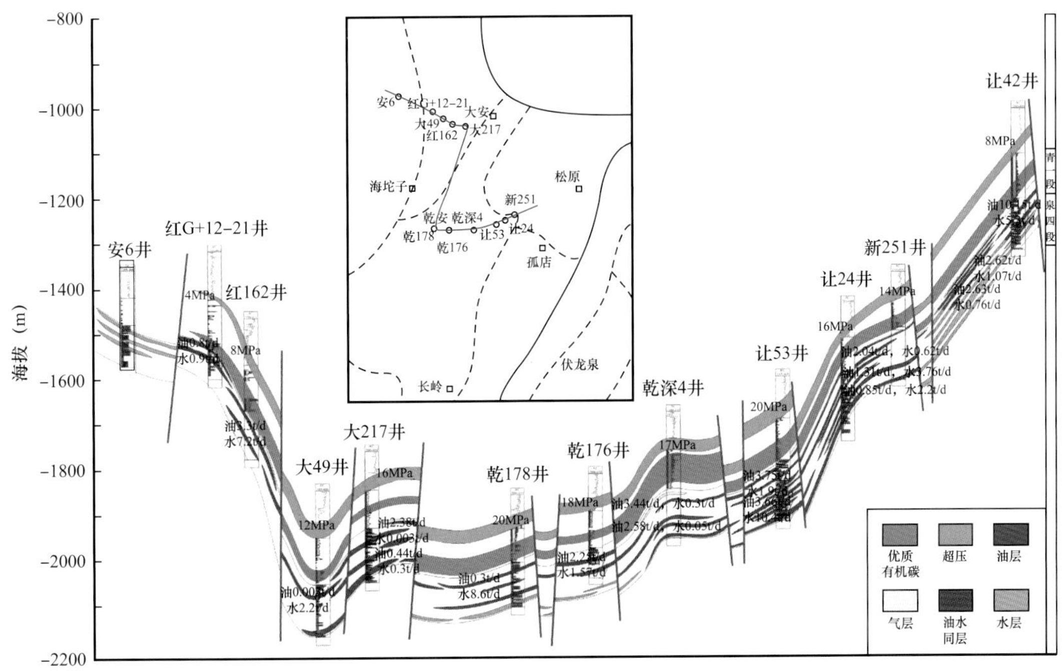

图 3-7　松辽盆地南部中央坳陷区优质烃源岩控藏剖面

由油藏剖面分析，泉四段 4 个砂组中均可见油气显示，油气最为富集的砂组为Ⅱ、Ⅲ砂组，而Ⅰ砂组拥有“近水楼台先得月”的近源优势，所以其富集程度也相对较高；但在Ⅳ砂组储层中，仅在东部让字井区可见油层。总体上工区内油层厚度由东向西逐渐减薄，沉积中心查 24 井以西油水层仅局部存在（图 3-7）。

分析烃源岩、储层、断裂等成藏要素，扶余油层致密油具四项成藏主控因素（图 3-7）。

1. 优质烃源岩展布范围控制致密油分布格局

青一段泥岩厚近百米，以Ⅰ型和$Ⅱ_1$型干酪根为主，高丰度有机质处于成熟—高成熟阶段，下段优质烃源岩与下伏泉四段砂岩紧密接触，并且 T_2 断层沟通源储，使储层具优先捕获油气优势。

1）优质烃源岩控制致密油分布格局

致密储层孔喉细小、毛细管阻力大，石油几乎不可能在浮力作用下产生远距离运移，近源储层可就近捕集油气。青一段优质烃源岩主要分布在长岭凹陷中部乾安地区、北部大安地区、海坨子地区、扶新隆起南部，控制了致密油聚集区域，已发现致密油均集中在优质烃源岩发育区。

2）优质烃源岩厚度控制原油下排深度

统计显示，青一段优质烃源岩厚度与石油下排深度成正比关系且吻合性良好，在优质烃源岩发育区（厚约 45m），油气显示最大深度可达 200m。青一段下段优质烃源岩与致密油在泉四段的下排深度正相关关系明显；而上段优质烃源岩虽然厚度也较大，但限于下段烃源岩会阻隔上段烃源岩产生的烃类向下部储层运移，上段优质烃源岩对泉四段致密油的形成控制作用较弱。青一段上段烃源岩排烃强度最高为 $120\times10^4t/km^2$，仅为下段烃源岩排烃强度的 60%。下段烃源岩 3 个最优生排烃中心分别为海坨子区块、长岭凹陷中部和北部近松花江位置的新 321 井区，为致密油资源的有利聚集区。

2. 异常高压发育特征控制致密油范围及下排深度

松辽盆地南部中央坳陷区青一段泥岩发育异常高压，作为上生下储式扶余油层得以形成的主要动力，其发育特征与油气富集具有密切的关联，超压体与泄压通道、泄压仓的匹配关系控制着油气运聚模式，制约着油气富集层位和最大下排深度。

由超压发育特征可以看出，平面上，古超压的发育区域控制着致密油的分布范围。长岭凹陷北部、红岗阶地东部、扶新隆起西部以及华字井阶地西北部框架了超压发育区域，而致密油富集范围也与该框架吻合；长岭凹陷中部和大安—海坨子一带古超压值最高可达 20～25MPa，在此已发现海坨子油田和大安北油田等致密油。

通过对青一段古超压值与含油高度进行统计分析，认为古超压值的大小控制着致密油下排深度，古超压值越大，油气下排越深。但由于地质条件的复杂多变，其控制作用不能一概而论，这是因为随着油气的不断下排，古超压会逐步释放，其控制作用也就逐渐变弱。为了摒弃物性、断层等其他地质因素，特地挑选长岭凹陷内部超压发育区的井，分析源内超压与油气下排深度关系，结果显示，在长岭凹陷内随着青一段古超压的增大，在泉四段中油气下排深度逐渐加大，在超压达到25MPa时，油气下排深度可达140m。而在斜坡区和隆起区，由于烃源岩质量不高，超压基本不发育，石油主要在砂体中侧向运移。

根据青一段嫩江组沉积末期古超压与油气下排深度关系，预测泉四段油气下排深度，原油在超压驱动下，可下排的最大深度为120m，主要分布在海坨子位置和红岗阶地北部；其次，在长岭凹陷内让字井区和北部查干湖位置，油气下排深度为90m；而在超压不发育的扶新隆起带和华字井阶地，油气下排深度多小于50m，其运移方式以侧向运移为主。

结合青一段优质烃源岩平面展布特征，其与强超压的分布范围共同控制了下伏泉四段致密砂岩油藏的展布格局。排烃量大于$50\times10^4t/km^2$的烃源岩为优质烃源岩，主要发育在埋藏较深的长岭凹陷内，北部以松花江为界，南部以乾安南部黑字号井区为限，西部以海坨子—大安一线为界，东部以长岭凹陷为界；而强度在10MPa以上的超压范围同样发育在以长岭凹陷为中心的区域内，只是其东部展布范围较优质烃源岩范围大，基本以致密油区为边界。在强超压和优质烃源岩的共同控制下，泉四段致密砂岩油藏主要发育在长岭凹陷中、北部和红岗阶地东部斜坡区水下分流河道砂体、河口坝砂体内。

3. 储层品质控制致密油分布

1）砂体展布特征影响致密油富集程度

以乾安构造为例进行解剖可以发现，致密油主要发育在储层相对集中的水下分流河道及河口坝砂体内，而分流河道间湾主要发育泥质粉砂岩、粉砂质泥岩，砂岩粒度细、杂基含量高且砂体厚度较薄，不能为油气聚集提供有利的储存空间。水下分流河道呈条带状展布，河口坝以透镜状存在，钻遇水下分流河道砂体和河口坝砂体的乾262（图3–8）、让59（图3–9）等多口井油层累计厚度处在15～25m范围内，而钻遇河道间湾的井不见油气显示。可见粒度粗、分选好的河道砂体发育带有利于致密油富集，尤其斜坡区，储层发育的集中区油层厚度相对较大，且大面积分布，利于储层压裂改造，是较好的物性甜点。

2）储层物性影响砂体含油饱和度

在相同地质条件下，砂体是否含油与储层渗透率紧密相关。在让10井泉四段含油砂体中，砂体的含油饱和度也随着渗透率的增大而提高，反之则降低，二者吻合关系良好。统计不同二级构造带泉四段不同砂组中的砂体含油级别与储层物性的关系发现，在长岭凹陷内，Ⅰ砂组有油气显示的砂体孔隙度大于5%，渗透率大于0.02mD；Ⅱ砂组有油气显示的砂体孔隙度大于5%，渗透率大于0.05mD；Ⅲ砂组有油气显示的砂体孔隙度大于6%，渗透率大于0.08mD。而在华字井阶地，Ⅰ砂组有油气显示的砂体孔隙度大于5%，渗透率大于0.03mD；Ⅱ砂组有油气显示的砂体孔隙度大于8%，渗透率大于0.05mD；Ⅲ砂组有油气显示的砂体孔隙度大于9%，渗透率大于0.1mD。扶新隆起带内，Ⅰ砂组砂体渗透率大于0.05mD、孔隙度在7%以上才会有油气显示；Ⅱ砂组砂体渗透率大于0.05mD、孔隙度在8%以上才有油气显示；Ⅲ砂组砂体有油气显示时所要求的物性更高，孔隙度大于9%，渗透率大于0.1mD（图3–10）。

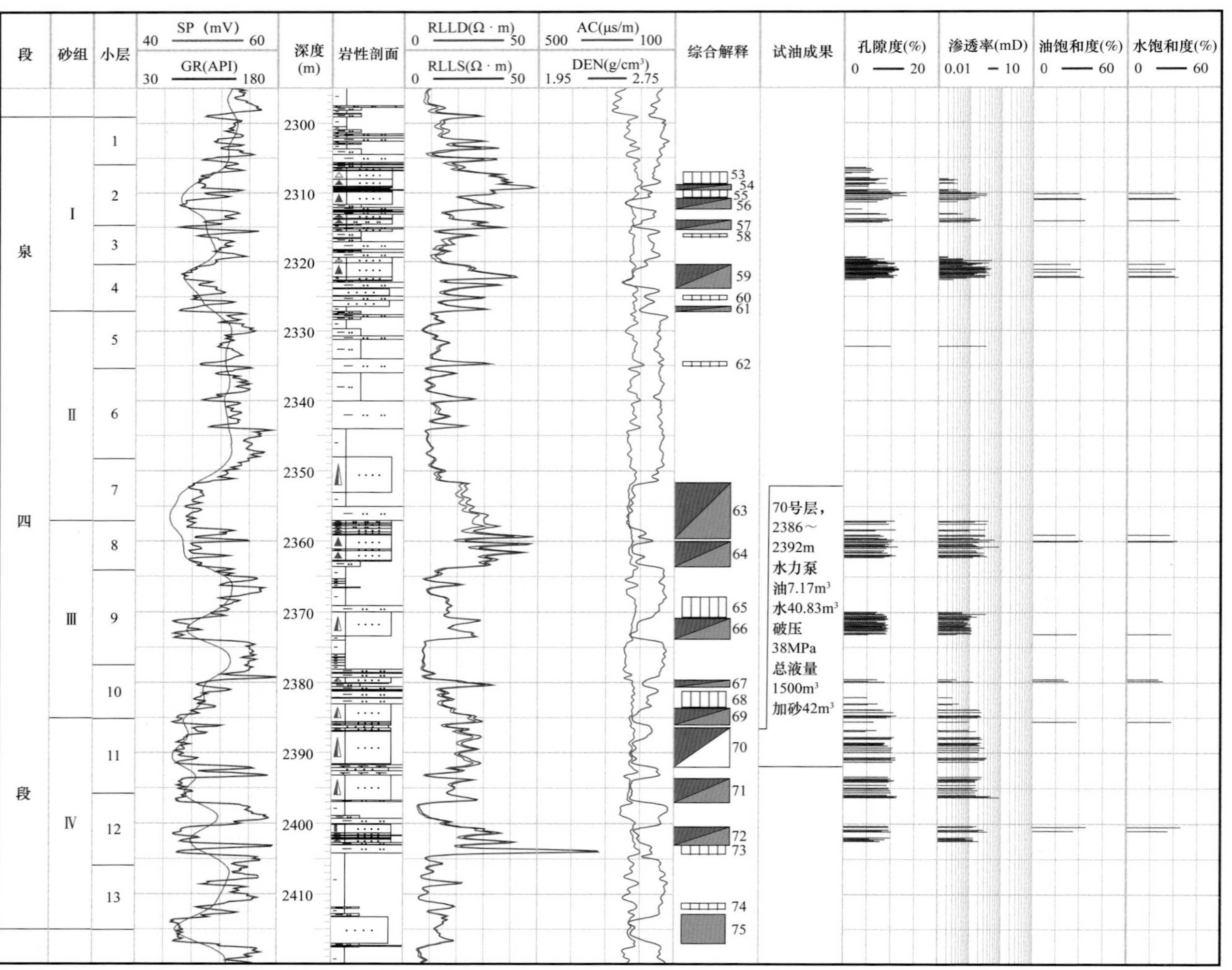

图 3-8 松辽盆地南部中央坳陷区乾 262 井储层综合柱状图

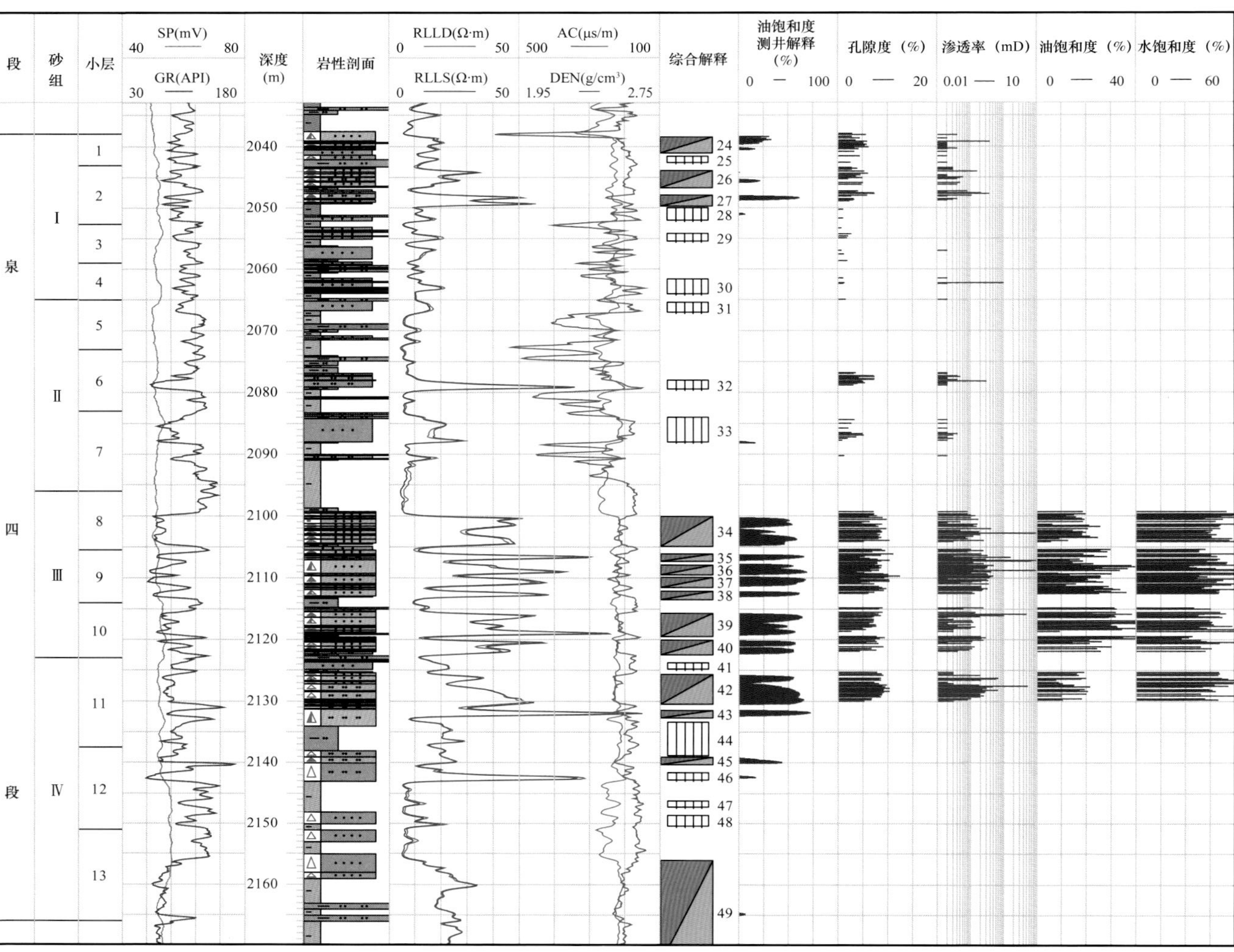

图 3-9　松辽盆地南部中央坳陷区让 59 井储层综合柱状图

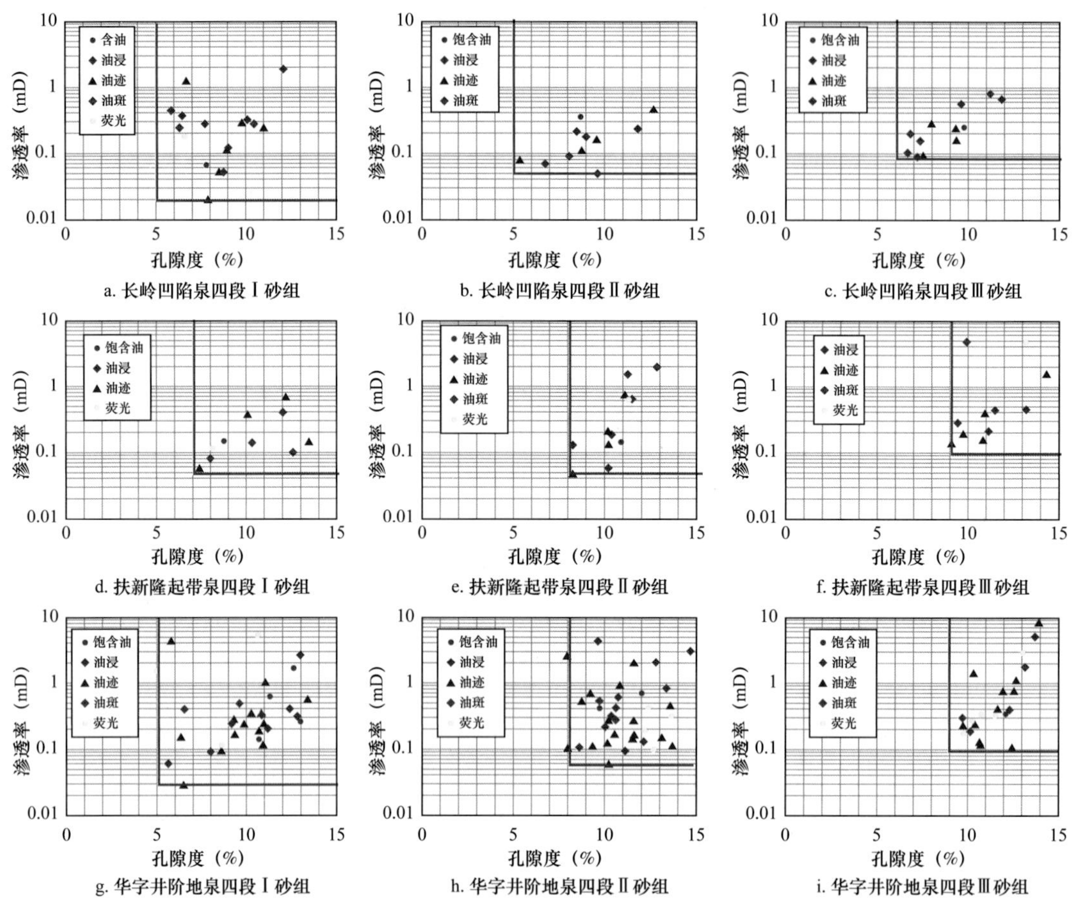

图 3-10　松辽盆地南部中央坳陷区砂体物性与含油级别关系图

统计研究工区内储层物性与砂体含油饱和度的关系发现，无论上部砂体（油源充足、砂体物性为成藏主控因素）还是下部砂体（油源和输导体系为成藏主控因素），随着储层渗透率的增大，储层品质明显改善，相应地砂体含油饱和度显著增高。而泉四段Ⅰ砂组虽然质量较差的储层也存在个别含油饱和度较高的异常点，但这主要是因为Ⅰ砂组距离烃源岩近且超压动力较大，与本观点并不相悖（图 3-11）。

物性较好的储层不仅含油饱和度高，而且因为其孔渗条件较好，在后期开发过程中对于压裂、酸化的要求也相对较低。所以，随着砂体物性逐渐增高，油区日产油量、每平方米地层平均日产油量也相应增加，孔隙度小于 10%、渗透率小于 0.2mD 的砂体，日产油量在 0.4t 以下；而在该界限值之上，泉四段Ⅰ—Ⅲ砂组日产油量随着物性条件的改善，呈指数趋势增加，最高可达 1.2t/（d·m）。

3）溶蚀作用影响储层品质

松辽盆地南部侏罗纪末强烈构造运动，导致深断裂活动和火山岩浆喷发，岩浆热液或因岩浆热液作用使得碳酸盐矿物分解或与黏土矿物反应，提供了足量的 HCO_3^- 或 CO_2，使得地层流体呈酸性，进而溶解长石、岩屑等颗粒，改善储层物性（张庆春，2010；邵明礼，2009；高玉巧，2007）。以乾安构造周边为例，在乾安东部及孤店地区，可见 HCO_3^- 和地层水矿化度明显增高，这正是因为后期 CO_2 由深大断裂侵入泉四段后在储层内发生溶解作用而引起的。在乾安构造带内，以乾 240 井、乾 239 井为例可以看出，因为 CO_2 的侵入，使得溶解作用强烈并伴随片钠铝石的交代作用（图 3-11），基于储集空间的增加和渗透性的改善，在乾 240 井和乾 239 井泉四段 4 个砂组内发育了多套厚层油层（图 3-11）。

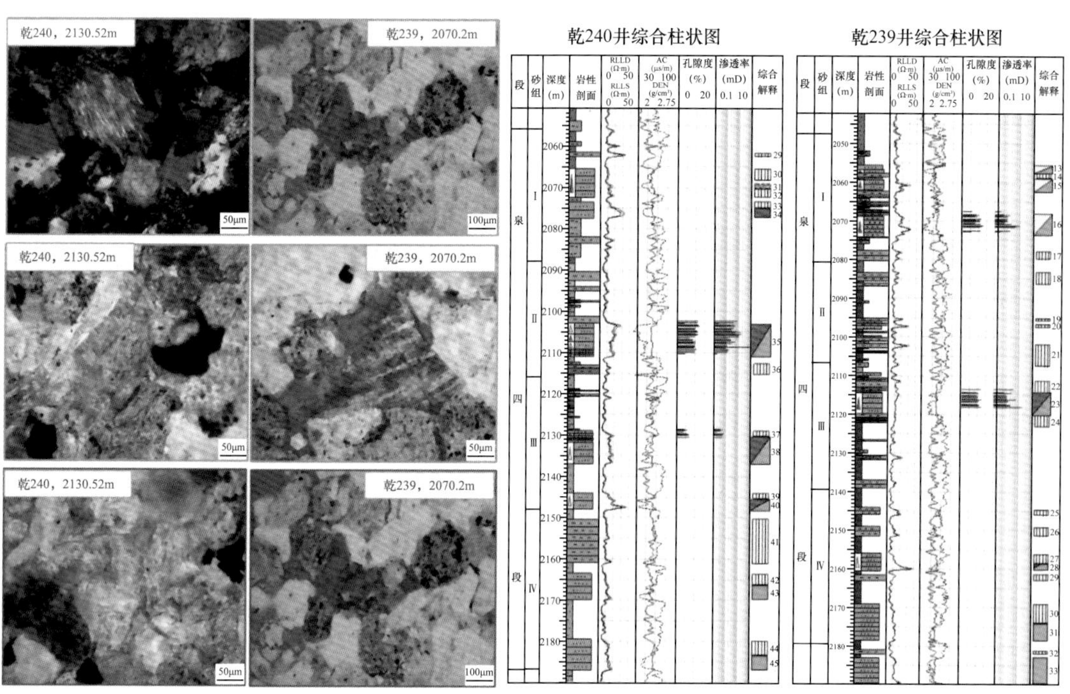

图 3-11　松辽盆地南部中央坳陷区乾安构造带溶蚀作用及储层物性特征

4）古隆起带顶部致密油相对富集

乾安地区顶部青一段地层减薄，表明隆起带在泉四段沉积时期已具备该地貌特征。泉四段沉积时期，古隆起带核部处于湖泊浪基面之上，围绕古隆起顶部存在一个湖浪冲刷高能带，而随着后期沉积作用的持续进行，湖泊水位逐渐升高，这一冲刷高能带将缓慢向中心缩减，直至隆起带顶部被湖水完全淹没。在湖浪高能带的强烈冲刷作用下，古隆起带顶部砂岩被层层筛选，砂粒的成分成熟度和结构成熟度逐渐升高，因此其物性条件较两翼砂体增高。同时，由于古隆起带翼部之上发育相对较厚的地层，其压实量大于古构造带核部的压实量，在差异压实作用下，处于陡缓转折带的泉四段地层应力较为集中，易形成张扭裂缝，从而改善古隆起带顶部砂体物性。总而言之，在湖浪淘洗和差异压实作用下，古构造带顶部砂体物性优于两翼部位。

基于古隆起带构造高部位泉四段砂体物性条件较优，即便其上覆烃源岩质量较差，也可以在 4 个砂组中聚集大量油气。这是因为隆起带翼部青一段烃源岩所产生的油气可以通过断层下排至泉四段砂体，而后由翼部向核部乾深 4 井、乾深 1 井进行侧向运移。

4. 断裂系统控制致密油形成

松辽盆地南部中央坳陷区内，沟通青一段与泉四段的 T_2 断层发育密集，密度可达 0.12 条 /km^2，以北北西为主要走向，南北走向的断层次之，北北东走向的断层较少，但断层延伸长度均较大，一般超过 5km（赵志魁，2009）。据前人研究表明，T_2 断裂密集带边界断层一般为长期发育的断层，具有持续活动的特点；密集带内部由中期断层组成，一般断穿青山口组下部地层和泉四段、泉三段，在青山口组沉积早期、嫩江组沉积末期强烈构造运动影响下，重新生长，生长指数在青一段沉积时期为 0.317（肖佃师，2012；付宪弟，2010）。由 T_2 断裂带的活动性可以看出，在嫩江组沉积末期和明水组沉积时期的青一段大规模生排烃期，沟通青一段和泉四段的 T_2 断层对泉四段致密油的形成起到了重要的运移输导作用。

在青一段超压的驱动下，原油自青一段沿断层下排至泉四段Ⅱ—Ⅳ砂组致密砂岩中。无论凹陷内部，还是在斜坡带区域，油气富集带必然是断裂密集带，只有油源断裂沟通且优质储层发育的部位才是油气成藏和富集的有利部位。而由于Ⅰ砂组砂体紧贴青一段烃源岩，微裂隙和源储对接才是油气运移的主要方式，断层输导对油气聚集的作用较弱。

通过测量单井与断层之间的最短垂直距离进行统计、分析发现，随着单井与断层距离的增加，含油砂体厚度逐渐降低，当该距离达到 2900m 时，油气难以在致密储层中进行侧向运移，由此可以说明，油源断层是泉四段砂体得以成藏的主要输导体系，而侧向运移方式所起到的作用有限。剖析近断层井和远断层井油气下排的最大深度，笔者认为，原油在青一段超压驱动下，以断裂为主要运移通道时，最深可下排 140m；而远离断层井的油气下排深度则明显减小，即便在 22MPa 强超压下，其下排深度也仅为 80 余米。可见在相同地质背景下，断层是原油下排的优势运移通道，近断层井优先捕获油气后通过物性较好的砂体进行侧向运移、聚集。

纵向上，断层对泉四段油气下排深度具有绝对性控制作用；而由横向角度出发，砂体含油性也与断层距离呈负相关关系，随着探井与断层的距离不断增大，单砂体中的含油饱和度也逐渐降低。油气由青一段通过 T_2 断层下排至泉四段储层过程中，首先遇到Ⅰ砂组砂体，所以，Ⅰ砂组储层中的油气优先开展侧向运移，在油源和物性的双重因素影响下，Ⅰ砂组砂体的最远侧向运移距离约为 5000m；与此同时，部分油气也已到达下部Ⅱ—Ⅳ砂组并在物性较好的砂体中进行侧向运移，但随着砂组埋深的增加，油气侧向运移的最远距离逐渐减小。在Ⅱ、Ⅲ砂组中，探井与断层距离 2500～2600m 时，砂体含油饱和度递减为 0；而在底部Ⅳ砂组中，由于油源不足和储层物性变差，油气侧向运移的最远距离仅为 1600m 左右。

综上，T_2 断层密集带作为沟通源储最重要的油气运移通道，对泉四段致密油富集具有绝对性控制作用：随着探井与断层距离的不断增大，纵向上，其含油砂体累计厚度逐步减薄，单井日产油量相应减小；横向上，砂体含油饱和度逐渐降低。钻遇泉四段的井在距离断层 1000m 时，底部Ⅳ砂组砂体便不具备含油性；而在距离断层 2000m 时，Ⅱ、Ⅲ砂组中的砂体含油饱和度递减为 0，丧失了开发价值；由于顶部Ⅰ砂组中的油气运移通道除了断层之外，还有微裂隙和源储对接的方式，所以在距离断层较远时其砂体含油性依然较高。

四、主要成藏模式

断裂沟通油源的地区，油气更易通过断裂进入储层聚集成藏，含油饱和度也相对较高，尤其对于具有双油源断层的区域，是较好的地质甜点。以让 53–37 井为例，是地堑式双油源断层控制下形成的油气成藏模式，上覆烃源岩生成的原油通过两侧的油源断层下排至泉四段储层中，首先在双向超压的驱动下在地堑内的上部砂体聚集成藏，将上部砂体充注满之后继续向下部砂体运移，所以地堑内的上部砂体含油饱和度高于下部砂体；同时，通过油源断裂下排的油气也向侧向砂体进行运移，所以在断层下盘的上升一侧靠近断层位置，也是油气聚集的有利位置。地垒式双油源断层成藏模式同样具备该类特征，地垒中部的砂体是油气聚集的首要位置，上部砂体含油性高于下部砂体含油性；反向单油源断层控制下的砂体下盘上倾方向是油气侧向运移的有利位置，下盘上升一侧在靠近断层位置只能聚集少量油气，因为油气向地层下倾方向运移过程中需要克服浮力和毛细管压力，不能进行长距离侧向运移。正 / 反向双油源断层控制下的砂体，在断层中间的砂体是油气聚集的有利部位，其次为靠近断层位置，砂体上倾方向有利于油气侧向运移。

松辽盆地南部泉四段油层类型较为复杂，作为上生下储的成藏模式，其不同地区油气成藏特征和主控因素存在较大的差异。凹陷区为储层先致密后成藏，油气以青一段烃源岩内的超压为驱动力，通过断层和微裂隙下排倒灌至泉四段储层中，其中Ⅰ砂组充注途径存在微裂隙下排、通过断层下排后侧向运移以及源储对接侧向运移三种模式，Ⅱ—Ⅳ砂组主要是以断层为输导通道，油气下排到与断层沟通的致密储层时，在超压的驱动下发生侧向短距离运移，通常具有双源断层的区域致密储层含油性较好，如地堑、地垒等（图 3–12）。斜坡区储层为边致密边成藏，油气在成藏过程中超压和浮力的共同作用下，通常在砂体下倾方向富集，而在砂体上倾方向，由于浮力的作用，断层附近的砂体在上倾尖灭处油气富集，而靠近断层处含油性往往较差（图 3–12）。隆起区储层是先成藏后致密或未致密，该地区油气以浮力为驱动力，凹陷处烃源岩通过断层向下排烃，油气在斜坡区沿着连通圈闭的砂体侧向运移至构造高部位，形成常规油气藏，具有统一的油气水界面（图 3–12）。

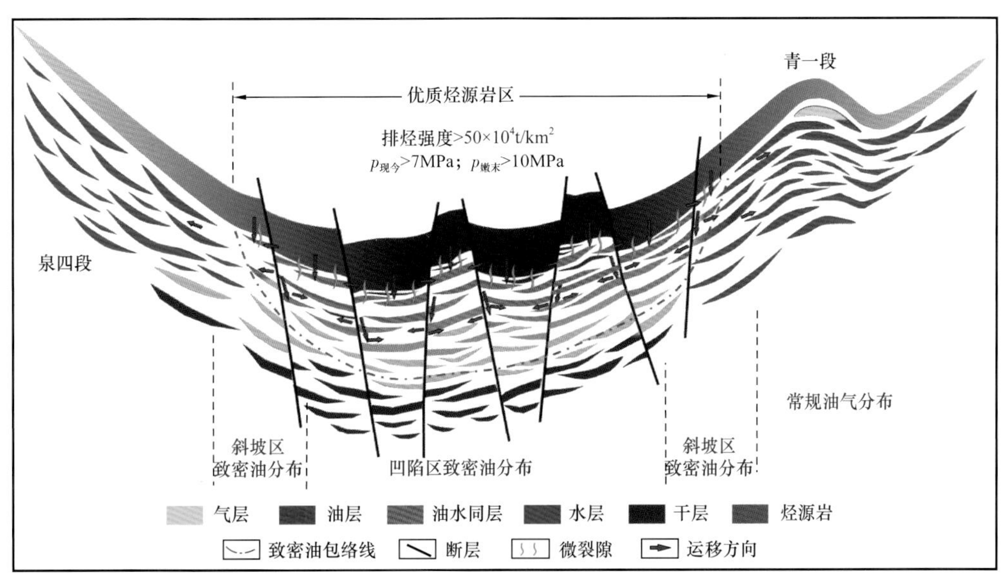

图 3–12　松辽盆地南部扶余油层成藏模式图

第二节　资源分级标准、资源潜力及有利区优选

根据烃源岩、储层品质及油气运移、构造、断裂对油气的控制作用、沉积体系、油藏分布及勘探面临的问题等几个方面，对中央坳陷区扶余油层致密油资源开展分级评价研究，进而进行区带划分及优选。

一、烃源岩地球化学指标分析及评价标准建立

本次研究从排烃角度出发，依据实验分析数据和测井地球化学评价结果，开展烃源岩地球化学指标分析，建立有机质丰度、类型、成熟度、超压等与排烃量的关系，从而重新拟定烃源岩的评价标准，更具有针对性地评价烃源岩对于类似于扶余油层的源外油气藏的影响和制约。通过开展生烃热模拟实验，标定研究区青一段烃源岩的反应活化能和反应分数，利用化学动力学法和物质平衡法评价烃源岩的生烃能力和排烃能力，刻画优质烃源岩的分布特征，以期指导扶余油层致密油气勘探。

1. 烃源岩分级评价标准

1）烃源岩分布特征

青山口组沉积期是松辽盆地急剧坳陷、盆地扩张、水进体系发育的主要时期，尤以早、中期水进最急，气候由干热变为温暖潮湿。青山口组是盆地整体下沉、湖盆首次扩张和其后收缩条件下的沉积，伴随着波动升降，具有明显的“兴急衰缓”特点。青一段属于一套水进式沉积，而青二段、青三段则属于水退式反旋回沉积。青一段沉积时期，古松辽湖盆发育进入极盛时期，湖水扩张，大部分地区均为湖泊沉积。岩性为一套灰黑色泥岩、油页岩与灰白色粉砂岩呈不等厚互层，底部为深灰色、灰黑色泥页岩或油页岩。青一段沉积中心处于大安—乾安一带，南薄北厚，泥岩最大厚度达 100m 以上，整体来看，厚层泥岩主体发育在红岗阶地东南部、长岭凹陷北部、扶新隆起带西部以及华字井阶地的北部区域，泥岩厚度基本处于 40～100m 之间。

2）有机质丰度特征

从实测有机质含量来看，研究区内有机质丰度普遍较高，不同二级构造带均半数以上达到好烃源岩评价标准，其中长岭凹陷 63% 达到好烃源岩标准，扶新隆起带 92% 为好烃源岩，红岗阶地约 81% 为好烃源岩，华字井阶地约 95% 为好烃源岩（图 3-13）。

3）有机质类型特征

研究区青一段有机质类型以Ⅰ型和$Ⅱ_1$型为主，长岭凹陷少数样品为$Ⅱ_2$型，从沉积环境来看，该地区深湖相沉积体系以藻类和腐泥母质为主，生油潜力大。氯仿沥青“A”是各种烃类和非烃类的混合物，通常可将其进一步分离成饱和烃、芳香烃、非烃和沥青质 4 个族组分。从青一段烃源岩的氯仿抽提数据来看，约 58% 的样品饱和烃 / 芳香烃大于 3.0，为Ⅰ型干酪根，其次约 34% 的样品为$Ⅱ_1$型干酪根，二者占所有样品的 90% 以上，因此判定青一段有机质类型以Ⅰ型和$Ⅱ_1$型为主。

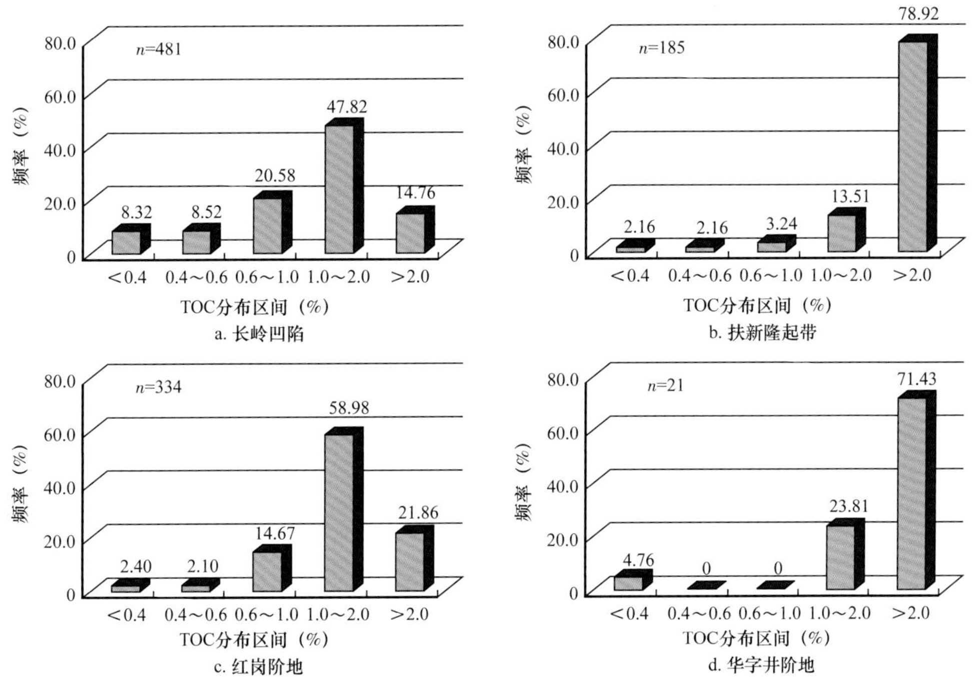

图 3-13　松辽盆地南部青一段烃源岩有机碳分布柱状图

4）有机质成熟度

实测 R_o 数据显示（图 3-14），青山口组 R_o 值主要分布在 0.4%～1.3% 之间，为低成熟—成熟阶段。但在埋深大于 1200m 后依然存在大量实测 R_o 数据异常低的样品，甚至在 2300m 左右还存在 R_o 显示为未成熟—低成熟的烃源岩（图 3-14）。经统计，青一段异常点最多，约占半数的样品都存在 R_o 异常低的现象，其次为青二 + 三段和嫩一段，分别存在约 10% 和 15% 的 R_o 异常低样品。

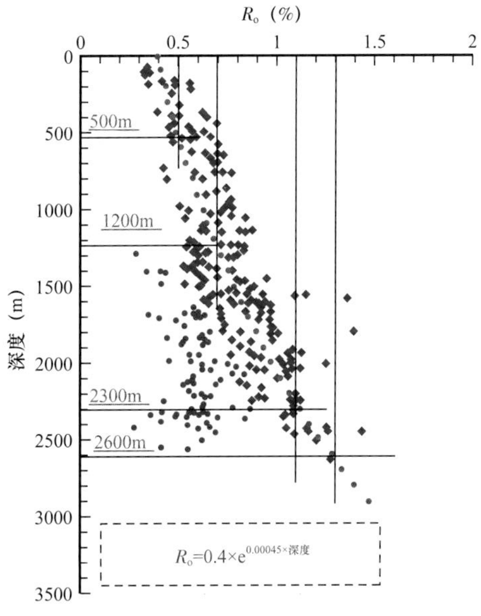

图 3-14　松辽盆地南部中浅层烃源岩 R_o 随深度变化特征

5）烃源岩评价标准的建立

依据上述分析结果，建立了烃源岩分级评价标准，将烃源岩划分为三类（表 3–1）：Ⅰ类烃源岩为优质烃源岩，以Ⅰ型有机质为主，部分$Ⅱ_1$型，有机碳含量大于 2.0%，单位质量岩石排烃量大于 8mg/g，有机质成熟度大于 0.7%，源内超压超过 7MPa，烃源岩厚度大于 70m，排烃强度大于 $50×10^4t/km^2$；Ⅱ类烃源岩为有效烃源岩，以$Ⅱ_1$型有机质为主，部分Ⅰ型，有机碳含量介于 0.8%～2.0% 之间，单位质量岩石排烃量介于 0～8mg/g 之间，有机质成熟度介于 0.5%～0.7% 之间，源内超压介于 1～7MPa 之间，烃源岩厚度介于 30～70m 之间，排烃强度介于 $25×10^4$～$50×10^4t/km^2$ 之间；Ⅲ类烃源岩为无效烃源岩，以$Ⅱ_2$型和Ⅲ型有机质为主，存在少量$Ⅱ_1$型，有机碳含量小于 0.5%，单位质量岩石排烃量为 0，有机质成熟度小于 0.8%，源内超压小于 1MPa，烃源岩厚度小于 30m，排烃强度小于 $25×10^4t/km^2$。

表 3–1　烃源岩分级评价标准

判断指标	烃源岩类型划分		
	Ⅰ类烃源岩	Ⅱ类烃源岩	Ⅲ类烃源岩
有机质类型	Ⅰ、部分$Ⅱ_1$	$Ⅱ_1$、部分Ⅰ	$Ⅱ_2$、Ⅲ，部分$Ⅱ_1$
有机质丰度（%）	＞2.0	0.8～2.0	＜0.8
单位质量岩石最大排烃量（mg/g）	＞8	0～8mg/g	0
R_o（%）	0.7～1.0	0.5～0.7	＜0.5
源内超压（MPa）	＞7	1～7	＜1
烃源岩厚度（m）	70～130	30～70	10～30
排烃强度（$10^4t/km^2$）	＞50	25～50	＜25

2. 致密储层分级评价标准

代表储层孔喉结构的结构系数、均质系数等由压汞资料所得出的微观参数与砂体含油气性相关性良好。能够直接表征储层品质的孔隙度、渗透率等与孔喉结构参数、排驱压力和分选系数等参数具有良好相关性，可由压汞资料直接获取。由排驱压力、最大孔喉半径等微观参数入手，将其与孔隙度、渗透率等宏观储层参数进行结合，以常规压汞资料为基础，采用统计对比的方法，由微观参数入手进行储层分类，并佐以恒速压汞资料厘定油层喉道半径下限，建立研究工区目的层段储层的分类评价标准。

1）孔渗划分

非储层不具备储集能力，油水不能进入砂体聚集，其 $\phi \leqslant 4\%$，$K<0.01mD$；Ⅲ类致密储层储集能力较差，石油可以进入砂体但十分困难，需要较高的动力，压汞样品显示其排驱压力大于 7MPa，物性界限为 $4\%<\phi \leqslant 6\%$，$0.01mD<K \leqslant 0.05mD$；Ⅱ类致密储层物性逐渐增高，样品物性界限为 $6\%<\phi \leqslant 9\%$，$0.05mD<K \leqslant 0.1mD$，样品排驱压力分布范

围为 1.5～2.5MPa；Ⅰ类致密储层物性较好，渗透率更是有了数量级的增高，界限标准表现为 0.1mD<K≤1mD，其相应的孔隙度分布范围则集中在 9%～12% 之间；常规储层多发育在区内隆起部位，如华字井阶地、扶新隆起带等，砂体物性明显变好，渗透率均大于 1mD，孔隙度多大于 12%（图 3-15）。

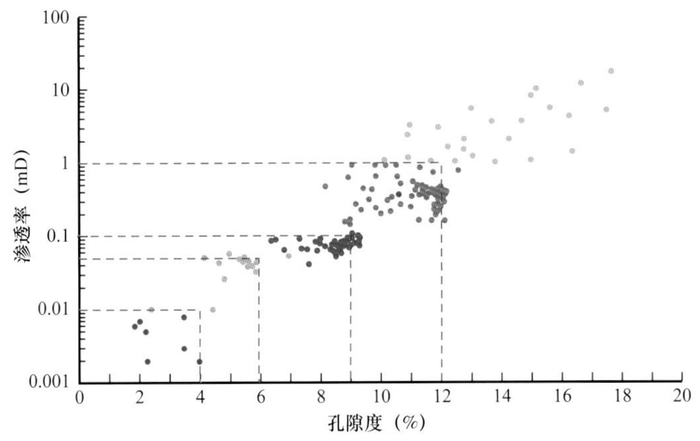

图 3-15　松辽盆地南部中央坳陷区泉四段储层分类图版（物性参数）

2）主流喉道半径划分

储层中喉道大小分布不均，一般把为流体提供主要渗流通道的喉道定义为主流喉道，相应的喉道半径为主流喉道半径。一般将渗透率累积曲线上渗透率贡献率为 95% 时对应的喉道半径定义为主流喉道半径。对于致密储层选择渗透率贡献为 85% 时对应的喉道半径作为主流喉道半径比较合理。从主流喉道半径与渗透率关系图可以看出（图 3-16），渗透率随主流喉道半径增大而增加。渗透率在 0.01～0.05mD 之间时，主流喉道半径处于 0.05～0.1μm 之间；渗透率在 0.05～0.1mD 之间时，主流喉道半径处于 0.1～0.2μm 之间；渗透率在 0.1～1.0mD 之间时，主流喉道半径处于 0.2～1.0μm 之间；当储层渗透率高于 1mD 后，主流喉道半径大于 1.0μm。由此可见将主流喉道半径作为致密储层的评价指标很重要。

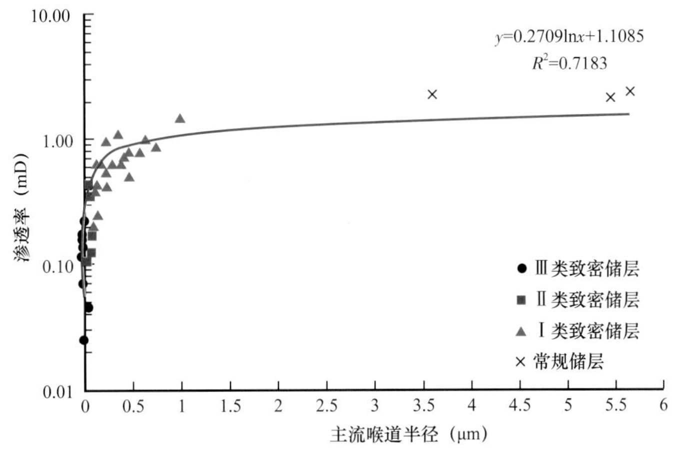

图 3-16　松辽盆地南部泉四段主流喉道半径与渗透率关系图

3）可动流体饱和度划分

核磁共振技术可对低渗透岩心可动流体饱和度进行精确定量测量。总体上看，可动流体饱和度随着储层渗透率的增大而增大，且具有较好的相关性（图 3–17）。让 59 井 90 号样品核磁共振 T_2 谱分布图显示，该样品束缚水饱和度为 84.39%，可动流体饱和度为 15.61%，随着分离时间的加长，其离心后分量逐渐增加（图 3–18）。统计工区内渗透率与可动流体饱和度的关系发现，当渗透率小于 0.05mD 时，可动流体饱和度小于 27%；而Ⅱ类储层渗透率范围处于 0.05～0.1mD 时，可动流体饱和度处于 27%～47% 范围之间；Ⅰ类储层渗透率较高，其范围分布在 0.1～1.0mD 之间，可动流体饱和度大于 47%（图 3–17）。

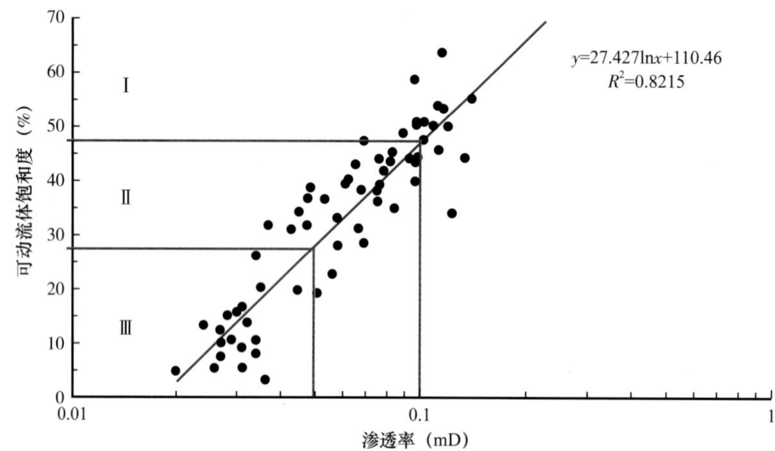

图 3–17　松辽盆地南部泉四段致密储层可动流体饱和度与渗透率关系图

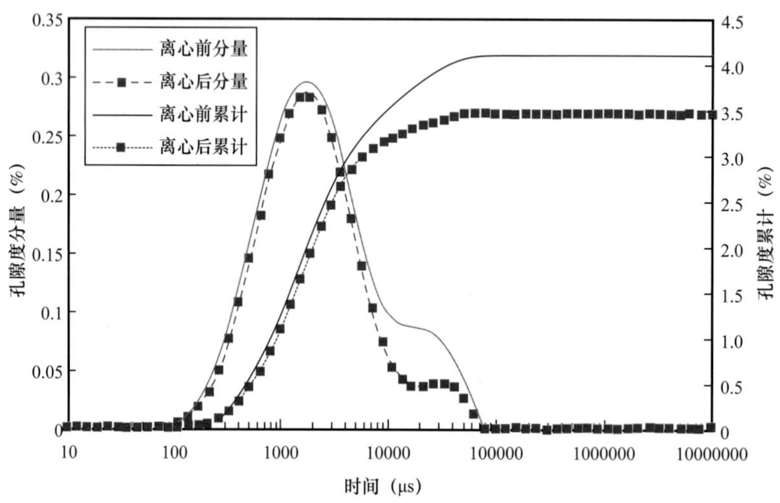

图 3–18　让 59 井 90 号样品核磁共振 T_2 谱分布图

4）孔隙半径划分

统计研究工区内储层样品渗透率与孔隙半径可以发现，随着孔隙半径的增大，储层渗透率呈指数增长趋势。当渗透率小于 0.05mD 时，最大孔隙半径处于 0～1μm 范围内，平均孔隙半径处于 0～0.3μm 之间；当渗透率处于 0.05～0.1mD 时，最大孔隙半径处于 1～2μm 范围内，平均孔隙半径处于 0.3～0.4μm 之间；当渗透率处于 0.1～1mD 时，最大孔隙半径处于 2～3μm 范围内，平均孔隙半径处于 0.4～0.8μm 之间；而当渗透率大于 1mD 后，储层最大孔隙半径大于 3μm，平均孔隙半径大于 0.8μm，此时，储层类别为常规储层（图 3–19）。

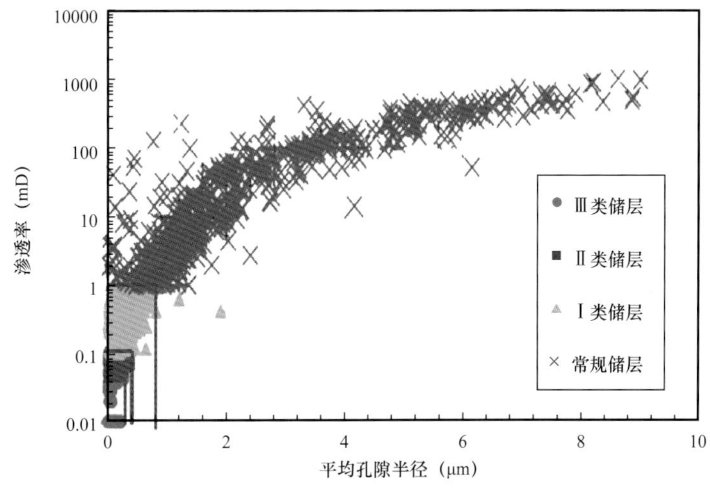

图 3–19　松辽盆地南部泉四段储层渗透率与平均孔隙半径关系图

以常规压汞资料为基础，以微观孔喉结构差异性为切入点将物性参数同影响储层渗流能力最本质的喉道半径有机结合起来，从而建立起包括喉道半径、孔喉结构、排驱压力、物性参数、可动流体饱和度等多位一体的致密储层评价标准（图 3–20），为后续油气勘探工作提供坚实可信的科学依据。

二、区带划分及有利区优选

参考当前国内关于致密油的定义，综合埋深、孔隙度、渗透率、油藏分布特征，依据全区泉四段取心物性资料，按储层渗透率分布划分两个致密油大区。

0.1mD＜渗透率＜1mD 区带：该区带油层埋深 175～2200m，油层厚度 6～30m，储层孔隙度 6%～12%，以断层—岩性、岩性油藏为主，主要分布在红岗阶地和华字井阶地中、北部以及扶新隆起带西部。

渗透率＜0.1mD 区带：该区带油层埋深 2100～2600m，油层厚度 5～20m，储层孔隙度 5%～10%，油藏类型为岩性油藏，该区剩余资源主要分布在长岭凹陷。

在上述大区划分的基础上，根据构造、储层分布、油藏特点、流体性质等进一步精细划分，明确了七个致密油成藏区带，面积 3600km^2，资源量 7.8×10^8t（图 3–21）。

综合分析，鳞字井—大遐字井（乾 246—让 70 区块）地区鼻状构造背景与河道砂叠置，整体含油，相对富集；高含二氧化碳，气油比高，低密度、低黏度；面积 560km^2，油层厚度 10～35m，储量规模 2.2×10^8t，可作为致密油上产增储的攻关目标。

储层级别	埋深(m)	孔隙度(%)	孔隙发育	孔喉分布	孔隙连通性	含油性	产能
Ⅰ类致密储层	1750～1950	>10		纳米孔喉：47% 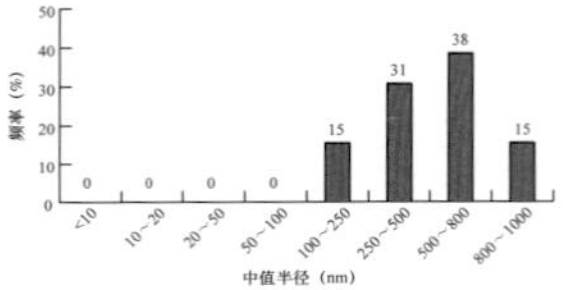		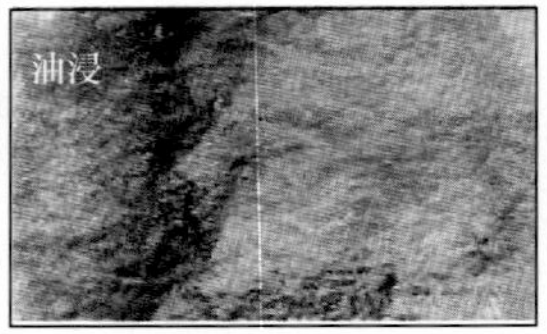 油浸	中—高产能
Ⅱ类致密储层	1950～2150	8～10		纳米孔喉：70% 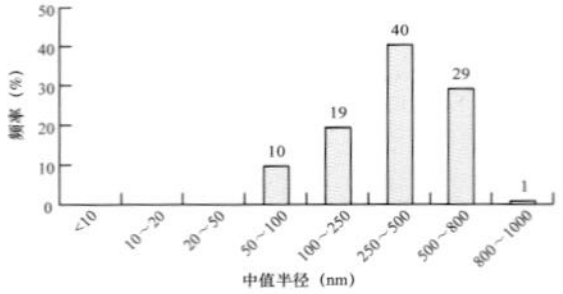	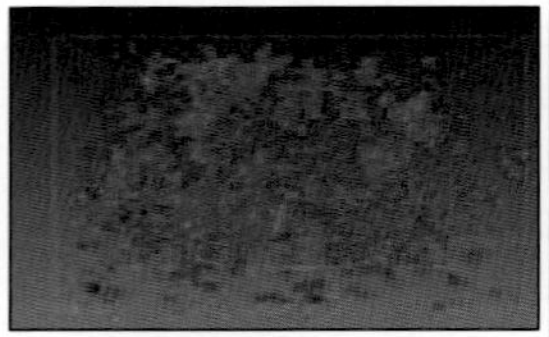	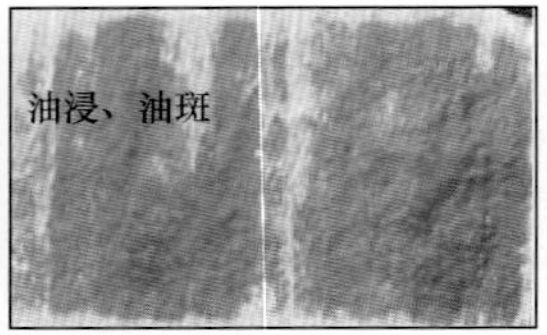 油浸、油斑	中—低产能
Ⅲ类致密储层	2150～2350	6～8		纳米孔喉：90% 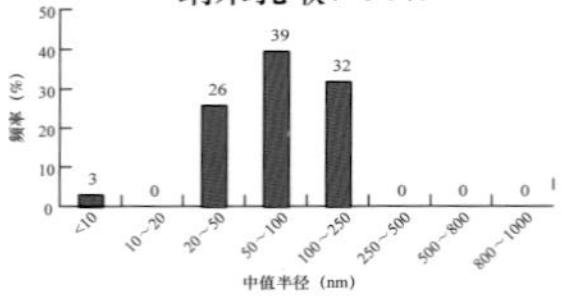	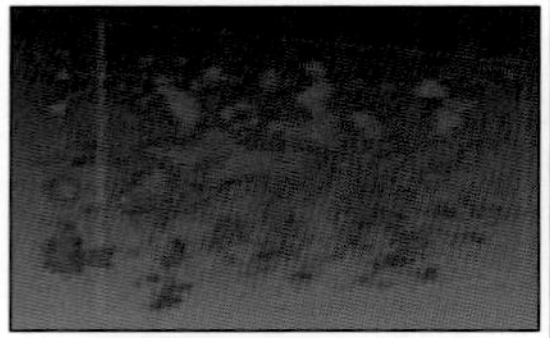	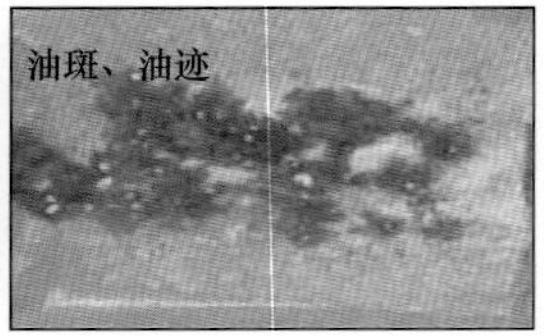 油斑、油迹	低产层
Ⅳ类致密储层	>2350	4～6		纳米孔喉：100% 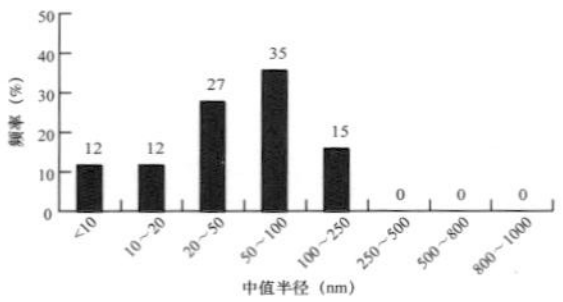		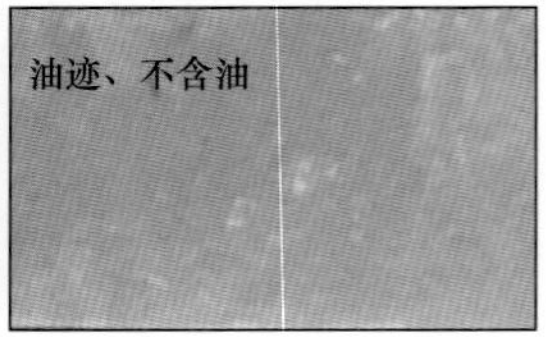 油迹、不含油	非工业产层

图 3-20　松辽盆地南部扶余油层目的层段储层分级评价图

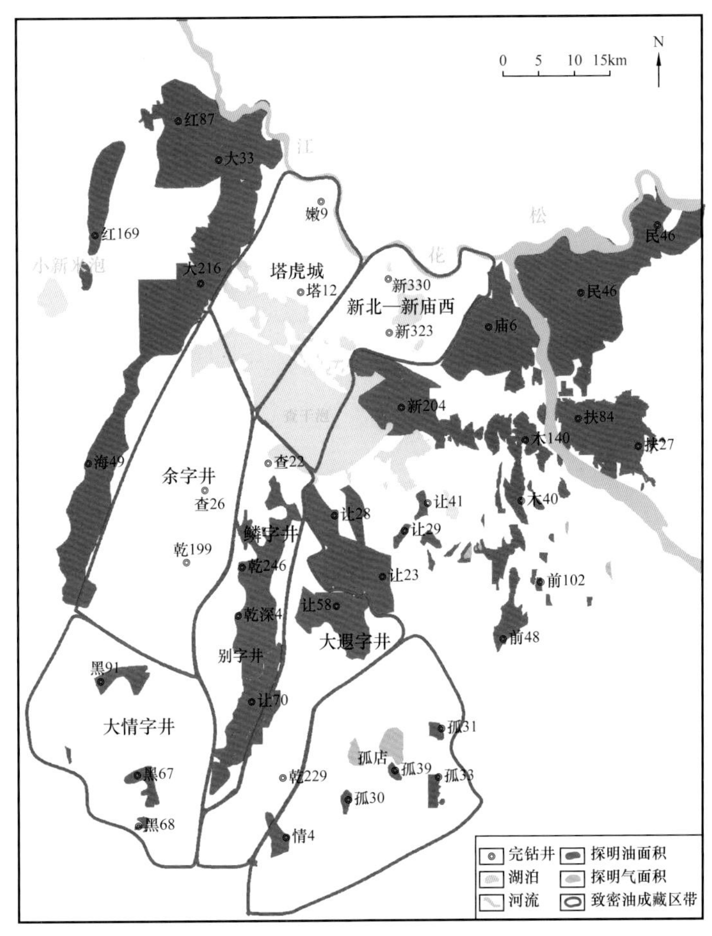

图 3-21　松辽盆地南部扶余油层致密油区带分布图

第三节　甜点区（段）评价标准、识别与预测

一、储层“七性”评价

精细开展致密油储层孔隙度、渗透率、含油饱和度、泥质含量、矿物组分、脆性、地应力、有机碳含量等参数的解释模型研究，形成致密油“七性”评价方法。

松辽盆地南部致密油储层岩性以粉砂岩、泥质粉砂岩为主，利用自然伽马曲线能较好地区分岩性粗细变化，地应力变化较小，主要方向是近东西向，主应力在12～20MPa之间，青一段烃源岩沉积稳定，有机碳含量在0.5%～1.56%之间，厚度变化不大；研究区物性、含油性、脆性评价是“七性”评价的关键参数。建立让59井“七性”关系铁柱子（图3-22），反映：（1）岩性控制物性（细砂岩、粉砂岩物性较好）；（2）物性控制含油性（物性越好，含油级别越高）；（3）岩性控制脆性（储层的脆性好于围岩）；（4）物性和含油性控制电性（双侧向和阵列感应测井电阻率越高，反映含油饱和度越高）；（5）烃源岩特性及与烃源岩的距离控制含油性分布（烃源岩越好，距离越近，含油性越好）。

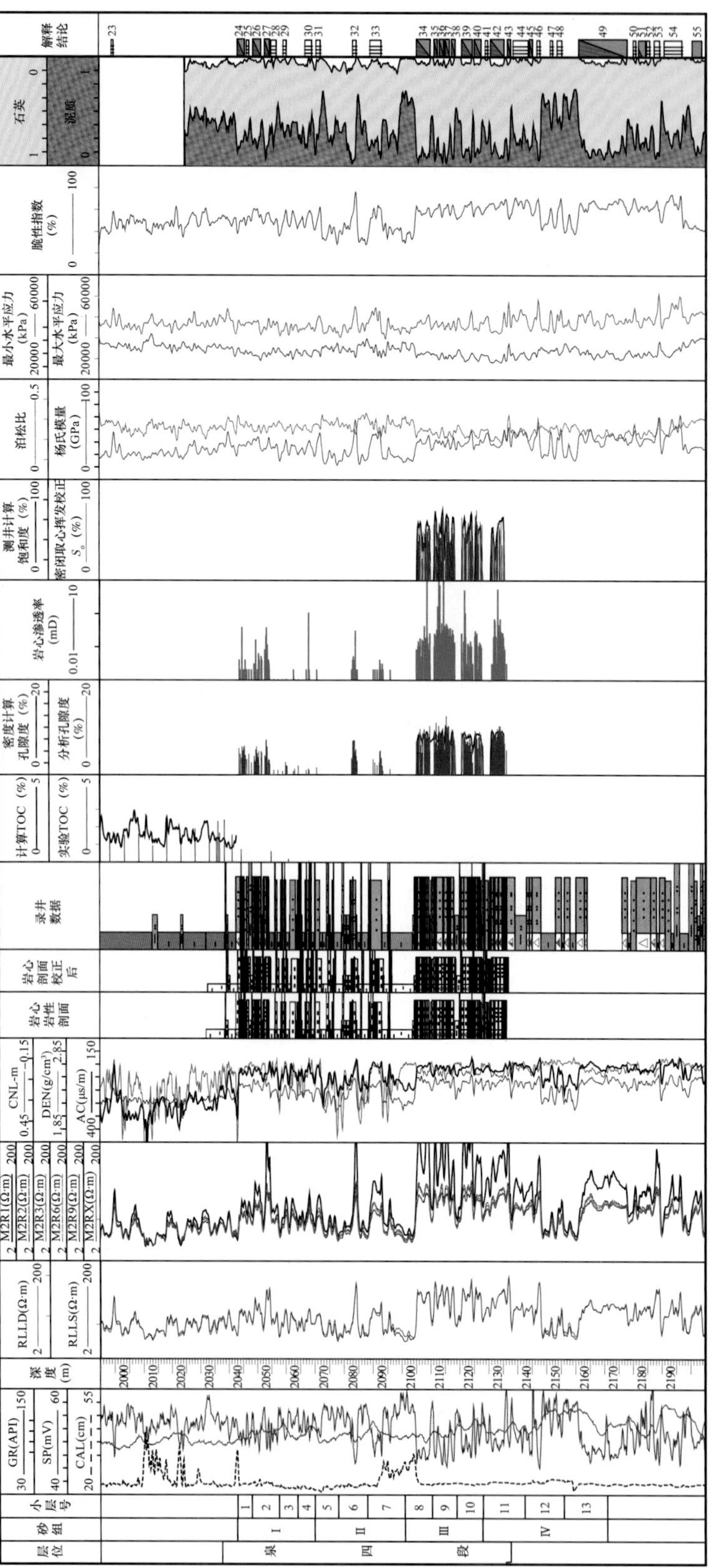

图 3-22 让 59 井“七性”关系铁柱子

二、甜点区（段）评价标准及分类

在储层建模和“七性”评价基础上，选取反映储层品质和工程品质的敏感参数，构建了地质甜点和工程甜点评价指数，开展甜点评价及分类研究，确定小层甜点空间展布，优化射孔段、射孔簇，为提高水平井优质钻遇率和后期水平井压裂施工提供了技术支持。

1. 地质甜点评价方法

构建储层地质甜点指数，选取表征地质甜点的参数有储层岩性、电性、物性、含油性、有效砂体厚度、录井气测显示级别等综合因素，共同反映储层特征，储层甜点指数好的地区综合反映储层电性高、物性好、岩性纯、含油饱和度高、砂体有效厚度大、录井气测显示好，从实际效果分析，甜点指数（R_A）高的区域，钻探水平井，有效砂体钻遇率高，并且获得了良好的产能。

$$R_A = f\left(R_T \times \phi \times S_o \times H \times R_B / V_{sh}\right) \tag{3-1}$$

式中，R_T 为电阻率，Ω·m；ϕ 为孔隙度，%；S_o 为校正后含油饱和度，%；H 为渗透性（物性下限以上）砂岩厚度，m；R_B 为录井显示级别相关参数；V_{sh} 为泥质含量，%；f 为各参数的权重系数。

应用地质甜点对储层类别进行划分，Ⅰ类储层地质甜点指数大于150，Ⅱ类储层地质甜点指数为100～150，Ⅲ类储层地质甜点指数为50～100，Ⅳ类储层地质甜点指数小于50（表3–2）。

表3–2　储层分类参数表

类别	电阻率（Ω·m）	孔隙度（%）	渗透率（mD）	含油饱和度（%）	自然伽马（API）	渗透砂岩厚度（m）	地质甜点指数	岩性	录井显示
Ⅰ	>25	>10	>1.75	>45	<80	>8	>150	细砂岩、粉砂岩	油浸、油斑
Ⅱ	20～25	8～10	0.20～1.75	30～45	80～100	4～8	100～150	粉砂岩、泥质粉砂岩	油斑
Ⅲ	15～20	6～8	0.06～0.20	20～30	100～120	2～4	50～100	泥质粉砂岩	油迹
Ⅳ	<15	<6	<0.06	<20	>120	<2	<50	粉砂质泥岩、泥岩	无显示

通过泉四段小层剖析，绘制泉四段平面上216口井、纵向13个小层的地质甜点指数空间展布图。利用测井参数进行精细储层描述的方法，使储层描述在地质、地球物理和油藏工程等多学科的基础上，增加了测井领域，使油藏描述增加了储层“七性”评价参数，进一步提高了储层描述的精度和准确性，为水平井的井位优选提供了技术保障。

2. 工程甜点评价方法

水平井要进行大型压裂才能获得工业油流，因此射孔段、射孔簇的选取是施工压裂的基础，而射孔簇的选取尤为重要，直接影响压裂效果。早期，一般都是采取等距离压裂方式，应用该方式造成一些射孔簇产生液差，甚至出现压不开的现象，即便是能完成压裂施工作业，各个射孔簇的产液量差别也是很大的。乾安地区也存在一些压裂效果不好的层，主要表现为破裂压力高，加砂、加液量小，压裂效果差，产量低，这些层产能贡献小。

由压裂效果和产能分析，得出储层压裂有效性与储层孔隙度、核磁共振孔隙结构指数、阵列声波渗透性指数、裂缝指数、脆性指数等参数相关（表 3–3），在此基础上，构建测井压裂甜点指数（B_R）评价射孔簇的有效性。

$$B_R=f\left(V_{por},\ \varphi_{MRZI},\ R_{STB},\ V_F,\ B_I,\ V_{SH}\right) \tag{3-2}$$

式中，V_{por} 为矿物体积计算孔隙度，%；φ_{MRZI} 为核磁共振孔隙结构指数，%；R_{STB} 为阵列声波渗透性指数，%；V_F 为裂缝指数，%；B_I 为脆性指数，%；V_{SH} 为泥质含量，%。

表 3–3　工程甜点储层分类参数表

类别	矿物体积计算孔隙度（%）	核磁共振孔隙结构指数（%）	阵列声波渗透性指数（%）	裂缝指数（%）	泥质含量（%）	脆性指数（%）	工程甜点指数
Ⅰ	＞10	＞40	＞3	＞8	＜15	＞50	＞250
Ⅱ	8～10	25～40	2～3	5～8	15～30	40～50	150～250
Ⅲ	6～8	10～25	1～2	2～5	30～40	30～40	50～150
Ⅳ	＜6	＜10	＜1	＜2	＞40	＜30	＜50

三、甜点区（段）分布与预测

针对致密油评价的关键是甜点评价，重点刻画致密油区甜点平面分布范围、纵向上甜点发育集中段分布。扶余油层为三角洲平原—三角洲前缘相，砂体横向连通差，纵向叠置，平面上形成大面积连片的砂体，具有“满盆含砂”的特征。扶余油层砂体厚度一般在 20～60m 之间，砂地比一般在 35%～60% 之间。泉四段岩石类型以长石质岩屑粉砂岩、细砂岩为主；胶结类型主要为接触、再生、孔隙式胶结；孔隙类型主要为粒间孔、溶孔、微孔；石英次生加大多为Ⅱ、Ⅲ级。储层物性主要受控于压实成岩作用，随埋深变大物性明显变差。储层埋深大于 1750m 时，原生孔隙明显减少，而溶蚀作用形成的次生孔隙变多。孔隙度一般小于 10%，渗透率小于 1mD，为典型致密储层。其中纵向甜点段主要为两套：以泉四段Ⅲ砂组为主，为三角洲平原相带，砂体发育；泉四段Ⅰ砂组，为三角洲前缘相带（图 3–23）。

地震与地质结合落实乾安地区甜点区（段）分布。综合应用多项技术，多参数融合，细化致密油甜点评价标准（图 3–24、图 3–25、表 3–4），加强地震识别手段研究，精细测井二次解释，开展渗透性砂岩分布规律研究，深化致密储层“七性”参数评价等技术攻关，结合油气富集条件研究，确定乾安地区致密油甜点评价标准，进行甜点分类。通过攻关，明确扶余油层纵向上主要发育两套甜点段，即上部甜点集中段和中下部甜点集中段，同时明确三类甜点平面分布，明确选取乾 246—让 70 区块作为开发试验区。

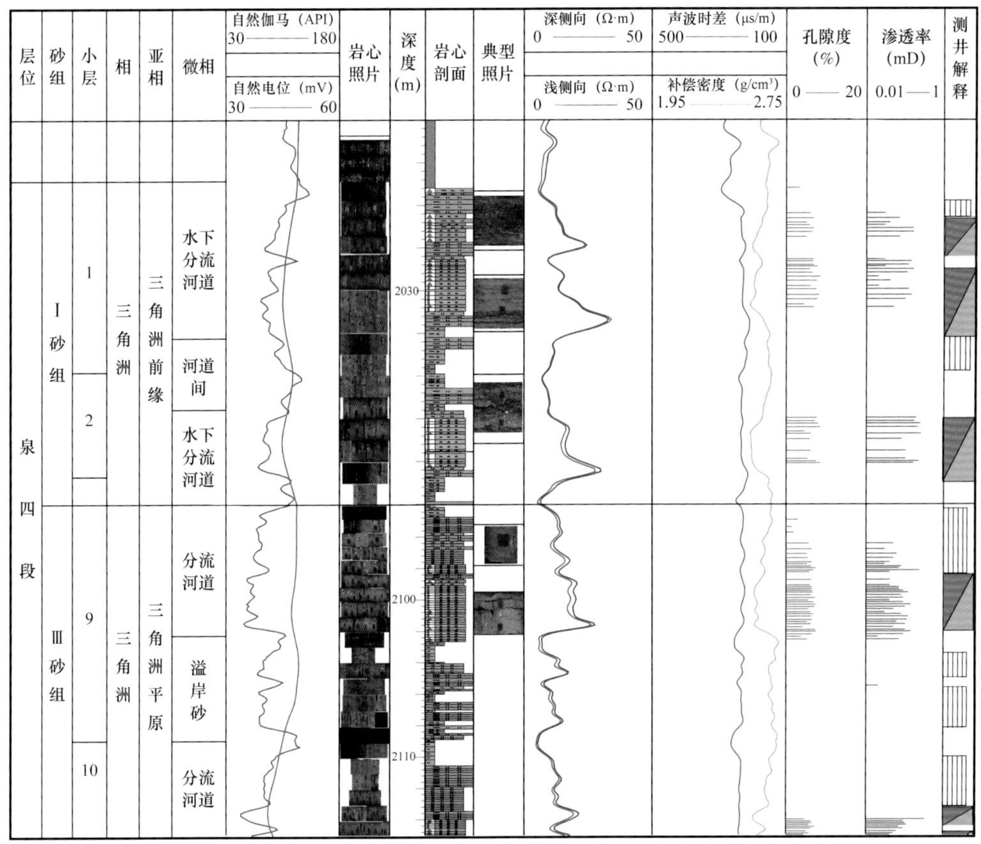

图 3-23　泉四段纵向两套甜点段岩心综合柱状图

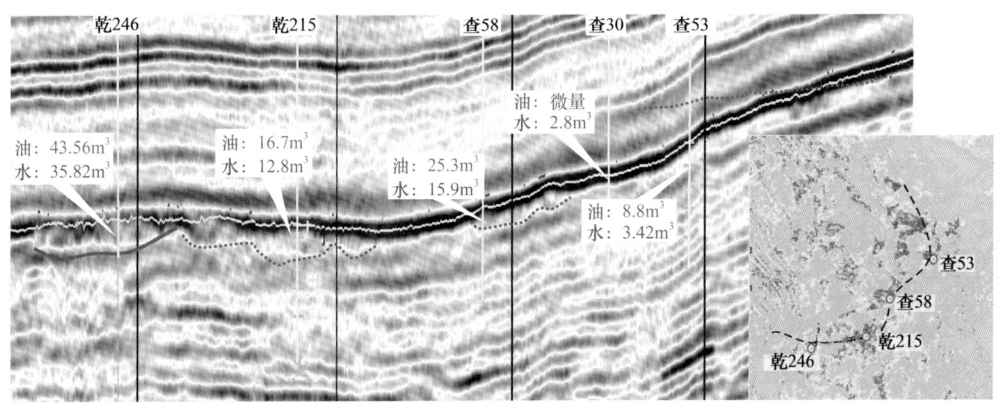

图 3-24　过乾 246—查 53 井甜点段地震响应图

确定试验区内Ⅰ类甜点 160km²，明确其为主攻目标。在一体化增储建产过程中，针对不同甜点发育特点及分布，突出个性化水平井部署与设计，深化致密油不同甜点与产能关系研究，优化水平井投产方案。

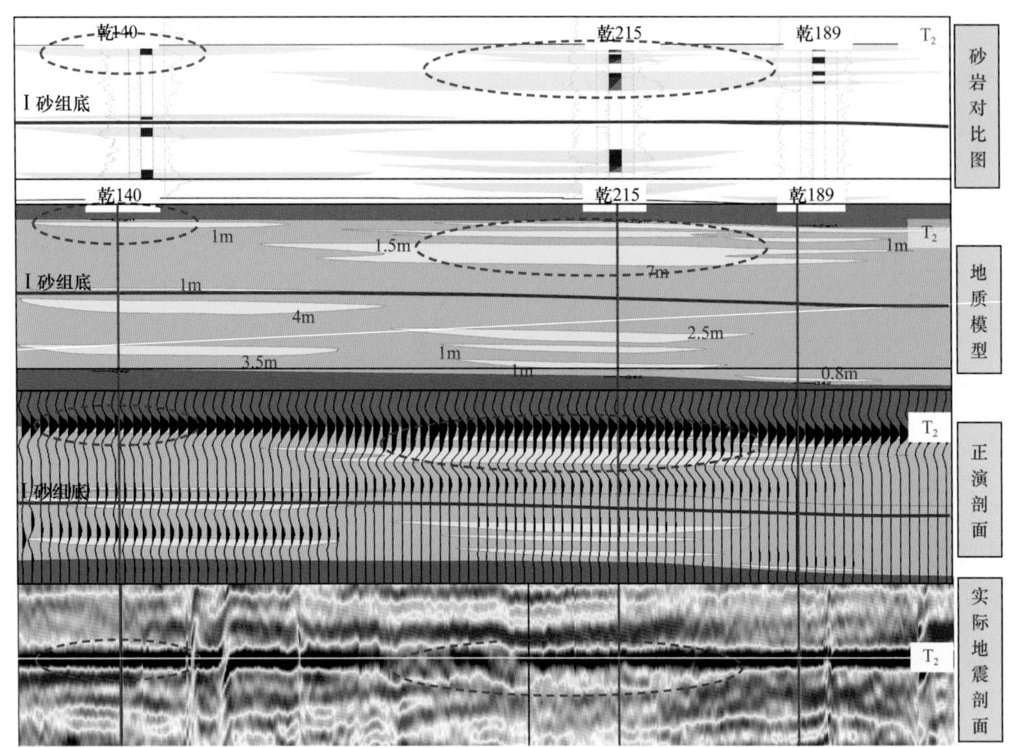

图 3-25　扶余油层甜点段地震响应图

表 3-4　乾安地区扶余油层 I 砂组致密油甜点分类评价标准

类别	参数	Ⅰ	Ⅱ	Ⅲ
定性判断	地震复波特征	清晰、易追踪、连续	变化大、不连续	无
	岩性	粉砂岩	粉砂岩	泥质粉砂岩、粉砂质泥岩
	录井	油斑以上	油斑、油迹	荧光、无显示
	砂体叠合状况	1、2 小层叠合	1 小层发育、2 小层部分叠合	1 小层为主
	井控程度	1.5～2.5km	2.5～3.5km	3.5km 以上
定量标准	储层厚度（m）	≥15	10.0～15.0	6.0～10
	有效厚度（m）	≥6.0	4.0～6.0	2.0～4.0
	GR（API）	＜90	90～110	＞110
	RT（Ω·m）	＞25	15～25	10～15
	AC（μs/m）	＞225	215～225	＜215
	脆性指数（%）	＞50	30～50	＜30

第四节　勘探开发工程关键技术进展及应用

一、油藏工程设计与优化技术

井型方面：从动态特征反映来看，直井投产，产量低，不具备效益开发条件，水平井体积压裂开发可效益开发，大幅度提高初产，采用水平井井网。

井网方面：理论研究、开发实践均表明水平段方位与裂缝发育方向垂直，开发效果最好。因此为保证体积压裂工艺最大限度地增加泄流面积，同时参考已完钻水平井目前的产能水平及压裂设计参数，水平井水平段方位应确定为近南北向，垂直最大主应力方向，保证储量改造动用最大化。

水平段长度：设计水平段长度为1000～1500m，水平段方位为南北向，结合储层发育及地面状况，在保证单井动用储量的基础上，灵活调整。

井距、排距方面：裂缝监测资料表明，水力裂缝平均长366m、宽127.2m、高48.3m，综合考虑，推荐以450m井距、200m排距为基础，灵活调整。

根据后期现场压裂监测结果及水平井投产动态评价，目前井网方式基本适应评价区扶余油层致密油效益开发，但还要长期跟踪、总结、研究动态数据变化，评价目前开发设计合理性，针对致密储层非均质性强、砂体变化快，克服个性化压裂设计和目前压裂监测资料精度不足，最终合理确定油藏工程各项参数。

二、水平井高效钻完井技术

前期水平井钻完井存在以下三个方面的问题：第一，研究区井壁稳定性差，同时CO_2发育，容易导致坍塌、井漏、井涌，施工难度大；第二，前期采用四开小井眼、三开小井眼、二开深表套等多种方式完井，钻完井技术没有完全定型，且采用上述的井身结构导致钻井周期长、投资高；第三，前期试验的二开浅表套完井工艺存在套管下入难度大、水平段固井合格率和优质率低（60%～70%）的问题。针对复杂的地质情况，为了提高钻速、缩短周期、降低成本，优选二开浅表套井身结构。为了保障施工质量，降低井控和安全钻井风险，在钻井液、钻井工艺、固井完井工艺等三个方面开展了针对性的技术攻关。研发了强封堵低滤失钻井液体系，满足二开浅表套施工需要；集成应用钻井提速工艺技术，实现了机械钻速大幅度提高；应用降摩减扭技术，有效缓解定向托压问题；通过设计与应用个性化PDC钻头，提速效果显著；优化固井完井技术，保证完井质量，满足大规模压裂需求。

2015年以来通过不断试验，浅表套二开井身结构钻完井技术逐步成熟。钻井成本由之前的980万元降至710万元，降幅27.55%；实现了进一步降本，钻井投资由2014年的850万元最终降至550万元，降幅达35.3%，大幅提高了致密油开发效益。

依托钻井提速配套技术支持，实现水平井平均钻井周期26.89d，与2014年前施工的水平井（43.6d）相比，缩短38.3%，完井管串安全下入率100%，水平段固井合格率、固井优质率100%。

三、蓄能体积压裂技术

通过不断攻关，在前期研究与实践基础上，形成了以蓄能式体积压裂为核心的致密油压裂配套技术系列，蓄能式体积压裂具有“两大两低一小”的特点，即大排量、大液量、低黏液体、低砂比、小粒径，施工中利用水平井多段改造技术，并通过滑溜水大排量、大液量施工、组合支撑等技术的集成应用，让主裂缝与多级次生裂缝交织形成裂缝网络系统，最大限度提高储层动用率，提高非常规油藏初产、稳产及采收率。

压裂技术做法上以增加储层改造体积、补充地层能量为目标，应用大排量、大液量滑溜水压裂技术，实现裂缝参数与油藏参数、缝控储量与井控储量、压裂改造与能量补充、改造体积与导流能力相匹配，最大限度提高单井产量。

乾安试验区应用水平井蓄能体积压裂技术，进行水平井投产，初期平均日产液 73.6t，日产油 15t，初期全部自喷生产，自喷周期一般 400～500d，实现了较好蓄能提产效果。

水平井 + 蓄能体积压裂初产高、稳产能力强，是致密油有效动用的关键储层改造技术；水平井蓄能体积压裂改造体积大，井控和缝控储量大，实现了由裂缝改造向基质改造的转变；蓄能体积压裂可整体提高地层压力系数，有蓄能功效，见油周期短，可有效提高油井自喷能力；焖井蓄能可以实现渗析、油水置换，提高致密油单井采收率。

第五节　乾安试验区开发效果分析与经验总结

一、试验区优选

乾安地区致密油具有以下有利地质条件：（1）稳定宽缓的斜坡构造是形成致密油富集的有利背景；（2）广覆式分布的青一段优质烃源岩是致密油成藏的重要物质基础；（3）大面积分布的非均质致密储层为致密油成藏提供丰富的储集空间；（4）源储紧密接触有利于油气成藏，断层是沟通烃源岩和储层成藏的关键。在致密油区带划分基础上，优选乾安地区 560km^2 作为一体化增储建产试点区，系统开展效益开发配套技术攻关。

二、一体化攻关实现技术突破

主要开展三个方面的一体化攻关：（1）深化砂体识别技术，精细落实甜点，如明确泉四段Ⅰ砂组河道砂体在地震上的复波响应特征，通过融合技术刻画优选出甜点有利面积 160km^2，实钻证实Ⅰ砂组预测符合率达到 91%，完钻水平井砂岩钻遇率 88.8%、油层钻遇率 80.1%，为乾 246 开发试验区的建立起到了关键作用。（2）攻关高效钻完井技术，努力提质增效，一是优化井身结构，采用二开浅表套井身结构，实现井身优化，降低钻井周期；二是研发钾铵基聚合物强封堵钻井液体系，提高井壁稳定性；三是集成应用钻井提速工艺技术，采用直井段 + 水平段应用稳平钻具组合、造斜段应用倒桩钻具组合，实现了机械钻速大幅度提高；四是优化固井完井技术，提高了水泥浆性能，解决了套管不居中难题，全面保障了固井完井质量。（3）蓄能体积压裂技术突破，实现提产稳产，水平井地层压力系数提高了33%，稳定产油量由常规压裂的4.5t/d提高到7.0t/d，开井后见油周期缩短了42d，自喷时间由原来的一个月提高到现在的500d，实现了致密油水平井效益稳产。

三、管理创新实现效益动用

针对扶余油层致密油的特点，采用非常规的理念，攻关非常规技术，实施非常规管理，通过市场化探索低成本发展的道路，推动致密油资源落实、产量提高，实现规模效益。在运行过程中，实行扁平化管理，一体化实施，市场化运作。

四、试验区实施效果

“十三五”以来，通过攻关，明确了松辽盆地南部扶余油层致密油资源潜力及有利区带，建立了乾安致密油试验区，2016—2020年累计提交致密油探明储量1.18×10^8t，累计控制储量0.89×10^8t，累计预测储量1.32×10^8t；建立乾246、让70、让58区块三个开发试验区，形成扶余油层致密油百万吨/年产能方案，建产能46.45×10^4t/a，2020年产量26.6×10^4t；研发了“七性”测井识别、有效砂体预测、油藏工程参数优化设计等三项评价技术，集成了低成本优快水平井钻井工程和蓄能体积压裂增产等两项配套技术，形成了致密油非常规管理模式，推动致密油资源→储量→产能→产量→效益快速转化，支撑了试验区效益开发。松辽盆地南部扶余油层致密油实现效益开发，已成为松辽盆地南部勘探开发有效接替。

五、经验与启示

（1）坚持不懈是勘探发现突破的不竭动力。

扶余油层历时五十多年的勘探发现，是不懈努力的硕果；经历了一个曲折艰辛的探索历程，从隆起到斜坡，再到凹陷向斜区，踏遍所有含油气领域，几近“山穷水尽”，又取得致密油具有转折意义的重大突破，其发现历程耐人寻味，其认知变迁发人深思。勘探发现贵在坚持，要有咬定青山不放松的决心；同时，也要有挑战禁区、扶余油层大有作为的信心；坚持不懈探索、坚持不懈研究、坚持不懈技术攻关为主旋律的“三坚持”终于在苦干十五载，迎来扶余油层致密油一系列的重大突破。

（2）解放思想是扶余油层致密油突破的关键。

解放思想，借鉴国外致密油勘探开发经验，在一片质疑声中，开展水平井提产试验，部署乾246水平井和让平1、让平2、让平3、让平4四口水平井组试验，实现试采稳定产量是直井的3～6倍，扶余油层致密油的产量得到大幅度提高，看到了扶余致密油的开发前景。在随后的深化研究、技术攻关不断进步的过程中终于实现致密油效益开发。回顾扶余油层致密油的突破，进一步验证解放思想的重要意义；油气勘探站在地上看地下，人的认识非常局限，地质认识不可能一次完成；只有解放思想，敢于从传统的思维定式中解脱出来，突破和超越传统的地质认识和技术思路，大胆创新，才能在勘探上有新突破。

（3）技术创新是引领勘探发现的重要保障。

勘探技术是揭示地下地质特征、了解含油气条件、深化地质认识、落实储量、拿到产量的重要手段，更是获得油气勘探突破发现的重要保障；瓶颈技术是制约勘探开发的关键技术。针对松辽盆地南部扶余油层致密油来说，甜点识别技术、水平井钻井技术、体积压裂提高产能技术就是致密油突破、发现的瓶颈技术；通过近五年的攻关，充分展示出地质认识没有禁区、工程技术潜力无限；致密油的突破发现过程就是一个先进实用技术形成的过程。

（4）管理创新是低品位资源勘探的有效手段。

针对扶余油层致密油的特点，采用非常规的理念——创新管理模式成立致密油项目部，实现致密油勘探评价开发一体化；攻关非常规技术——水平井钻完井技术、蓄能体积压裂技术、工厂化作业等；实施非常规管理——坚持科研与生产、地质与工程、勘探与开发、技术与经济、生产与经验五个一体化，通过市场化探索低成本发展的道路，推动致密油资源落实、产量提高，实现规模效益。

第六节　主要结论及“十四五”展望

一、主要结论

（1）松辽盆地南部扶余油层按照常规的思路已经不能解决问题，应用非常规的理念、“三个转变”的思路，即油藏认识由岩性油藏—致密油、井型由直井—水平井、压裂方式由缝网压裂—体积压裂是实现致密油效益勘探及突破的前提。

（2）针对制约因素，研究与应用配套适用的工程技术是推动勘探发现的保障。“十三五”期间，以配套的三维物探采集处理解释一体化技术、欠平衡钻井及水平井钻完井技术、大型压裂技术组成的工程配套技术组合，为松辽盆地南部石油天然气勘探不断实现新突破新发现起到重要作用。

（3）深化地质认识、完善配套技术、创新管理模式、有效管控投资是实现致密油效益动用的根本保障。以勘探开发一体化为龙头和载体，统筹推进地质工程、科研生产、设计监督、生产经营、投资成本五个一体化，按照资源可升级、储量可动用、建产有效益的工作思路安排工作。在深化油藏认识的基础上，利用物探技术、水平井钻完井技术、蓄能式体积压裂技术三把利剑，积极创新管理模式，转变经营思路，通过扁平化管理、一体化实施、市场化运作，水平井提质增效明显，在“十三五”末期取得突破性进展，探索出了一条降本增效的可行之路，基本实现了致密油动用的技术、经济可行，是吉林油田“十三五”期间实现增储稳产战略的重要支撑。

二、“十四五”展望

松辽盆地南部中浅层石油资源丰富，但多是“三低”劣质资源，待探明资源以源下扶余油层致密油、源内成熟—低成熟页岩油等非常规资源为主。从潜力分布看，坳陷区扶余油层致密油占剩余资源总量的53.4%，是吉林探区增储上产的重要资源保障。通过对剩余资源的进一步梳理评价，让字井油田扶余油层致密油可动用储量规模约 1.5×10^8t，具备持续建产上产的资源基础，根据开发方案整体规划部署，预计到“十四五”末期，让字井油田将建成百万吨级产能规模的效益开发示范区（“十三五”期间已建成产能 46.45×10^4t/a，未来五年规划新建产能 50×10^4t/a），预计 2024 年原油产量将达到 50×10^4t 以上。

通过五年的持续攻关，突破了吉林探区低品位资源效益开发的瓶颈技术制约，形成了适合低成本开发的关键技术系列，创新完善了一体化项目管理及效益建产模式，该模式目前已经在吉林油田致密油产能建设、常规油产能建设以及页岩油开发先导试验中推广应用。

第四章　准噶尔盆地页岩油资源潜力、甜点区预测与关键技术应用

准噶尔盆地二叠系陆相咸化湖盆沉积地层的源储没有明显岩性界限，含油产状受岩性控制不明显，2019 年前将准噶尔盆地的这类油藏称为致密油，现在都改称为页岩油。

“十三五”期间，新疆油田页岩油研究团队在国家科技重大专项课题 6 专题 4“准噶尔盆地致密油资源潜力、甜点区预测与关键技术应用”的研究目标导向和经费资助下，通过集中攻关制约吉木萨尔凹陷中二叠统芦草沟组页岩油勘探的关键问题，建立了前陆构造背景下咸化湖盆页岩油成藏模式，揭示了赋存机理及可动条件；形成了特色配套实验技术、“七性”关系测井评价技术、甜点预测地球物理配套技术，集成创新了水平井钻井及细分切割体积压裂技术。通过系统攻关，实现了烃源岩有机碳含量定量预测相对误差小于 9%，直井甜点钻遇符合率 100%，水平井甜点油层钻遇率由 70% 提高到大于 92%，试油成功率由 65% 提高至 100% 等关键成效，有力推动了准噶尔盆地非常规油气勘探开发工作。目前芦草沟组页岩油实现整体开发和规模化建产，累计产油 74.6×10^4t，累计建产能 80×10^4t/a 以上，成为新疆地区第一个页岩油生产基地。

第一节　区域成藏条件与富集主控因素分析

准噶尔盆地地处我国新疆西部地区，面积约 13×10^4km^2，是我国十分重要的大型含油气盆地。构造位置上地处古亚洲洋构造域的南部，位于哈萨克斯坦古板块、西伯利亚古板块和塔里木古板块的交会部位，是哈萨克斯坦古板块的一部分，盆地由前寒武系结晶基底和海西期褶皱系发育而来，盖层以上古生界—中、新生界陆相沉积为主，最大厚度约 15000 m。盆地沉积盖层厚度大、分布广，含油层系多，石油资源丰富。

准噶尔盆地早—中二叠世处于残留海封闭后的咸化湖盆沉积环境，受当时沉积古地貌影响，盆地内部坳隆相间，分布多个沉积沉降中心。普遍发育一套以湖相暗色泥页岩为主的富有机质细粒沉积，主要为陆源碎屑输入、盆内碳酸盐沉淀和火山碎屑输入三种端元来源，矿物成分复杂、岩石类型多样、过渡性岩性发育，不同岩性纵向上薄层频繁交互，表现为细粒混积、薄层叠置的显著特征，属于典型的混积岩（图 4–1）。这种混积岩大面积分布于二叠纪三大前陆盆地中心区及斜坡带，平面上与烃源岩发育中心区叠置，为页岩油形成创造了优越的地质条件。页岩油资源主要分布在吉木萨尔凹陷中二叠统芦草沟组、玛湖凹陷西斜坡下二叠统风城组和克拉美丽山前五彩湾—石树沟凹陷中二叠统平地泉组。

吉木萨尔凹陷位于准噶尔盆地东南部，为相对独立的不同时期挤压叠加型凹陷，面积

约 1278km²。凹陷内部地层平缓，现今为西断东超的箕状凹陷。凹陷内二叠纪沉积有井井子沟组、芦草沟组和梧桐沟组三套地层，目的层位芦草沟组与下伏井井子沟组整合接触，与上覆梧桐沟组在凹陷中心为整合接触，在凹陷边部为不整合接触（图 4–2）。芦草沟组整体呈现为凹陷中间厚四周薄的趋势，向东部变薄趋势更快，直至尖灭，总体上芦草沟组几乎遍布整个凹陷，平均厚度为 200～300m，最大厚度可达 350m（图 4–3）。以咸化湖盆的半深湖—深湖沉积为主，局部为滨浅湖或滩坝（如生屑滩、砂屑滩或砂质浅滩），局部少量的三角洲前缘远沙坝或席状砂。

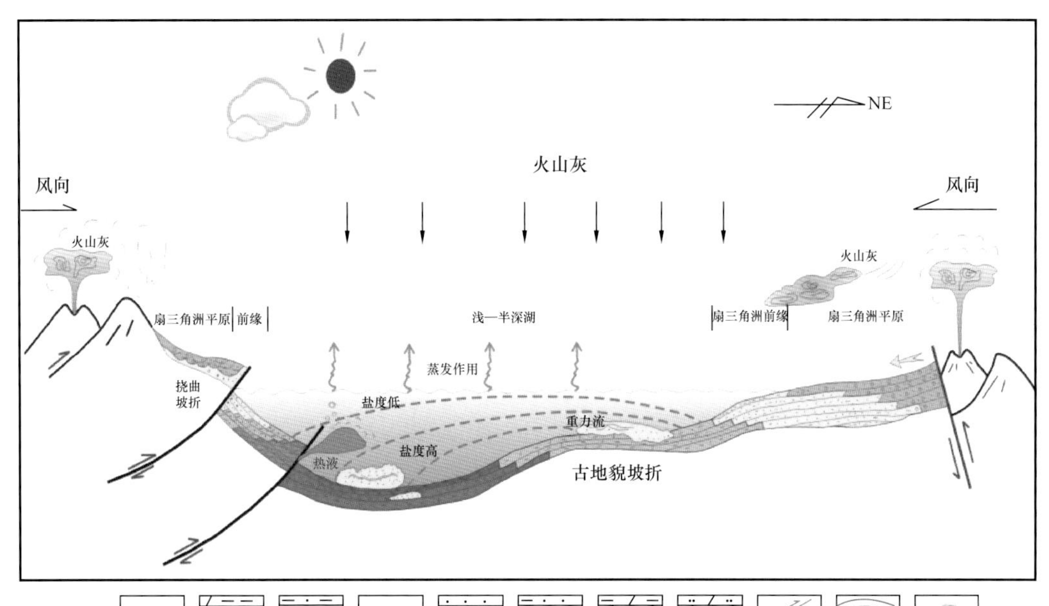

图 4–1　吉木萨尔凹陷二叠系芦草沟组甜点段咸化湖盆背景下的细粒多源混积模式图

玛湖凹陷为一个叠合埋藏型凹陷，面积近 7000km²，现今凹陷整体表现为向东南倾斜的平缓单斜，局部发育低幅度平台、背斜或鼻状构造，断裂较为发育。风城组总厚度 800～1800m 不等，西厚东薄，呈楔状分布，整体发育于闭塞的湖泊环境，即碱湖沉积，凹陷中分布有大小不等的湖湾。岩性非常复杂，主要由白云岩类、碎屑岩类和火山岩类组成，受到内源和外源混合沉积的控制，反映出混合沉积的特征。

五彩湾—石树沟地区包含五彩湾凹陷、沙帐断褶带和石树沟凹陷三个二级构造单元，面积约 4600km²，为克拉美丽山褶皱后的前陆箕形盆地，具有南超北断的特征。平地泉组最大厚度 1050m，分布广泛，岩性主要为深色泥页岩，夹有砂质泥岩、泥质粉砂岩、粉砂岩等，是一套富有机质的深湖—浅湖相细粒沉积，物源主要来自北部的克拉美丽山，主要发育三角洲—湖泊沉积体系。

目前的页岩油勘探开发和研究工作集中在吉木萨尔凹陷，其他地区也同步开展点上工作，本章将重点阐述吉木萨尔凹陷中二叠统芦草沟组页岩油的勘探开发与研究进展。

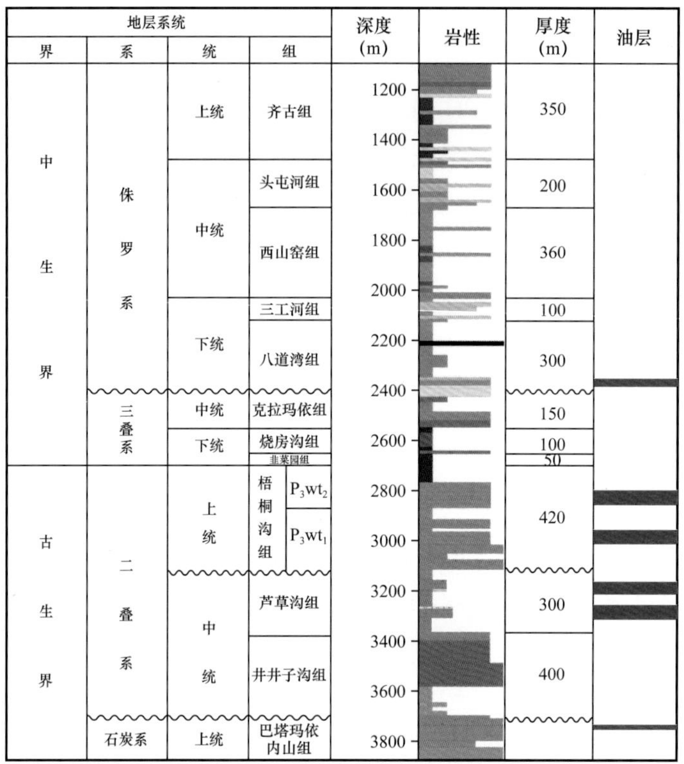

地层系统
界
系
统
组
深度 (m)
岩性
厚度 (m)
油层
中生界
侏罗系
上统
齐古组
350
中统
头屯河组
200
西山窑组
360
下统
三工河组
100
八道湾组
300
三叠系
中统
克拉玛依组
150
下统
烧房沟组
100
韭菜园组
50
古生界
二叠系
上统
梧桐沟组
P_3wt_2
P_3wt_1
420
中统
芦草沟组
300
井井子沟组
400
石炭系
上统
巴塔玛依内山组
1200
1400
1600
1800
2000
2200
2400
2600
2800
3000
3200
3400
3600
3800

图 4-2　准噶尔盆地吉木萨尔凹陷地层综合柱状图

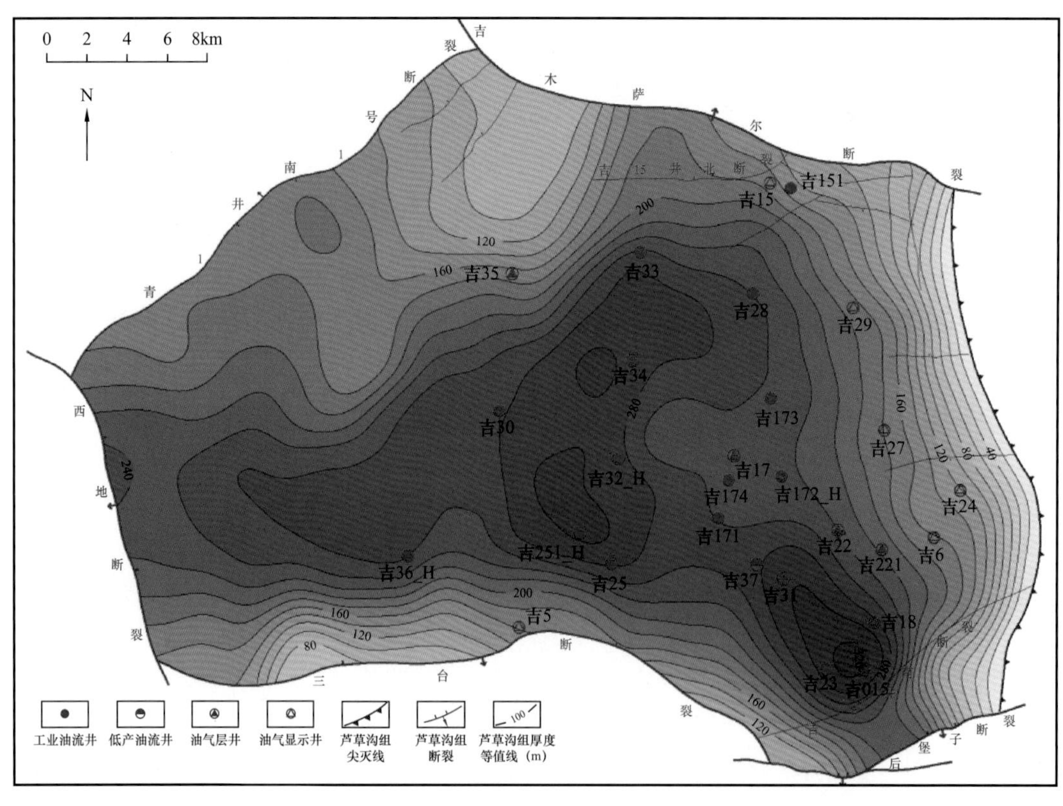

图 4-3　吉木萨尔凹陷二叠系芦草沟组地层厚度图

一、成藏基本地质条件

吉木萨尔凹陷二叠系芦草沟组是我国陆相咸化湖盆页岩油的典型代表，是在前陆背景、咸化湖盆、三源混积的地质背景下，生烃增压、微缝输导、近源成藏形成的页岩油。

1. 前陆背景、咸化湖盆、三源混积

稳定的大地构造背景、咸化的沉积环境和多源的物质组成是吉木萨尔凹陷二叠系芦草沟组页岩油形成的重要地质条件和前提。吉木萨尔凹陷二叠系芦草沟组为一套在前陆盆地背景下发育的咸化湖盆多源混积细粒沉积，地层分布稳定，烃源岩分布范围广、厚度大、有机质含量高，储层物性较好，与烃源岩频繁互层叠置，为页岩油发育提供了优越的地质条件。

1）前陆背景

准噶尔盆地二叠纪发育三个重要的前陆盆地系统，坳隆相间，分别为西缘前陆盆地系统、东部克拉美丽前陆盆地系统和南部北天山前陆盆地系统。三大前陆盆地系统控制着页岩油（优质烃源岩）层系的发育。中二叠世，准噶尔盆地内部构造运动的差异变小，进入稳定沉降阶段，沉积范围不断扩大，全盆地沉积连片。位于盆地东南部的吉木萨尔凹陷在中二叠世属于北天山前陆盆地系统，持续稳定发展，也控制了吉木萨尔凹陷芦草沟组烃源岩和页岩油层系的发育，发育一套以湖相暗色泥岩、粉砂岩为主的细粒沉积建造，烃源岩厚度大、分布范围广、有机质含量高；云质岩甜点体平面上分布较为稳定，受物源与古地势控制，主要分布于前陆坳陷一侧斜坡区，远物源方向厚度逐渐减薄（图 4–4）。烃源岩与储层发育中心区叠置，为页岩油形成创造了基本条件。

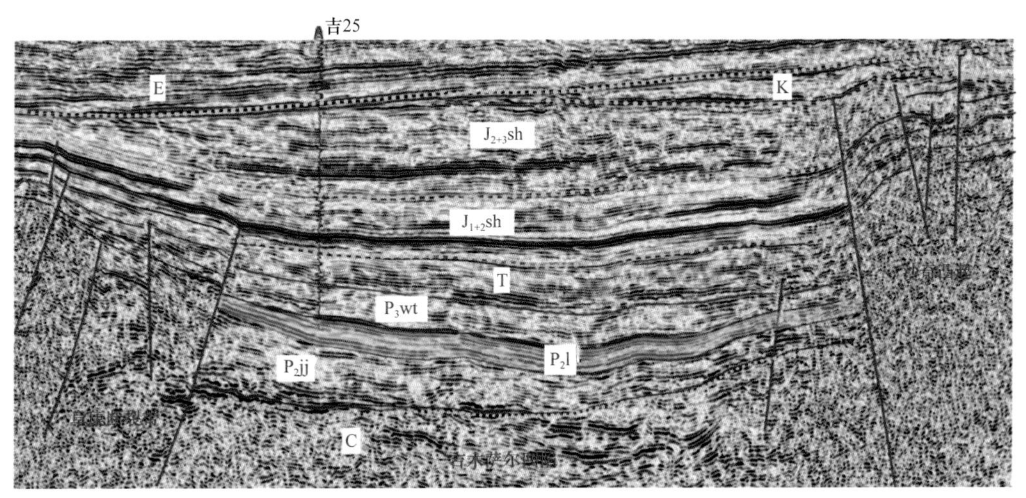

图 4–4　吉木萨尔凹陷过吉 25 井 J8227 测线南北向地震地质解释剖面

2）咸化湖盆

吉木萨尔凹陷芦草沟组发育于咸化湖盆环境，岩石中存在大量咸化湖泊及缺氧还原环境的标志。黑色（云质）泥页岩的微量元素和有机地球化学生物标志化合物参数指示水体为半咸水—咸水、厌氧、还原环境。芦草沟组细粒混积岩中发育的泥裂、干裂碎片、石膏

假晶等，也表明为干旱气候条件。吉木萨尔凹陷芦草沟组以咸化湖泊沉积为主，其中半深湖—浅湖沉积占主导地位，局部为滨湖沉积，以生屑滩、砂屑滩或砂质浅滩等滩坝微相为主，中下部有少量的三角洲前缘远沙坝或席状砂。在咸化湖盆中常广泛发育规模的优质烃源岩，偏碱性、富营养的水介质环境有利于广盐性藻类、浮游生物和嗜盐生物的发育，同时还原、缺氧和分层的底水有利于有机质的保存，最终造就了芦草沟组有机质丰度高、类型好、生烃能力强的优质烃源岩，其生烃能力数倍于常规湖相烃源岩。上、下甜点体具薄层粉砂、高长英质、高碳酸盐、低黏土特点，表现为蒸发背景。芦草沟组白云石多为同生、准同生阶段形成，咸化水体为白云石化提供了足够的 Mg^{2+} 和 Ca^{2+}，促进了芦草沟组云质岩的发育，为甜点优质云质岩储层发育提供了有利条件。

3）三源混积

芦草沟组为一套发育于咸化湖泊中的富有机质细粒沉积，受机械沉积作用、化学沉积作用和火山活动等影响，主要为陆源碎屑输入、盆内碳酸盐沉淀和火山碎屑输入三种端元来源，形成了一套矿物成分复杂、岩石类型多样、过渡性岩性发育的混合沉积。在宏观上表现为混积层系，微观上表现为混积岩，不同岩性在纵向变化快，表现为细粒混积、薄层叠置的显著特征。矿物组成主要包括碳酸盐矿物、长石和石英等硅酸盐矿物以及黏土矿物三大类。芦草沟组多为细粒沉积的过渡性岩类，细粒混积，岩性多样、纵向变化快，多为碎屑沉积和化学沉积过渡性岩类，单层厚度平均 0.25m，多数小于 0.6m。吉木萨尔凹陷芦草沟组细粒混积岩受深湖相、半深湖相、滨岸相组合的高频旋回控制，气候变化、湖水位波动、构造活动和沉积物补给被认为是影响混合沉积最重要的因素。

2. 生烃增压、微缝输导、近源成藏

芦草沟组烃源岩生烃增压是页岩油排烃的主要动力，微裂缝是页岩油排烃的主要通道，近源成藏是页岩油的成藏方式，因此，建立了生烃增压、微缝输导、近源成藏的形成机理，为页岩油的富集规律研究提供了支撑。

1）生烃增压

芦草沟组发育优质成熟烃源岩，分布广、厚度大，岩性以黑色、灰黑色泥岩、白云质泥岩为主，有机质丰度高、类型好，主体已达到成熟阶段，属生烃条件较好的烃源岩。芦草沟组烃源岩在三叠纪末期达低成熟油气生排烃门限（R_o=0.5%），侏罗纪末为低成熟油主要生排烃期（R_o=0.7%），白垩纪 — 现今，凹陷中心烃源岩已达成熟油排烃高峰。模拟结果表明，随着温度的升高，烃源岩成烃转化率逐渐增大。芦草沟组储层较为致密，因此，页岩油运聚所受的阻力要比常规油气大得多，生烃膨胀力是克服运移阻力的一大动力。计算结果表明，随着烃源岩有机质含量和热演化程度的升高，烃源岩在生烃过程中的体积膨胀力也随之增高。当芦草沟组烃源岩 TOC 为 2%、R_o 从 0.7% 到 1.0% 时，烃源岩体积膨胀力从 10.46MPa 增至 358.92MPa。推断生烃增压作用可能是烃源岩排烃的主要动力，也是页岩油运移、成藏的主要动力。

2）微缝输导

吉木萨尔凹陷芦草沟组烃源岩中的微裂缝、层理缝等是排烃和运移的重要通道，具

有明显的微缝输导特征。芦草沟组大型构造缝不甚发育，未见大规模的页岩油宏观运移特征，但在岩心、薄片和热模拟过程中可见一些小型或微观运移的痕迹。芦草沟组发育有构造缝、层理缝、压溶缝、溶蚀缝等不同的微裂缝，可见黑色有机质富集或沥青残留，是烃源岩排烃并运移的重要通道。生烃热模拟实验也证实了微层理面或微裂缝是页岩油气排烃的重要通道，荧光下原油呈脉状运移和聚集，油气以脉冲式短距离运移为主。

3）近源成藏

油—源对比结果表明，吉木萨尔页岩油源自组内烃源岩，为典型的源内、近源成藏。芦草沟组储层与烃源岩交相互层、紧密接触，页岩油为自生自储或短距离运移就近成藏。宏观纵向上泥地比大于60%，甜点体内部纹层与页理发育，存在毫米—厘米级源、储组合关系，自身具备生、储条件；微观上自生自储组合配置关系也较为清晰。甜点体内以相邻泥岩供油为主、储层自生为辅（图4-5），云质岩储层可溶有机质高于相邻泥岩，而相邻泥岩残余有机碳含量高于云质岩储层，说明甜点体内原油主要来自相邻泥岩生成的油气。甜点体有机质丰度高，源储界限难分，以邻源供烃为主，自生为辅。

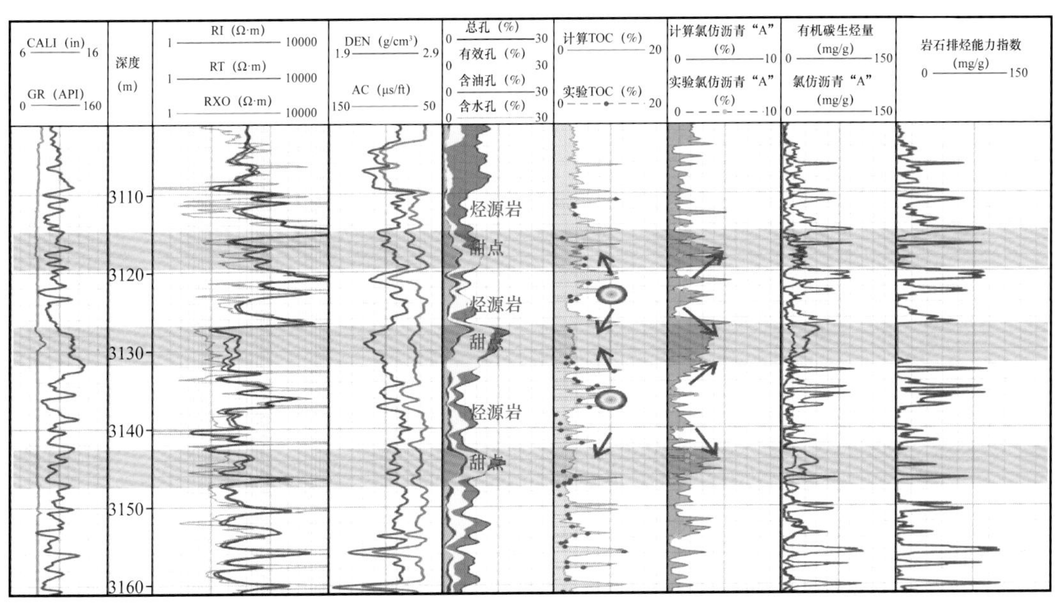

图4-5　吉木萨尔凹陷吉174井上甜点段源储分布关系图

二、页岩油成藏与富集规律

吉木萨尔凹陷芦草沟组厚200～300m，表现为全层段含油、全凹陷含油的特征，烃源岩和云质岩致密储层厚度均较大，横向连续性好，展布稳定，无明显圈闭界限，源储一体分布。储层甜点的发育受原始沉积相/岩相和有机流体溶蚀改造两方面控制，总结起来就是二元控储。甜点体孔隙度、含油饱和度高，页岩油在两个甜点体富集。

吉木萨尔凹陷芦草沟组表现为整体含油的特征，具体体现在两个方面：一是在纵向上，芦草沟组全层段见荧光显示；二是在横向上，芦草沟组在满凹陷含油。吉木萨尔凹陷芦草沟组烃源岩与细粒云质岩储层互层分布，烃源岩所夹薄层砂质条带都有好的油气显示，取心及测井资料表明，芦草沟组全层系见连续荧光与气测异常，发育云质细粒沉积的薄互层页岩油，全井段整体含油。

富集程度受云质与碎屑含量的控制，储层也具有一定的生油能力。云质岩或白云石含量较高的粉细砂岩段录井油气显示活跃，取心见原油外渗，含油程度与云质岩厚度、白云石及粉细砂含量呈明显正相关，而纯泥岩段或泥质含量较高的层段含油性则较差。游离态与滞留吸附态共生共存，游离态多赋存于碎屑孔隙中，滞留吸附态主要赋存于页理面与有机孔中。吉木萨尔凹陷芦草沟组地层稳定、构造相对简单，烃源岩和云质岩致密储层厚度均较大，横向连续性好，展布稳定，无明显圈闭界限，源储一体分布，面积大，表现为满凹含油的特征，油层分布广，但是厚度、物性在纵、横向上有差异。

1. 二元控储

吉木萨尔凹陷芦草沟组储层致密，渗透性差，储层甜点的发育受原始沉积相／岩相和有机流体溶蚀改造两方面控制，原始沉积相／岩相学特征是基础，有机流体溶蚀改造作用是关键，总结起来就是二元控储，前者控制着甜点体的发育和展布，后者控制着次生溶蚀孔隙的发育，二者共同控制着储层物性和含油性变化。储层物性和含油性与储层岩性有密切的相关性，物性和含油性好的储层段均发育较厚的云质粉砂岩或砂屑云岩，云质泥岩或泥晶白云岩段物性和含油性基本都较差。沉积相控制着储层岩相的发育，物性较好的岩相以滨湖滩坝相和浅湖相为主。随着压实和胶结作用的进行，孔隙度和渗透率整体随埋深而减小。结合芦草沟组泥页岩发育情况等地质特征，认为成岩演化过程中的有机流体控制碎屑矿物和碳酸盐矿物的溶解，以及次生溶蚀孔隙的形成，对甜点的形成和进一步优化改造具有十分积极的作用。在滨浅湖滩坝相的砂质白云岩、砂屑白云岩中，由于其原始物性较为优越，是酸性流体运移的优势通道，不稳定矿物发生溶蚀和迁移，从而形成大量的次生孔隙，导致孔隙度和渗透率明显增加。而在半深湖—深湖相发育的致密云质泥岩等原始物性较差，酸性流体作用较弱，未发育大规模的次生溶蚀孔隙。

2. 甜点体富集

吉木萨尔凹陷芦草沟组整体含油，纵向上岩性变化快，甜点单层厚度薄，分布跨度大，在纵向有两个油层集中发育段，定义为上、下甜点体，甜点体横向分布稳定、纵向跨度大，平均厚度分别为 38m 和 56m（图 4–6）。甜点体孔隙度、含油饱和度高，页岩油在这两个甜点体富集。通过整体部署与钻探证实，芦草沟组甜点体满凹连续分布，南部富集，为典型的甜点区。上甜点体自上而下分为 $P_2l_2^{2-1}$、$P_2l_2^{2-2}$、$P_2l_2^{2-3}$ 三个油层，其中，$P_2l_2^{2-2}$ 油层孔隙度最好，含油饱和度最高，为主力油层，油层含油饱和度为 41.3%～89.0%，平均为 68.6%。下甜点体油层自上而下为 $P_2l_1^{2-1}$、$P_2l_1^{2-2}$、$P_2l_1^{2-3}$ 三个油层，油层含油饱和度整体低于上甜点体油层，其中，$P_2l_1^2$ 油层为主力油层，油层含油饱和度为 40.0%～90.9%，平均为 62.5%。

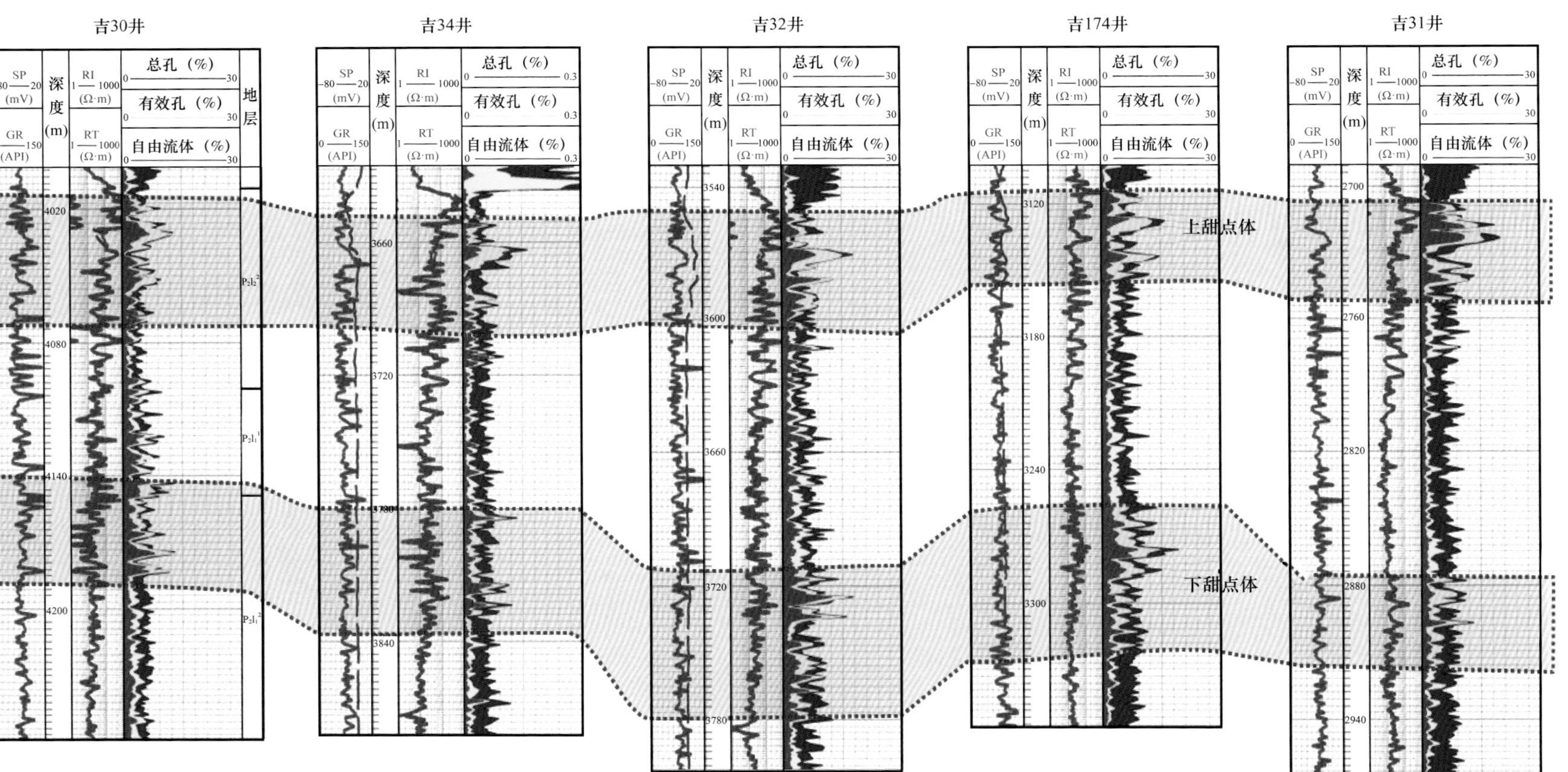

图 4–6　吉木萨尔凹陷芦草沟组过吉 30—吉 34—吉 32—吉 174—吉 31 井甜点体对比图

第二节 资源分级标准、资源潜力及有利区优选

根据吉木萨尔凹陷页岩油形成的地质条件，分别建立烃源岩、储层及甜点段分类评价标准，采用小面元容积法进行资源量计算，根据分级评价，明确有利的勘探区带，指导下一步勘探方向。

一、烃源岩分类评价

页岩油的形成与烃源岩密切相关，成熟、优质、具有一定厚度和分布范围的烃源岩是页岩油形成的物质基础。芦草沟组页岩油源储一体，烃源岩的品质直接影响着储层的含油性，建立页岩油烃源岩的分类标准，优选烃源岩优质区，对于页岩油的经济勘探具有重要意义。

芦草沟组各层段有机质干酪根类型主要为Ⅰ型和Ⅱ型，纯泥岩与云质泥岩干酪根类型较好，主要为Ⅰ型和Ⅱ$_1$型，灰质泥岩与砂质泥岩干酪根类型除了Ⅰ型和Ⅱ$_1$型外，也有一定含量的Ⅱ$_2$型干酪根（图4-7）。本次研究区页岩油烃源岩的分类主要以有机碳含量为标准，参考有机质类型和烃源岩一定埋深下的热演化程度R_o值，各类有机碳含量下限取值主要依据研究区页岩油单井产量的效益来评价。

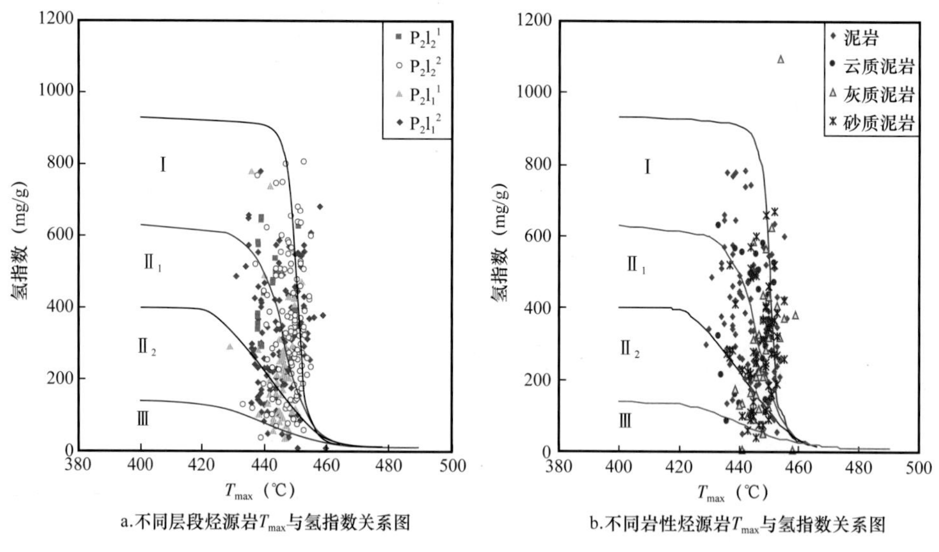

a.不同层段烃源岩T_{max}与氢指数关系图　　b.不同岩性烃源岩T_{max}与氢指数关系图

图4-7 芦草沟组不同层段和不同岩性烃源岩T_{max}与氢指数关系图

根据单井效益产量需要的油气资源，测算Ⅰ、Ⅱ、Ⅲ类（级别，非有机质类型）烃源岩残余有机碳含量下限分别为3.5%、2.0%和1.0%，以此为标准，将芦草沟组二段和一段烃源岩进行综合划分评价。芦草沟组二段烃源岩发育区中Ⅰ类烃源岩占主导地位，面积达440km^2，Ⅱ类区面积为318.5km^2，Ⅲ类区面积为96.2km^2；芦草沟组一段烃源岩全凹陷分布，以Ⅰ类烃源岩为主，其中Ⅰ类区面积达828.4km^2，Ⅱ类区面积为233.8km^2，Ⅲ类区面积为28.9km^2。总体上烃源岩有机碳含量整体较高，大面积达到了Ⅰ类的标准。

二、储层分类评价

页岩油勘探的核心是寻找最有利的优质储层，储层评价是页岩油研究的重中之重。吉木萨尔凹陷芦草沟组页岩油储层品质横向差异大，发育物性接近常规储层的高孔储层，也有物性较差的劣质储层。有必要开展储层分类研究，建立储层分类标准，分类评价储层品质，优选出相对优质储层，优先勘探与开发，以更快地获取页岩油资源，提高勘探效益。

吉木萨尔凹陷芦草沟组储层岩性主要为白云岩和粉砂岩，白云岩又可细分为砂质白云岩、砂屑白云岩和微晶白云岩等（图 4–8 和图 4–9）。芦草沟组上甜点段储层较为复杂，以砂屑白云岩、粉砂质白云岩 / 云质粉砂岩、微晶白云岩和云质泥岩等为主，并呈现薄层频繁互层的特征；下甜点段储层岩性相对较为简单，以粉砂质白云岩 / 云质粉砂岩和微晶白云岩为主，也呈现频繁薄层叠置互层的特征。

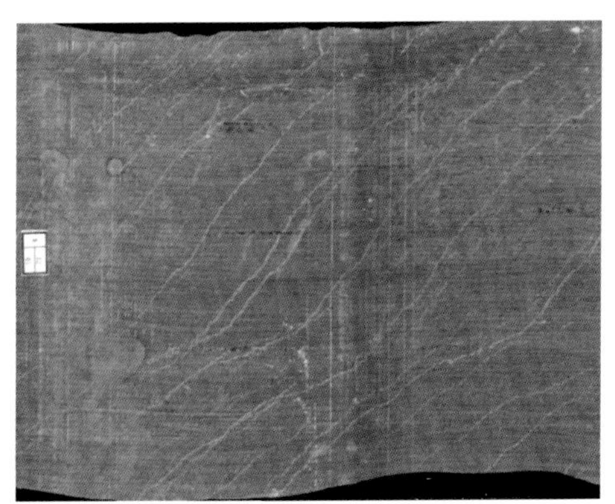

a. 白云质粉砂岩岩心照片，吉174井，3146.6m

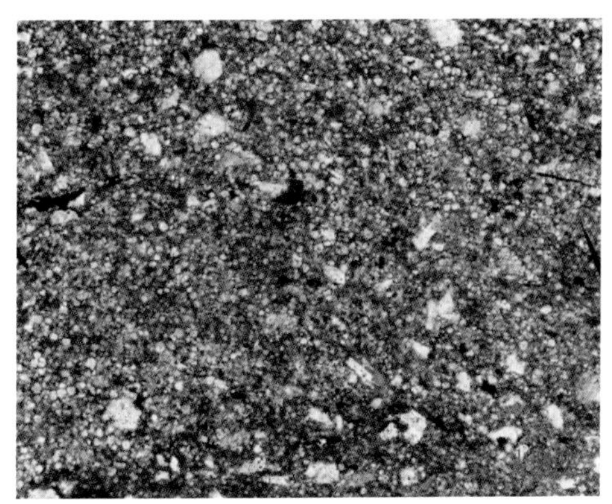

b. 砂质白云岩透射光照片，吉174井，3283.6m

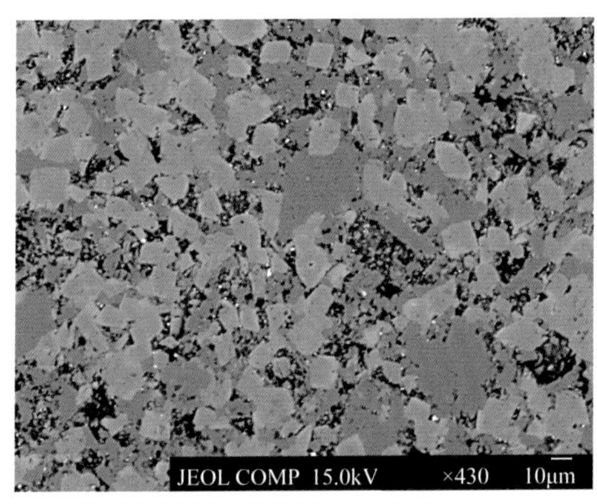

c. 白云质粉砂岩背散射照片，吉J174井，3274.0m

d. 砂质白云岩透射光照片，吉174井，3275.2m

图 4–8　吉木萨尔凹陷二叠系芦草沟组砂质白云岩 / 白云质粉砂岩基本特征

吉木萨尔凹陷二叠系芦草沟组储层整体表现为低孔致密特征。不同层段储层物性具有明显的差异，储层非均质性非常强，甜点段储层孔隙度和渗透率也明显好于非甜点段（图 4–10）。实测覆压物性结果表明，孔隙度多在 6%～16% 之间，覆压渗透率多小于 0.1mD（图 4–11）。岩心物性越好的其含油产状越好，优质油层厚度越大，单井采油强度越高，说明物性能够反映油层的品质和供油能力（图 4–12）。

a. 粉砂岩岩心照片，吉174井，3144.5 m　　b. 粉砂岩透射光照片，吉174井，3267.2 m

c. 粉砂岩背散射照片，吉174井，3267.2m　　d. 粉砂岩背散射照片，吉174井，3307.2m

图 4–9　吉木萨尔凹陷二叠系芦草沟组粉砂岩基本特征

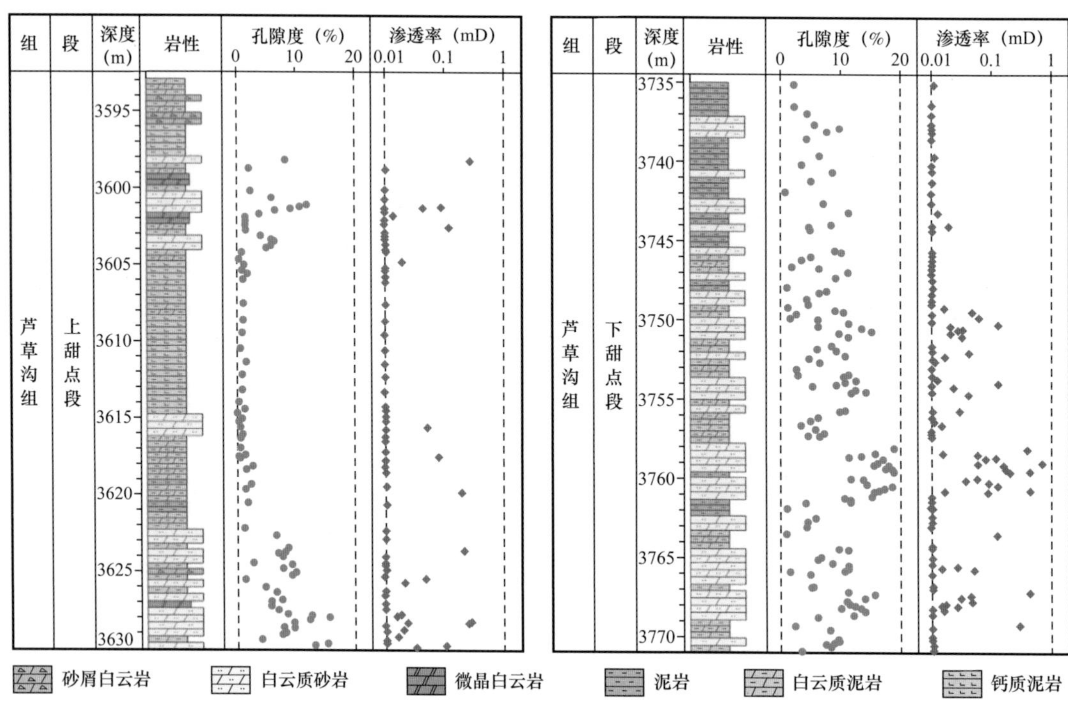

图 4–10　吉木萨尔凹陷吉 251 井芦草沟组上、下甜点段孔隙度和渗透率分布

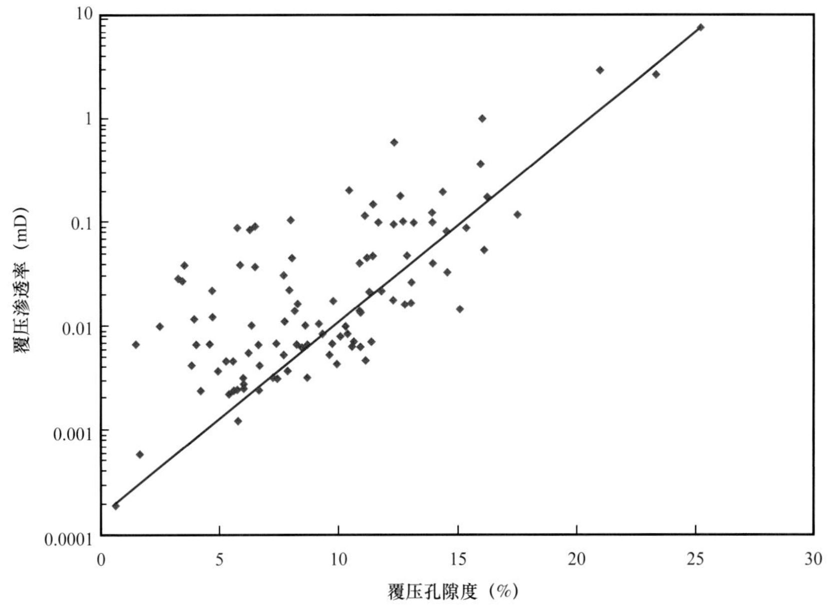

图 4-11　吉木萨尔凹陷芦草沟组覆压孔渗关系交会图

吉木萨尔凹陷芦草沟组页岩油“七性”关系研究表明：（1）岩性控制物性（云质粉细砂岩、砂屑白云岩、岩屑长石粉细砂岩物性好）；（2）物性控制含油性（物性越好含油级别越高）（图 4-13）；（3）岩性控制脆性（储层脆性好于围岩）；（4）岩性控制敏感性（碳酸盐含量越高，黏土含量就越低、敏感性越弱）；（5）岩性控制烃源岩特性（储层本身具有生油能力，源储一体）；（6）储层的破裂压力低于泥岩。

总体上，储层物性好时页岩油的含油性、可改造性也好，也就是在同一地区，甜点物性越好产量就会越高，且该区储层孔隙度与渗透率具有好的正相关性（图 4-13），因此将储层物性中的孔隙度作为储层评价、分类的敏感参数。

三、甜点段分类评价

依据储层物性分类标准，在甜点段孔隙度定量预测的基础上，附加各类甜点储层经济厚度下限值的约束，将甜点段进行有利区分类。甜点段分布区中Ⅰ类储层累计厚度大于4m 的为Ⅰ类有利区，Ⅱ类以上储层累计厚度大于 6m 的为Ⅱ类有利区，Ⅲ类以上储层累计厚度大于 12m 的为Ⅲ类有利区。

芦草沟组整体含油，在纵向有上、下两个甜点段，平均厚度分别为 38m 和 56m（图 4-14）。按照甜点段分类标准，将芦草沟组上、下甜点段进行综合划分评价（图 4-15、图 4-16）。上甜点段中Ⅰ类区面积为 113.2km^2，集中分布在甜点段发育区的东南部；Ⅱ类区面积为 186.9km^2，分布范围较广，在东部主要环绕Ⅰ类区外围发育，在西部西地断裂中段的下降盘区也有较大发育区；Ⅲ类区面积为 42.7km^2，分布范围较小，主要分布在东部和西部两块Ⅱ类区的中间部位。下甜点段中Ⅰ类区面积为 110.8km^2，分布范围较小，集中发育在凹陷中南部的吉 251—吉 32—吉 174 井区；Ⅱ类区面积为 369.3km²，分布范围较广，发育在凹陷的东南部，包围Ⅰ类区和较小范围的Ⅲ类区，占据下甜点段发育区的一半以上；Ⅲ类区面积为 193.6km²，主要由Ⅱ类区的西北边界向外扩展，局部小范围包围在东南部的Ⅱ类区内。

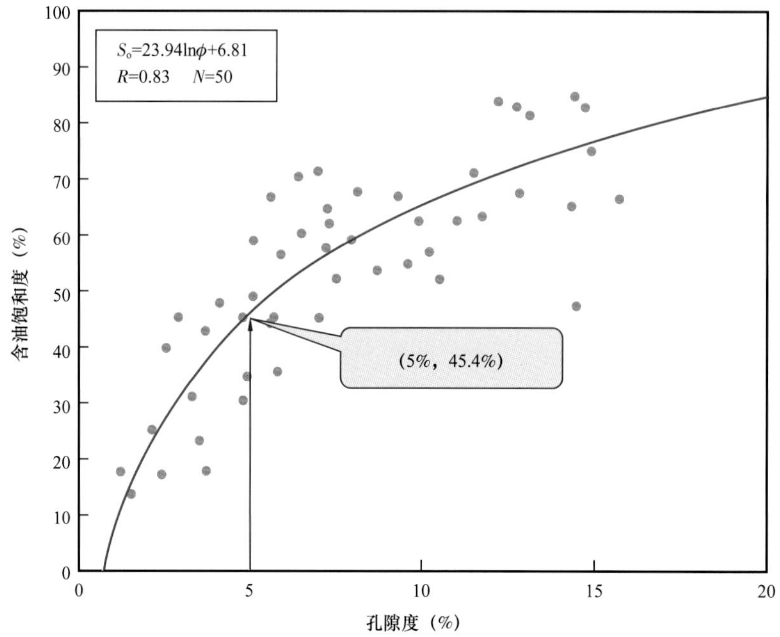

图 4-12 吉木萨尔凹陷芦草沟组页岩油含油饱和度与孔隙度关系

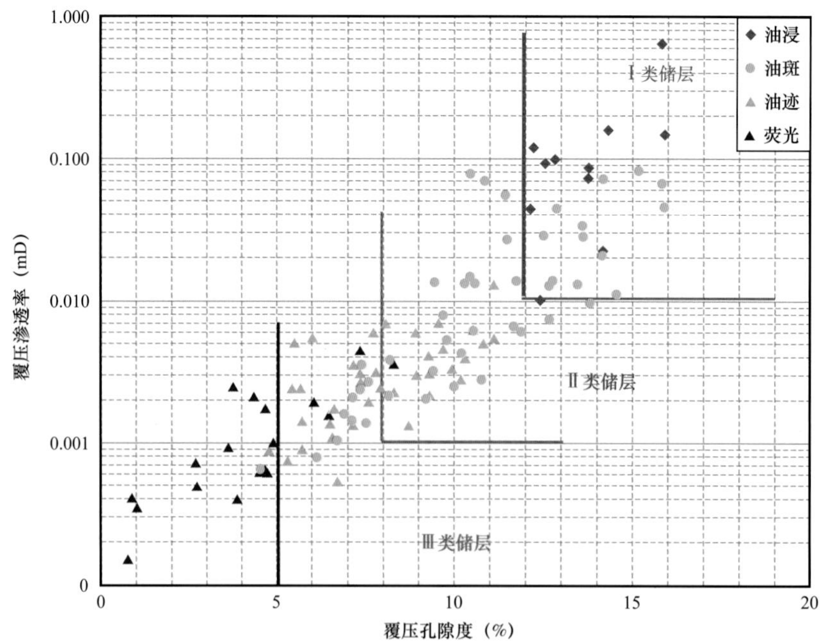

图 4-13 芦草沟组岩心描述含油级别与覆压孔渗关系图

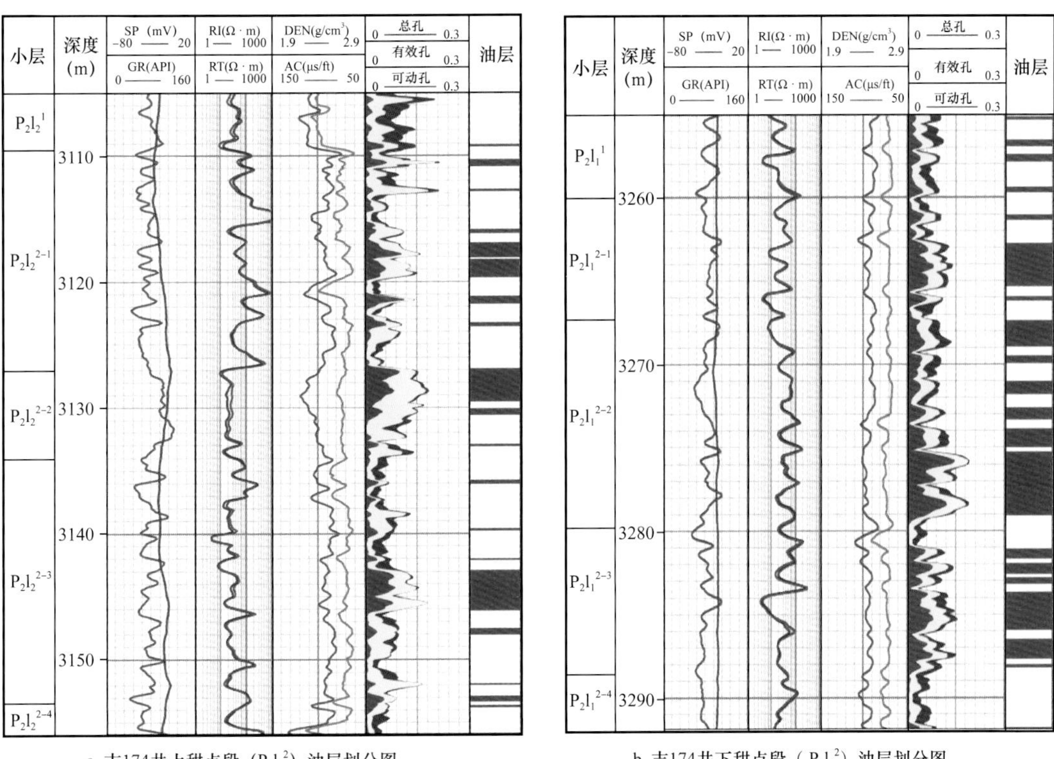

a. 吉174井上甜点段（$P_2l_2^2$）油层划分图

b. 吉174井下甜点段（$P_2l_1^2$）油层划分图

图 4–14 吉木萨尔凹陷芦草沟组页岩油上、下甜点段综合柱状图

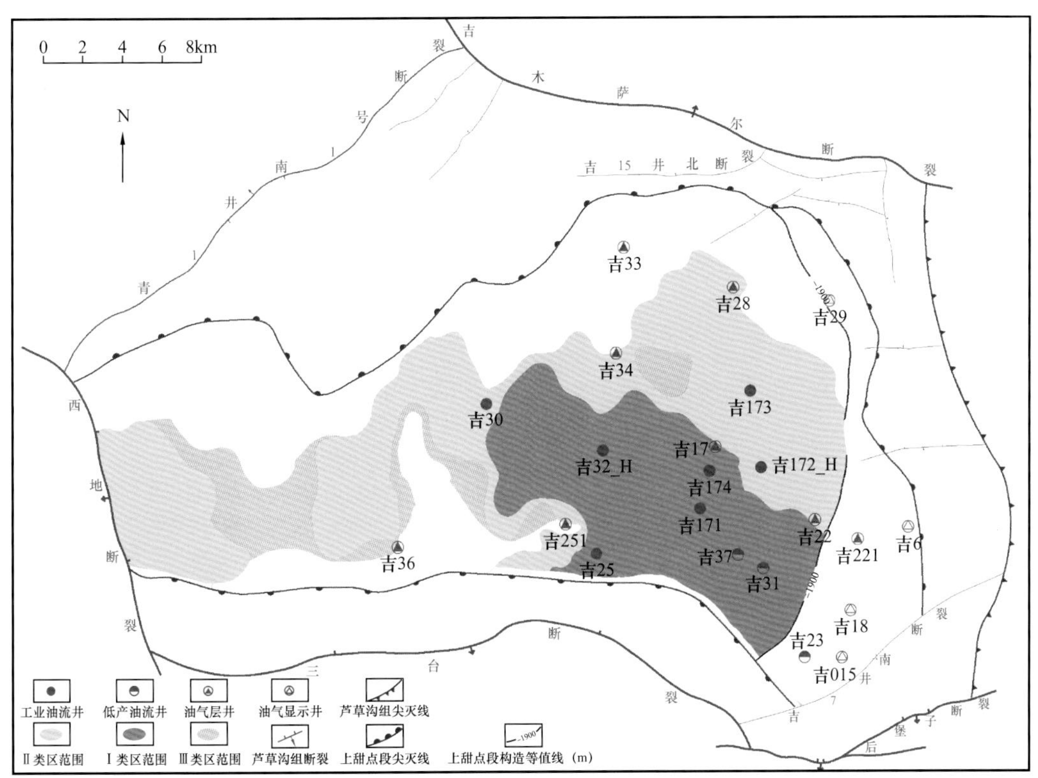

图 4–15 吉木萨尔凹陷芦草沟组上甜点段分类评价图

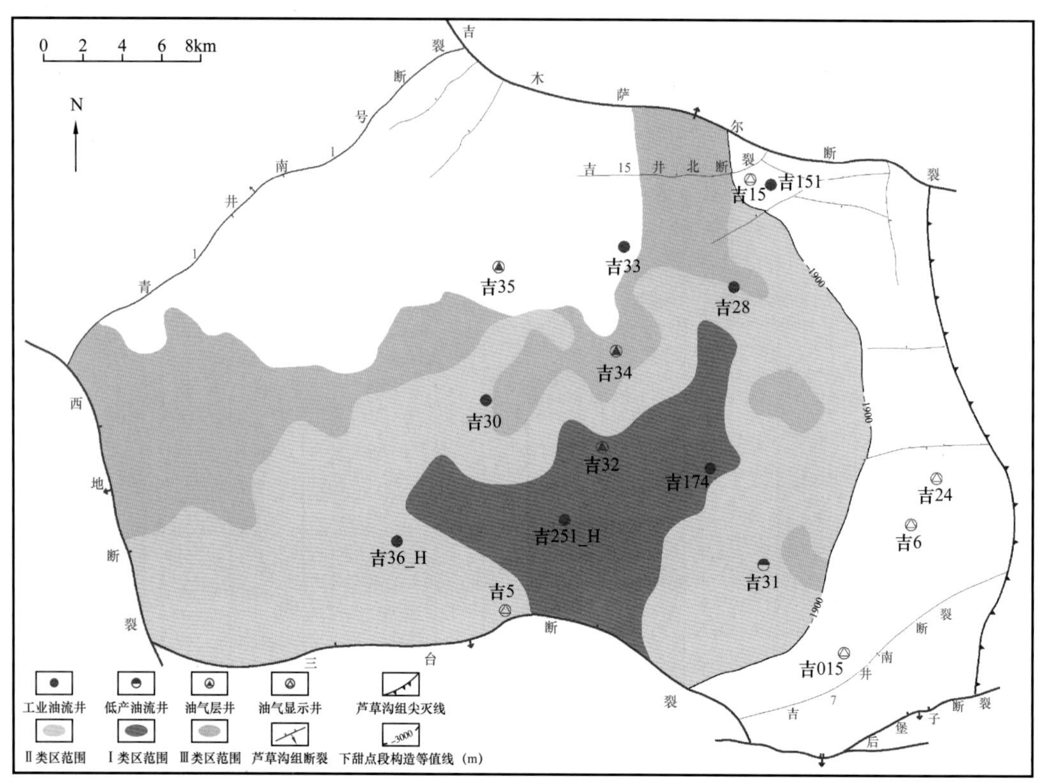

图 4-16　吉木萨尔凹陷芦草沟组下甜点段分类评价图

四、资源潜力及分级评价

主要采用容积法和小面元容积法两种方法对资源潜力进行分级计算和累加，在此基础上可明确各类有利区的资源分布，指导勘探开发实施。

1. 容积法计算资源量

吉木萨尔凹陷二叠系芦草沟组已经钻探的预探井有 27 口，针对页岩油钻探的预探井有 13 口，井数较多，基本能满足使用容积法计算资源量的参数取值要求，因此本次资源量计算采用容积法。用容积法计算资源量的计算公式为

$$N_Z=100\times A_o\times H\times \phi\times S_o\times \rho_o/B_{oi}$$

式中，N_Z 为石油资源量，10^4t；A_o 为有利区面积，km^2；H 为有效厚度，m；ϕ 为有效孔隙度，小数；S_o 为含油饱和度，小数；ρ_o 为地面原油密度，g/cm^3；B_{oi} 为体积系数。

容积法计算获得吉木萨尔凹陷二叠系芦草沟组上、下甜点段资源量及不同甜点储层类型资源量（表 4-1）。最终计算上、下甜点段地质资源量分别为 4.46×10^8t、6.66×10^8t，合计地质资源量为 11.12×10^8t。

表 4-1 芦草沟组页岩油分类资源量计算参数表（容积法）

甜点段	有利区类别	储层类别	面积（km^2）	有效厚度（m）	有效孔隙度	含油饱和度	原油密度（g/cm^3）	体积系数	资源量（10^4t）
上	Ⅰ类	Ⅰ类	113.2	7.5	0.14	0.85	0.888	1.06	8463.73
上	Ⅰ类	Ⅰ类以下	113.2	17.9	0.08	0.69	0.888	1.06	9370.13
上	Ⅰ类	小计							17833.9
上	Ⅱ类	Ⅱ类及以上	186.9	13.9	0.11	0.77	0.888	1.06	18433.79
上	Ⅱ类	Ⅲ类	186.9	8.9	0.06	0.6	0.888	1.06	5016.59
上	Ⅱ类	小计							23450.4
上	Ⅲ类	Ⅲ类及以上	42.7	13	0.11	0.65	0.888	1.06	3324.9
上	合计								44609.2
下	Ⅰ类	Ⅰ类	110.8	5.6	0.14	0.85	0.9	1.06	6269.19
下	Ⅰ类	Ⅰ类以下	110.8	16.8	0.08	0.7	0.9	1.06	8850.62
下	Ⅰ类	小计							15119.8
下	Ⅱ类	Ⅱ类及以上	369.3	9.8	0.10	0.78	0.9	1.06	23968.27
下	Ⅱ类	Ⅲ类	369.3	10.1	0.06	0.6	0.9	1.06	11400.92
下	Ⅱ类	小计							35369.2
下	Ⅲ类	Ⅲ类以上	193.6	15.1	0.10	0.65	0.9	1.06	16133.6
下	合计								66622.6

2. 小面元容积法计算资源量

小面元容积法计算资源量的原理是将评价区划分为若干网格单元（或称面元），考虑每个网格单元致密储层有效厚度、有效孔隙度等参数的变化，然后逐一计算出每个网格单元资源量。小面元页岩油地质资源量的计算采用以下公式：

$$Q=100\times A\times H\times\phi\times(1-S_w)\times\rho_o/B_o$$

式中，Q 为小面元页岩油地质资源量，10^4t；A 为小面元面积，km^2；H 为小面元储层厚度，m；ϕ 为小面元有效孔隙度，小数；S_w 为小面元含水饱和度，小数；ρ_o 为地面原油密度，t/m^3；B_o 为原始原油体积系数。

小面元容积法通过模拟获得吉木萨尔凹陷二叠系芦草沟组上、下甜点段资源量（表 4-2）。预测上、下甜点段资源丰度结果见图 4-17 和图 4-18。最终模拟得到上、下甜点段地质资源量分别为 4.76×10^8t、7.43×10^8t，合计地质资源量为 12.19×10^8t。

表 4-2　芦草沟组页岩油分类资源量及各评价参数平均值（小面元容积法）

甜点段	有利区类别	面积（km^2）	有效厚度（m）	有效孔隙度	含油饱和度	原油密度（g/cm^3）	体积系数	资源量（10^4t）
上	Ⅰ类	113.2	22.5	0.13	0.85	0.88	1.060	23365
	Ⅱ类	186.9	19.5	0.09	0.79	0.88	1.060	21512
上	Ⅲ类	42.7	16	0.07	0.68	0.88	1.060	2700
	合计							47577
下	Ⅰ类	110.8	23	0.115	0.8	0.90	1.060	19906
	Ⅱ类	369.3	20.5	0.09	0.75	0.90	1.060	43388
	Ⅲ类	193.6	14.1	0.07	0.68	0.90	1.060	11032
	合计							74326

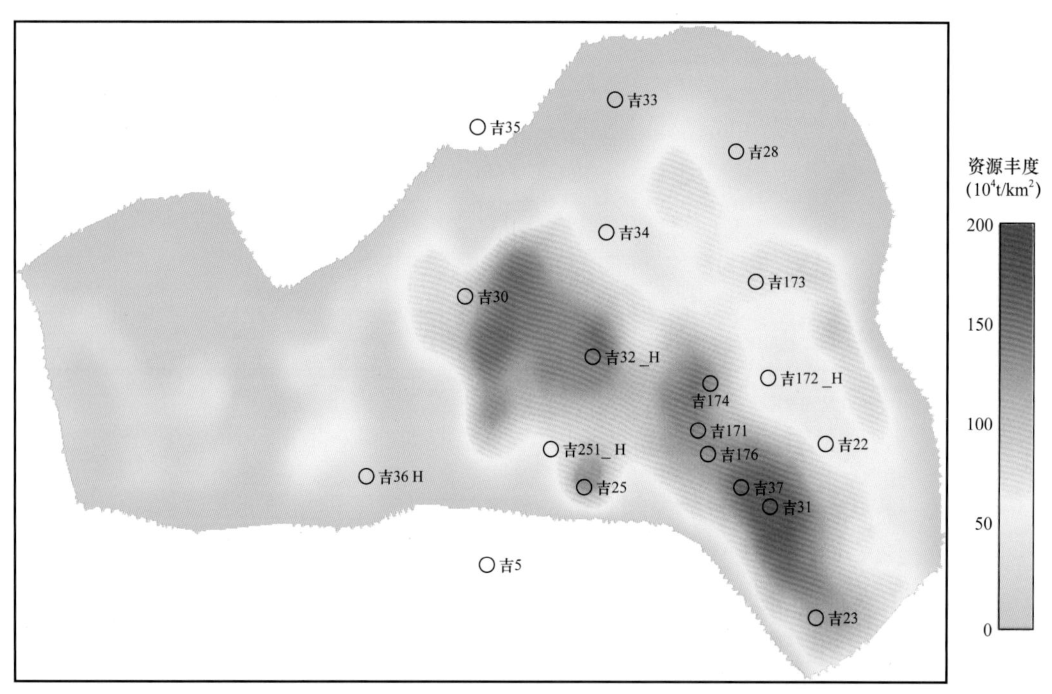

图 4-17　二叠系芦草沟组上甜点段资源丰度图（小面元容积法预测）

综合以上两种方法计算的资源量，取其平均值作为最终资源量。最终综合评价得到上甜点段地质资源量为 4.7094×10^8t，下甜点段地质资源量为 7.0475×10^8t，合计地质资源量为 11.76×10^8t（表 4-3）。

表 4-3 芦草沟组页岩油分类资源量表

甜点段	有利区类别	计算方法	计算结果（10^4t）	综合结果（10^4t）
上	Ⅰ类	小面元容积法	23365	20600
		容积法	17834	
	Ⅱ类	小面元容积法	21512	23481
		容积法	23450	
上	Ⅲ类	小面元容积法	2700	3013
		容积法	3325	
	合计			47094
下	Ⅰ类	小面元容积法	19906	17513
		容积法	15120	
	Ⅱ类	小面元容积法	43388	39379
		容积法	35369	
	Ⅲ类	小面元容积法	11032	13583
		容积法	16134	
	合计			70475

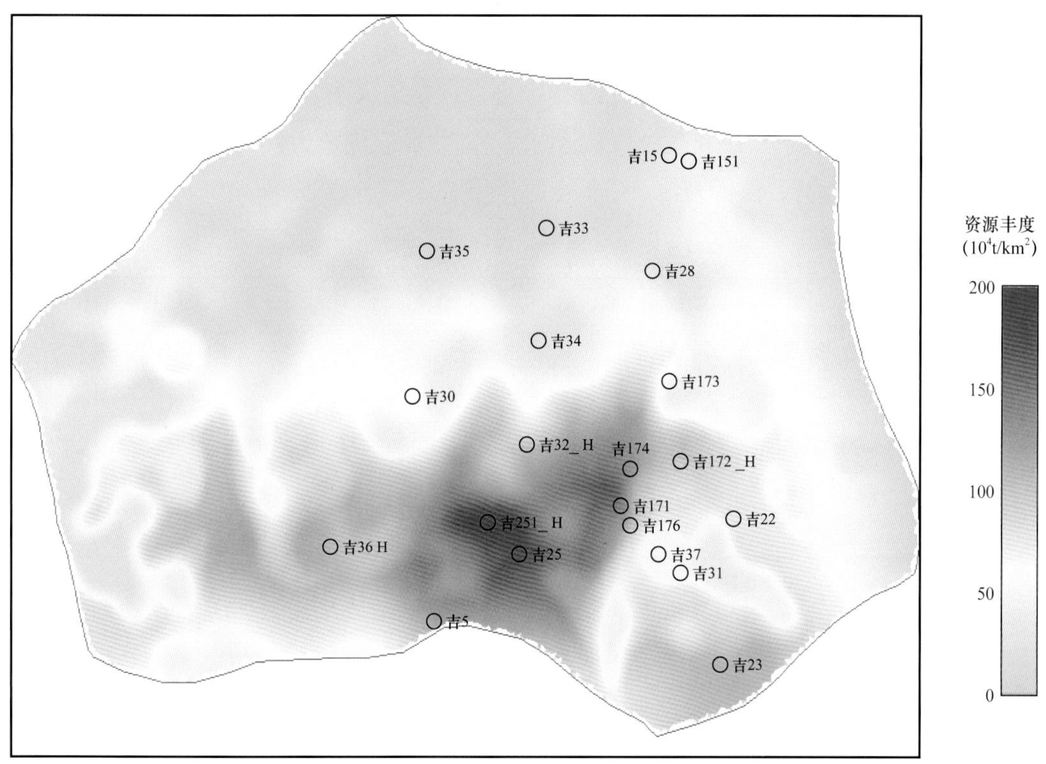

图 4-18 二叠系芦草沟组下甜点段资源丰度图（小面元容积法预测）

第三节　甜点区（段）评价标准、识别与预测

芦草沟组储层岩性类型多样，且多为过渡性岩类，纵向上岩性多变，且多呈厘米级薄层状互层，总体上具有较低的孔隙度和渗透率，但发育储层物性相对较好的井段，含油性也好，为甜点储层。将芦草沟组含油性、物性相对较好的储层作为甜点，甜点相对集中发育的层段作为甜点段，利用核磁共振测井资料能够较好地解决芦草沟组甜点段识别的难题。

一、甜点段的识别与对比

在驱油实验中 20 MPa 覆压条件下，孔隙度为 5% 且渗透率较好的储层中原油仍可流动。此外，半渗透隔板气驱方法实验结果表明，在平均孔喉半径大于 0.25μm 时，原油在孔隙度为 5% 左右的储层中仍然可以流动。因此，将有效孔隙度 5% 作为芦草沟组甜点划分的物性下限。

吉 174 井是吉木萨尔凹陷芦草沟组连续取心探井，甜点储层岩性和物性在纵向上变化快，以甜点为单元的划分难以在地震上开展横向对比，因此，将较集中的若干甜点储层段归为一个甜点段。芦草沟组可划分出两个甜点段，即上甜点段和下甜点段（图 4–19）。上甜点段为 3114～3155m 井段，厚度为 41m；下甜点段为 3261～3300m 井段，厚度为 39m（表 4–4）。其余井参照吉 174 井进行划分。总体上甜点段岩性以云质粉细砂岩、砂屑白云岩、岩屑长石粉细砂岩为主。上甜点段 $P_2l_2^{2-1}$ 油层优势岩性为砂屑白云岩（具低自然伽马值、中等电阻率值特点），$P_2l_2^{2-2}$ 油层优势岩性为岩屑长石粉细砂岩（中低电阻率值，由于存在钠长石，具有高自然伽马值特征），$P_2l_2^{2-3}$ 油层优势岩性为云屑砂岩（具中低自然伽马值、中低电阻率值特点）（图 4–19）。下甜点段 $P_2l_1^{2-1}$ 油层优势岩性为含云质细粒粉砂岩、粉砂质白云岩，具有高自然伽马值、中低电阻率值特点。

表 4–4　吉 174 井上、下甜点段储层特征表

甜点段	厚度（m）	岩性	电性特征	核磁共振特征
上	41	砂屑白云岩、含泥粉砂岩、云屑砂岩	中—高自然伽马值、中—高电阻率值，曲线呈锯齿状	核磁共振孔隙度大于 5%，核磁共振渗透率大于 0.1mD，饱和度较高
下	39	云质粉砂岩	中自然伽马值、中—高电阻率值，曲线呈锯齿状	核磁共振孔隙度大于 5%，核磁共振渗透率大于 0.1mD，饱和度较高

吉木萨尔凹陷芦草沟组岩性复杂多样，按照大类可分为白云岩、砂岩和泥岩三大类。波阻抗与电阻率交会图表明，上述不同岩性之间波阻抗特征差异性较为显著，泥岩波阻抗主要介于 5000～9000（m/s）·（g/cm^3）之间，砂岩波阻抗主要介于 8500～11000（m/s）·（g/cm^3）之间，白云岩波阻抗主要介于 11000～13500（m/s）·（g/cm^3）之间（图 4–20），表明波阻抗是芦草沟组不同岩性的重要表征参数，同时也说明利用波阻抗参数能够有效地开展岩性预测。

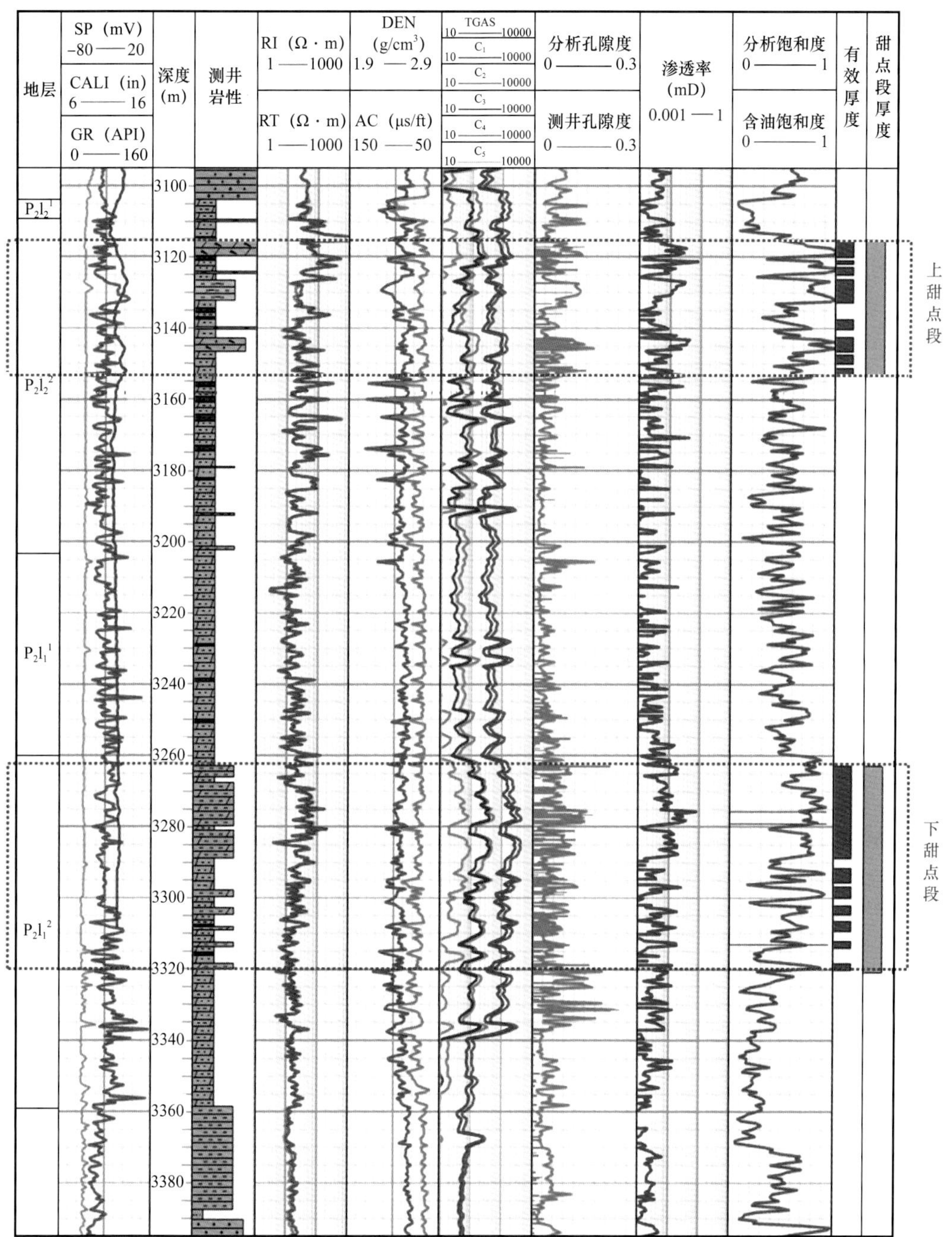

图 4–19　吉木萨尔凹陷吉 174 井芦草沟组测井解释综合图

针对波阻抗随储层物性变化的特性，分别建立了芦草沟组上、下甜点段的理论地质模型。综合分析表明，上甜点段与上覆和下伏地层波阻抗差异较为显著，表现为低频强反射特征，地震反射波形相对稳定；下甜点段与上覆和下伏地层波阻抗差异较小，表现为低频弱反射特征，由于纵向岩性组合的多变性，进而导致其地震波形的不稳定。甜点段有效厚度大、物性好，甜点集中发育时，地震振幅强；反之，地震振幅变弱，即甜点段储层品质较好时，对应地震振幅较强，这为甜点段储层参数的预测提供了重要依据。

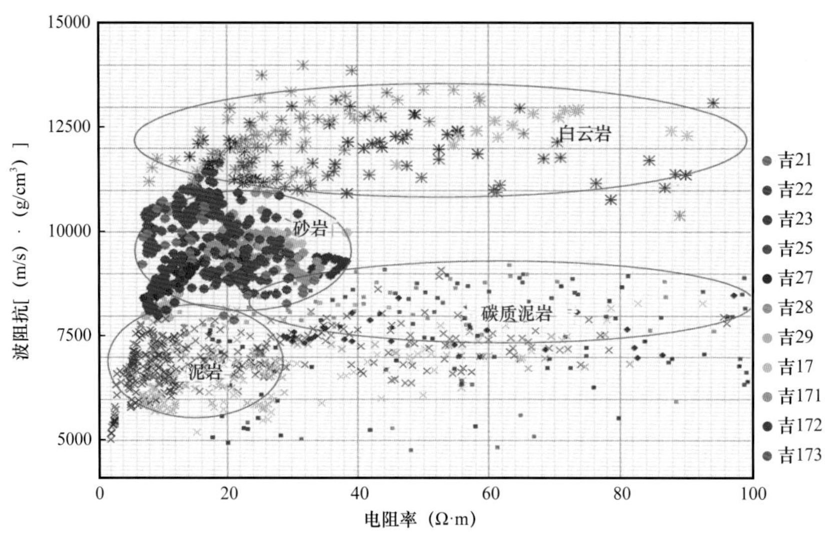

图 4-20　吉木萨尔凹陷芦草沟组波阻抗与电阻率交会图

利用正演技术及多井对比，分析不同储层对应的地震响应特征，进而明确薄层好物性储层对地震反射信号的贡献，以此优选出最能表征储层物性的地震属性，通过回归分析，建立敏感地震属性与孔隙度的非线性关系，并将其应用于整个研究区，从而实现孔隙度定量预测。通过研究分析发现，上甜点段均方根振幅属性与甜点段优势孔隙度（累计厚度大于 4m 的最大孔隙度）有较好的相关性（图 4-21a），下甜点段弧长属性与甜点段优势孔隙度也有较好的相关性（图 4-21b），说明地震属性能够较好地反映优势储层的孔隙度变化特征。因此利用叠后地震属性非线性回归技术开展研究区甜点段孔隙度的定量预测。

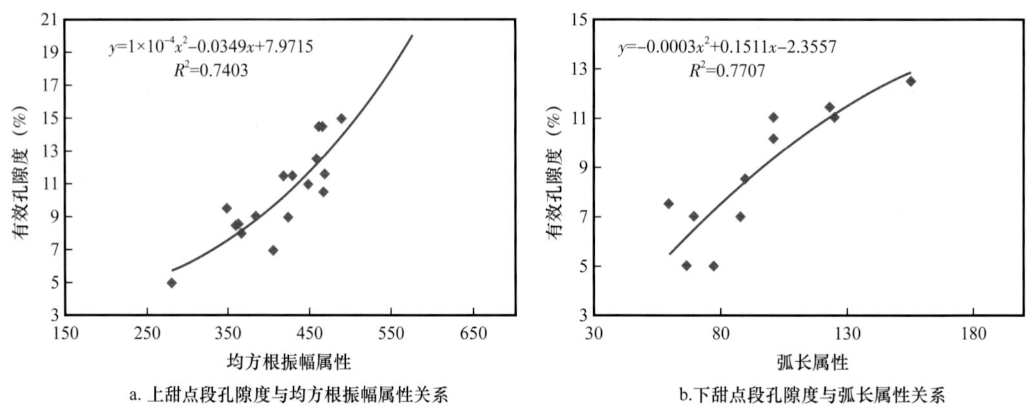

图 4-21　上、下甜点段优选地震属性与孔隙度关系图

井、震精细标定及正演模拟显示，上、下两套甜点段的地震振幅差异较大，上甜点段主要表现为低频强振幅反射特征，地震反射波形比较稳定，均为一峰一谷反射，横向连续性好，井间反射特征一致；下甜点段表现为低频弱反射特征，波形横向变化较快，井间反射特征有差异。分析表明，芦草沟组上、下甜点段在厚度、分布等方面也存在差异。上甜点段整体厚度略小，甜点数量相对较少，甜点与泥岩夹层叠置频率较低，纵向分布相对集中，横向变化较小；下甜点段整体厚度相对较大，纵向跨度较大，甜点数量相对较多，单

层厚度薄，甜点与泥岩叠置互层频率较高，并且随夹层厚度的不同，呈现出更多的纵向分布特征，甜点集中发育程度变化相对较大。

二、甜点段储层厚度预测

根据核磁共振测井计算单井储层厚度进行甜点段、甜点储层的解释、厚度统计和分类，井震结合精细解释甜点段，开展芦草沟组甜点段的纵向识别、横向对比与预测，用实钻井厚度结合甜点段的定量预测编制上、下甜点段的厚度图、有效厚度图以及有效厚度比例图（有效厚度比例为甜点有效厚度与甜点段厚度的比，可有效表征甜点的集中发育程度）。结果显示，上甜点段主要分布在凹陷的中部，面积为 640km^2（厚度大于 5m 的范围为 593km^2），在吉 30—吉 32—吉 174—吉 31 井区厚度较大，有效厚度展布特征与厚度图一致，在吉 32—吉 174—吉 37 井区甜点的集中发育程度较高；下甜点段分布范围广，全凹陷都有分布，面积达 1096km^2（厚度大于 5m 的范围为 1086km^2），凹陷南部厚度相对较大，吉 36—吉 251—吉 174 井区为较大有效厚度分布区，其中吉 251—吉 174 井区甜点的发育更为集中。

根据甜点纵向上的集中发育程度可将吉木萨尔凹陷页岩油甜点结构分成三类（图 4–22）。单甜点段区是纵向上只有一个甜点集中发育的甜点段，主要为上甜点段以外的地区，区内只发育下甜点段，主要分布在凹陷北部及东部边缘；双甜点段区是纵向上有两段甜点集中发育的甜点段，主要范围为上甜点段发育的地区，区内也都发育有下甜点段，主要分布在凹陷内吉 36—吉 251—吉 174—吉 31 井区；多甜点区是纵向上有多个甜点较均匀分布，没有明显集中发育甜点的甜点段，如吉 30 井芦草沟组甜点纵向分布跨度达 166m，对应上、下甜点段也有甜点发育，但没有明显甜点集中发育段，该类甜点结构区主要分布在凹陷中部吉 30—吉 32—吉 33 井区。在该类地区可进行直井多段分层压裂采油。吉 30 井位于多甜点区，该井采用直井分段分层体积压裂模式，获得长期稳定的产量。

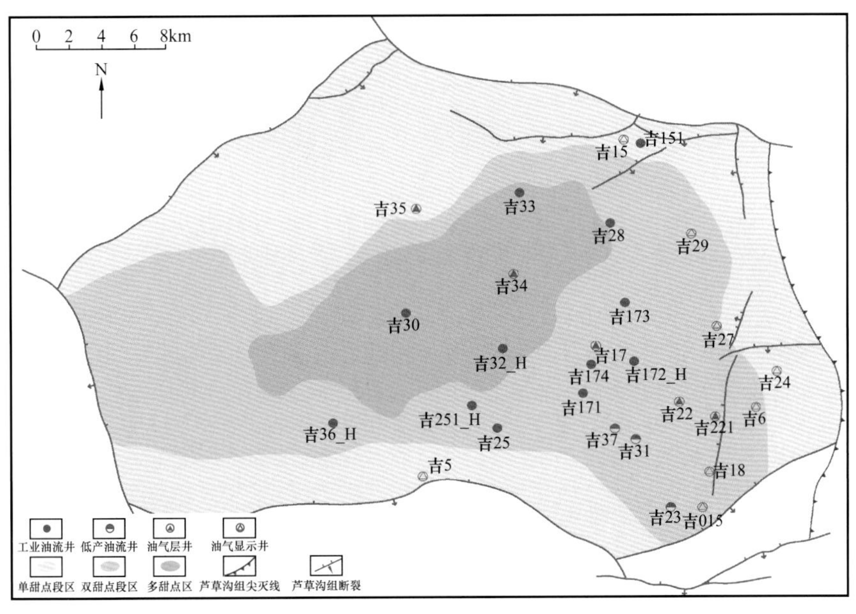

图 4–22　吉木萨尔凹陷页岩油甜点结构分区图

第四节　勘探开发工程关键技术进展及应用

“十三五”期间，针对页岩油的实验、物探、钻井、改造等配套关键技术取得了一系列重要进展，有力保障了页岩油勘探开发的研究工作。

一、实验分析技术

针对岩石物性、烃源岩特性、沉积储层及采油工艺等专业领域的实验分析需求，为了更全面、更准确地认识页岩油储层特征，形成了多项多参数联测分析流程和多参数配套联测页岩油实验技术，最多时可实现 1 块样品 12 个参数的配套联测实验。其他方面的主要进展还有改进了页岩岩心洗油方法，洗油周期缩短为 25～30d，且洗油彻底，效果较好；采用核磁共振法与氦孔隙度法结合的新方法测量页岩岩心孔隙度，测量结果稳定性好、准确性高；使用较高压力梯度下的稳态回归法测定超低渗页岩岩心渗透率，效果较好；压汞毛细管压力测试中将进汞压力提高至 160MPa，提高了进汞饱和度，可以很好地体现细微孔喉类型；采用渗吸法评价页岩油储层润湿特性，改进染色方法，研发出页岩油储层中碳酸盐类矿物染色技术的专利技术，成功解决了含油致密储层岩石样品中碳酸盐类矿物成分鉴别时不易染色以及芦草沟组页岩油储层准确确定岩性的问题；改进压铸工艺，大幅度提高了页岩岩心的压铸质量，使用了场发射电子显微镜观察纳米级孔喉特征及孔隙中残余油膜特征，有效刻画和识别了页岩孔隙形态和孔隙类型等物性特征。

二、页岩油储层“七性”关系研究

相对于常规油气评价聚焦的“四性”关系，页岩油气评价内容的广度和深度要大得多，承担的任务也有很大的不同，采用的技术思路与方法技术也大不相同。因此页岩油气测井评价具有自身固有的特色，具体显现在承担的任务、解决的核心问题、采用的评价思路三个方面。

页岩油评价的核心问题主要有三个方面：一是烃源岩评价，突出烃源岩生烃与排烃能力的计算；二是储层评价；三是工程品质研究，重点确定地应力方位以及各向异性评价、优选有利压裂层段。通过这三个方面的定量计算以及配置关系研究，评价出页岩油气的纵向、横向分布，预测出甜点发育区，支撑页岩油气有效高效勘探开发。为了解决上述问题，必须精耕细作，页岩油气评价应采用“非常规油气、非常规思路”，具体的体现就是“七性”关系研究，“七性”关系研究即岩性、物性、含油性、烃源岩特性、脆性、电性和地应力各向异性研究。

通过前述研究，分别得到了岩性、物性、含油性、电性、烃源岩特性、脆性和地应力各向异性的测井评价模型，综合起来即可得到研究区的“七性”关系成果图（图 4–23）。

整个研究区“七性”关系较为清晰，岩电关系清楚。岩性控制物性，云质粉细砂岩、砂屑白云岩、岩屑长石粉细砂岩物性较好；物性控制含油性，物性较好井段，含油级别高；岩性控制脆性，储层与脆性匹配关系好，除长石岩屑粉细砂岩外，储层的脆性好于围岩；岩性控制烃源岩特性，储层与烃源岩的匹配关系好，除储层本身具有一定的生油能力外，储层被生油能力较强的烃源岩包裹，源储一体；储层的水敏性不强，存在一定的压力敏感性，碳酸盐含量低敏感性强。

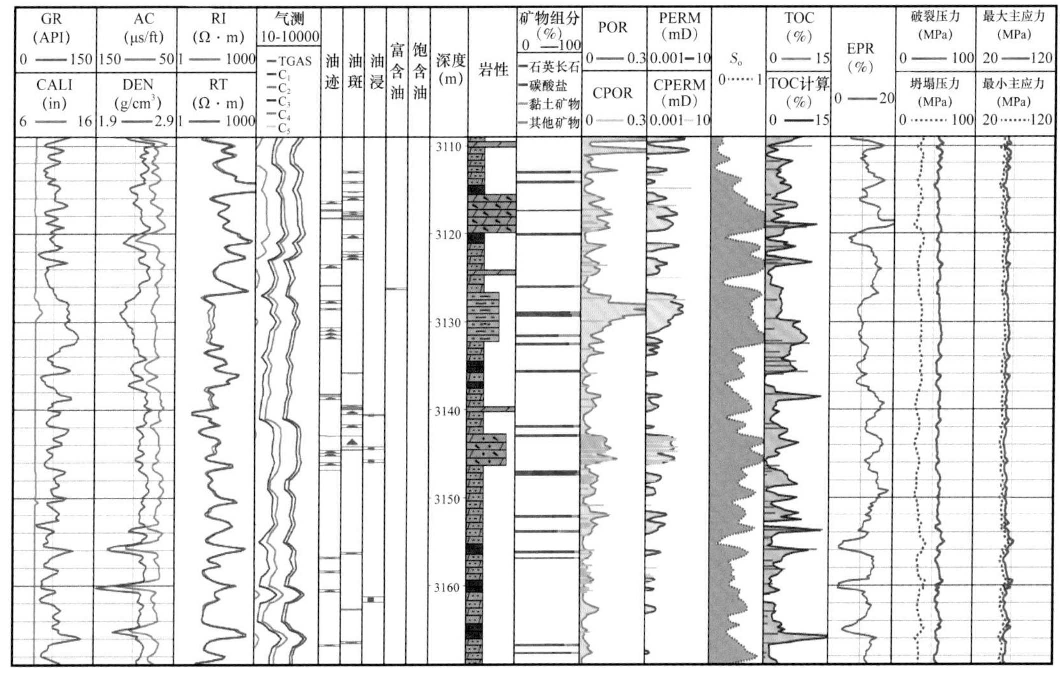

图 4–23　吉 174 井上甜点段“七性”关系分析图

三、地震资料处理与解释技术

高品质的地震资料是准确预测页岩油甜点的前提和保障。针对页岩油储层具有岩性复杂多变、单层厚度薄、目的层埋深较大等特点，创新研究了一套地震资料振幅相对保持处理及质控技术。重点采用约束层析反演静校正、高保真叠前去噪、串联反褶积适度提高分辨率、近地表 Q 补偿、高精度速度分析与切除、高精度叠加等关键处理技术，获得了振幅相对保持、分辨率相对较高的地震资料。

在此基础上，形成了适用于吉木萨尔凹陷页岩油的地震处理与解释技术，包括基于叠后特征曲线反演的烃源岩 TOC 预测技术和基于叠后多属性综合分析的孔隙度预测技术、叠前—叠后联合裂缝预测技术和基于叠前同步反演的工程参数预测技术等，有力支撑了页岩油的有效勘探开发。

四、页岩油工程技术

主要包括水平井优化钻井和快钻工艺技术、压裂工艺及配套技术等。据页岩油成藏规律，在明确甜点段展布及岩石力学特征的前提下，在钻井方案中首次引入储层改造最优化思路，创新水平井理念，据水平井压裂裂缝延展及铺砂最佳方式，优化水平井井眼轨迹设计，通过长水平段 + 多级压裂实现体积改造，获芦草沟组页岩油中高产及稳产。另外应用先进集成技术，最终形成一套针对页岩油油藏水平井优快钻井配套工艺技术。主要技术成果包括优化设计井眼轨迹和水平井轨迹控制，确保了甜点段钻遇率 100%，油层钻遇率 90% 以上；应用 PDC 钻井技术、特殊提速工具技术、安全快速的钻井液工艺技术等先进集成技术，定向工具常规化，实现水平井技术国产化，大大节约了钻井费用（表 4–5）。

表 4–5　水平井油层钻遇情况统计表

井号	水平段长度（m）	甜点段钻遇率（%）	油层钻遇率（%）
吉 172_H	1233	100	93
吉 251_H	1023	100	91.30
吉 32_H	1228	100	91

提出并初步形成了非常规体积压裂，预期形成高导流主力长缝 + 近井地带复杂缝的新理念，建立根据压裂方案确定水平井井眼轨迹的理念，形成了以混合压裂液体系、射孔桥塞联作分层压裂、分簇射孔技术及套管注入工艺技术等为主体的页岩油储层改造技术体系，形成了适用于吉木萨尔凹陷页岩油储层的体积压裂工艺技术，通过电法、微地震、实时监测等监测压裂裂缝形态，初步形成了页岩油储层压裂工艺评价方法。压裂增产效果较好，大幅提高了原油产量，并且能够稳产较长的时间。2012 年以来，全区共计完钻水平井 101 口，新建产能 80.46×10^4t/a，已投产水平井 90 口，其中 2017 年以来投产 59 口井，目前开井 90 口，日产油 1235t，累计产油 74.58×10^4t，吉木萨尔凹陷页岩油已初步展现 10×10^8t 级勘探场面。

第五节　吉木萨尔凹陷试验区开发效果分析与经验总结

一、页岩油开发效果

2011 年，吉 25 井核磁共振测井显示芦草沟组黑色页岩层内存在高孔发育段，并且气测异常，直井分层压裂后获得了 18m^3/d 的工业油流，从而发现了芦草沟组页岩油。

2012—2014 年进一步开展了水平井裸眼滑套压裂提产技术攻关，上甜点段投产水平井 14 口，甜点钻遇率 60.3%～90.7%，改造段长 1208～1806m，主体长 1300m，段间距大于 70m，加砂强度为 0.5～1.5 m^3/m，普遍小于 1.0m^3/m，初期日产油 5.2～69.5t，较直井提产效果显著，基本确立了水平井压裂开发的技术方向，但 70% 以上的井产量不及预期，初期日产油一般小于 30t（表 4–6），分析认为主要是由于优质甜点钻遇率和加砂强度低、段间距大。

2015 年加大了甜点分布描述。2016 年，在上甜点段Ⅰ类区部署实施 JHW023、JHW025 两口水平井，目标层为上甜点段中间的岩屑长石粉细砂岩，完钻水平段长度分别为 1246m、1248m，通过加强轨迹控制，Ⅰ类油层钻遇率在 92% 以上；2017 年，采用水平井 + 细分切割体积压裂工艺，单井 27 段 79 簇，平均缝间距为 15.2m，单井总液量分别为 37407.9m³、38097.4m³，砂量分别为 2480m³、2475m³，加砂强度达到 2.06m³/m，最高日产油量分别达 88.3t、108.5t，不到一年时间累计产油已突破万吨，目前累计产量均超过 2×10^4t，平均日产油分别为 32.1t、22.8t（表 4–7），水平井生产效果与玛湖凹陷三叠系百口泉组砾岩油藏水平井相当（图 4–24、图 4–25）。

表 4–6　页岩油 2012—2014 年水平井参数与产量统计表

时间	井号	层位	水平段长度（m）	油层钻遇率（%）	Ⅰ类钻遇率（%）	压裂级数	段间距（m）	加液量（m³/m）	加砂量（m³/m）	初期日产油（t）
2012 年	吉 172_H	$P_2l_2^{2-2}$	1172	92.7	71.9	15	82.20	13.00	1.46	69.5
	吉 32_H	$P_2l_2^{2-3}$	1233	58.6	0.0	16	77.00	8.41	0.59	25.3
	吉 251_H	$P_2l_1^{2-2}$	1024	57.2	5.8	9	68.33	16.42	1.82	42.7
2013—2014 年	吉 36_H	$P_2l_1^{2-2}$	1305	56.1	1.4	20	60.05	15.66	1.17	25.3
	JHW001	$P_2l_2^{2-2}$	1304	67.4	44.4	19	89.53	14.76	1.09	25.4
	JHW003	$P_2l_2^{2-2}$	1292	75.0	34.8	15	89.07	9.08	0.66	19.6
	JHW005	$P_2l_2^{2-2}$	1302	77.4	17.0	18	71.72	9.51	0.68	25.9
	JHW007	$P_2l_2^{2-2}$	1301	—	—	16	82.50	7.81	0.58	5.2
	JHW015	$P_2l_2^{2-1}$	1302	60.3	7.7	18	72.50	12.95	1.00	17.9
	JHW016	$P_2l_2^{2-3}$	1312	81.0	6.1	11	119.00	10.71	0.81	8.1
	JHW017	$P_2l_2^{2-2}$	1751	76.6	24.6	24	75.04	14.11	0.76	31.9
	JHW018	$P_2l_2^{2-2}$	1805	92.5	38.3	23	78.52	13.48	0.94	36.2
	JHW019	$P_2l_2^{2-2}$	1228	61.8	15.3	13	98.08	14.53	0.91	15.1
	JHW020	$P_2l_2^{2-2}$	1305	86.2	9.1	17	76.76	18.39	0.99	19.0

表 4–7　JHW023、JHW025 井实钻压裂参数及生产效果统计表

井名	水平段长度（m）	Ⅰ类长度（m）	段 / 簇	缝间距（m）	液量（m³）	加砂（m³）	加砂强度（m³/m）	初期日产（t）	生产天数（d）	累计产油（t）	目前日产（t）	平均日产（t）
JHW023	1246	1196	27/79	15.2	37407.9	2480	2.10	88.3	899	28504	25.1	32.1
JHW025	1248	1149	27/79	15.2	38097.4	2475	2.06	108.5	907	20708	26.8	22.8

2018 年，在上甜点段东南部预测年产油大于 7000t 的区域压裂投产 12 口井，其中 200m 井距试验井 6 口（表 4–8），高产期月平均日产油 29～94t，1 年期累计产油在 5000～14000t 之间，200m 井距生产效果良好、无明显干扰；2019 年，在该区实现了整体开发，累计建产能 40×10^4t/a 以上。

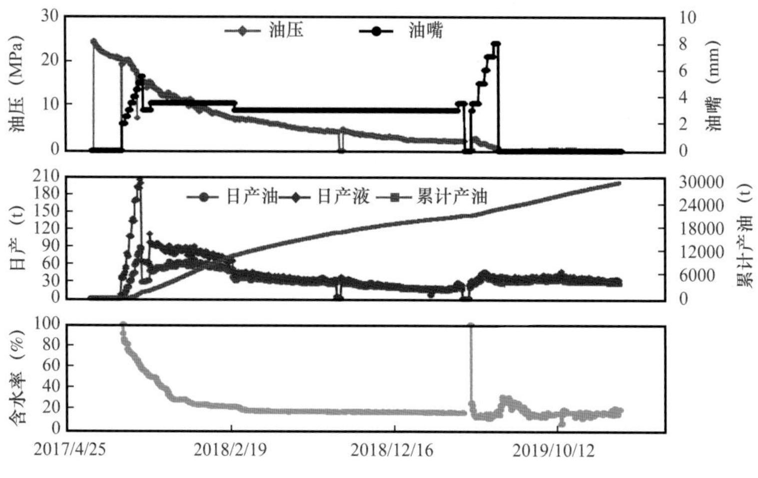

图 4-24　JHW023 井采油曲线

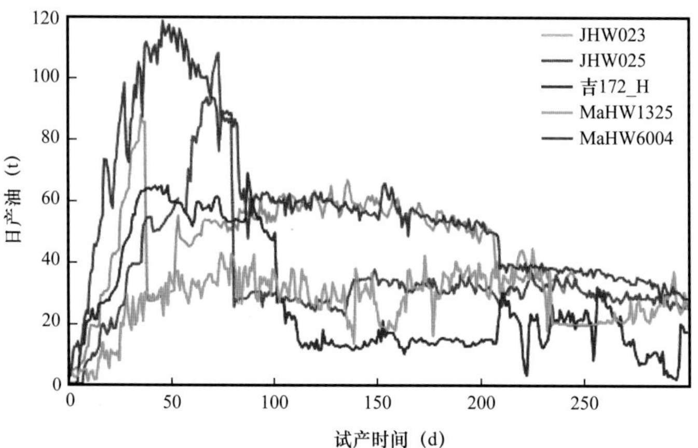

图 4-25　吉木萨尔 2 口试验井与玛湖水平井产油能力对比曲线

表 4-8　页岩油 200m 井距试验水平井参数统计表

井名	改造段长度（m）	I类长度（m）	压裂方式（段/簇）	液量（m^3）	加砂（m^3）	平均缝间距（m）	加砂强度（m^3/m）	高产期月平均（t/d）	生产天数（d）	累计产油（t）	平均日产油（t）
JHW031	1536	994.5	34/100	44186.3	2970	14.8	1.93	32	151	3426	23
JHW032	1506	1167	33/97	29537.2	2615	15	1.74	43	254	6290	25
JHW033	1524	1254	28/105	45743.7	3050	14.6	2.0	29	319	6275	20
JHW034	1367	1080	30/88	56642.4	3510	12.3	2.57	42	311	9454	30
JHW035	1550	1033	28/82	59049.6	3845	18.9	2.48	94	373	14841	40
JHW036	1524	1170	33/97	70422.8	4550	12.1	2.99	66	359	13507	38

2019 年，进一步在下甜点段预测年产油大于 7000t 的区域开展水平井提产试验，投产 8 口水平井，峰值 45d 平均日产油 39～77.2t，平均为 60t/d。下甜点段预测年产量为 4000～7000t 的区域，1 口试验井峰值 45d 平均日产油 31.6t，与预测结果基本吻合。

二、页岩油开发经验总结

吉木萨尔凹陷芦草沟组页岩油是典型的陆相页岩油，经近 9 年的技术攻关和开发试验论证，目前已实现规模化建产，成为新疆地区第一个页岩油生产基地。

开发实践表明，页岩油游离油可动孔隙度、丰度是水平井高产的重要地质基础；水平井压裂缝复杂程度存在差异，在脆性之外，主要受水平两向应力差决定，应力差小时，人工裂缝复杂程度提高，水平井有效缝控储量大，原油流动阻力小，水平井产量高；“油包水”反相乳化大幅增加原油黏度，生产实践显示，下甜点段地层原油黏度大于 30mPa·s 时出现“油包水”乳化，油井无法自喷，需转抽生产；页岩油产能的工程主控因素包括优质甜点钻遇长度和改造强度，此外，压后适当焖井，可以提升水平井生产效果；水平井大砂量、大排量、细分切割是芦草沟组页岩油有效开发方式。

（1）游离油可动孔隙度、游离油丰度是获得高产的重要基础。

据岩心实验结果，吉木萨尔凹陷芦草沟组页岩油储层具有大孔亲油含油、小孔亲水含水的润湿性特征，原油以表面吸附态和游离状态赋存于孔隙中，游离油是水平井体积压裂开发的主要动用部分，其含量代表着水平井可开发动用的物质基础。分析上甜点段岩屑长石粉细砂岩（$P_2l_2^{2-2}$）层的 12 口水平井，其一年期累计产油与游离油可动孔隙度、游离油储量丰度具有很好的正相关关系（图 4-26、图 4-27），因此，在进行页岩油开发部署时，应优选甜点段内游离油可动孔隙度和丰度高的层段及区域。

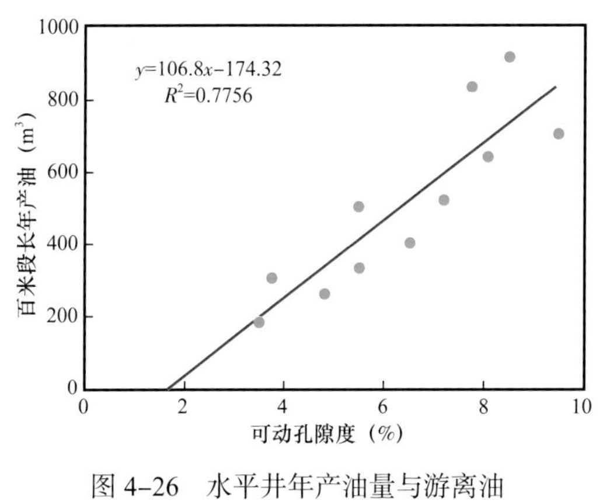

图 4-26　水平井年产油量与游离油可动孔隙度关系

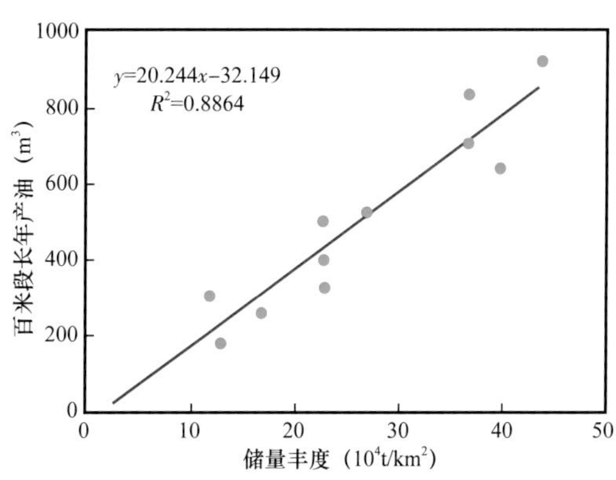

图 4-27　水平井年产油量与游离油储量丰度关系

（2）页岩油上甜点段埋深加大，水平两向应力差加大，改造难度加大。

吉木萨尔凹陷芦草沟组页岩油储层天然裂缝欠发育，为产生更多的人工裂缝，压裂改造主体采用 45m 段间距、15m 簇间距、14m³/min 排量、30m³/ 簇加砂强度，但改造效果也存在着较大的差异，导致含油性相当的上甜点段水平井产量也存在较大的差异。上甜点段

D、E、F 三口水平井，有井下微地震压裂监测地质、压裂、人工裂缝和产量参数，埋深逐步增大，水平两向应力差分别为 3.3MPa、4.0MPa、5.7MPa，D、E 两井应力差相差不大，井下微地震监测人工裂缝长度分别为 291m 和 250m，每立方米压裂液造缝长度均为 0.18m，E 井游离油丰度高于 D 井，生产效果好于 D 井；F 井埋深最大，水平两向应力差明显高于另外两口井，井下微地震监测人工裂缝长度为 350m，每立方米压裂液造缝长度为 0.25m，游离油丰度高于 D 井，但产量较 D 井差（表 4–9）。

表 4–9　上甜点段不同埋深水平井微地震监测参数对比表

井号	平均埋深（m）	游离油丰度（$10^4m^3/km^2$）	水平两向应力差（MPa）	施工排量（m^3/min）	段间距（m）	加砂强度（m^3/簇）	单段液量（m^3）	平均缝长（m）	压裂液造缝效率（m/m^3）	核实年产油（$m^3/100m$）
D 井	2530	20	3.3	12～14.4	43.2	28.8	1634	291	0.18	521
E 井	2730	33	4.0	12～14.0	44.7	31.3	1385	250	0.18	1171
F 井	2980	25	5.7	12～13.7	44.4	29.6	1386	350	0.25	380

综合分析认为，随埋深加大，水平两向应力差加大，压裂难度加大，人工裂缝形态由宽短缝向窄长缝转变，裂缝复杂程度降低，人工裂缝面积减少，有效供油体积减小，是导致水平井产量存在差异的原因。

（3）地层原油黏度对下甜点段水平井生产效果有影响。

不同于常规油藏，吉木萨尔凹陷芦草沟组页岩油偏稠，富含活性胶质成分，且随着黏度增高，胶质成分含量增大，随着体积压裂施工，大量压裂水进入地层，在胶质成分作用下，地下原油极易发生自乳化现象。在压后投产初期，压裂液集中于裂缝及周围地层中，形成局部水多油少现象，此时水为连续相，易形成“水包油”乳化液，乳化流体黏度降低，有利于压裂液返排；而随着生产返排，压裂液在返排和渗吸作用下，分布范围逐渐扩大，含水率下降，此时，油相逐渐过渡为连续相，地层及裂缝中流体均过渡到“油包水”反相乳化状态，导致原油表观黏度增大（图 4–28），且出现地层供油能力不足的现象。

下甜点段某井地层原油黏度为 30mPa·s，出现原油乳化现象，“油包水”乳化液黏度大，水平井无法有效自喷生产，机抽采油时，动液面下降快，表现出明显的地层供液能力不足的特征；上甜点段水平井地层原油黏度均小于 26mPa·s，生产正常，目前将下甜点段原油黏度大于 26mPa·s 的区域作为后续部署区，需开展压裂液体系和采油技术攻关。

（4）提高优质油层钻遇长度和适当焖井可提高水平井生产效果。

岩心含油级别、岩心分析饱和度显示芦草沟组页岩含油性差异较大，优质甜点含油性好、脆性好，水平井轨迹在优质甜点层段内穿行，压裂缝更复杂，裂缝面积更大，原油流动阻力更小，水平井产量高。统计上甜点段投产达到三年的 13 口水平井，优质甜点钻遇长度与三年期的累计产油量具有很好的正相关关系（图 4–29），但经济合理的水平段长度还需进行矿场试验，另外也要考虑工程技术服务能力。

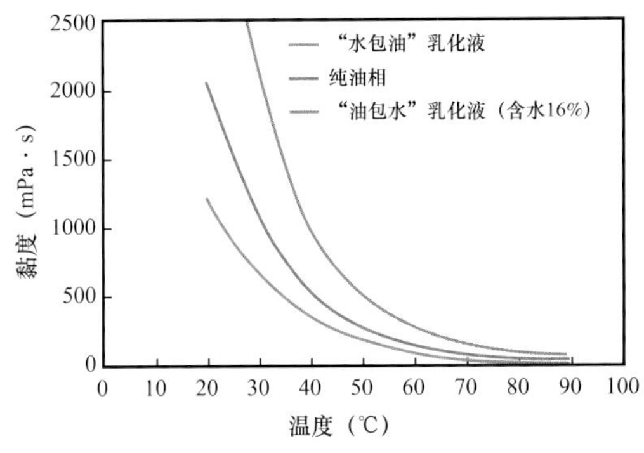

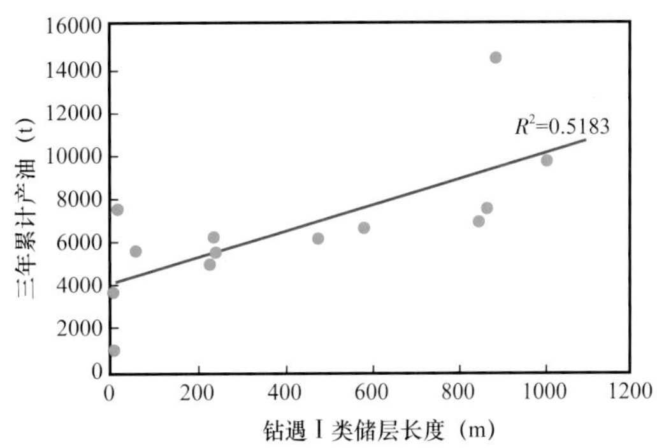

图 4-28　原油及其乳化液黏温曲线图　　图 4-29　钻遇Ⅰ类甜点长度对三年累计产量的影响

岩心实验表明，压裂液与纳米级基质孔隙内的原油存在渗吸置换作用，大规模压裂补充地层能量，焖井使基质发生原油交换，可以改善油井生产效果。2018 年在 1 个井组 6 口井开展了不同焖井时间生产效果对比试验，3 口井焖井时间 10d 以内，3 口井介于 40～55d 之间，产油情况反映，焖井天数大于 40d 的 3 口试验井阶段生产效果好于焖井天数小于 10d 的 3 口井。

（5）适当增大加砂强度，提高缝控储量，水平井生产效果好。

页岩油层渗透率极低，岩心实验启动压力梯度可以达到 4MPa/m（图 4-30a），在天然裂缝欠发育的情况下，水力压裂的改造效果对能否实现高产就显得尤为重要。通过矿场试验对比，实现人工裂缝复杂化可以通过缩小簇间距、提高压裂施工排量、加大改造规模来实现。

2017 年以来，页岩油投产水平井主体簇间距为 15m、施工排量为 12～14m^3/min，对比相同地质条件不同加砂强度水平井一年期的产量（图 4-30b），加砂强度达到 2.5m^3/m（37.5m^3/簇）的水平井产量高。对压裂过程井下微地震监测结果进行分析（图 4-30c），发现在加砂阶段，人工裂缝同样在持续发生变化，表明伴随着加砂过程，缝网形态在持续复杂化，适当提高加砂强度，在裂缝复杂化同时也提高了缝控地质储量，是水平井高产的重要原因，但经济合理的加砂规模还有待进一步开展矿场对比试验。

（6）人工裂缝长度有限，合理井距不应大于 200m。

2019 年为评价人工裂缝长度，开展了两口水平井变井距压裂干扰试验，井距 80～260m，采用拉链压裂作业方式，井口压力连续监测，通过分析邻井压力异常升高幅度发现，井距从 260m 到 80m，监测井井口压力异常升高普遍存在，但当井距缩小至 180～200m 后，压力异常升高幅度增量降低，井距从 180m 缩小至 80m 压力异常升高幅度基本稳定，说明页岩油人工裂缝长度总体介于 180～200m 之间，考虑到页岩油基质物性差，为实现基质孔隙原油的充分动用，合理井距不应大于 200m，目前现场主要采取 200m 井距进行部署，水平井单井控制储量满足开发需求，但采收率总体还较低，更小井距开发试验工作仍在进一步开展。

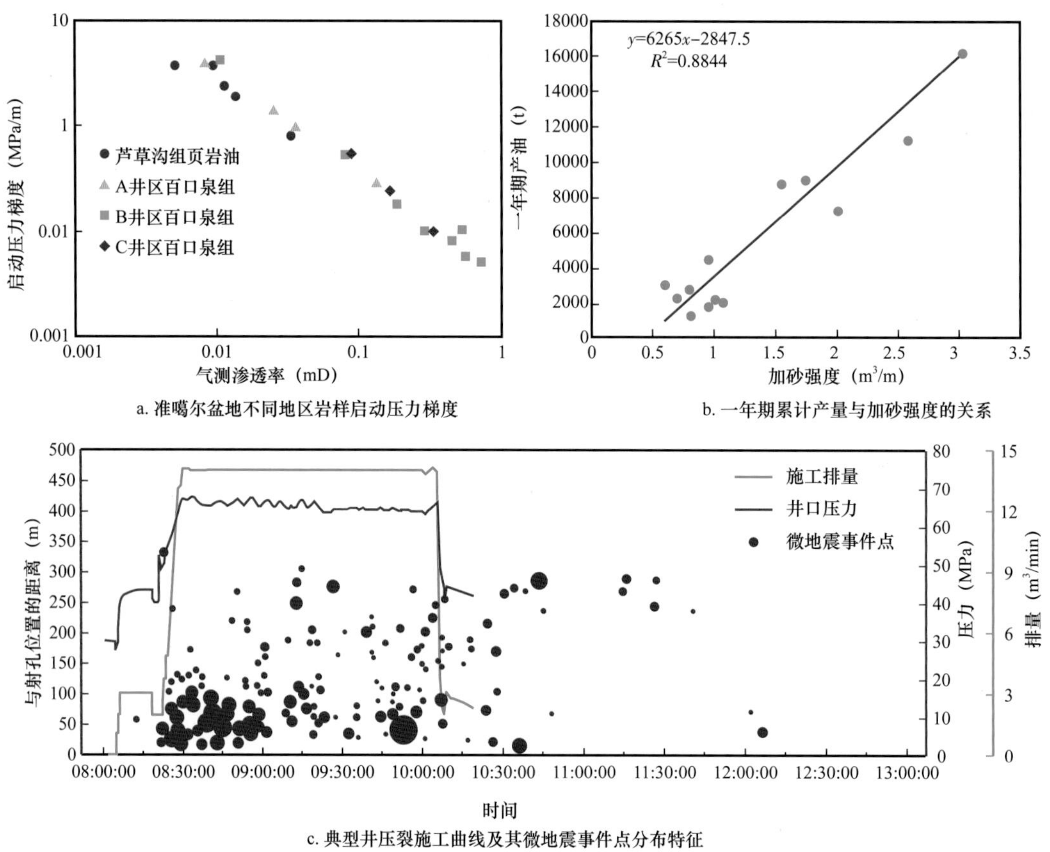

图 4-30　吉木萨尔凹陷芦草沟组页岩人工裂缝扩展影响因素

第六节　主要结论及“十四五”展望

针对吉木萨尔凹陷混积型页岩油的独特地质条件，初步创立了陆相咸化湖盆的混积岩沉积模式和页岩油富集理论，建立了在前陆背景、咸化湖盆、三源混积的地质背景下，生烃增压、微缝输导、源内聚集的页岩油形成机理，明确了页岩油整体含油、二元控储、甜点富集的富集规律，形成和完善了适用配套的实验技术、物探技术、工程技术和开发技术，目前累计产油 37.53×10^4t，实现规模化建产，成为新疆地区第一个页岩油生产基地。

一、主要结论

围绕制约吉木萨尔凹陷页岩油勘探中存在的主要问题，开展理论技术攻关，取得了重要进展，推动了准噶尔盆地非常规油气勘探进展，取得以下主要成果。

（1）揭示了陆相页岩油形成条件与机理，建立了咸化湖盆页岩油富集模式。研究明确陆相页岩油具有前陆构造背景、咸化湖盆型烃源岩发育及储层三源（陆源碎屑、内源化学沉积、火山物质）混积成因的地质特征。揭示陆相页岩油整体含油、二元控储与源内聚集的聚集模式。

（2）揭示了陆相页岩油赋存机理及可动条件，研发了页岩油微观尺度下赋存状态定量表征技术。陆相页岩油主要以吸附态、游离态及未转换液态烃干酪根三种形式赋存，其中吸附态在温度与压力下，可转化为游离态。研发基于液氮冷冻氩离子抛光与场发射扫描电镜联合实验技术，定量表征陆相页岩油赋存空间、赋存形态（薄膜状、充填状、管束状）、赋存状态（游离态、吸附态）及其可动性。研究揭示低真空条件下，温度升高，微—纳米孔隙中吸附油向游离油转变的过程。实现了陆相页岩油赋存状态的定量表征与精细分析，为页岩油储量分类评价与产量精确预测提供了技术支撑与科学指导。

（3）突破以传统“四性”关系为基础的测井评价技术，研发了以多手段互补和多项目联测为基础、“七性”关系研究为核心的多项原创性页岩油测井评价技术，试油成功率由 35% 提高至 100%。突破常规实验技术，形成了一套以多手段互补和多项目联测为特色的页岩油配套实验技术，为测井评价奠定实验基础。以原创实验手段为基础，突破以传统“四性”关系为基础的测井评价技术，形成了以“七性”关系研究为核心的咸化湖陆相页岩油测井评价理论体系与技术，以及完善、配套的“七性”参数与“三品质”评价技术系列。

（4）突破常规储层预测技术内涵，形成了一套含有工程地质参数及以烃源岩质量预测为特色的页岩油甜点预测配套技术。针对层薄、岩性复杂、常规测井难以表征甜点物性的问题，以核磁共振测井为桥梁，实现了页岩油甜点物性定量预测，甜点钻遇率由 70% 提高到 100%。通过概率神经网络反演技术，实现了烃源岩有机碳含量定量预测，相对误差小于 9%，填补了湖相烃源岩品质预测的技术空白。通过叠前弹性参数反演，岩石脆性预测由无走向有，指导设计水平井轨迹，甜点钻遇率大于 92%，水平井试油获得高产。

（5）揭示了薄互层致密储层人工裂缝起裂扩展力学机制及延伸规律，集成创新了水平井细分切割体积压裂技术，实现了咸化湖相页岩油高效勘探及有效动用。综合物理实验、压裂缝扩展机制，研究提出了细分切割水平井体积压裂技术思路，攻克了吉木萨尔凹陷页岩油天然裂缝不发育、岩石偏塑性、两向应力差大、难以形成复杂缝网的难题。实施细分切割体积压裂的 2 口水平井，单井平均 260d 累计产油 10616t，较大间距压裂的 14 口水平井同期累计产油提高 3.5 倍，攻克了该地区水平井供液能力不足、累计产量低（小于 20000t）的难题，实现了水平井高产、稳产。细分切割体积压裂技术已成为有效动用主体技术，目前已进入规模应用阶段。

二、“十四五”展望

为了实现新疆油田“十四五”末原油产量达到 1580×10^4t 的奋斗目标，应重点围绕吉木萨尔凹陷芦草沟组、玛湖凹陷风城组页岩油领域开展联合攻关研究，依托国家重大专项、集团公司专项等科研项目，坚持大科技联合，坚持目标驱动与科技创新，围绕陆相咸化湖盆甜点形成机理研究与分类评价、有效动用关键技术、可动性及技术经济界限、页岩油地质工程一体化增产方案、碱湖型页岩油富集规律及关键技术等方面综合研究，突破瓶颈技术问题，加快部署实施，力争在页岩油领域取得新的重大发现，为原油增储上产夯实资源基础。

吉木萨尔凹陷芦草沟组页岩油目前面临着水平井产能受控于多种地质、工程因素，但控制作用机制不明，严重影响产能的提升，需加快深入研究。同时加快该区页岩油整体评价，预计可落实 1.5×10^{8}t 探明石油储量，为建成国家级页岩油示范工程做好铺垫。

此外，玛湖凹陷风城组页岩油面临着诸多难题，主要表现在甜点控制因素不明，产能控制因素不清，以及“三品质”甜点的分布预测配套技术尚不成熟等方面。因此，玛湖凹陷亟须加快基础研究与技术攻关，通过风险与预探相结合的部署思路，找准突破口，加快落实规模页岩油可动用储量，实现盆地页岩油勘探的有序接替。

通过两个前陆坳陷页岩油的攻关，在理论认识方面，形成陆相咸化湖盆页岩油形成机理及富集理论，以及陆相咸化湖盆页岩油勘探开发配套技术系列。在勘探成果方面，实现“十四五”末建成国内首个陆相咸化湖盆页岩油开发基地，储备玛湖凹陷风城组（碱湖）页岩油开发基地。

第五章　柴达木盆地页岩层系石油资源潜力、甜点区预测与关键技术应用

“十三五”（2016—2020 年）期间，青海油田页岩层系石油研究团队在国家科技重大专项课题 6 专题 4“柴达木盆地页岩层系石油资源潜力、甜点区预测与关键技术应用”的研究目标导向和经费资助下，分析总结了柴达木盆地柴西地区页岩层系石油形成条件和富集规律，评价预测了资源潜力和甜点区分布，提出了七个泉—跃进上下干柴沟组上段（E_3^2）湖相碳酸盐岩、跃东—乌南上干柴沟组（N_1）滨浅湖滩坝砂体和小梁山—南翼山油砂山组（N_2）湖相混积岩等三种类型页岩层系石油有利区带。通过综合评价建立了页岩层系石油储层评价标准，形成了一套测井、物探、钻完井、储层改造等经济适用的配套技术。柴西南页岩层系石油攻关的重要进展，为千万吨高原油田建设提供了靠实资源基础、扎实地质认识和有效技术保障。

第一节　区域成藏条件与富集主控因素分析

一、地质特征

柴达木盆地地处青海省西北部，被阿尔金山、祁连山、昆仑山所夹持，盆地总面积 $12.1\times10^4km^2$，沉积岩覆盖面积 $9.6\times10^4km^2$，平均海拔在 3000m 左右，是中国海拔最高的盆地。历经 50 余年的勘探，在常规油气勘探方面取得了重大成绩，累计发现地面构造 140 个，探明油气田 25 个。柴西地区一直以来是石油勘探的主战场，近年发现多个亿吨级大油田。

通过前期综合评价，柴西地区页岩层系石油资源丰富，厘定出柴达木盆地西部地区主要有三大页岩层系石油勘探领域，即英雄岭—扎哈泉凹陷上干柴沟组碎屑岩致密油、红狮凹陷下干柴沟组上段碳酸盐岩页岩层系石油、柴西北区油砂山组混积岩页岩层系石油（图 5-1、图 5-2）。

1. 烃源岩条件

柴达木盆地古近系、新近系烃源岩形成于咸化湖盆环境，主要分布在柴西地区，有机质丰度普遍较低，有机质烃转化率高达 30% 以上，母质类型好（Ⅰ—$Ⅱ_1$ 型为主），早期生烃（生烃高峰 R_o=0.6% 左右），生烃潜力大（高于同类烃源岩 20% 以上）。纵向上自

下而上依次发育路乐河组（E_{1+2}）、下干柴沟组下段（E_3^1）、下干柴沟组上段（E_3^2）、上干柴沟组（N_1）、下油砂山组（N_2^1）多套烃源岩。平面上下干柴沟组上段烃源岩主要分布在柴西南，上干柴沟组烃源岩主要分布在柴西北，具有厚度大（100～1700m）、分布面积广（$1.2\times10^4km^2$）、连续分布等特点。

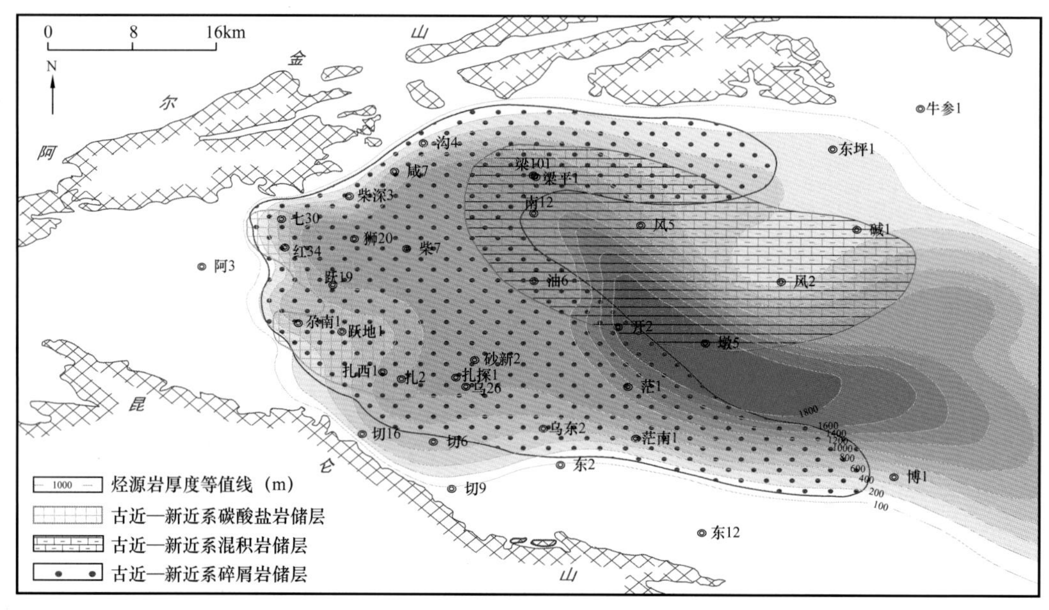

图 5-1　柴西地区古近—新近系烃源岩与页岩层系油气储层分布叠合图

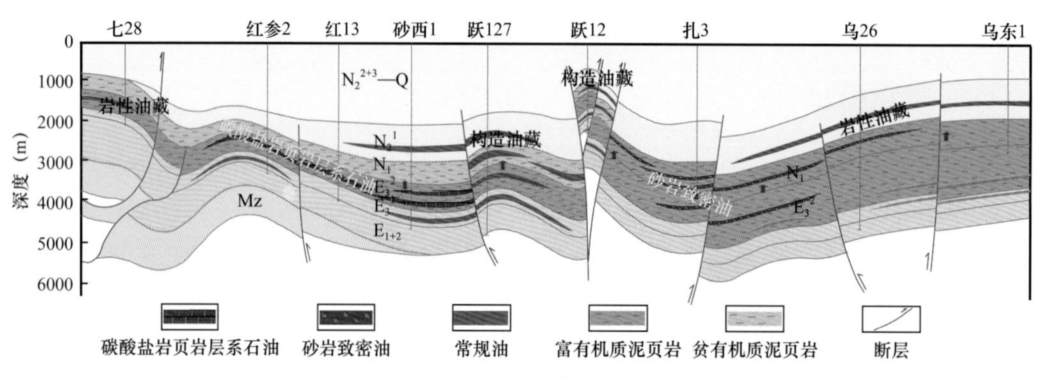

图 5-2　柴西地区常规—非常规油藏剖面图

下干柴沟组上段烃源岩为柴西主力烃源岩，发育红狮、扎哈泉、英雄岭和小梁山四个主力生烃凹陷，烃源岩主要为泥岩。基于 828 个 TOC 数据、149 个氯仿沥青“A”数据和 800 个岩石热解数据，TOC 介于 0.4%～2.66% 之间，平均为 0.91%，其中 0.4%～1.0% 的样品占全部样品的 64.56%，其次为 1.0%～1.5%，占比为 26.27%，英西地区下干柴沟组上段烃源岩有机碳含量最高（图 5-3）。H/C 比较高，主要介于 1.4～2.0 之间，O/C 比主要介于 0.05～0.15 之间，腐泥组含量高于 80%，属于 Ⅰ—$Ⅱ_1$ 型有机质（图 5-4、表 5-1）。主力烃源岩段的埋深在 3500～5500m 之间，R_o 为 0.8%～1.3%，处于生油高峰期。总体上英西烃源条件较好。

上干柴沟组烃源岩主要为湖相泥岩，产状表现为平行层理，内部结构为碳酸盐纹层和泥质纹层互层结构，反映了沉积时水体极其安静，同时沉积速率非常缓慢，为深湖—半深湖沉积环境。上干柴沟组发育优质烃源岩，有机质丰度较高（TOC 平均为 0.78%）（图 5-5），分布范围广（TOC 大于 0.6% 的面积约 785km^2），厚度大（超过 300m），为页岩层系石油形成奠定了基础。

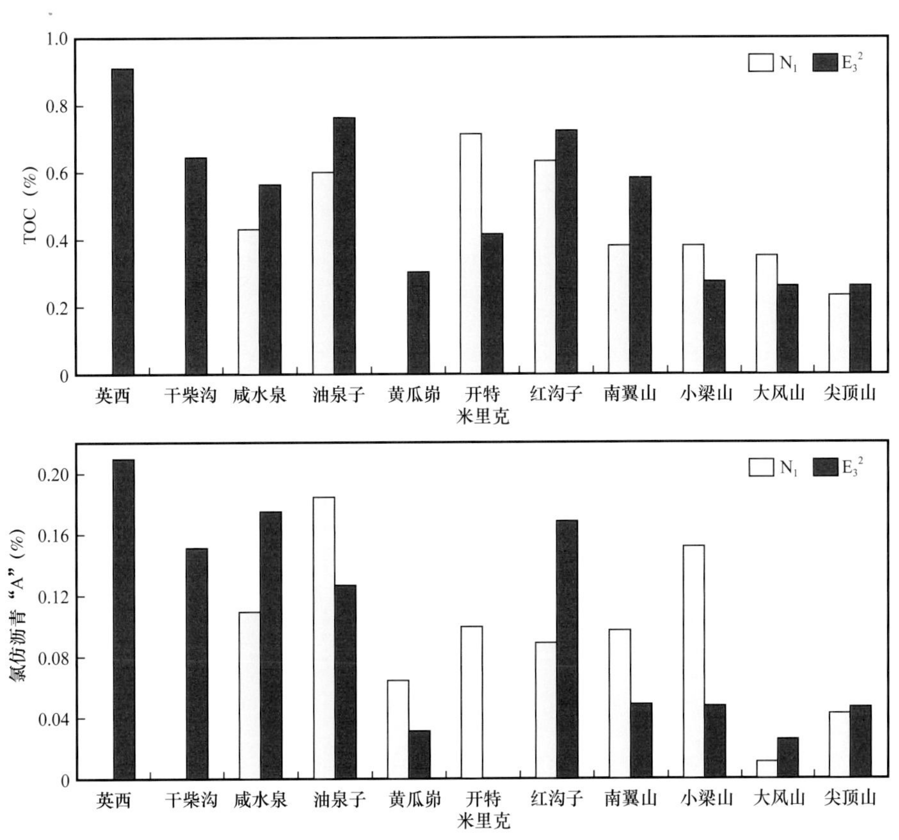

图 5-3　柴西地区不同区块和层位烃源岩 TOC 及氯仿沥青“A”对比图

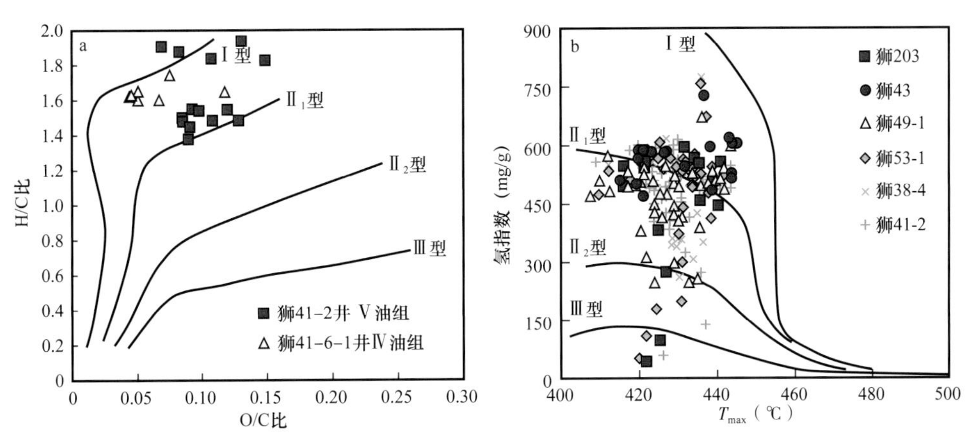

图 5-4　英西地区下干柴沟组上段烃源岩有机质类型图版

表 5-1 英西地区下干柴沟组上段烃源岩干酪根镜鉴成果表

井号	深度（m）	组分（%）				干酪根类型
		腐泥组	壳质组	镜质组	惰质组	
狮 203	4496.70	86.18	0	13.82	0	II_1
狮 38	2794.97	83.22	0.99	14.14	1.64	II_1
狮 38	2795.37	81.97	0.98	17.05	0	II_1
	2795.96	82.14	2.60	13.64	1.62	II_1
	2797.34	83.77	1.62	14.61	0	II_1
	2798.42	82.85	6.47	10.68	0	II_1
	2801.32	65.59	10.61	21.22	2.57	II_1
	2801.65	87.23	1.56	11.21	0	II_1
	2803.42	80.65	1.61	17.74	0	II_1

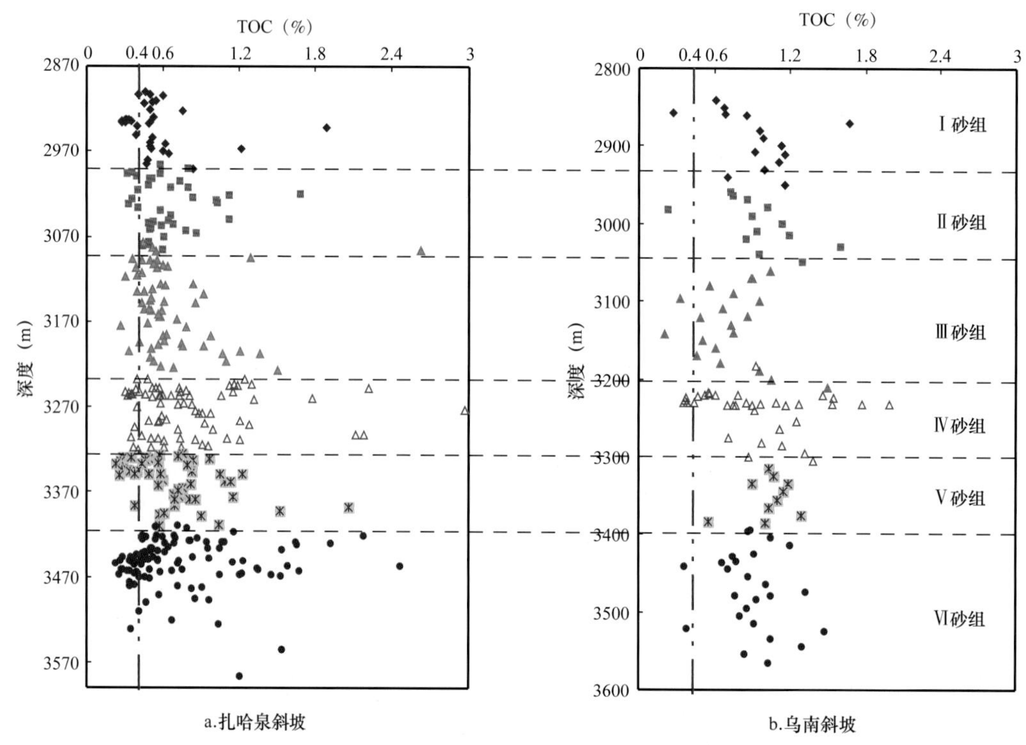

图 5-5 扎哈泉地区上干柴沟组烃源岩有机质丰度图

2. 储层条件

英西地区下干柴沟组上段（E_3^2）储层岩性以碳酸盐岩为主，碳酸盐占比 60%，陆源碎屑占比 16%，泥质占比 18%，膏盐占比 6%。主要包括层状灰云岩储层、块状灰云岩储层、斑状灰云岩储层等三种不同岩石类型的储层（图 5-6）。英西下干柴沟组上段碳酸盐岩储层发育不同尺度的多类储集空间，包括广泛发育的白云石晶间孔、晶 / 粒间溶孔以及在断裂附近或大曲率区发育的角砾孔和裂缝网络（图 5–7）。勘探生产证实，不同储集空间类型储层的储集能力、渗流能力差异较大。储层喉道较细，主要为微喉和小喉型储层，两类储层分别占 83.3% 和 16.7%（图 5–8）。储层孔隙度为 3.0%～15.0%，平均为 6.5%，孔隙度大于 8.0% 和 6.0%～8.0% 的储层占比分别为 17.7% 和 23.7%；储层渗透率分布范围较宽，从小于 0.02mD 到 200mD，平均为 0.42mD，其中渗透率小于 0.02mD 的样品占总数的 62.2%，渗透率为 0.02～1mD 的样品占 33.2%。总体上，英西下干柴沟组上段以块状灰云岩储层为主，其次为层状和斑状灰云岩储层，Ⅴ、Ⅵ油组要比Ⅳ油组物性差，主要是由埋深和沉积环境决定，Ⅳ油组沉积期因湖平面下降导致短暂暴露和大气淡水溶蚀加强，改善了储层的储渗条件。

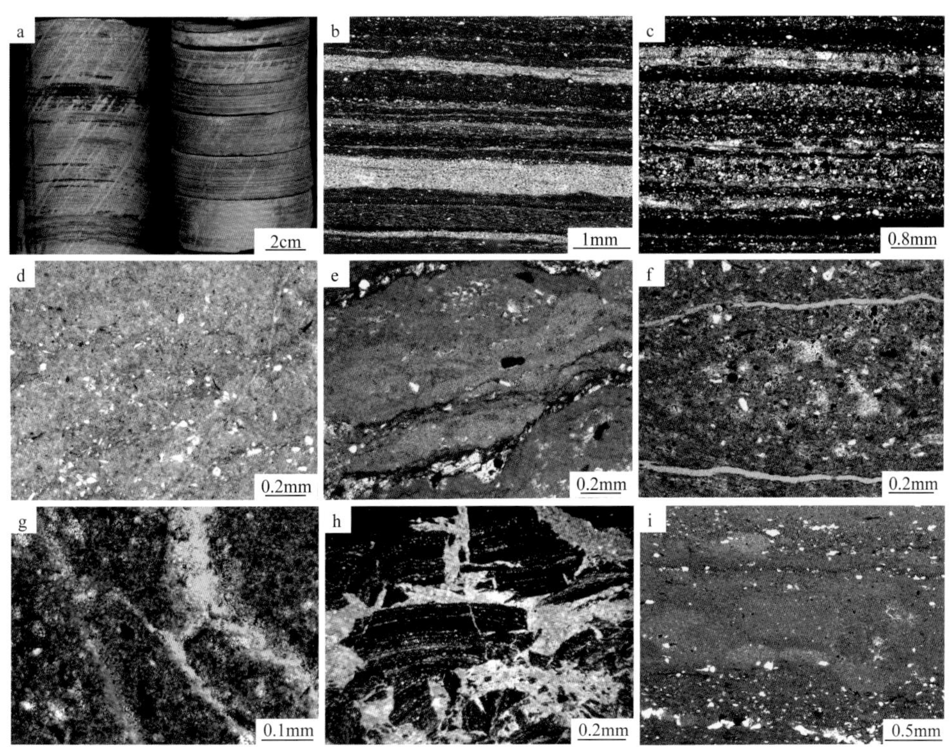

图 5–6　英西地区下干柴沟组上段灰云岩储层岩石学特征

a—薄层状含粉砂泥质灰岩，狮 41–6–1 井，Ⅳ油组，左 3850.4m，右 3850.85m；b—薄层状含灰粉砂质泥岩，狮 41–2 井，Ⅴ油组，4192.06m；c—薄层状含粉砂泥质云岩，层间缝，狮 53–1 井，Ⅳ油组，4046.08m；d—泥晶灰岩，狮 38 井，Ⅱ油组，3146.80m；e—含泥灰云岩，狮 49–1 井，Ⅴ油组，3746.13m；f—含粉砂泥质灰云岩，狮 38–2 井，Ⅳ油组，3511.02m；g—角砾岩，角砾间溶缝，狮 41–6–1 井，Ⅳ油组，3857.95m；h—角砾岩，狮 25–3 井，Ⅵ油组，4661.7m；i—角砾岩，弥散状基质孔，狮 41–6–1，Ⅳ油组，3866.58m

扎哈泉上干柴沟组致密砂岩储层以细砂岩及粉砂岩为主，占比 79.1%。储层岩石类型分布相对稳定，主要为长石岩屑砂岩或岩屑长石砂岩，石英、长石、方解石、白云石等脆性矿物含量在 70%～95% 之间，黏土矿物含量在 10%～24% 之间（图 5–9）。储层孔隙以原生粒间孔为主，占 60.6%；次生溶蚀孔和裂隙次之，分别占 34.6% 和 4.8%。含油岩心荧光可见孔隙呈亮黄色，裂缝呈黄绿色，孔隙连通性较好，属于微—细孔喉型储

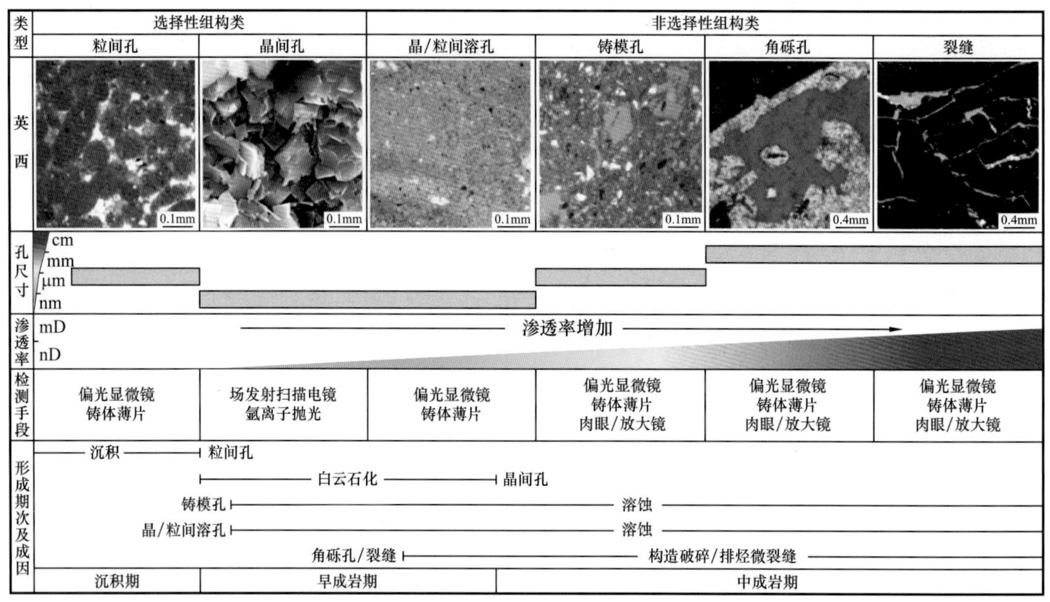

图 5-7　英西油田下干柴沟组上段储层储集空间类型

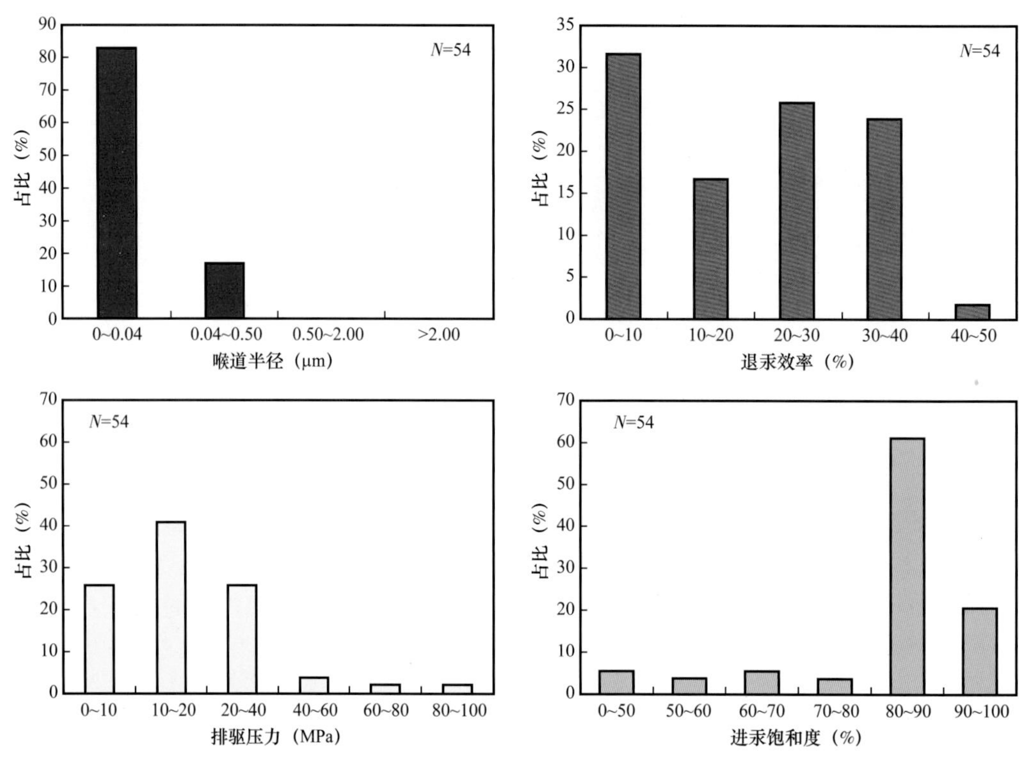

图 5-8　英西油田储层压汞数据分布特征

层（图 5-10）。储层孔隙度主要分布在 3%～9% 之间，平均为 5.9%；渗透率范围集中在 0.05～20.5mD 之间，平均为 1.15mD（图 5-11）。致密砂岩以油浸和油斑为主（图 5-12），储层物性控制含油性，扎平 1 井密闭取心分析显示含油饱和度一般在 42.3%～84.3% 之间，平均为 62%（图 5-13）。

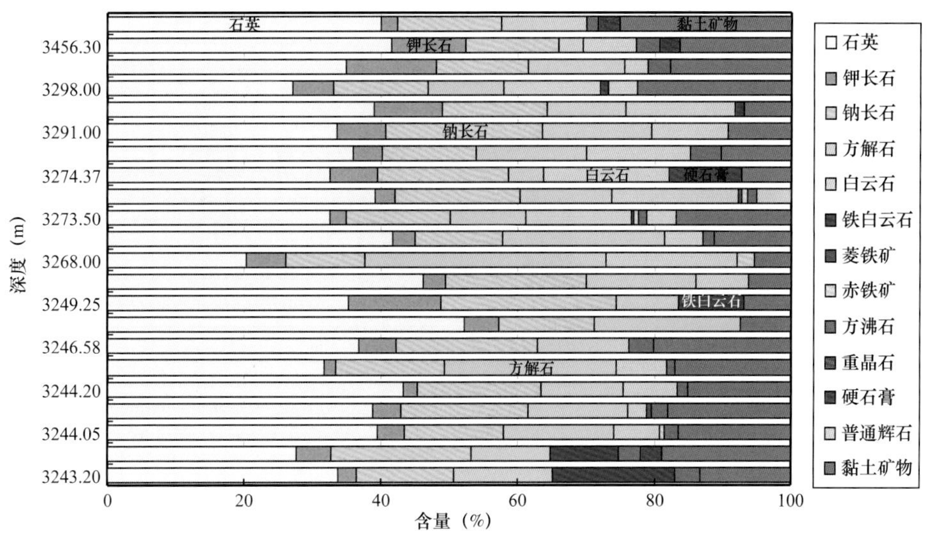

图 5-9　扎哈泉地区上干柴沟组页岩层系石油层段岩石矿物组成

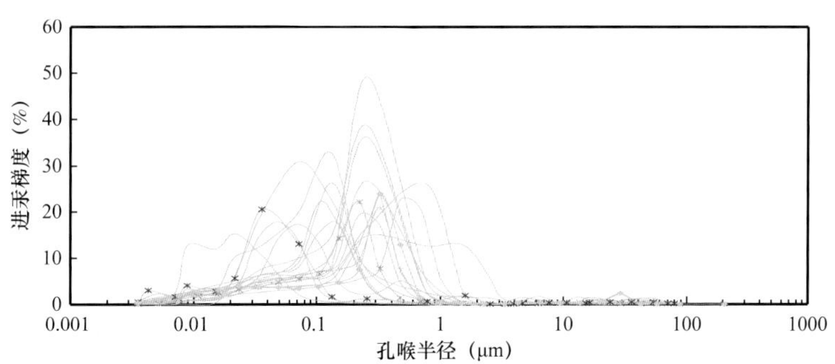

图 5-10　扎哈泉地区上干柴沟组下段储层孔喉半径分布范围

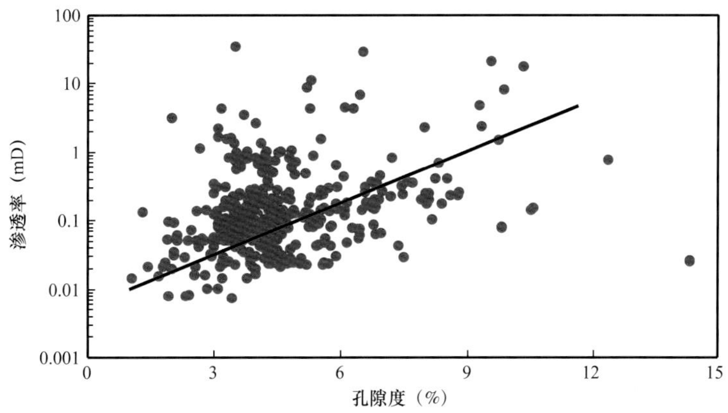

图 5-11　扎哈泉地区上干柴沟组下段储层孔渗关系图

3. 源储配置条件

英西地区下干柴沟组上段主要为源储共生型配置关系，包括薄互层状和厚互层状两类源储组合。

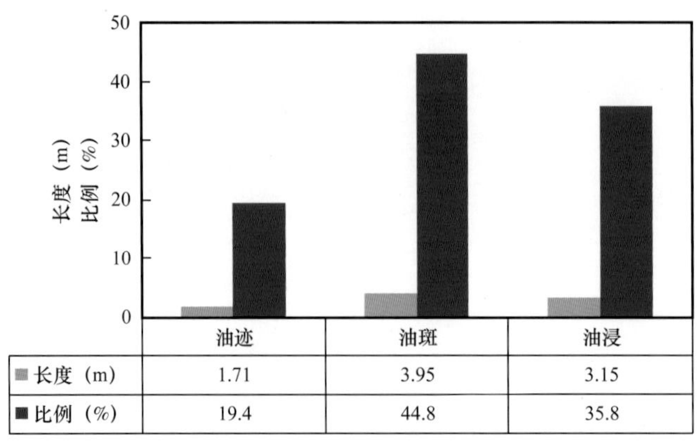

图 5–12　扎哈泉取心含油岩心分布情况

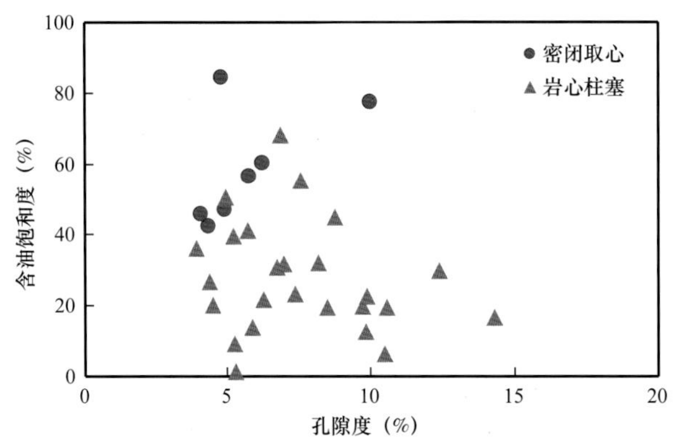

图 5–13　扎平 1 井含油饱和度与孔隙度交会图

1）薄互层状源储组合

受气候影响，当湖泊水体处于频繁动荡时期，灰泥岩、泥灰岩和灰云岩以纹层状薄互层产出，不同矿物组成的纹层相互组合、交替旋回变换，形成湖相纹层状细粒岩，多数纹层厚度在 0.05～0.2cm 之间，这些纹层在颜色、矿物组成、粒度、结构和成因等方面均不相同。灰泥岩和泥灰岩是优质烃源岩，生油能力强，生成的油气通过裂缝、晶间孔喉等通道，短距离垂向、侧向运移充注，在物性较好的灰云岩中相对富集（图 5–14）。灰泥岩、泥灰岩和灰云岩多呈薄互层状源储配置关系（图 5–15）。英西地区下干柴沟组上段源储共生型页岩油灰泥岩相对比较发育，烃源岩条件好，源储比大致为 1.73。这种配置关系的地层还可以作为大套烃源岩看待，为其他层段提供油源。

2）厚互层状源储组合

在一段时期内，湖泊水体相对稳定而形成厚层块状灰云岩，单层厚度可达 2～5m，与邻层灰泥岩组成数米厚的互层叠置关系，形成英西地区下干柴沟组上段源储纵向叠置的厚互层状源储配置关系（图 5–16、图 5–17）。英西地区下干柴沟组上段厚互层状组合油藏的灰云岩相对比较发育，储集条件好，源储比大致为 0.62。厚互层状源储配置关系油藏内的灰泥岩（烃源岩）可以通过裂缝、晶间孔喉等通道短距离运移，为灰云岩（储层）提供油源。

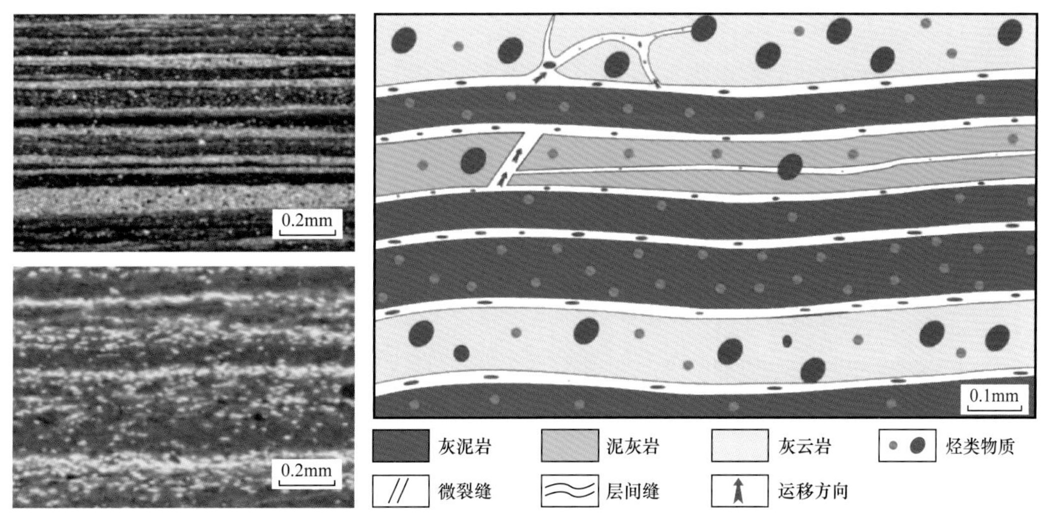

图 5-14　英西地区下干柴沟组上段薄互层状源储配置关系模式图

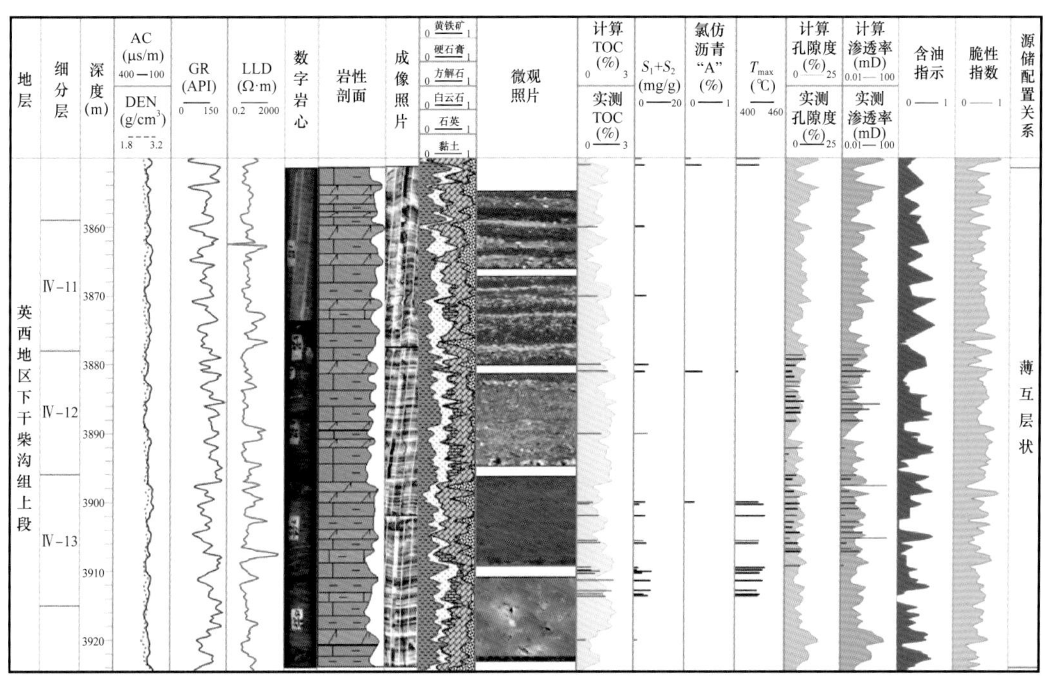

图 5-15　英西地区下干柴沟组上段薄互层状源储配置关系

扎哈泉地区上干柴沟组纵向上发育多个旋回，半深湖与滨浅湖交互发育，发育多种过渡类型岩石，砂体具层薄、延伸不稳定特点。据垂向岩电特征及油水分布关系，划分为 6 个砂组，整体上，Ⅰ—Ⅲ砂组主要发育滨浅湖滩坝砂体，砂体集中发育于Ⅱ、Ⅲ砂组，横向连续性好，平面呈千层饼状储层结构；Ⅳ—Ⅳ砂组主要发育水下扇砂体，受控于断层幕式活动的控制，Ⅳ、Ⅵ砂组较发育，Ⅴ砂组相对不发育。页岩层系石油储层砂体直接与半深湖相泥岩呈互层状接触，形成源储共生型页岩层系石油，如扎平 1 井Ⅳ砂组源储配置关系（图 5-18）。

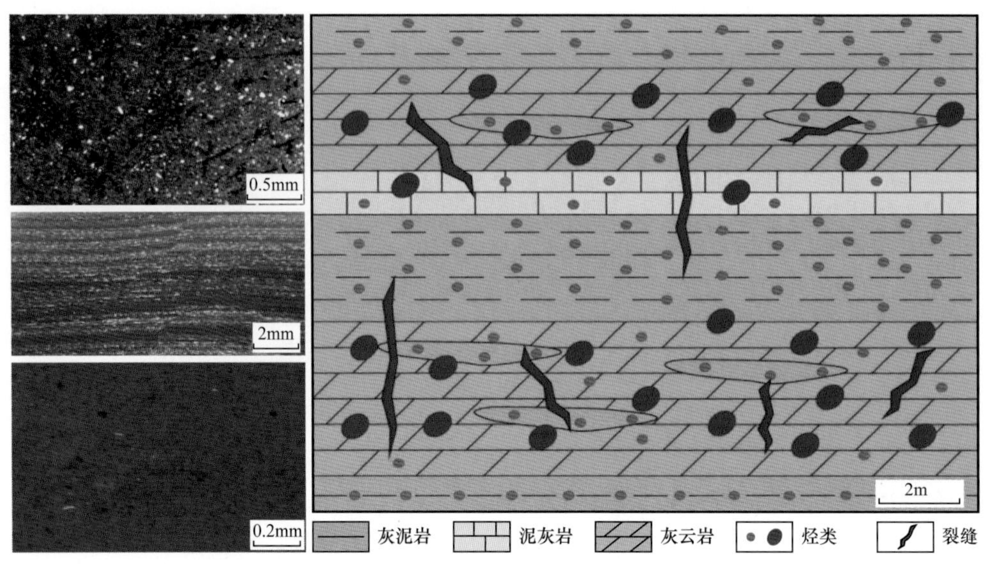

图 5-16　英西地区下干柴沟组上段厚互层状源储配置关系模式图

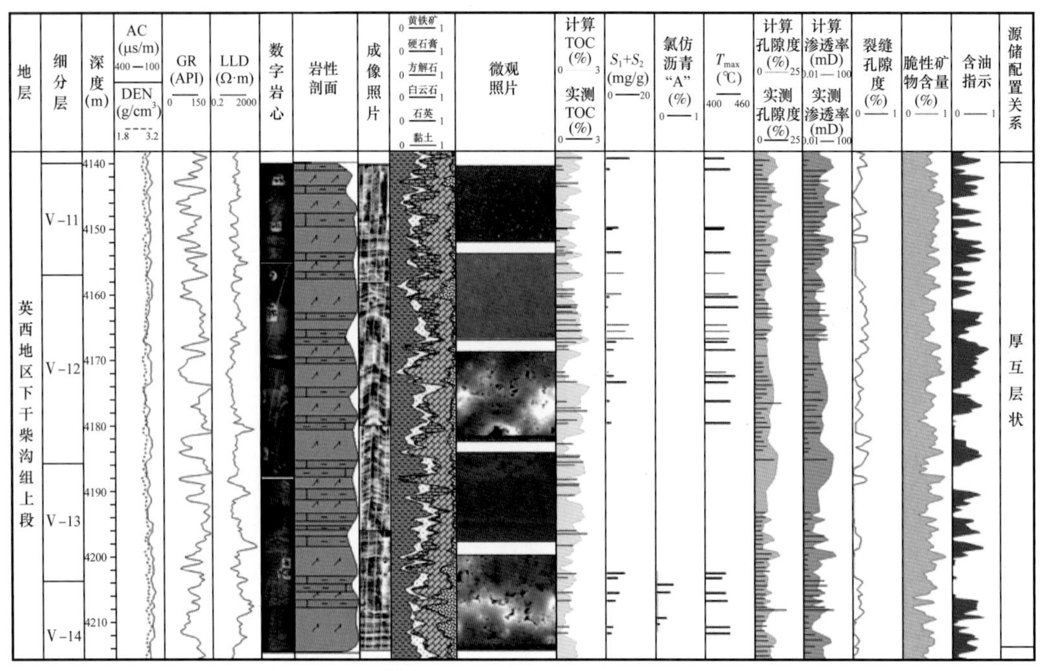

图 5-17　英西地区下干柴沟组上段厚互层状源储配置关系

二、页岩层系石油主控因素

1. 英西下干柴沟组上段页岩层系石油主控因素

英西地区下干柴沟组上段页岩层系石油在沉积构造建造、连续充注共同作用下，受控于高效盐岩盖层、广覆式优质烃源岩及有利灰云岩储层，具有整体含油、局部高产的特征。(1) 英西深层整体表现为大型晚期隆起构造背景，大型背斜构造被①、②断层分割成

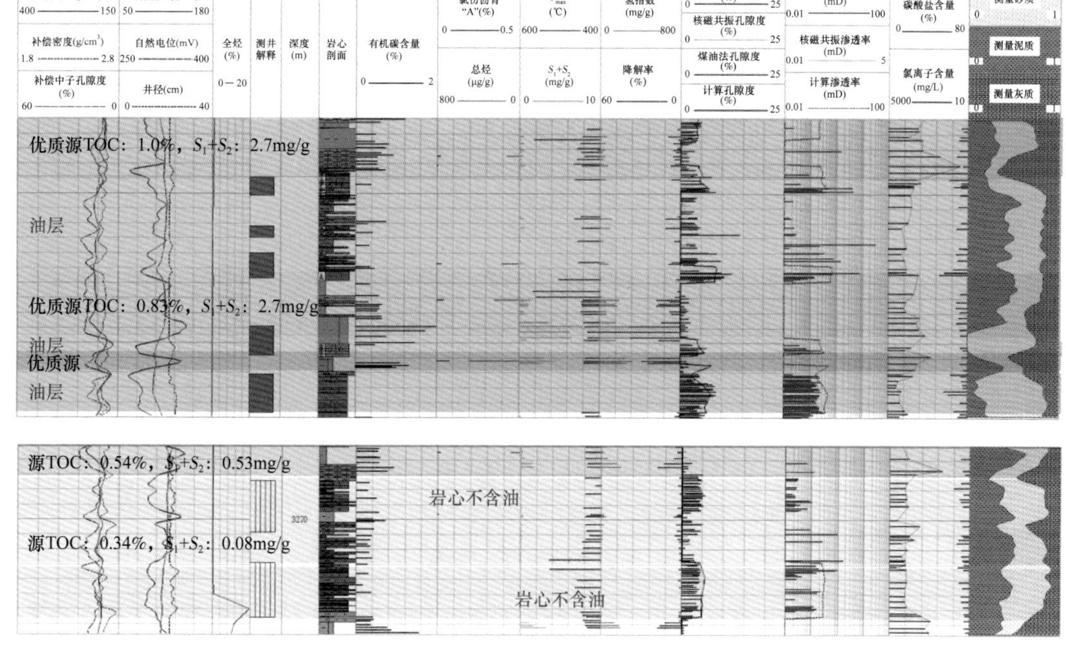

图 5-18　扎平 1 井Ⅳ砂组源储配置关系图

为南、中、北三个带，其构造主体位于英西中带狮 41—狮 49 区块，南、北带均为断鼻斜坡（图 5-19），大型隆起构造背景使得英西地区成为油气大规模运聚的有利指向区。（2）英西下干柴沟组上段发育大套盐岩层，钻探证实盐下为高压特征，压力系数为 1.5～2.0，对油气具良好封盖能力；测井曲线上具有扩径、自然伽马低值、密度低值、电阻率高值的特征（图 5-20）；盐层纵向上分布于下干柴沟组上段中上部（Ⅰ—Ⅳ砂组中部），可划分为三段盐层集中段，盐层单层厚度分布在 2～25m 之间，累计厚度最大可达 332m，分布面积 335km^2，覆盖了英西主体区（图 5-21）。（3）英西下干柴沟组上段Ⅳ—Ⅵ砂组纵向上大套优质的烃源岩与有利灰云岩储层一体，呈现互层分布的特征，形成源储共生型油气聚集（图 5-22）。

通过对英西主体区及外围区已钻井的岩性、测井资料系统梳理，确定了英西周缘下干柴沟组上段有利灰云岩岩相边界，向北扩展到干柴沟西段柴深 2 井以北，向西延伸到狮北地区狮 15 井以西，向南覆盖了红柳泉北段红 30 井以北一带，向东包含了整个英西—英中地区。英西下干柴沟组上段灰云岩储层发育多重不同尺度的储集空间，主要包括广泛发育的白云石晶间孔、溶孔以及在断裂附近或大曲率区发育的角砾间孔和裂缝网络。

2. 扎哈泉页岩层系石油主控因素

扎哈泉页岩层系石油主要受控于源储紧密共生关系和储集砂体物性。（1）柴达木湖盆上干柴沟组沉积时期受平缓古地貌、同沉积逆断层及基准面旋回变化控制，半深湖区在狮子沟—茫崖一带，向北扩至南翼山—大风山地区，在红柳泉—乌南地区主要发育辫状河三角洲前缘水下分流河道与滨浅湖滩坝，为页岩层系石油的形成构成了良好的源储共生关

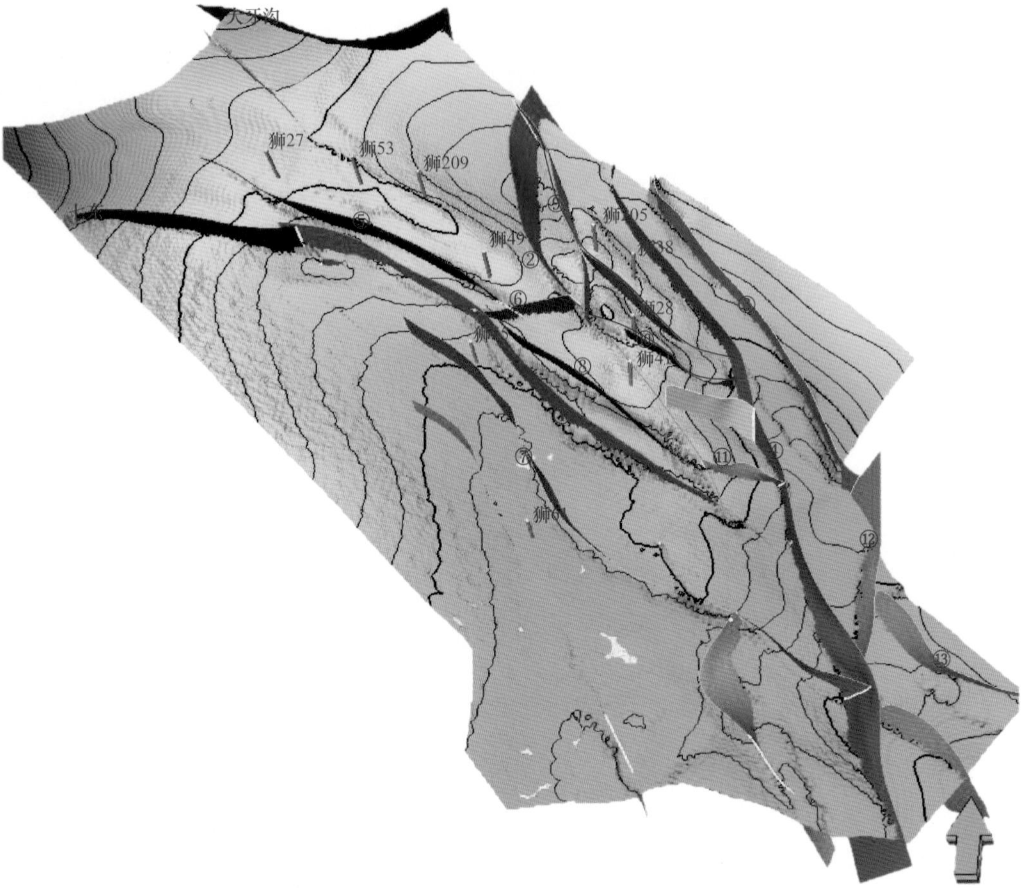

图 5-19　英西 K17 层三维构造模型

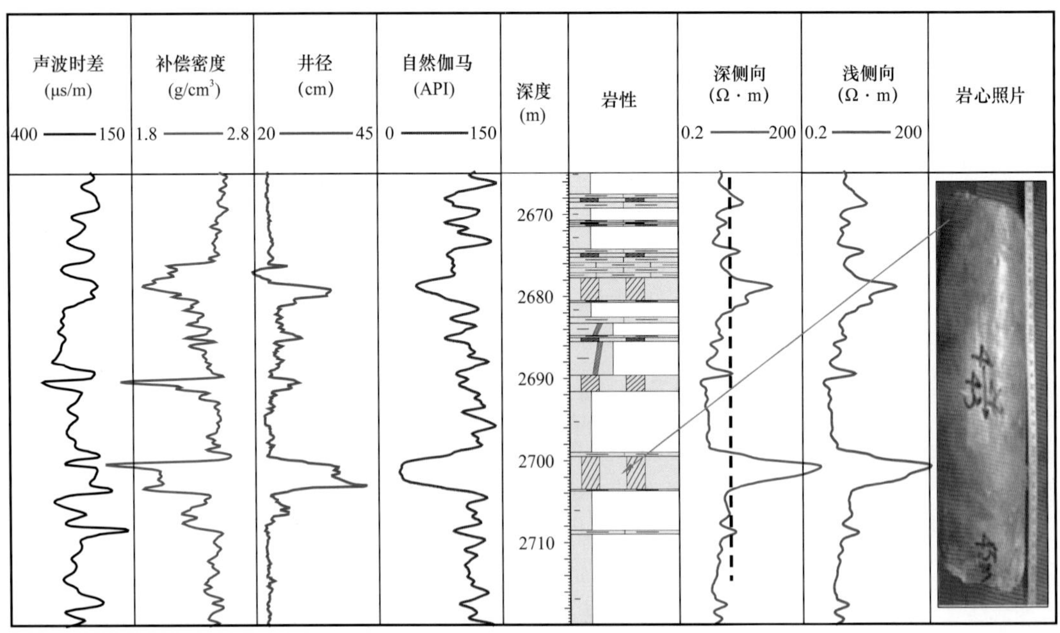

图 5-20　狮 37 井盐岩测井响应特征

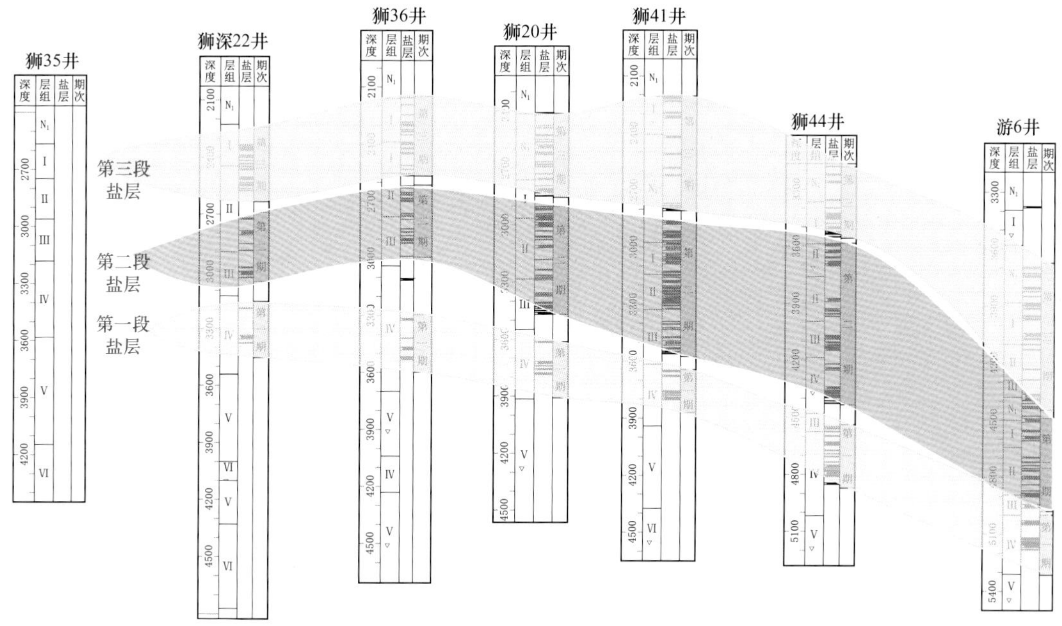

图 5-21　英西下干柴沟组上段盐层分布剖面图

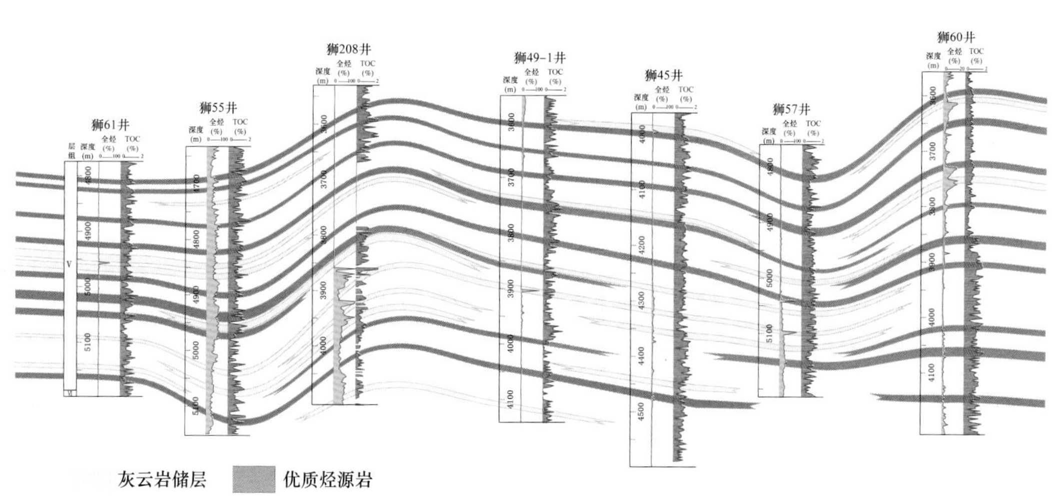

图 5-22　英西下干柴沟组上段Ⅴ油组源储配置关系模式图

系。扎哈泉地区上干柴沟组构造以西高东低的稳定宽缓斜坡为主，烃源岩横向上分布连续、稳定、面积大，砂体和烃源岩指状叠置、广泛接触。扎哈泉页岩层系石油主要分布于Ⅳ、Ⅵ砂组，油层富集于紧邻优质烃源岩发育的有效砂体中，呈现出古地形控砂、控源，有利砂体和优质烃源岩互层接触（图 5-23）。（2）扎哈泉地区多口井均证实了储层物性好利于页岩层系石油甜点区发育，优势砂体主要为浅湖坝砂和滩砂，硅酸盐含量高、填隙物含量少，物性较好，孔隙度能达到 8%；浅湖砂、滨湖砂和碎屑流砂泥质含量稍高，物性相对较差（图 5-24）。

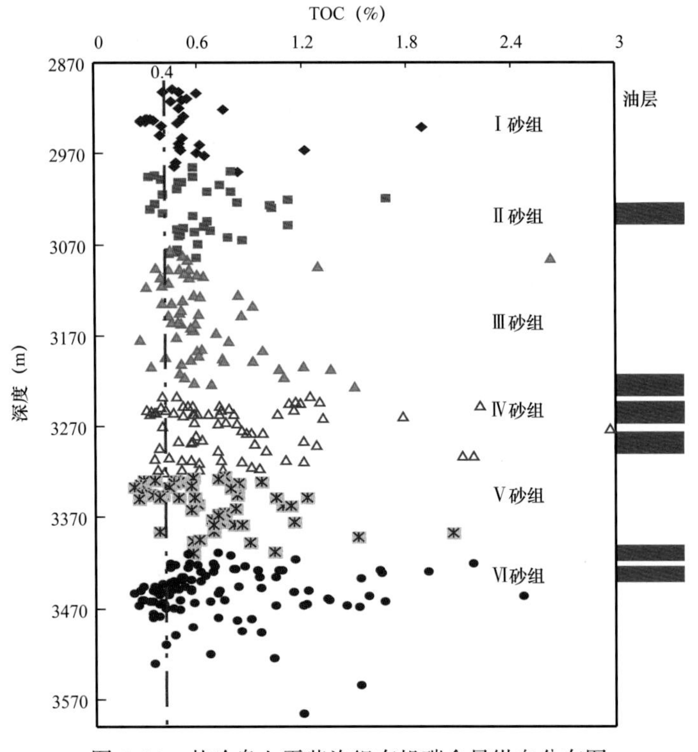

图 5-23　扎哈泉上干柴沟组有机碳含量纵向分布图

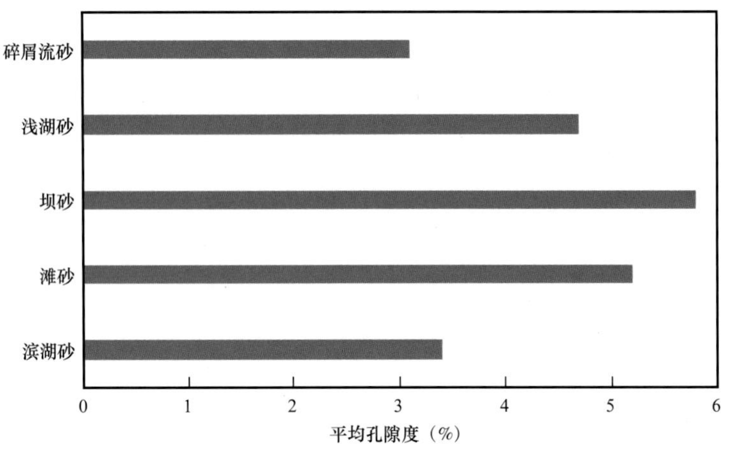

图 5-24　不同沉积砂体的孔隙度

第二节　资源分级标准、资源潜力及有利区优选

一、页岩层系石油地质评价及参数

本次页岩层系石油资源评价软件采用项目组下发的资源评价系统 HyRAS1.5 软件中页岩层系石油资源评价系统 TigOil1.5 子模块，共划分为快速评价和重点评价两类评价模式，

其中快速评价模式主要采用快速评价法；重点评价优选了小面元法、资源丰度类比法来评价柴达木盆地页岩层系石油资源。最后运用特尔菲综合法统计分析页岩层系石油资源。

1. 快速评价法

快速评价法是对柴达木盆地页岩层系石油资源进行粗略、快速的评价，关键参数主要包括含油面积系数、油层有效厚度、有效孔隙度、原始含水饱和度、原油密度、原始原油体积系数等，取值主要依据评价单元内钻录井、测井、分析化验、储量等资料。通过模拟计算，得出柴西南下干柴沟组碳酸盐岩页岩层系石油资源量为 19750.00×10^4t，可采资源量为 1185.00×10^4t；柴西上干柴沟组湖相碎屑岩致密油资源量为 29710.00×10^4t，可采资源量为 2376.80×10^4t；柴西北油砂山组碳酸盐岩页岩层系石油资源量为 46770.00×10^4t，可采资源量为 4209.30×10^4t。

2. 小面元法

小面元法适用于中低勘探程度地区页岩层系石油资源评价，是对快速评价模式的补充和延伸，关键参数包括油层有效厚度、有效孔隙度、含油饱和度、石油充满系数、排烃强度等，依据评价单元内钻录井、测井、分析化验、储量等资料取值。该方法计算得出柴西南下干柴沟组碳酸盐岩页岩层系石油资源量为 17516.70×10^4t，可采资源量为 1051.00×10^4t；柴西上干柴沟组湖相碎屑岩致密油资源量为 35164.50×10^4t，可采资源量为 2813.20×10^4t；柴西北油砂山组碳酸盐岩页岩层系石油资源量为 40321.00×10^4t，可采资源量为 3628.90×10^4t。

3. 资源丰度类比法

资源丰度类比法主要适用于中低勘探程度地区，依据勘探程度、有机碳含量、成熟度、油层特征等参数将页岩层系石油评价单元划分为潜力区（A）、扩展区（B）、其他区（C）三类评价区（表 5–2）。重点选取类比解剖区，取值依据评价区内钻录井、测井、分析化验、储量等资料，运用地质类比参数标准对评价区及类比区分别打分，求取相似系数计算出资源量（表 5–3）。

柴西南下干柴沟组碳酸盐岩页岩层系石油优选尕斯库勒下干柴沟组页岩层系石油、红柳泉下干柴沟组页岩层系石油作为类比解剖区，预测出柴西南下干柴沟组碳酸盐岩页岩层系石油资源量为 10421.11×10^4t，可采资源量为 625.27×10^4t。

柴西上干柴沟组湖相碎屑岩致密油优选扎 2 区块上干柴沟组致密油、扎探 1 区块上干柴沟组致密油作为类比解剖区，类比得出柴西上干柴沟组湖相碎屑岩致密油资源量为 30731.32×10^4t，可采资源量为 2458.51×10^4t。

柴西北油砂山组碳酸盐岩页岩层系石油优选南翼山（油砂山组）页岩层系石油、小梁山（油砂山组）页岩层系石油作为类比解剖区，类比得出柴西北油砂山组碳酸盐岩页岩层系石油资源量为 37427.71×10^4t，可采资源量为 3368.49×10^4t。

表 5-2　柴达木盆地页岩层系石油资源评价地质类比参数与标准表

地质条件	参数名称	分值			
		0.75～1	0.5～0.75	0.25～0.5	0～0.25
储层条件	储层厚度（m）	＞60	40～60	20～40	＜20
	储层岩性	细砂岩、石灰岩	粉砂岩、泥质灰岩	泥质粉砂岩、泥质白云岩	灰质泥页岩
	孔隙类型	孔隙型	裂缝—孔隙型	孔隙—裂缝型	裂缝型
	有效孔隙度（%）	8.0～10.0	6.0～8.0	4.0～6.0	＜4.0
烃源条件	烃源层厚度（m）	＞800	600～800	400～600	＜400
	TOC（%）	＞1.0	0.8～1.0	0.6～0.8	＜0.6
	R_o（%）	＞1.3	0.8～1.0	0.6～0.8	＜0.6
	有机质类型	Ⅰ、$Ⅱ_1$	$Ⅱ_1$、$Ⅱ_2$	$Ⅱ_2$、Ⅲ	Ⅲ
保存条件	封隔层岩性	膏盐岩、泥膏岩	泥岩	砂质泥岩、灰质泥岩	砂质泥页岩
	封隔层厚度（m）	＞50	30～50	15～30	＜15

表 5-3　柴达木盆地页岩层系石油评价区相似系数及资源量汇总表

评价单元	类比区	相似系数			资源量（10^4t）		
		A 类区	B 类区	C 类区	A 类区	B 类区	C 类区
柴西南下干柴沟组碳酸盐岩	尕斯库勒下干柴沟组、红柳泉下干柴沟组	1.616	1.243	1.130	6087.3	3875.1	232.5
柴西上干柴沟组湖相碎屑岩	扎 2 区块上干柴沟组、扎 7 区块上干柴沟组	1.168	0.852	0.466	21260.9	7355.6	2114.8
柴西北油砂山组碳酸盐岩	南翼山油砂山组、小梁山油砂山组	1.026	0.923	0.837	15400.2	18020.8	4004.7

4. 特尔菲综合法

本次页岩层系石油资源评价采用快速评价法、小面元法和资源丰度类比法三种方法进行评价。其中小面元法和资源丰度类比法计算结果均可靠，因此权重系数分别按0.5、0.5进行取值，通过汇总预测出柴西南下干柴沟组碳酸盐岩页岩层系石油资源量为13965.82×10^4t，可采资源量为838.56×10^4t；柴西上干柴沟组湖相碎屑岩致密油资源量为32923.68×10^4t，可采资源量为2637.10×10^4t；柴西北油砂山组碳酸盐岩页岩层系石油资源量为38870.91×10^4t，可采资源量为3496.22×10^4t（表5-4）。

表5-4　柴达木盆地页岩层系石油特尔菲综合法结果汇总表

资源量估算方法		柴西上干柴沟组湖相碎屑岩			柴西南下干柴沟组碳酸盐岩			柴西北油砂山组碳酸盐岩		
		权系数	资源量（10^4t）	可采资源量（10^4t）	权系数	资源量（10^4t）	可采资源量（10^4t）	权系数	资源量（10^4t）	可采资源量（10^4t）
资源丰度类比法		0.5	30731.32	2458.51	0.5	10421.11	625.27	0.5	37427.71	3368.49
小面元法		0.5	35164.50	2813.20	0.5	17516.70	1051.00	0.5	40321.00	3628.90
资源汇总	5%		33766.32	2703.43		14850.07	897.95		40938.42	3684.43
	50%		32910.65	2635.77		13973.50	837.39		38831.16	3497.33
	95%		32203.62	2579.15		13074.83	785.26		36796.62	3311.49
	期望值		32923.68	2637.10		13965.82	838.56		38870.91	3496.22

二、页岩层系石油评价结果

2012年以来，通过引进页岩层系石油概念及勘探方法技术，在地质研究评价基础上，逐步认识到柴达木盆地西部地区存在页岩层系石油资源，以往发现的个别低—特低渗难采油藏实际为页岩层系石油，同时在扎哈泉—乌南斜坡区上干柴沟组碎屑岩致密油勘探获得突破，发现了与优质烃源岩共生、大面积分布、不受构造圈闭控制的致密油，通过勘探试采，不但新增了储量，而且获得一定产量，取得良好成效。

依据现有认识，柴达木盆地页岩层系石油资源主要分布于柴西地区，包括柴西上干柴沟组湖相碎屑岩、柴西南下干柴沟组碳酸盐岩和柴西北油砂山组碳酸盐岩三大类，纵向上具有不同的烃源岩分布及储盖组合特征。第三次资源评价未对柴达木盆地非常规油气进行评价工作，由于目前页岩层系石油资源的勘探处于初始阶段，勘探程度相对较低，本次仅优选了快速评价法、小面元法、资源丰度类比法开展了页岩层系石油资源评价工作。预测出柴西地区页岩层系石油资源量为85760.41×10^4t，按照平均采收率8%估算可采资源量为6971.88×10^4t（表5-5）。

表 5-5　柴达木盆地页岩层系石油资源汇总表

评价单元	岩性	面积（km^2）	地质资源量（10^4t）	可采资源量（10^4t）	地质资源丰度（$10^4t/km^2$）	可采资源丰度（$10^4t/km^2$）	可采系数（%）
柴西南下干柴沟组碳酸盐岩	石灰岩	1600	13965.82	838.56	10.35	0.62	6
柴西上干柴沟组湖相碎屑岩	粉砂岩	1800	32923.68	2637.10	18.29	1.47	8
柴西北油砂山组碳酸盐岩	石灰岩	4900	38870.91	3496.22	7.93	0.71	9
合计			85760.41	6971.88			

第三节　甜点区（段）评价标准、识别与预测

一、英西页岩层系石油甜点区（段）

1. 储层评价标准

根据工区研究和生产实践，选取 TOC、灰云岩含量、物性和脆性四个指标，在储层三维模型平面图件编制基础上开展特征分析。

（1）英西下干柴沟组上段烃源岩的氯仿沥青“A”和生烃潜量（S_1+S_2）两个参数与 TOC 呈良好正相关关系，且页岩油自生自储、源内或近源成藏的特征决定区内油藏空间分布与烃源岩具有叠合性，选择 TOC 作为有利区优选重要指标。以 TOC 为标准将烃源岩划分为三类，分别是：Ⅰ类≥0.8%、Ⅱ类为 0.6%～0.8%、Ⅲ类为 0.4%～0.6%，小于 0.4% 的为非烃源岩。按该标准得出各油组不同等级烃源岩的平面展布，结果表明英西下干柴沟组上段 TOC 含量总体较高（图 5-25）。

（2）灰云岩是英西最主要的储层岩性，灰云岩中的白云石晶间孔是英西下干柴沟组上段发育最普遍的储集空间类型，是全区含油的基础，区内发育的溶蚀孔、洞大部分也是在白云石晶间孔的基础上经成岩作用进一步改造而成的。实验分析和测井岩性扫描数据表明，储层孔隙度与储层岩石的白云石含量呈正相关关系。采用分析化验、测井和地震瞬时振幅属性相结合，按照灰云岩含量的不同划分为 3 个等级，分别是：Ⅰ类灰云岩含量＞55%（白云石含量＞40%）；Ⅱ类灰云岩含量为 45%～55%（白云石含量 35%～45%）；Ⅲ类灰云岩含量为 35%～45%（白云石含量＜30%）。以此为标准对英西下干柴沟组上段灰云岩储层进行分级，各油组不同等级的有利区见图 5-26，其中Ⅴ油组

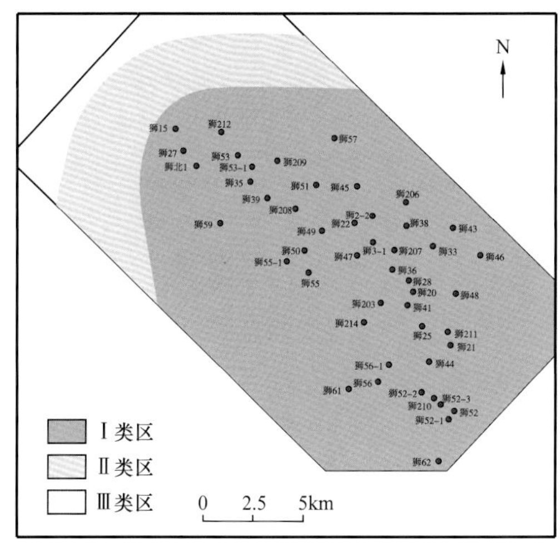

a.Ⅳ油组TOC含量分级

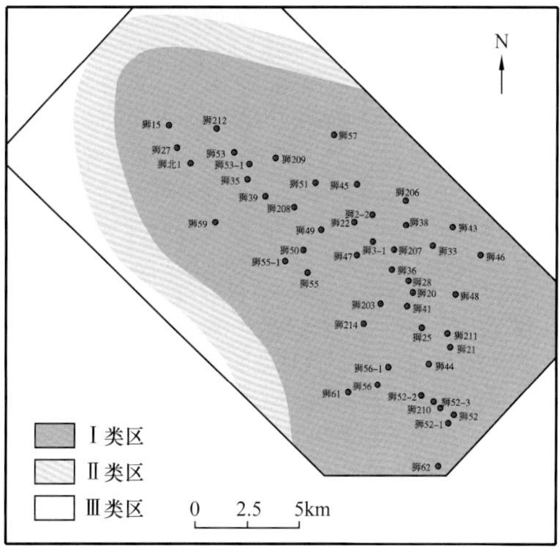

b.Ⅴ油组TOC含量分级

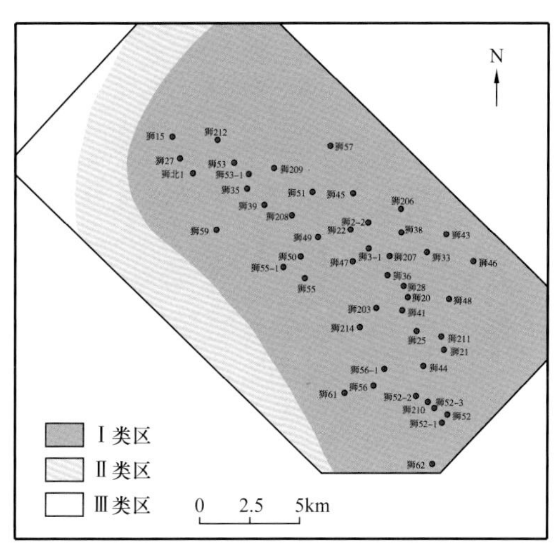

c.Ⅵ油组TOC含量分级

图 5-25 英西油田狮 38、狮 41、狮 49 区块下干柴沟组上段油藏Ⅳ—Ⅵ油组 TOC 含量分级平面图

除东南部外其余地方含量均较高且差异不大，Ⅳ和Ⅵ油组灰云岩含量平面上呈现出一定差异。

（3）孔隙度是储层物性评价最重要的指标之一，根据储层研究成果、测井解释和生产试油结果确定储层孔隙度分级标准，将英西各油组储层划分为 3 个等级，分别为：Ⅰ类孔隙度为>8%；Ⅱ类孔隙度为 6%～8%；Ⅲ类孔隙度为 4%～6%。根据该分类标准编制研究区储层物性分级图，区分 3 类有利区（图 5-27）。总体上Ⅵ和Ⅴ油组均在局部发育高孔隙度区，主要分布在狮 38、狮 41、狮 49 和狮 210 井区。而Ⅳ油组整体由于埋藏较浅，储集空间受压实影响较弱，且地层形成于沉积旋回晚期，受大气淡水溶蚀形成溶蚀孔（洞），其孔隙度普遍高于Ⅵ和Ⅴ油组，且高孔区分布相对连片，覆盖了大部分研究区。

（4）岩石脆性指数是评价页岩油气储层岩石可压裂性的重要指标。参考现场工程压

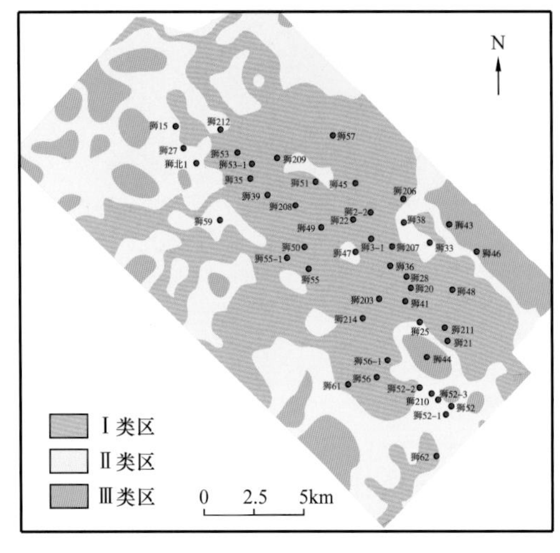

a.Ⅳ油组灰云岩含量分级

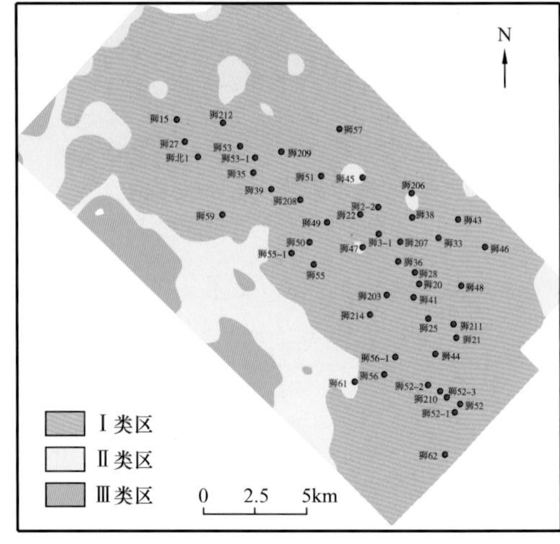

b.Ⅴ油组灰云岩含量分级

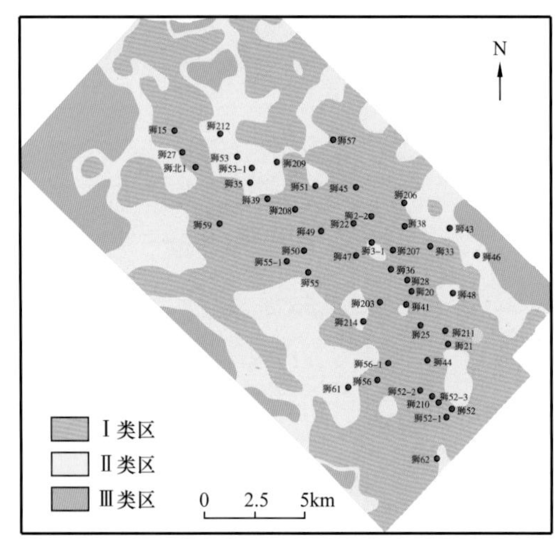

c.Ⅵ油组灰云岩含量分级

图 5-26　英西油田狮 38、狮 41、狮 49 区块下干柴沟组上段油藏Ⅳ—Ⅵ油组灰云岩含量分级平面图

裂效果将储层脆性指数分为 3 个等级，分别为：Ⅰ类矿物脆性＞0.7；Ⅱ类矿物脆性为 0.6～0.7；Ⅲ类矿物脆性＜0.6。根据该分类标准，编制研究区储层脆性分级图，区分 3 类有利区（图 5-28）。对比 3 个油组脆性平面展布特征，可见全区纵横向储层脆性均较高，地层可压裂性良好。

2. 甜点区（段）识别与预测

为确定下干柴沟组上段Ⅳ—Ⅵ油组各级别甜点区空间展布，利用不同油组 TOC、灰云岩含量、储层物性和脆性 4 个参数的分级平面展布图作叠加分析（图 5-29）。

结果表明，Ⅵ油组Ⅰ类有利区主要分布于狮 38 井区、狮 20 井区以及狮 210 井区一带，呈近南北向展布，此外狮 49 井区及周边Ⅰ类有利区分布也较为集中；Ⅱ类有利区大

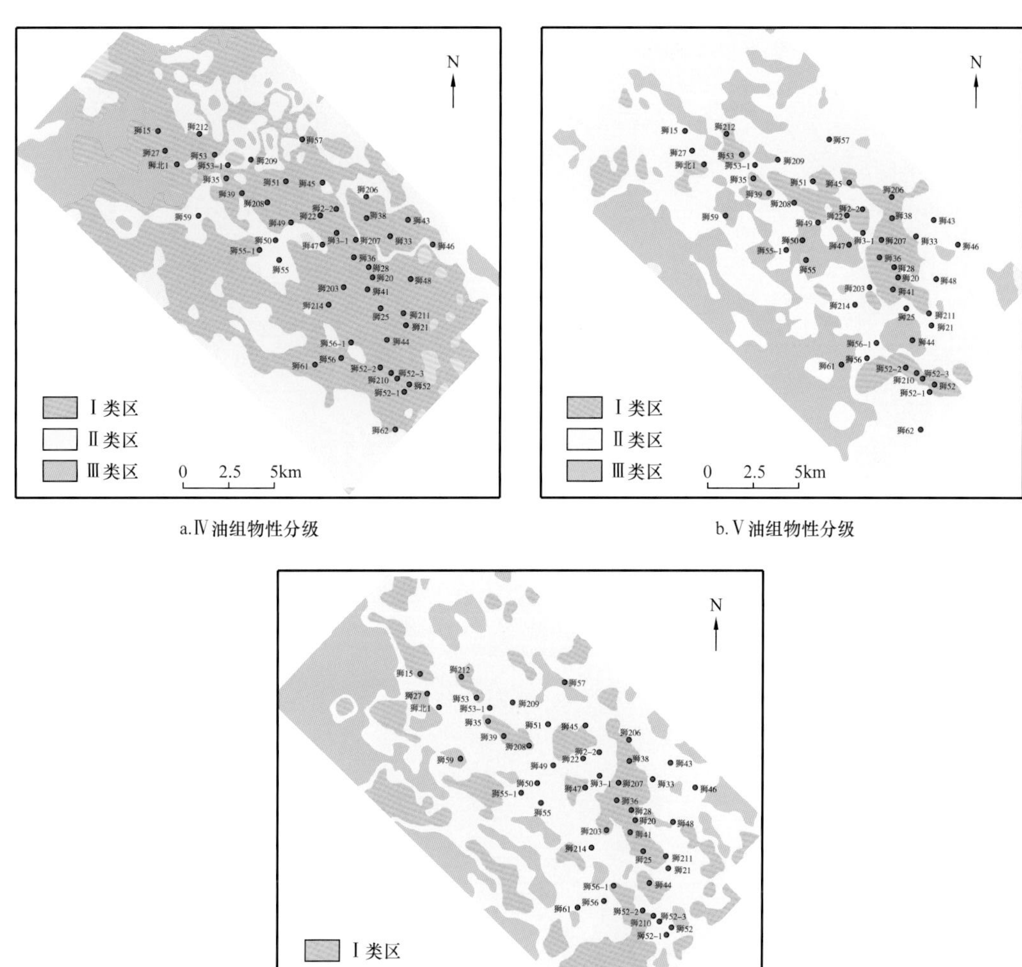

a.Ⅳ油组物性分级

b.Ⅴ油组物性分级

c.Ⅵ油组物性分级

图 5-27 英西油田狮 38、狮 41、狮 49 区块下干柴沟组上段油藏Ⅳ—Ⅵ油组孔隙度分级平面图

面积分布于全区，且连片性较好。Ⅴ油组Ⅰ类有利区主要沿狮 49、狮 38-3、狮 20 和狮 210 井区呈断续弧形展布；由于Ⅴ油组沉积期湖盆水体较深，泥质含量增加，其Ⅲ类区发育面积增加，主要分布于工区西南部；Ⅱ类有利区沿工区中部和北部呈北西—南东向连片分布。Ⅳ油组由于物性整体优于Ⅴ和Ⅵ油组，其Ⅰ类有利区展布面积较之于Ⅴ、Ⅵ油组明显增加且连片性变好；Ⅱ类有利区沿Ⅰ类区外围分布；Ⅲ类有利区主要分布于工区西北部和南部两侧，对Ⅱ类区切割较弱。

总体上英西下干柴沟组上段各油组源储条件和配置关系良好，且地层脆性矿物含量总体较高，可压裂性好。纵向上，受埋深、压实程度、物性和岩性等因素的综合控制，表现为Ⅳ油组储层条件优于Ⅴ油组和Ⅵ油组。平面上，灰云岩中广泛发育的晶间孔构成了全区

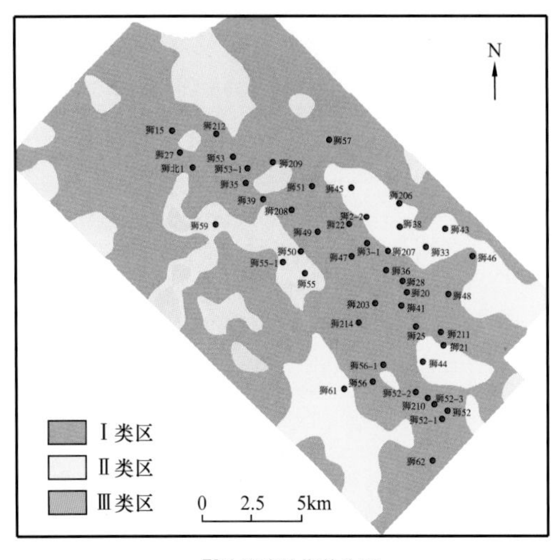

a.Ⅳ油组脆性指数分级

b.Ⅴ油组脆性指数分级

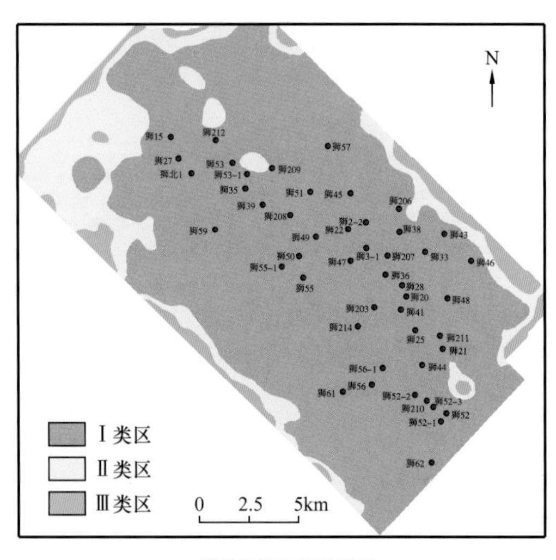

c.Ⅵ油组脆性指数分级

图 5-28　英西油田狮 38、狮 41、狮 49 区块下干柴沟组上段
油藏Ⅳ—Ⅵ油组脆性指数分级平面图

普遍含油的基础，受异常高压和差异压实的影响，在区内残余孔隙度高的局部欠压实区和构造裂缝沟通下可形成高产富集区（甜点）。

二、扎哈泉页岩层系石油甜点区（段）

1. 储层评价标准

通过对储层的精细刻画，并结合测井及测试等手段，将扎哈泉页岩层系石油有效储层分为三类（表 5-6），总体以Ⅱ—Ⅲ类为主，从目前测试成果来看，Ⅰ类占 23%，Ⅱ类占 30%，Ⅲ类占 47%。

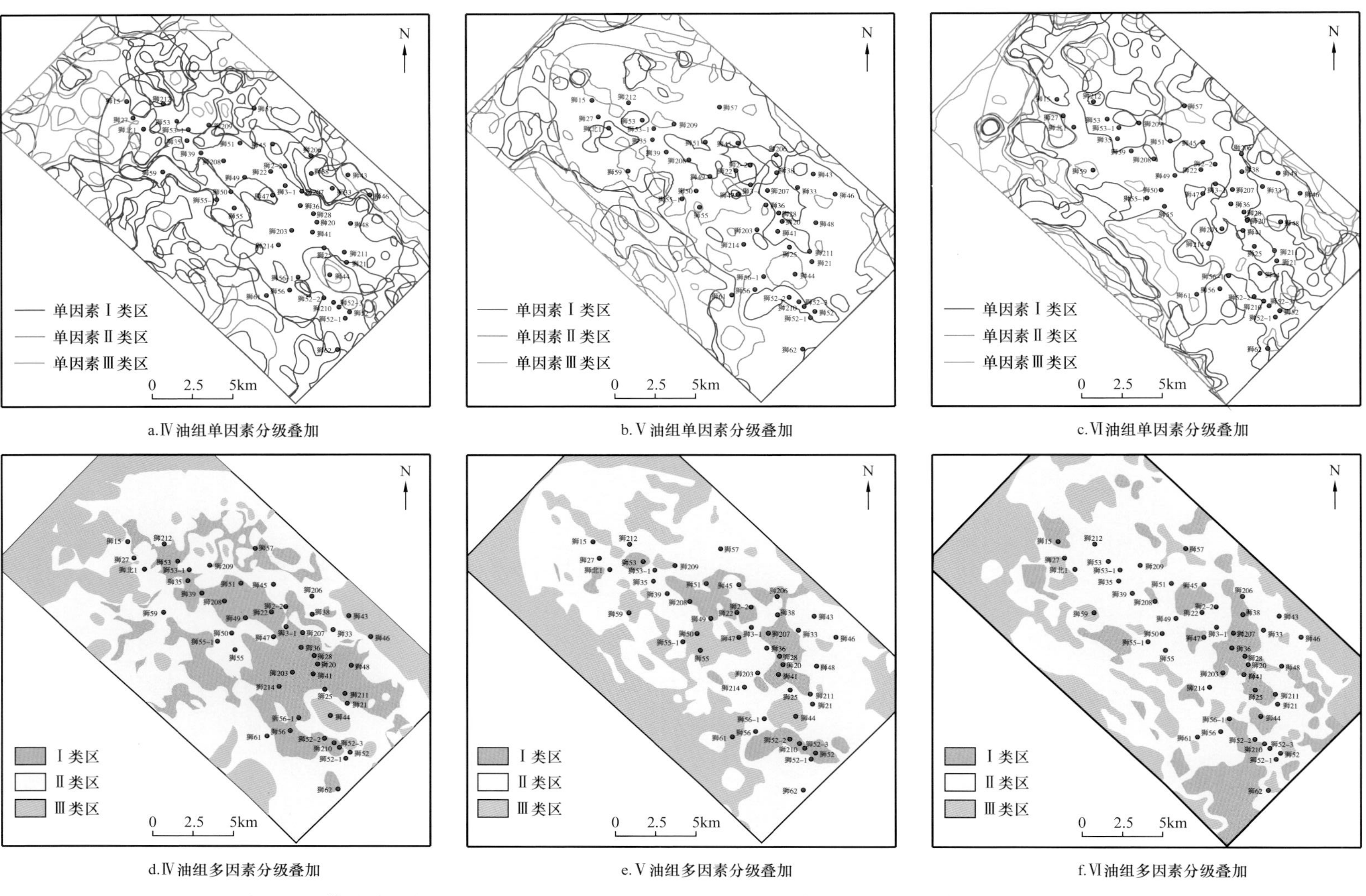

a.Ⅳ油组单因素分级叠加

b.Ⅴ油组单因素分级叠加

c.Ⅵ油组单因素分级叠加

d.Ⅳ油组多因素分级叠加

e.Ⅴ油组多因素分级叠加

f.Ⅵ油组多因素分级叠加

图 5-29 英西油田狮 38、狮 41、狮 49 区块下干柴沟组上段油藏Ⅳ—Ⅵ油组 4 参数叠合分级平面图

表 5-6 扎哈泉地区上干柴沟组页岩层系石油储层评价标准

分类参数		储层分类		
		Ⅰ类	Ⅱ类	Ⅲ类
产能和含油气性	产能	自然产能高	自然产能低，压后工业油流	压后见油流
	含油气性	油浸	油浸—油斑	油迹—荧光
沉积特征	沉积类型	坝	坝、重力流	坝、滩及重力流
	岩性	中粗、中细砂岩	细砂岩、粉砂岩	粉砂岩、泥质粉砂岩
物性特征	孔隙度（%）	＞10	7.5～10	5～7.5
	渗透率（mD）	＞1	0.2～1	0.05～0.2
	碳酸盐含量（%）	＜7	7～20	20～30
孔隙结构	储集空间	原生孔、溶蚀扩大孔	原生孔、溶蚀孔	原生孔、溶蚀孔、晶间孔
	排驱压力（MPa）	＜0.1	0.1～5	＞5
	孔隙半径（μm）	＞80	10～80	2～10
	孔喉半径（μm）	4～6	0.07～0.2	0.05～0.1
测井参数	自然伽马（API）	30～60	60～75	75～90
	地层电阻率（Ω·m）	≥7.0	≥8.0	≥9.0
储层评价		好（甜点）	较好	差
分布层位		主要在上干柴沟组Ⅲ油组	上干柴沟组Ⅳ—Ⅵ油组	
实例		扎 9、扎 7、扎 207	扎 2、扎 3、扎 201、扎 204	扎 4 井、扎 201

Ⅰ类储层最好，沉积类型为坝，岩性粒度较粗，以粗—细砂岩为主，原生粒间孔和溶蚀扩大孔发育，物性好，孔隙结构连通性好，碳酸盐含量低，以油浸为主，该类储层在常规条件下试油即可获得高产工业油流。

Ⅱ类储层次之，沉积类型为坝和重力流，岩性粒度相对较细，以细—粉砂岩为主，原生粒间孔发育一般，物性中等，孔隙结构连通性一般，碳酸盐含量中等，以油浸—油斑为主，该类储层在常规条件下试油具有一定产能，通过压裂后可获得高产工业油流。

Ⅲ类储层最差，沉积类型为坝、滩及重力流，岩性粒度细，以粉砂岩为主，原生粒间孔较少，见一些溶孔和晶间孔，物性较差，孔隙结构连通性差，碳酸盐含量较高，以油迹为主，该类储层只有通过压裂后可获得一定的工业产能。

2. 烃源岩评价标准

根据岩性划分标准，以碳酸盐含量 25% 为界限将烃源岩分为两类，对比可以发现大部分碳酸盐含量小于 25% 的烃源岩（泥岩类烃源岩）S_1+S_2 都很低，甚至有部分 TOC 大于 2% 的烃源岩 S_1+S_2 值依然在 0.5mg/g 以下；对于碳酸盐含量大于 25% 的烃源岩（泥灰岩类烃源岩），当 TOC 大于 0.6% 后，S_1+S_2 普遍较高，初步认定 0.6mg/g 是优质烃源岩下限。泥岩类烃源岩 TOC 平均为 0.51%，泥灰岩类烃源岩 TOC 平均为 0.9%（图 5–30、图 5–31）。

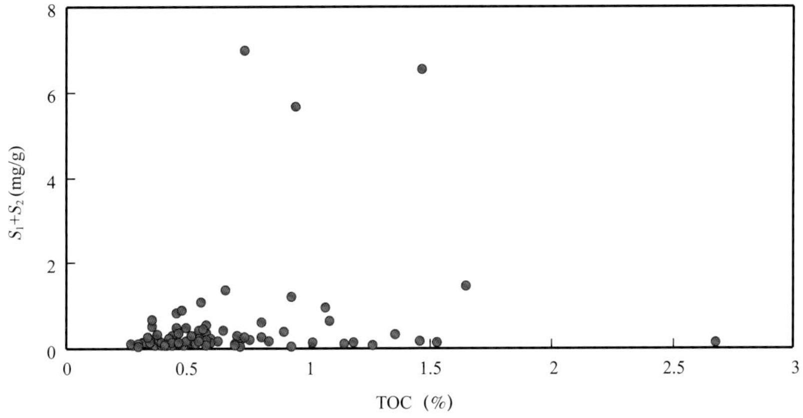

图 5–30　TOC 与 S_1+S_2 相关性分析（碳酸盐含量<25%）

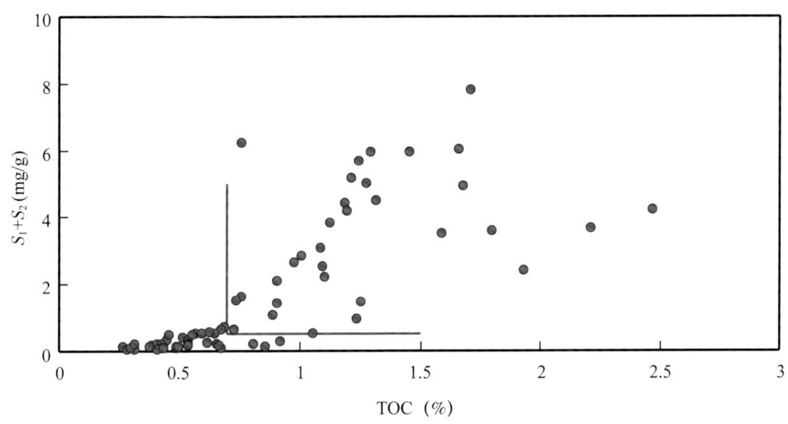

图 5–31　TOC 与 S_1+S_2 相关性分析（碳酸盐含量>25%）

测井图上，两类烃源岩具有显著不同的特征，泥灰岩类烃源岩在岩性扫描测井上一般可直观识别，其钙质含量相对较高，指示泥灰质发育，常规测井上呈现“三高一低”的特征（自然伽马、铀含量、电阻率高值，声波时差低值，图 5–32 深灰色所示）。泥岩类烃源岩在岩性扫描测井上显示泥质含量较高，钙质含量低，常规测井上具有“三高两低”的特征（自然伽马、声波时差、无铀伽马高值，电阻率、铀含量低值，图 5–32 浅灰色所示）。

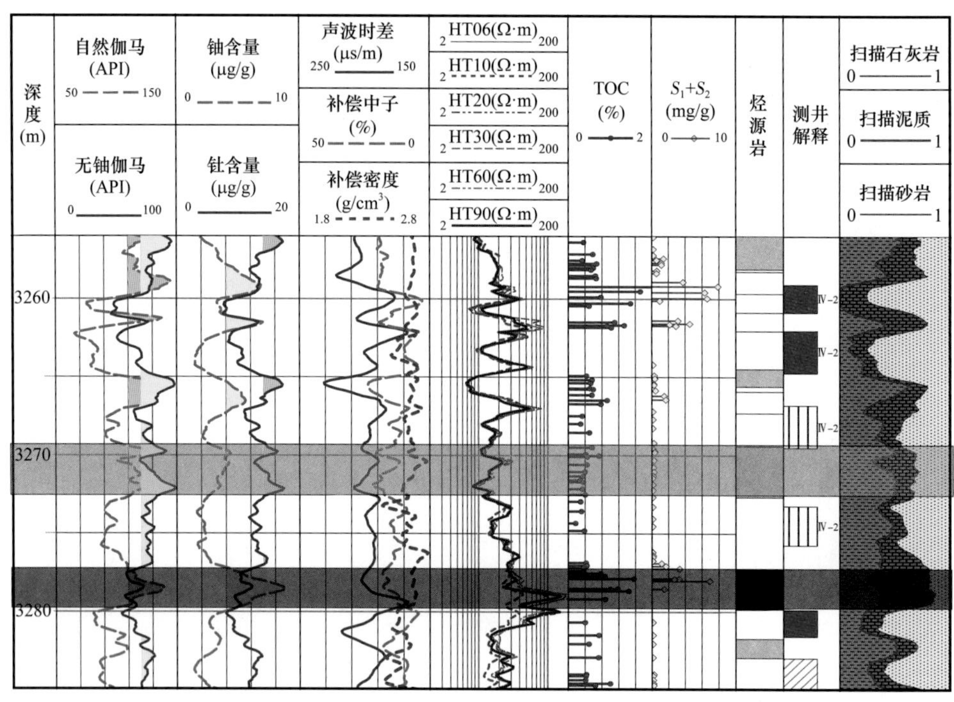

图 5-32　扎平 1 井烃源岩测井特征

从扎哈泉地区地球化学分析资料来看，上干柴沟组烃源岩绝大部分有机碳含量在 0.4% 以上，为有效烃源岩，其中，Ⅳ、Ⅵ砂组相对更好，有机碳含量大部分在 0.6% 以上，Ⅳ砂组有机碳含量平均值为 0.85%，Ⅵ砂组有机碳含量平均值为 0.81%，为好烃源岩（图 5-33）。有机质类型从Ⅰ—Ⅲ型皆有分布，有效烃源岩主要为Ⅱ型，Ⅳ砂组相对更好，偏$Ⅱ_1$型，其次是Ⅵ砂组，为$Ⅱ_2$型（图 5-34）。结合可溶有机质特征，可以推断扎哈泉地区低等水生生物来源的有机质较多，也有陆源高等植物来源。

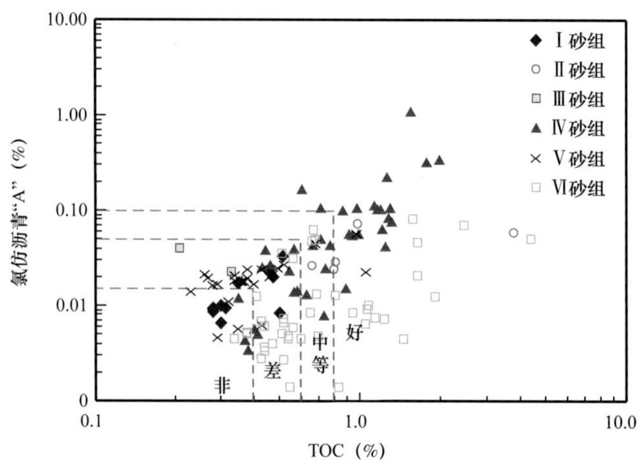

图 5-33　扎哈泉地区上干柴沟组烃源岩有机质丰度图

根据烃源岩的特征，结合柴西地区咸化湖盆烃源岩的评价标准及生烃模式，建立了扎哈泉页岩层系石油烃源岩的评价标准（表 5-7）。

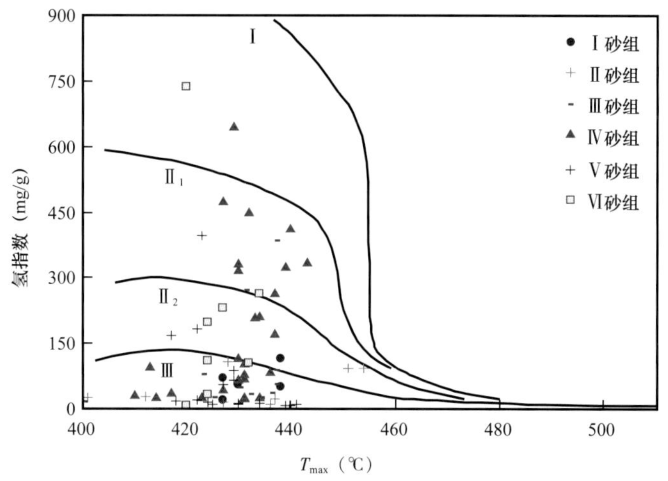

图 5-34　扎哈泉地区上干柴沟组烃源岩有机质类型图

表 5-7　扎哈泉地区上干柴沟组烃源岩评价标准

评价参数		分类		
		Ⅰ	Ⅱ	Ⅲ
有机质丰度	TOC（%）	>0.8	0.6～0.8	0.4～0.6
氯仿沥青“A”（%）		>0.1	0.05～0.1	0.015～0.05
生烃潜量	S_1+S_2（mg/g）	>4.0	2.0～4.0	0.5～2.0
有机质转化率	氯仿沥青“A”/TOC	>0.12	0.08～0.12	0.035～0.08
有机质类型		Ⅰ—Ⅱ	Ⅱ	Ⅱ—Ⅲ
热演化	R_o（%）	0.6～0.9		

3. 甜点区（段）识别与预测

应用地球物理以叠后、叠前两套数据体为基础，开展井震结合的沉积相分析，进行沉积微相划分；利用流体活动性属性、叠后地震反演、地学统计反演、叠前地震反演等方法预测储层岩性，半定量预测物性、含油气性，综合圈定页岩层系石油储层甜点区。通过对20 口井目的层段（上干柴沟组）的测井曲线进行标准化处理，以提高反演的质量。

（1）应用地质统计学反演结果，能够反映出更为丰富的细节，为精细定量刻画砂体和物性的分布提供了有力的基础（图 5-35）。

（2）通过敏感参数分析，明确了含油储层的地球物理特征，总体表现为相对低纵横波速比（1.53～1.56）、相对低横波阻抗特征。从纵波速度、横波速度、泊松比、体积模量、杨氏模量和剪切模量等岩石物理参数交会分析图上可以看出，油层与非油层特征差异比较明显（图 5-36）。

应用叠前地震弹性同时反演技术，生成纵横波速度比与横波阻抗属性，两种属性交会进行体雕刻，由属性剖面和上干柴沟组Ⅳ砂组平面图可见，两种属性融合能够很好地识别含油气的分布，与试油结论符合程度很好（图 5-37）。

上干柴沟组Ⅲ砂组上部含油砂岩主要发育于扎 5—扎 206—扎 205—扎 2—扎 4—扎 7 条带上，在工区的西南部也较发育，在扎西 1、扎 3 和绿 13 井区欠发育；整体上西部优于东部。预测含油砂岩发育面积 72.5km^2，其中Ⅰ类区面积 32.7km^2；Ⅱ类区面积 39.8km^2（图 5-38）。

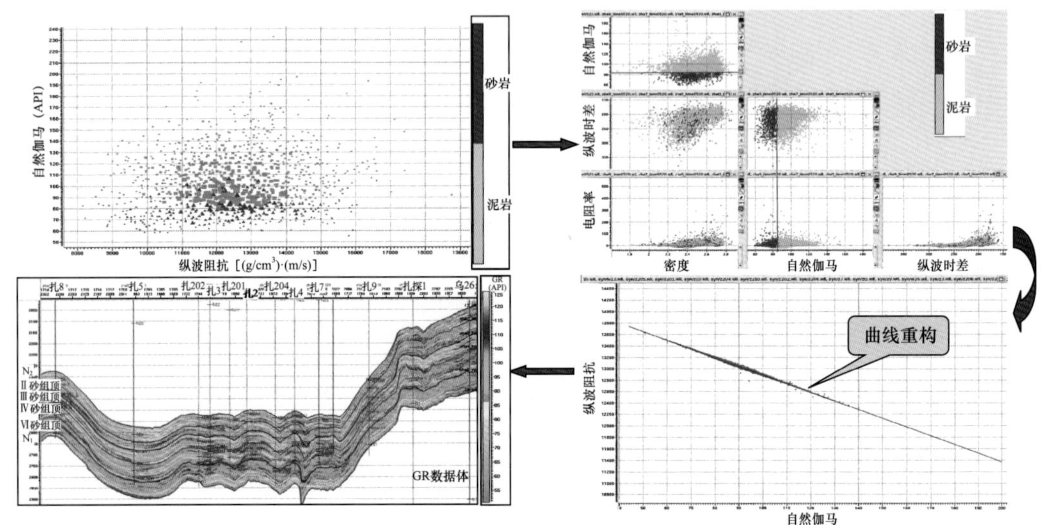

图 5-35　扎哈泉地区上干柴沟组储层地质统计学反演结果

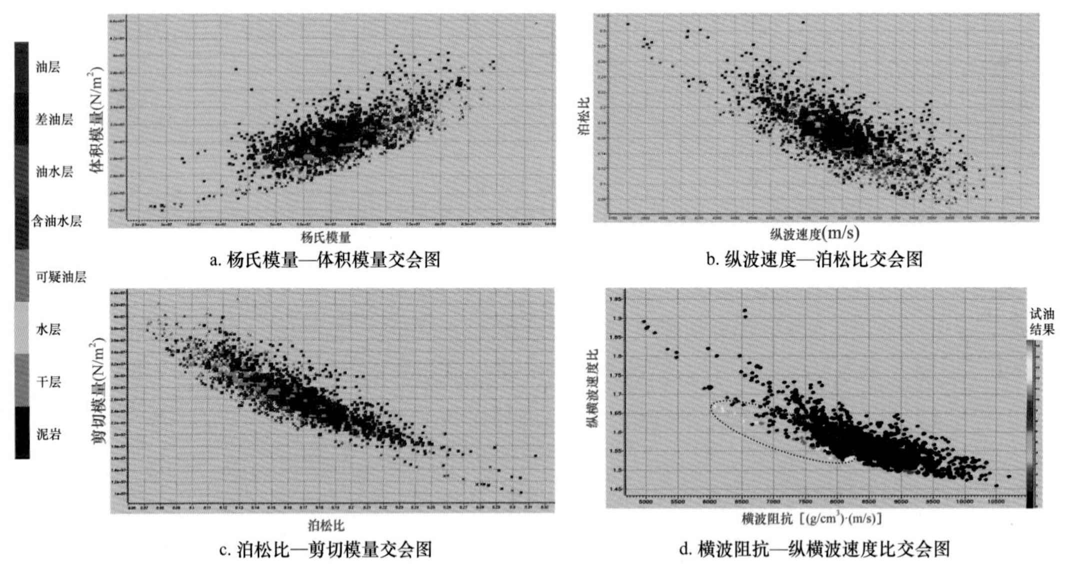

a. 杨氏模量—体积模量交会图

b. 纵波速度—泊松比交会图

c. 泊松比—剪切模量交会图

d. 横波阻抗—纵横波速度比交会图

图 5-36　扎哈泉地区上干柴沟组储层地震属性参数分析

上干柴沟组Ⅲ砂组下部含油砂岩在扎哈泉主体部位以及扎 7 井区较发育，在工区中部以及扎西 1 和扎 2 井区欠发育；预测含油砂岩发育面积 64.4km^2，其中Ⅰ类区面积 27.6km^2；Ⅱ类区面积 36.8km^2。

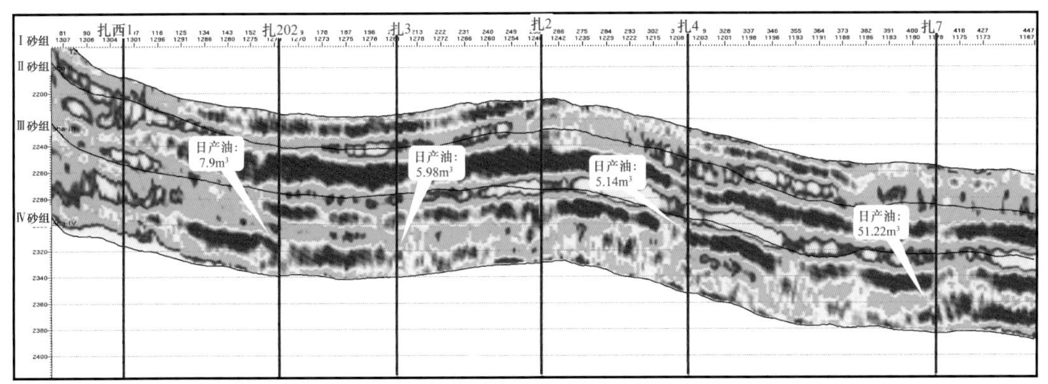

图 5-37　扎西 1—扎 202—扎 3—扎 2—扎 4—扎 7 井含油砂岩预测剖面图（v_P/v_S）

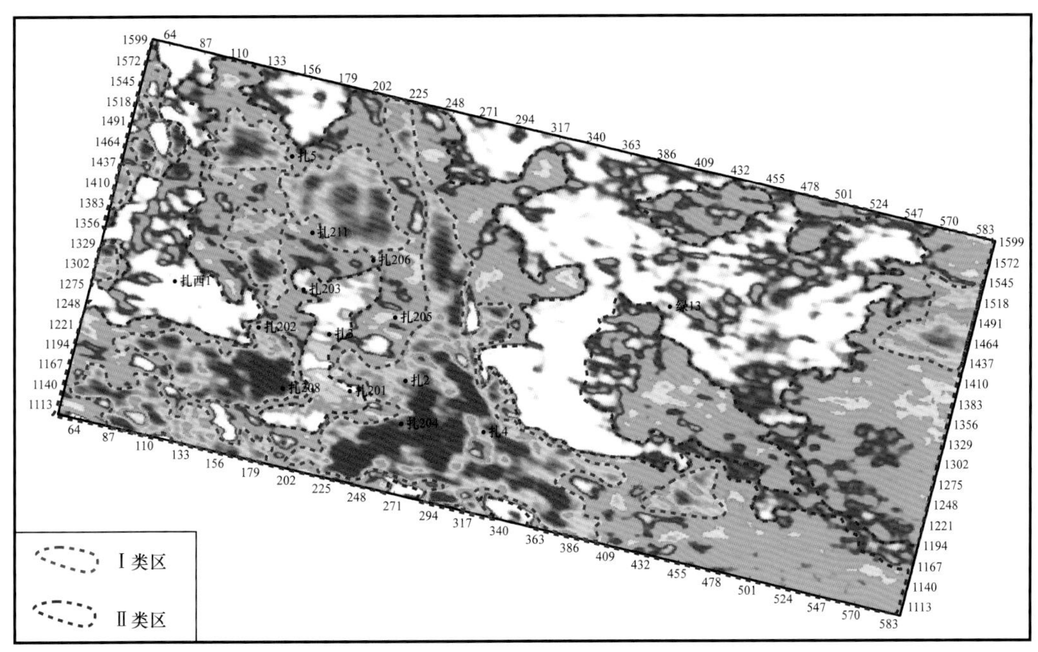

图 5-38　扎哈泉地区上干柴沟组储层Ⅲ砂组上部含油砂岩预测平面图

第四节　勘探开发工程关键技术进展及应用

一、英西关键技术进展及应用

1. 体积压裂可行性

英西储层脆性指数为 66%；最大最小主应力差为 13.6～18.9MPa，压裂施工数据分析结果表明，采用滑溜水 + 冻胶复合压裂工艺技术施工，井裂缝内净压力达到 10～25MPa；发育有天然裂缝，平均裂缝密度为 4～10 条 /m。通过岩心地应力回归及测井资料地应力回归，最大主应力方向为北东 7°～63°，平均为北东 36°，杨氏模量为

35000MPa，泊松比为 0.27，脆性指数平均为 64.3%，总体表现较脆，能够形成复杂的缝网系统。综上，英西储层可形成复杂裂缝，具备工厂化体积压裂的可行性。

2. 可压性评估

依据数模结果确定储层需要何种裂缝，并根据水力压裂物模结果和裂缝扩展模拟结果确定不同裂缝形态产生的界限，最后将二者叠合，建立了四区域四参数图版，图版回答了储层应该采取何种改造模式的问题，为改造方案的制定提供有力支持（图 5–39）。

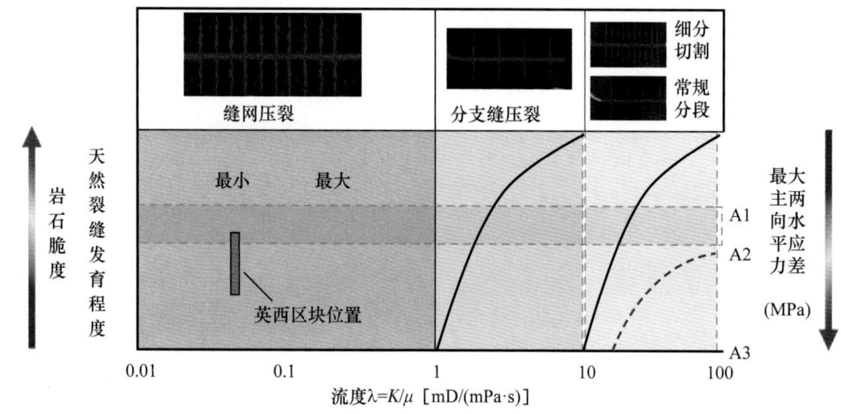

图 5–39　英西盐下储层在四参数四区域图版中的位置

3. 压裂液体系优选

英西地区储层温度较高，压裂工艺选用滑溜水加线性胶加冻胶的复合压裂液模式进行改造，因此对线性胶和冻胶压裂液的评价同样作为体系优选的重点工作。根据储层温度，压裂液选用耐温度较高体系开展配方优化研究，重点对体系耐温性能、破胶性能、伤害性能等开展配方优化实验。

4. 直井缝网压裂技术

采用高等级的压裂井口、地面管汇、压裂泵车及井下工具，以大排量、低摩阻组合压裂管柱、高滑溜水比、复合压裂液、多段塞打磨、组合支撑剂、强制裂缝闭合等配套技术为主的直井缝网压裂工艺技术。

5. 水平井体积压裂技术

开展英西水平井体积压裂试验，形成了提高储层改造体积的“工艺四步法”工艺技术，兼顾地质甜点与工程甜点结合、微地震裂缝监测等手段，形成了套管完井与裸眼完井和套管桥塞分簇分段、裸眼封隔器分段两套体积压裂工艺技术。

6. 直井现场试验

直井通过措施液体系、措施改造施工规模、施工参数研究及方案优化研究，实现了

“3 个 8” 的工作目标，压裂指标和压裂效果逐渐向好，直井共措施改造 45 层组，措施后有 31 个层组获得工业油气流。

7. 水平井现场试验

累计施工水平井 14 井次 142 段，采用裸眼封隔器 + 滑套改造 4 井次，套管多簇多段 + 可溶桥塞改造 10 井次；施工排量在 8.8～12m^3/min 之间，平均为 10.5m^3/min；施工液量在 5942.8～23473.1 m^3 之间，平均为 15555.9 m^3；施工砂量在 621.2～1552.9m^3 之间，平均为 998.3m^3；砂比在 10.2～22.6m^3 之间，平均为 16.9m^3；单段液量在 1295.4～1876.3m^3 之间，平均为 1538.7m^3；单段砂量在 71.7～118.6m^3 之间，平均为 98.3m^3；改造体积在 710.7×10^4～7550×10^{4}m^3 之间，平均为 3503×10^{4}m^3。英西地区共完成 14 井次 138 段的压裂施工，14 口水平井生产，投产效果初期呈现高产特征，投产 30d 平均日产油达到 25.71t，目前平均日产油 5.49t，截至目前水平井累计产油 53435.72t，单井累计产量是直井的 16 倍，平均有效期 170d，远高于直井的 42d。以大排量、大液量为核心的措施改造技术思路在英西具有良好的应用效果。水平井 + 体积压裂是解放英西储层以及该区高效开发的有效途径。

二、扎哈泉关键技术进展及应用

1. 关键技术进展

1）页岩层系石油特征

发育下干柴沟组下段、下干柴沟组上段、上干柴沟组和下油砂山组四套含油层系，纵向互层分布，平面叠合连片（图 5-40）。扎 2 井区、扎 7 井区页岩层系石油主要受储层物性控制。扎 2 井区上干柴沟组页岩层系石油埋深在 3200～3600m 之间，主要富集于Ⅲ、Ⅳ、Ⅵ砂组，Ⅴ砂组局部也有分布，单油层厚度为 1.5～9.7m，平均单层厚度为 3.4m，单井油层厚度为 3.0～24.1m。扎 7 井区上干柴沟组页岩层系石油埋深在 3350～3650m 之间，主要富集于Ⅱ、Ⅲ砂组。扎 2、扎 7 井区上干柴沟组页岩层系石油弹性加溶解气驱采收率分别为 10.8% 与 1.0%，采收率分别为 12.4% 与 12.3%。扎 2 井区尚无注水，目前驱动类型以弹性驱与溶解气驱为主；扎 7 井区上干柴沟组油藏已进行全面注水开发，以水驱为主。

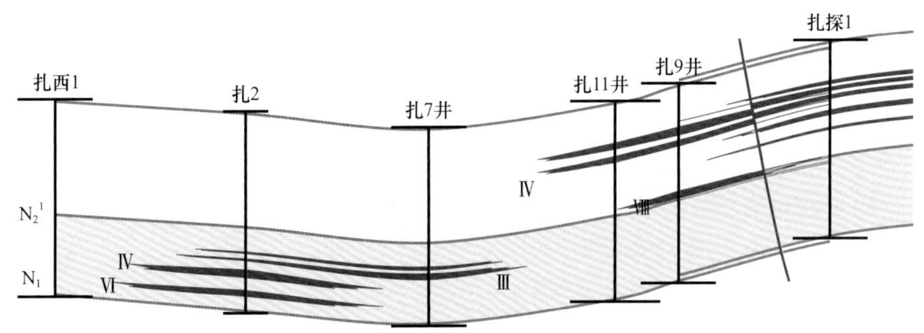

图 5-40　扎哈泉地区油藏纵向展布示意图

2）储层压前综合评估

储层岩性以长石岩屑及岩屑长石砂岩为主，石英占40%左右，长石占20%左右，碳酸盐占20%，黏土含量平均为20%；发育一定的天然裂缝，方位与最大主应力方位夹角在80°左右，最大主应力方位扎2井区为北东20°～30°，扎7井区为北东100°～129°，扎9、扎11井区为北东100°～136°；扎2井区杨氏模量为44352MPa，泊松比为0.25，扎7井区杨氏模量为25583MPa，泊松比为0.29、扎9、扎11井区杨氏模量为23372MPa，泊松比为0.27，呈现杨氏模量大、泊松比大的特征。总体表现较脆，能够形成复杂的缝网系统，采用合适的工艺技术能够达到体积改造的目的。压裂施工难点是破裂压力梯度高和加砂困难。

压裂液体系优选：根据储层地层条件及温度特点，研究优化滑溜水压裂液、低摩阻压裂液、高温常规压裂液等压裂液体系配方，结合压裂液的主要特征及适应温度对储层岩心进行伤害评价研究与适应性分析，优选出适合措施区块的压裂液类型。

3）直井压裂改造

从降低施工压力、提高加砂能力和改造措施效果三方面切入，形成了酸预处理、组合管柱技术、高前置液技术、复合压裂技术、组合支撑剂技术、解水锁压裂技术、中等变排量技术、缝内暂堵转向8项配套技术。直井措施成功率提高近60个百分点，加砂量提高3倍，措施后6个层组获工业油气流，较攻关前提高了一倍，解决了研究区压不开地层、加不进砂的难题，工艺取得了突破。

4）水平井单井体积压裂

以扎平1井为例，采用水平井＋桥塞封隔多簇多段主流压裂技术，结合储层物性利用油藏数值模拟优化裂缝参数，综合油藏工程研究、沿井筒最小主应力大小、测井解释及储层物性、岩石力学参数、脆性等结果，通过模糊识别方法确定最优射孔段和射孔数，采用滑溜水＋冻胶复合压裂模式，前期用滑溜水大排量制造复杂裂缝，采用小粒径支撑剂段塞填充天然裂缝和分支裂缝，后期采用冻胶携砂，高砂比施工，提高主裂缝导流能力。扎平1井现场施工5段14簇，施工顺利，压后分析结果表明施工净压力为14～15MPa，形成了复杂裂缝系统，施工后邻井扎2井产量上升1倍，压后1a日平均产油10t，是相邻直井的3倍多，证明扎平1井压裂产生裂缝波及体积较常规施工大得多。页岩层系石油水平井快钻桥塞多簇多段压裂技术具有技术成熟、通径大、排量大、无限级、改造体积大的特点，扎平1井先导性试验证明能够实现体积压裂改造的目的，是研究区下步页岩层系石油水平井组工厂化压裂首选的工艺技术。

5）水平井组工厂化压裂配套技术

水平井组工厂化主要包括水平井分段方式选择、布缝方式选择、裂缝参数优化、施工参数优化、压裂装备保障、井下微地震裂缝监测等内容，可有效降低施工成本，提高施工效率，为大规模经济开发扎哈泉页岩层系石油储层提供技术支持。扎哈泉页岩层系石油水平井组工厂化压裂配套技术包括连续混配、泵送桥塞分簇射孔、定向射孔、纤维控砂压裂、液体回收利用、连续油管钻磨桥塞等技术。

2. 试验区开发效果分析与经验

1）发展阶段

经历优化产建目标、勘探开发一体化、高效开发、外围甜点突破 4 个阶段。2013—2014 年优化产建目标，多属性预测储层甜点的配套技术有效降低了产建风险。2014—2015 年勘探开发一体化，对扎哈泉区块进行开发概念设计和试采评价，对地质作进一步研究，初步落实了储量和产能规模。2016—2017 年编制开发方案，高效开发，对扎 7 井区开展综合治理工作，初期产量较高，效果好。2019 年对外围甜点区突破，利用储层研究成果，识别甜点，进行砂体研究，扎 401 井区初步建产。近几年勘探开发一体化工作对扎哈泉试验区取得了一定的认识，通过一系列配套技术，取得了一定的成效。

2）一体化配套技术

（1）多属性预测储层甜点配套技术。针对扎 7 井区甜点区，通过对扎 7 井区Ⅲ砂组储层多井反演提高储层预测的精度，从一次预测到四次预测，符合率进一步提高，有效指导了扎 7、扎 401 甜点区产能建设（图 5-41）。（2）勘探开发一体化技术。开发早期介入，在综合地质与油藏评价的基础上，针对扎 7 井区，优选扎 7 井作为该区块的评价井，进行试采评价，收集相关地质资料及分析化验数据，及时开展开发概念设计编制工作（图 5-42）。（3）精细编制产建方案。在先期综合研究与试采评价基础上，围绕扎 7 井甜点区优化产能部署，精细编制产建方案，确保产建顺利实施。围绕扎 7—扎 207 井区已钻井完善 245m×245m 注采井网，及时完善测井二次解释图版，调整纠正测井解释模型，准确识别油水层，深化油水分布规律认识（图 5-43）。通过油藏工程论证与机理模型相结合的方法，优化不同操作成本下井网密度，优化不同油价下井距，最终确定扎 7 井区 245m×245m 正方形反九点井网同步注水开发形式（图 5-44）。（4）通过砂体研究和薄层砂体储层预测实现外围甜点区突破。扎 7 井区目前开发已进入综合治理阶段，向扎 7 井区东北部扎 401 井区寻找新甜点区，目前已在扎 401 井区优选井位开展试采试注，取得一定效果。

3）一体化试验成效

（1）创新低渗透岩性油藏高效建产的扎哈泉模式。扎哈泉区块储层以湖相滩坝砂体为主，具有埋藏深、物性差，油气的分布受构造背景、岩性等多重因素控制，初期产量高、产量递减快、稳产难度大的特点。扎 7 井区通过沉积微相研究和主力含油砂体预测，优化部署，已钻探 47 口井，建成产能 4.4×10^4t/a，产能到位率达到 90% 。目前总计油水井 50 口，平均单井日产 3.4t，日产 62.0t，累计产油 14.3×10^4t，综合含水 46.83%（图 5-45），实现低渗透岩性油藏高效建产。在扎 7 井区产能建设过程中，推行分包管理模式，机械钻速提高 95.48%，钻机周期缩短 55.2%，完井周期缩短 52.8%，钻井费用降低 15%，大大降低了产能建设投资，提高了时效。通过储层预测、沉积砂体展布和成藏规律研究，明确扎 7、扎 401 等甜点区。（2）实现扎 401 甜点区突破，并为后续产能提供接替区。扎哈泉油田扎 7 井区自 2016 年开发方案实施以来，累计建成产能 5.46×10^4t/a，实现了整体建产与高效建产。随着油田开发深入，注水突破、低产低效等矛盾逐渐暴露，致使油田产量快

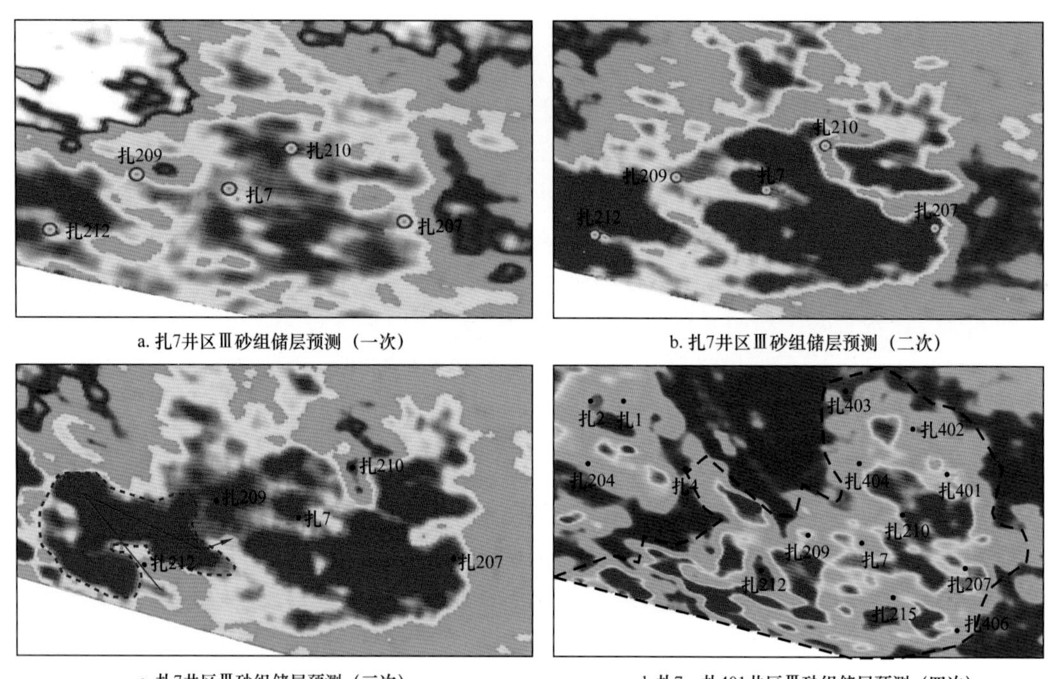

a. 扎7井区Ⅲ砂组储层预测（一次）　b. 扎7井区Ⅲ砂组储层预测（二次）

c. 扎7井区Ⅲ砂组储层预测（三次）　d. 扎7—扎401井区Ⅲ砂组储层预测（四次）

图 5-41　扎 7 井区Ⅲ砂组储层多次预测图

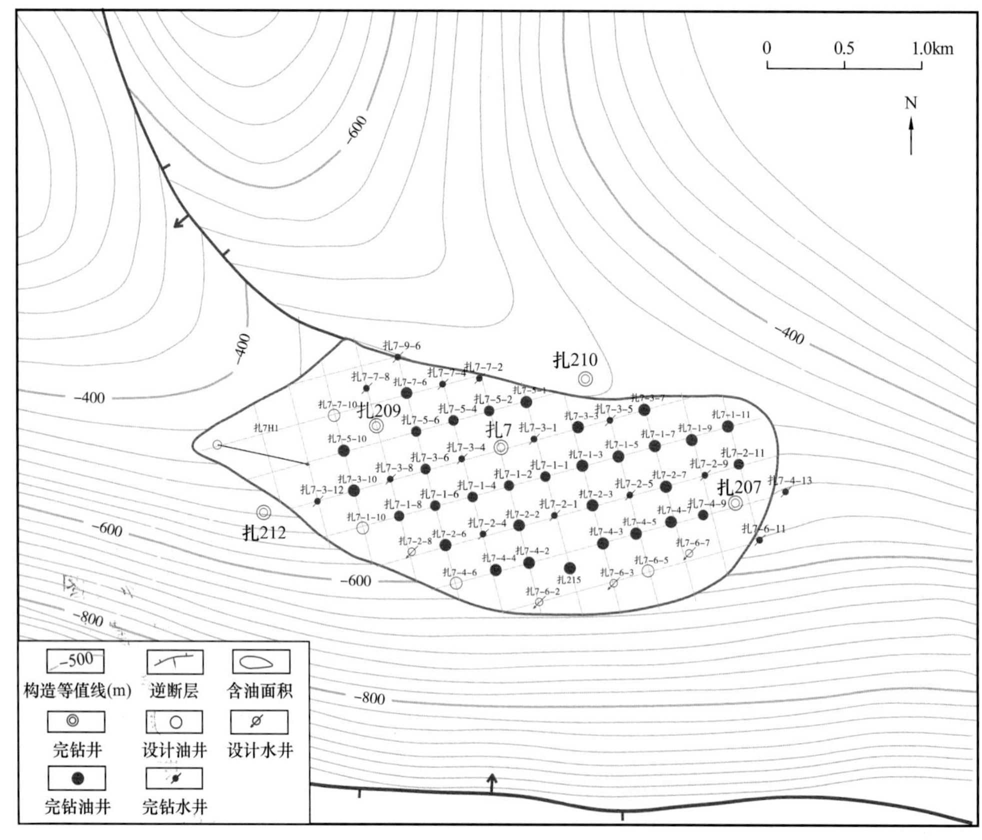

图 5-42　扎 7 井区Ⅲ砂组开发部署图

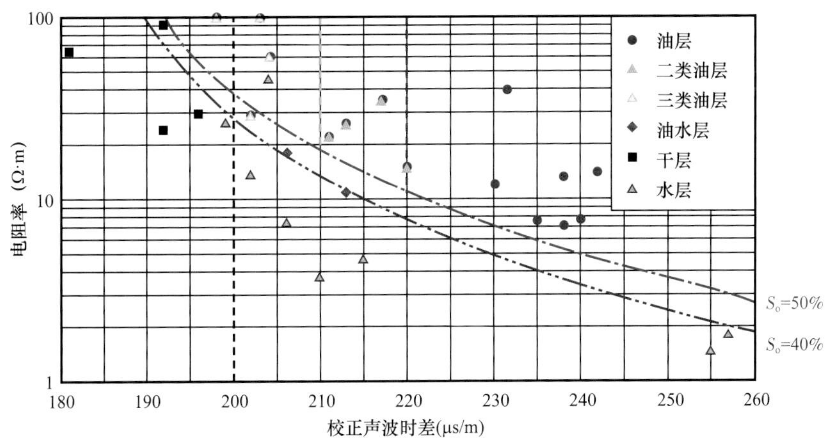

a. 建产初期解释模型

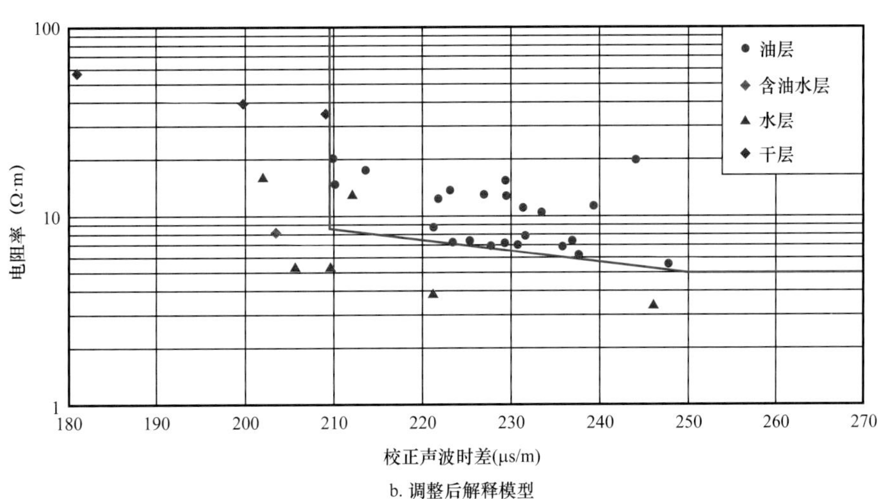

b. 调整后解释模型

图 5-43　扎 7 井区测井二次解释图版调整前后对比图

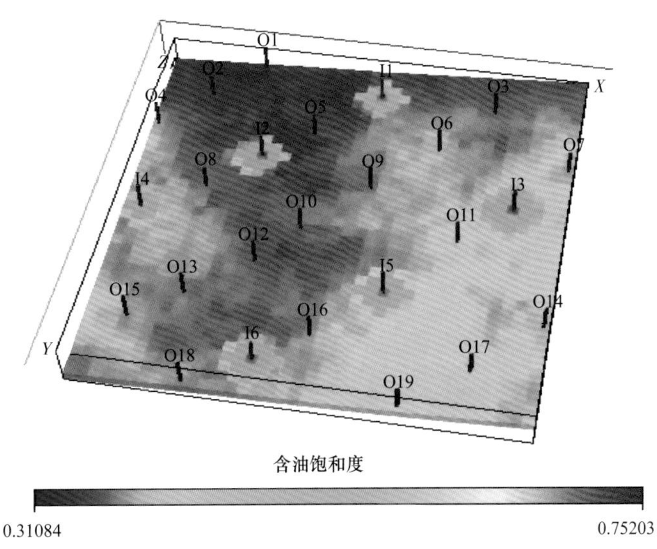

图 5-44　扎 7 井区上干柴沟组油藏反九点法部署示意图

速递减、开发效果变差，稳产形势严峻。针对扎 7 井区西区注水突破，东区低产低效，开展了砂体构型研究，在单砂体上编制了扎 7 井区调驱方案，实现西区注水突破井组调驱，东区水井恢复注水、低产低效井压裂，提高单井产量。预计实施调驱 4 个月后见效，单井措施增油 20%；优选区预计最终累计产油 29.6×10^4t，增加可采储量 18.65×10^4t，采收率 22.4%，与不调驱（18.8%）对比提高 3.6 个百分点。通过砂体研究和薄层砂体储层预测实现扎 7 井区外围甜点区突破，对扎 401 井区实施产能建设，整体按“骨架井先行，根据其钻遇效果调整，最终优选区域”进行产能部署。2020 年实施 32 口井钻探任务，其中，采油井 25 口，注水井 7 口，单井配产 4.0t/d，新建产能 3.0×10^4t/a，设计井深 3500m，总进尺 11.2×10^4m。

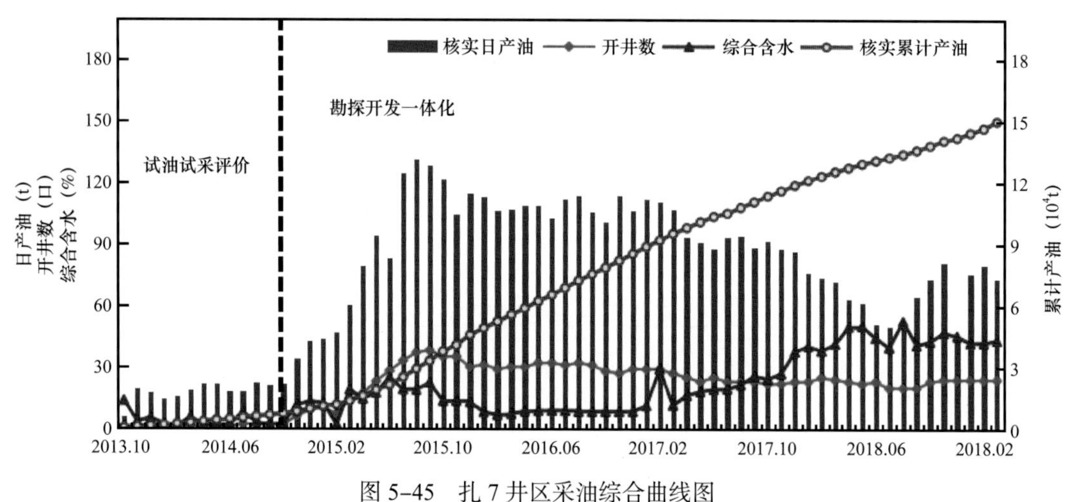

图 5-45　扎 7 井区采油综合曲线图

第五节　主要结论及“十四五”展望

一、主要结论

（1）通过烃源岩、沉积、储层、源储组合的综合评价研究，厘定出柴达木盆地西部地区主要有三大页岩层系石油勘探领域，有利勘探面积达 8050km²，通过资源评价落实总资源量为 85760.41×10^4t，可采资源量为 6971.88×10^4t。

（2）柴西地区古近—新近纪为典型咸化湖盆，烃源岩主要在柴西地区下干柴沟组—油砂山组中，埋深一般为 1300～4600m，分布面积为 3.1×10^4km²，油源条件充足，为页岩层系石油形成奠定了物质基础。

（3）柴西地区源储配置条件优越。① 英雄岭—跃进地区下干柴沟组上段湖相碳酸盐岩页岩层系石油分布受古地貌及古水深控制，多套碳酸盐岩储集体与烃源岩广覆式接触，储层岩性为泥晶灰岩和藻灰岩，以晶间孔、晶内溶孔为主，孔隙度在 4%～8%之间。② 阿尔金—扎哈泉地区上干柴沟组砂岩以滨浅湖为优势相，含油砂体主要为坝砂和滩砂，有利储层分布受湖盆中心迁移和陆源输入碎屑物控制，岩性以细砂—粉砂岩为主，主要为原生粒间孔，孔隙度在 3%～20.1% 之间。③ 柴西北区油砂山组混积岩主要为滨浅湖相的灰坪、沙坪和藻滩，以碳酸盐岩和碎屑岩混杂为主，储层岩性主要为泥晶灰岩和粉砂岩，储集空间有溶蚀孔、层间缝、残余粒间孔和晶间孔，储层平均孔隙度为 20.7%。

（4）建立了一套适用于柴达木盆地页岩层系石油的评价标准和成藏模式。① 建立了适合柴达木盆地的烃源岩评价标准，明确各指标下限分别为：有机碳含量为 0.4%，氯仿沥青“A”为 0.015%，总烃为 1000μg/g，产烃潜力为 0.5mg/g。② 建立了不同类型页岩层系石油储层的评价标准，分扎哈泉页岩层系石油、英西页岩层系石油、风西页岩层系石油，分别建立储层评价标准，明确甜点储层的标准。③ 创新建立了扎哈泉地区湖泛面控制下的滩坝砂体和优质烃源岩共生的复式页岩层系石油成藏模式。④ 明确了柴西地区页岩层系石油的成藏地质条件和主控因素，受构造背景、烃源岩、沉积优势相、有利储层和异常压力五方面因素控制。

（5）形成了一套测井、物探、钻完井、储层改造等经济适用的配套技术。① 以烃源岩定量评价、源储评价为核心的页岩层系石油“七性”评价技术；② 地质与地震多手段、多信息联合，多属性预测储层甜点的配套技术；③ 国内先进的安全高效低成本页岩层系石油钻井技术；④ 针对扎哈泉页岩层系石油储层的配套改造技术。

（6）应用实效：① 理论成果支撑有利区带优选和井位目标落实，优选有利区带 8 个，落实钻探目标 21 个。② 五年新增探明储量 7060.65×10^4t；控制储量 13525×10^4t。扎哈泉探明储量 457.34×10^4t，控制储量 4201×10^4t；英西地区探明储量 6603.31×10^4t，控制储量 4222×10^4t；风西地区落实控制储量 5102×10^4t。③ 支撑甜点区块快速建产，扎哈泉扎 7 区块 2018 年建产 4.8×10^4t/a，英西地区建产 10×10^4t/a。

二、“十四五”展望

针对柴达木盆地页岩层系石油继续攻关相关问题，深化基础地质研究，强化工艺技术攻关，进一步落实资源基础，明确开发政策，完善工艺手段，坚定页岩层系石油勘探开发的信心。（1）甜点刻画精度限制开发效果。地震精细解释及页岩层系石油甜点评价技术攻关力度不够，甜点预测精度低。（2）现有钻探手段不能突破温压瓶颈：英雄岭地区纵向压力系统复杂，局部高压，密度窗口窄，溢漏共存，安全钻进难度大；柴西北地区温度梯度高（3.8℃ /100m），对钻井液、水泥浆、入井工具及定向仪器提出较高抗温要求。（3）页岩层系石油储层改造效果仍需提升。英西区块影响压裂效果主控因素不明确，水平井压后递减快、稳产难度大，累计产量低；风西区块不同岩性组合下裂缝延伸机理不明确，分段分簇工艺参数优化难度大、针对性差。（4）效益开发难度大。受地下复杂的地质条件、地面恶劣的环境影响，目前页岩油产能建设单井投资较高（3500 万～3800 万元），桶油操作成本居高不下（50～70 美元），效益开发面临巨大的挑战。

展望“十四五”，首先是加强科研方面的保障，通过开展烃源岩的生—排—滞留模式分析及分类评价，为页岩油评价及开发方式优选提供基础。在试油试采资料的基础上，加强孔隙结构和流体属性指标研究，进一步加强页岩油甜点评价方法研究，深化甜点评价方法。围绕甜点区 / 段的评价，加强不同类型页岩层系油气评价参数及地震地质一体化预测技术攻关，落实页岩油气甜点区。以降低建井成本和提升储层改造效果为目标，着重开展地质甜点与工程甜点综合评价，深化压裂效果影响因素分析，开展地层水配制滑溜水、石英砂代替陶粒、工具国产化等低成本举措，实现页岩层系石油的高效勘探开发。

勘探开发部署方面，主要是规模效益勘探开发柴西古近—新近系咸化湖相碳酸盐岩页岩层系石油。2021 年，围绕英西—英中、风西等已发现区，勘探开发一体，探明储量规模；2022—2023 年，扩展英雄岭、风西外围和含油新层系；2024—2025 年，针对英雄岭腹部——柴西北碳酸盐岩新的甜点区，预计以试采评价—方案编制—示范区建设为主线，效益开发为目标，力争“十四五”实现页岩层系石油 30×10^{4}t/a 生产能力。

第六章　三塘湖盆地致密油资源潜力、甜点区预测与关键技术应用

“十三五”（2016—2020 年）期间，吐哈油田致密油研究团队在国家科技重大专项课题 6 专题 6“三塘湖盆地致密油资源潜力、甜点区预测与关键技术应用”的研究目标导向和经费资助下，通过深化二叠系条湖组凝灰岩和芦草沟组混积岩沉积演化和致密油成藏条件认识，揭示了条湖组“自源润湿、混源充注、断—缝输导、大面积成藏、甜点富集”的致密油聚集机理；通过开展甜点测井、地震综合评价预测，明确了致密油资源潜力与甜点区分布；通过重构勘探评价技术、规范、标准，形成了配套适用的地质、测井、地震综合勘探技术和钻井、压裂、降本增产井筒技术等两类关键技术，有力支撑了三塘湖盆地致密油的勘探开发和效益动用，马朗凹陷条湖组马 56—芦 104 块实现规模增储，条湖凹陷条 34 块芦草沟组混积岩致密油（页岩油）勘探取得重大突破。

第一节　区域成藏条件与富集主控因素分析

三塘湖盆地位于新疆巴里坤县和伊吾县境内，呈条带状夹持于莫钦乌拉山与苏海图山之间，走向为北西—南东向。盆地东西长约 500km，南北宽 40～70km，面积约 23000km^2。区域上地处哈萨克斯坦板块边缘，紧靠哈萨克斯坦板块与西伯利亚板块拼接部位，由拼接前石炭系—二叠系弧后拉张环境构造层和拼接后二叠系—第四系挤压前陆盆地构造层叠置而成，并经过印支运动、燕山运动、喜马拉雅运动等多期运动，形成现今东西狭长条状叠合改造盆地。

三塘湖盆地从 20 世纪 50 年代开始地质调查，大规模的石油地质勘探始于 1992 年，经过 20 多年的勘探开发，落实了马朗和条湖两个富油凹陷，在石炭系—二叠系、侏罗系等层系获得工业油气流，发现北小湖、三塘湖、牛东三个油田以及黑墩和石板墩两个含油气构造，包括侏罗系砂岩油藏、石炭系—二叠系火山岩油藏及二叠系凝灰岩致密油藏等多种油气藏类型，探明油气地质储量约 1.68×10^8t。

致密油勘探主要集中在二叠系，纵向上包括芦草沟组和条湖组。其中，芦草沟组油藏岩性以混积岩为主，岩性复杂，条湖组油藏岩性为凝灰岩，都可归为混积岩类致密油。近年来条湖组凝灰岩致密油勘探取得重大突破，相继发现芦 1—马 56 块、芦 104 块及马 706 块等多个致密油勘探开发区块（图 6-1），形成了一定的储量规模，近期也加大了芦草沟组页岩油（致密油）的勘探，在条湖凹陷南缘冲断带发现了条 34 块芦草沟组勘探开发区块，为吐哈油田可持续发展以及“十三五”油气增储上产的实现奠定了基础。

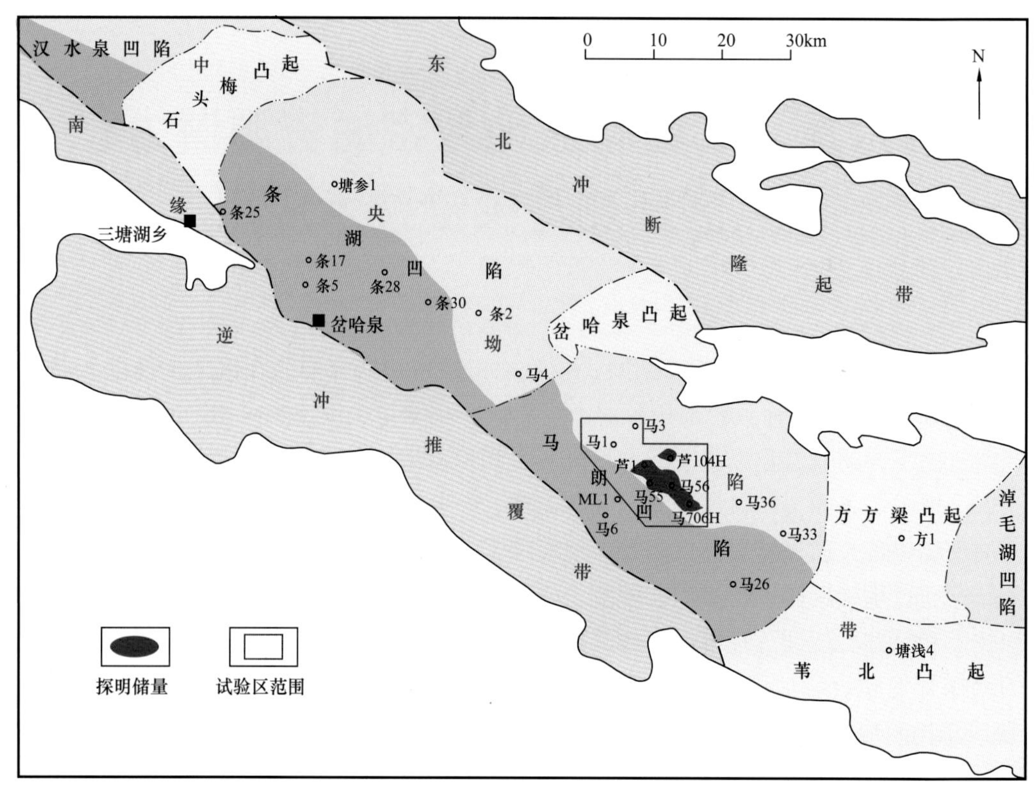

图 6-1　三塘湖盆地条湖组致密油基础地质图

一、条湖组凝灰岩致密油成藏条件与富集主控因素分析

中二叠统主要发育芦草沟组（P_2l）和条湖组（P_2t），也是致密油藏发育的主要层段。

1. 成藏基本地质条件

三塘湖盆地条湖组致密油藏储层岩性特殊，以凝灰岩为主，高孔低渗，油源主要来自下部芦草沟组二段烃源岩，具有自源润湿、混源充注的特点。

1）条湖组烃源岩特征

条湖组主要发育有二段上部泥岩、凝灰岩和底部凝灰岩两套烃源岩。条湖组二段上部泥岩为淡水沉积环境，陆源有机质和水生生物共存，而凝灰岩沉积时期为还原咸水的沉积环境，可能以陆源有机质为主，表明凝灰岩和上部泥岩沉积时期由咸水还原环境变为开放的淡水环境，沉积环境有明显差异。条湖组底部凝灰岩有机质主要来源于低等生物，少量来源于陆源有机质。

条湖—马朗凹陷条湖组二段上部烃源岩有机质丰度普遍较低，主要分布于 0.18%～4.77% 之间，均值为 2.19%；生烃潜量介于 0.04～22mg/g 之间，均值为 3.17mg/g；氯仿沥青“A”含量大于 0.01%，综合评价为中等—差烃源岩。条湖组二段底部凝灰岩抽提后总有机碳含量分布在 0.13%～5.62% 之间，均值为 1.74%，主峰在 0.5%～1% 之间，分布较分散；生烃潜量分布在 0.05～8.5mg/g 之间，均值为 2.8mg/g，其中 60% 的样品介于

2～6mg/g 之间，综合评价为差—中等烃源岩。

条湖—马朗凹陷条湖组二段上部泥质烃源岩段绝大多数样品氢指数低（小于 300mg/g），有机质母质类型较差，以Ⅱ$_2$型和Ⅲ型为主。条湖组二段底部凝灰岩段岩石样品抽提后氢指数多介于 100～600mg/g 之间，有机质类型以Ⅱ型为主。

马朗凹陷条湖组二段上部泥质烃源岩的实测镜质组反射率分布在 0.4%～1.0% 之间，总体处于低成熟—成熟早期阶段。绝大多数样品的 T_{max} 小于 450℃，说明处于低成熟—成熟早期。大部分地区凝灰岩 R_o 大于 0.5%（图 6–2），说明自身有机质具有一定的生烃潜力，可以生成一定量的液态烃。马朗凹陷主生烃段深度范围为 1800～2800m，对应 R_o 为 0.6%～0.75%，$S_1/(S_1+S_2)$ 最大，高峰值接近 50%（图 6–3）。

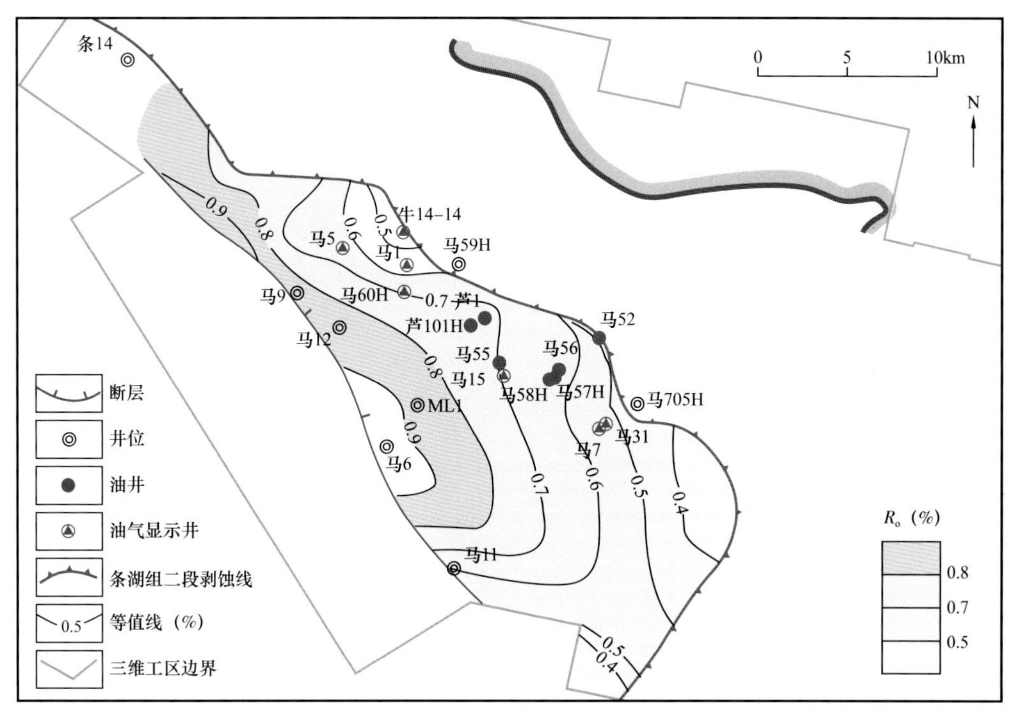

图 6–2　马朗凹陷条湖组二段底部凝灰岩段 R_o 等值线图

通过对条湖组凝灰岩段样品的实验分析，凝灰岩的生物标志化合物特征中，规则甾烷、藿烷类含量较高，并且 $C_{29}>C_{28}>C_{27}$，蓝绿藻和硅藻的大量繁盛是 C_{29} 谷甾烷和 C_{28} 麦角甾烷丰富的较合理解释；另外，抽提物及族组分碳同位素较轻，这些均表明凝灰岩有机质主要来自细菌或藻类等低等生物。

2）致密油油源对比

采用油—岩、油—油对比的方法，通过生物标志化合物特征的综合分析以及碳同位素特征的对比，发现条湖组凝灰岩致密油与芦草沟组二段烃源岩亲缘关系最近，原油主要来自芦草沟组二段。

从谱图特征来看（图 6–4），马朗凹陷条湖组原油生物标志化合物特征与芦草沟组烃源岩最相似，均具有低 Pr/Ph（大都小于 1.0）、较高 β– 胡萝卜烷、较高 γ– 蜡烷和 $\alpha\alpha\alpha 20RC_{27}$、

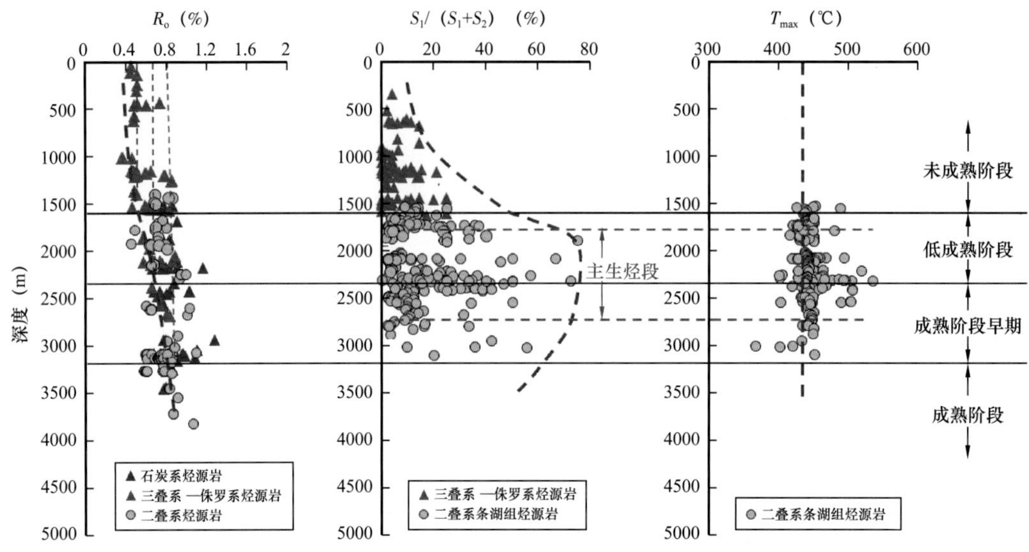

图 6-3　马朗凹陷条湖组烃源岩成熟度演化阶段划分图

C_{28}、C_{29} 三峰呈上升直线型的典型特征；而与条湖组泥质烃源岩的谱图特征差异大，条湖组烃源岩具有 γ- 蜡烷含量较低、不含 β- 胡萝卜烷、规则甾烷 $\alpha\alpha\alpha 20RC_{27}$、$C_{28}$、$C_{29}$ 呈不对称“V”形分布的典型特征。

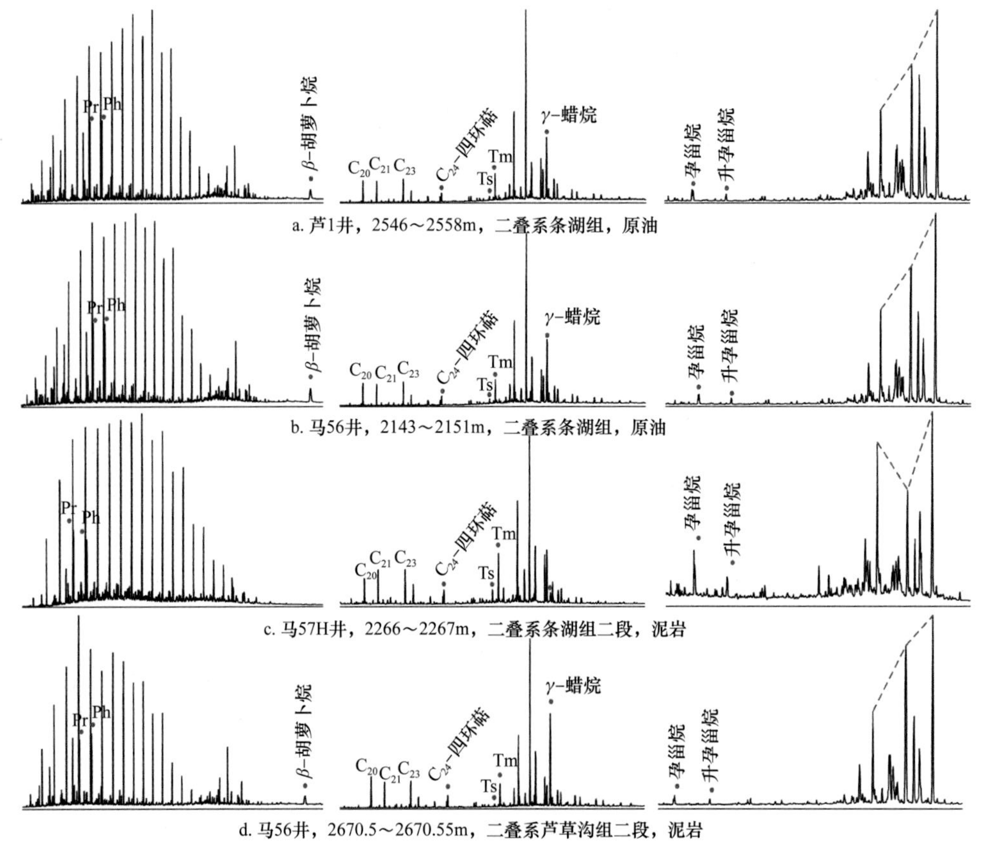

图 6-4　马朗凹陷条湖组原油与不同烃源岩谱图特征对比

从碳同位素特征来看（图 6-5），条湖组原油和芦草沟组原油及其族组分 δ^{13}C 较轻，大都小于 −30‰，这与芦草沟组二段烃源岩接近。条湖组泥质烃源岩 δ^{13}C 较重，都大于 −30‰，与原油差别较大。所以条湖组凝灰岩段原油的来源和芦草沟组原油一样，均来自芦草沟组二段。

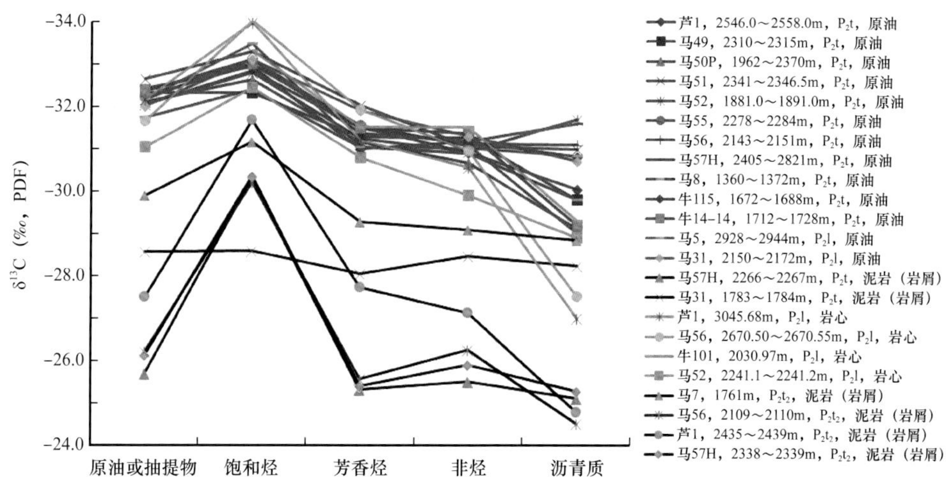

图 6-5　马朗凹陷条湖组凝灰岩致密油与条湖组、芦草沟组烃源岩碳同位素对比

此外，条湖凹陷条湖组原油及其族组分和芦草沟组烃源岩及其族组分的 δ^{13}C 均较轻，绝大部分低于 −30‰，与此形成鲜明对比的是，条湖组烃源岩 δ^{13}C 绝大部分大于 −30‰（图 6-6）。由此可知，条湖凹陷条湖组原油也主要来自芦草沟组二段。

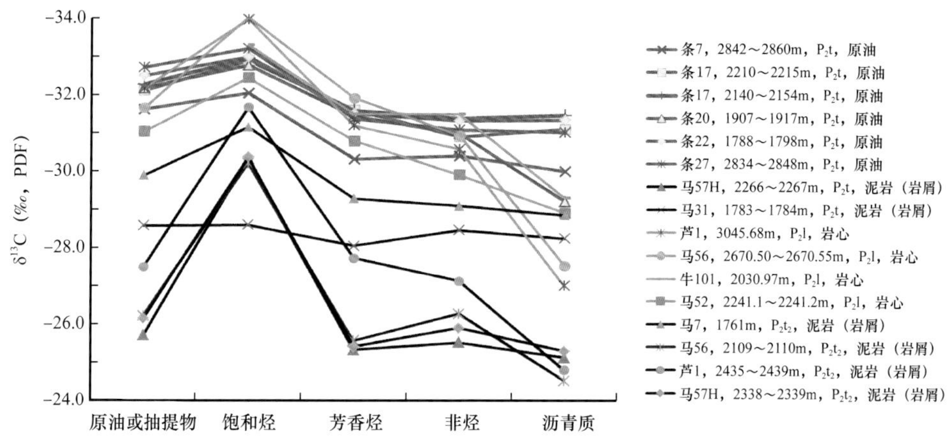

图 6-6　条湖凹陷条湖组凝灰岩致密油与条湖组、芦草沟组烃源岩碳同位素对比

3）条湖组凝灰岩致密储层特征

条湖组凝灰岩储层可分为玻屑凝灰岩、玻屑晶屑凝灰岩以及凝灰质粉砂岩。储集空间可以分为原生孔隙、次生孔隙和裂缝三大类。原生储集空间类型主要是火山灰（玻屑、晶屑、岩屑）粒间孔、晶屑内熔孔。次生储集空间类型主要有脱玻化孔、晶屑溶孔、岩屑溶孔、有机质生烃残留孔、蚀变矿物溶蚀孔、黏土矿物基质孔。裂缝包括充填缝、半充填缝和溶蚀缝（图 6-7）。

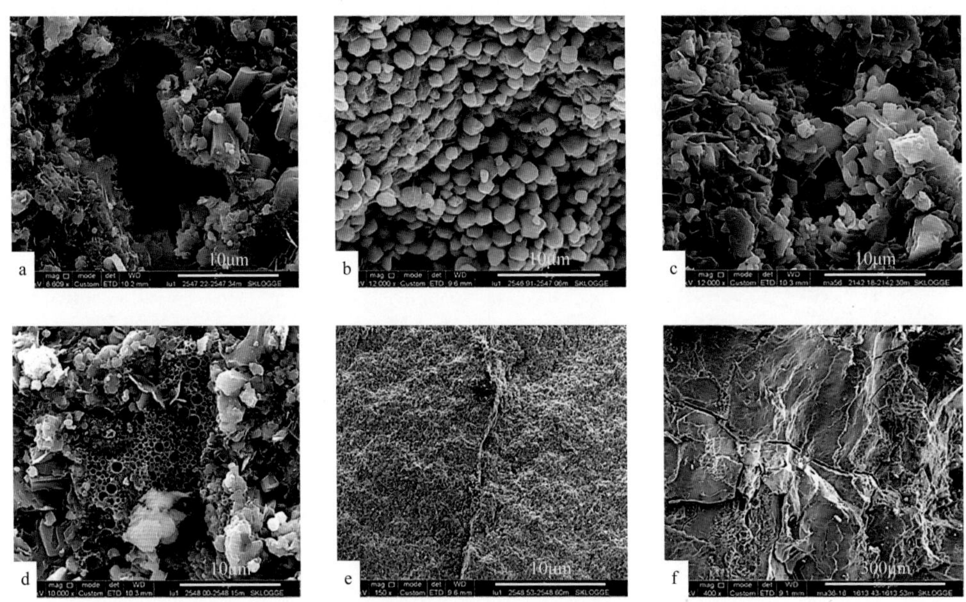

图 6-7　三塘湖盆地中二叠统条湖组致密储层孔隙类型

a—芦 1 井，2547.22m，凝灰岩，溶孔；b—芦 1 井，2546.91m，凝灰岩，黄铁矿晶间微孔；c—马 56 井，2142.18m，凝灰岩，粒间孔；d—芦 1 井，2548.15m，凝灰岩，有机孔；e—芦 1 井，2548.53m，凝灰岩，裂缝，充填有机质；f—马 36-16 井，1613.43m，凝灰岩，微裂缝

储层具有中高孔特低渗的特点，凝灰岩孔隙度主要分布在 10.1%～25.2% 之间，空气渗透率大都小于 1.0mD，主要分布在 0.01～0.5mD 之间（图 6-8）。储层中高孔特低渗特征的形成与含沉积有机质凝灰岩的脱玻化作用有关，单个脱玻化形成的粒间孔体积小，但数量巨大，造成凝灰岩总孔隙度较高。平均孔喉半径主要分布在 0.03～0.12μm 之间，平均喉道半径与渗透率呈正相关关系，凝灰岩储层孔隙度和渗透率之间有一定的正相关性，即孔隙度越大，渗透率也越大。储层孔喉微细，但孔喉分选好，致密油储层排驱压力中—高，在 0.7～11.0MPa 之间，平均孔喉半径较小。

凝灰岩致密储层微观孔隙发育，主要是脱玻化孔，脱玻化作用是脱玻化孔形成的主要机制。储层中高孔特低渗特征的形成，主要受火山灰的性质与成分、脱玻化程度和黏土矿物含量控制。中酸性火山玻璃比中基性火山玻璃更容易发生脱玻化作用，中酸性凝灰岩比中基性凝灰岩更容易发生脱玻化作用，因而更容易产生脱玻化孔，从而形成较有利的储层类型。

2. 富集主控因素

致密油藏富集受烃源岩、岩相、脱玻化时间与石油充注时间的配置和源—输导—凝灰岩的空间配置关系等控制。

（1）芦草沟组提供丰富的油源。条湖组油藏具有“自源润湿、混源充注”的特点。条湖组二段中发育的暗色泥岩和凝灰岩具有较好的生烃能力，可以为自身凝灰岩致密储层提供一定比例的油源，但其重要意义是提升了致密储层的亲油性；油源对比表明致密油藏油源主要来自下伏的芦草沟组二段烃源岩，具有分布范围广、有机质丰度高、有机质类型好、低成熟—成熟的特征，与上覆储集体形成了良好的配置关系。

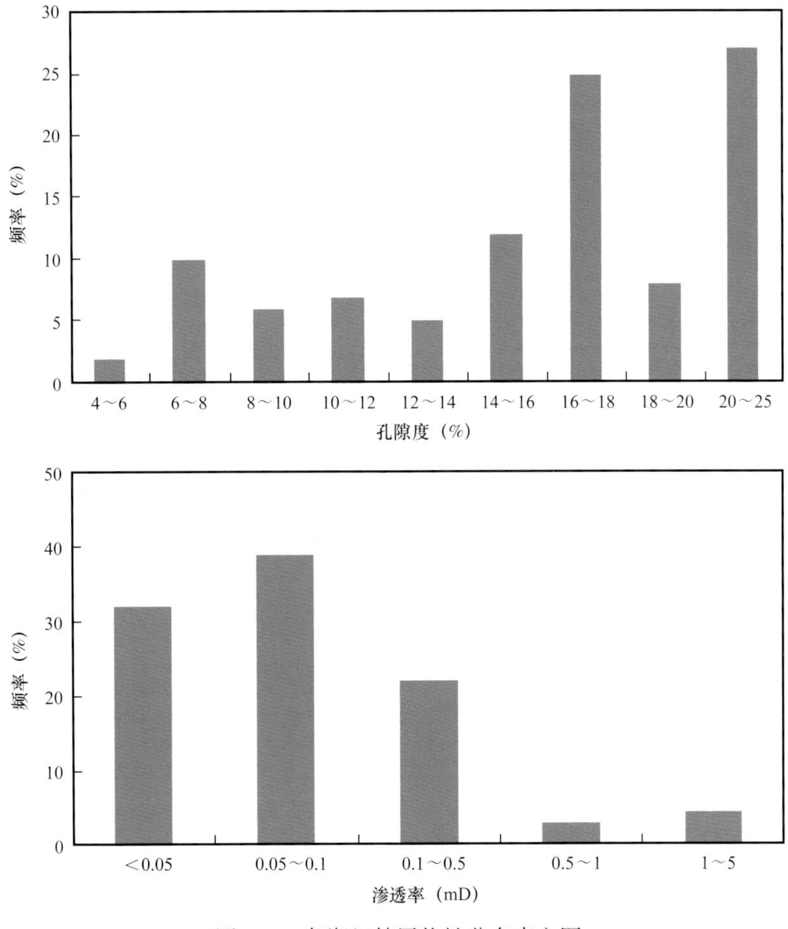

图 6-8　条湖组储层物性分布直方图

（2）古岩相控制储层展布，脱玻化和溶蚀作用控制甜点。致密油储层的形成环境为浅湖—半深湖相，马朗凹陷条湖组沉积时，北部发育多个局部低洼部位，为大面积连续性凝灰岩致密油储层的形成和保存提供了有利场所。凝灰岩储层发育火山灰粒间微孔、脱玻化微孔和晶屑溶蚀微孔三类微孔隙及微缝，其中脱玻化微孔是主要的储集空间。有机质在热演化过程中释放出的有机酸对玻屑、长石质晶屑及早期脱玻化形成的长石溶蚀，形成次生溶蚀孔隙，有效改善了储层储集空间，形成了中高孔隙度、特低渗透率的致密油储层，晚侏罗世—白垩纪是脱玻化的主要时期（图 6-9）。

（3）断缝输导体系、稳定盖层及后期稳定的构造环境共同控制油气运移、聚集成藏。断裂和风化壳是二叠系油气运移的主要输导通道。二叠纪末期形成的风化壳是油气横向运移的主要通道，印支—燕山构造运动产生了大量的垂向断裂和裂缝，为芦草沟组油气的垂向输导提供了通道。条湖组顶部发育一套厚度介于 20～300m 之间的区域性凝灰质泥岩、泥岩，是一套良好的盖层，且油气成藏以后，三塘湖盆地构造运动相对较弱，油气藏未经历大规模破坏，为三塘湖盆地致密油藏的形成提供了保障。

（4）多因素共同作用，具有“自源润湿、混源充注、断—缝输导、大面积成藏、甜点富集”的成藏特点（图 6-10），形成特殊类型的致密油藏。

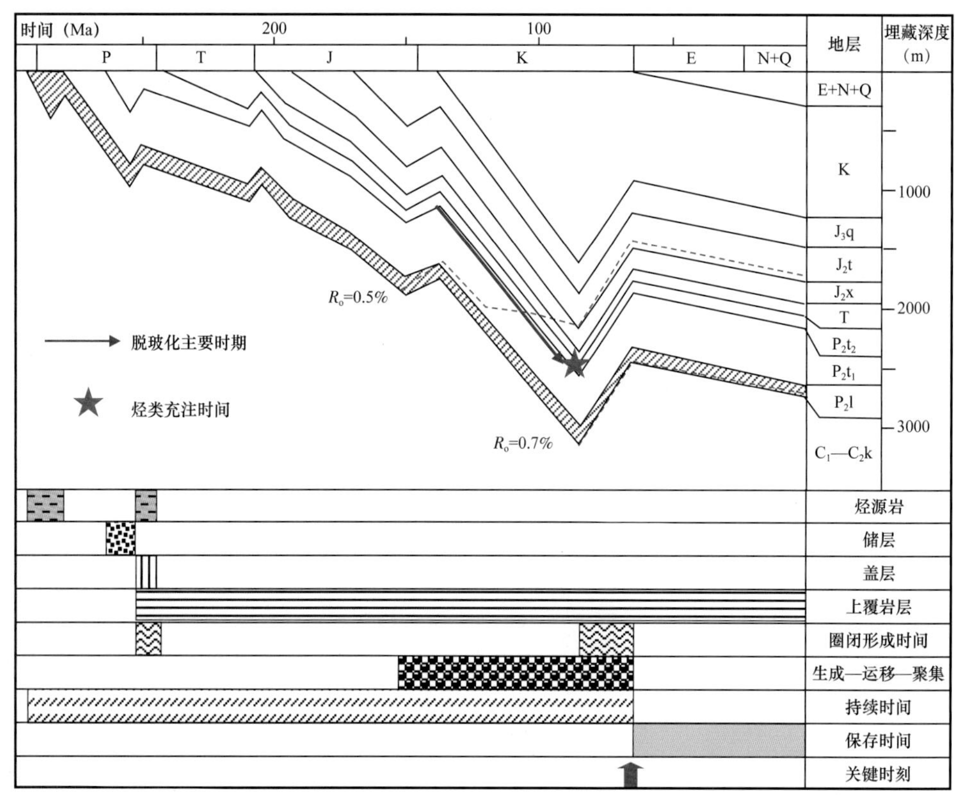

图 6-9　马 56 井地层埋藏史、烃源岩演化史及烃类充注与脱玻化时期关系图

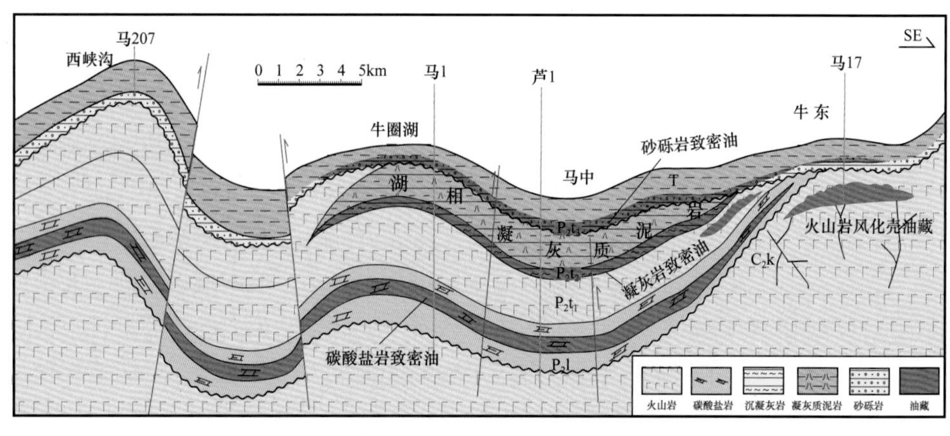

图 6-10　三塘湖盆地中二叠统条湖组油气藏成藏模式

通过“十三五”致密油重大专项的实施，基于储层物性、储集空间类型、烃源岩地球化学指标以及油藏参数等方面的研究，深化了条湖组凝灰岩沉积环境、沉积演化（图 6-11、图 6-12）及其致密油成藏条件认识，条湖组致密油具有“自源润湿、混源充注”的特点，富集受烃源岩、岩相、脱玻化时间与石油充注时间的配置和源—输导—凝灰岩的空间配置关系等控制。在此基础上明确了致密油甜点关键参数，建立了致密油甜点评价标准；通过开展致密油甜点的测井、地震综合评价预测方法的研究，基本明确了致密油资源潜力与甜点区分布。

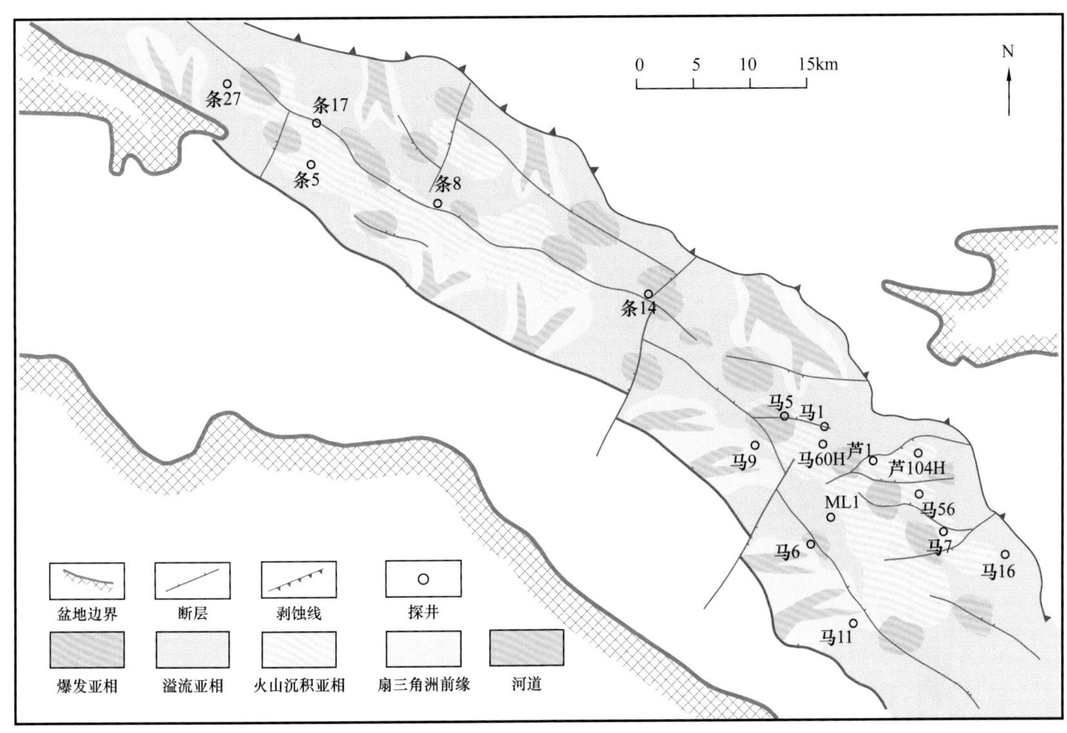

图 6-11 三塘湖盆地条湖—马朗凹陷条湖组沉积相图

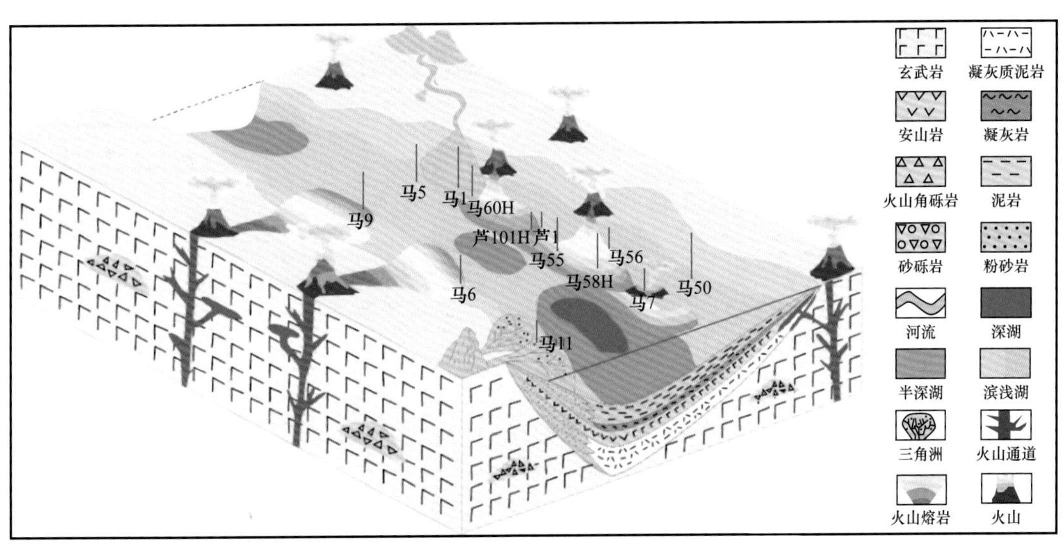

图 6-12 马朗凹陷条湖组沉积时期火山喷发及其古地理模式图

二、芦草沟组混积岩致密油成藏条件与富集主控因素分析

芦草沟组混积岩致密油成藏条件优越。芦草沟组二段岩性以泥灰岩、灰质白云岩、凝灰质泥岩为主，主要分布在马朗—条湖凹陷西南部沉积中心，厚度普遍大于 200m，有机质丰度高，TOC 一般为 2%～8%，类型好，以Ⅱ型为主；多口钻井见到油气显示，且获得工业油流。

1. 成藏基本地质条件

芦草沟组主要分布于马朗和条湖凹陷，自下而上分为三段。一段主要是一套灰褐色、灰色砂泥岩，平面上具有西厚东薄的变化特征；二段岩性以泥灰岩、灰质白云岩、灰质 / 白云质泥岩和凝灰质泥岩为主，地层厚度西厚东薄，到东部斜坡区遭剥蚀；三段为灰黑色灰质泥岩夹火山岩段，地层厚度西厚东薄，斜坡区地层已经剥蚀殆尽。

（1）马朗凹陷与条湖凹陷优质烃源岩均比较发育，以南缘冲断带最好，推测马朗凹陷厚度大于 200m，条湖凹陷厚度大于 300m。芦草沟组二段的烃源岩质量最好，以极好烃源岩为主。

从 TOC 频率分布来看，芦草沟组一段 TOC 全部小于 2%；芦草沟组二段 TOC 小于 2% 的只占 28%，而 TOC 大于 8% 的占 26%，属于好烃源岩，平面上主要分布在马朗凹陷中部及条湖凹陷南缘冲断带；芦草沟组三段 TOC 小于 2% 的占 50%，而 TOC 大于 8% 的仅占 17%（图 6–13）。

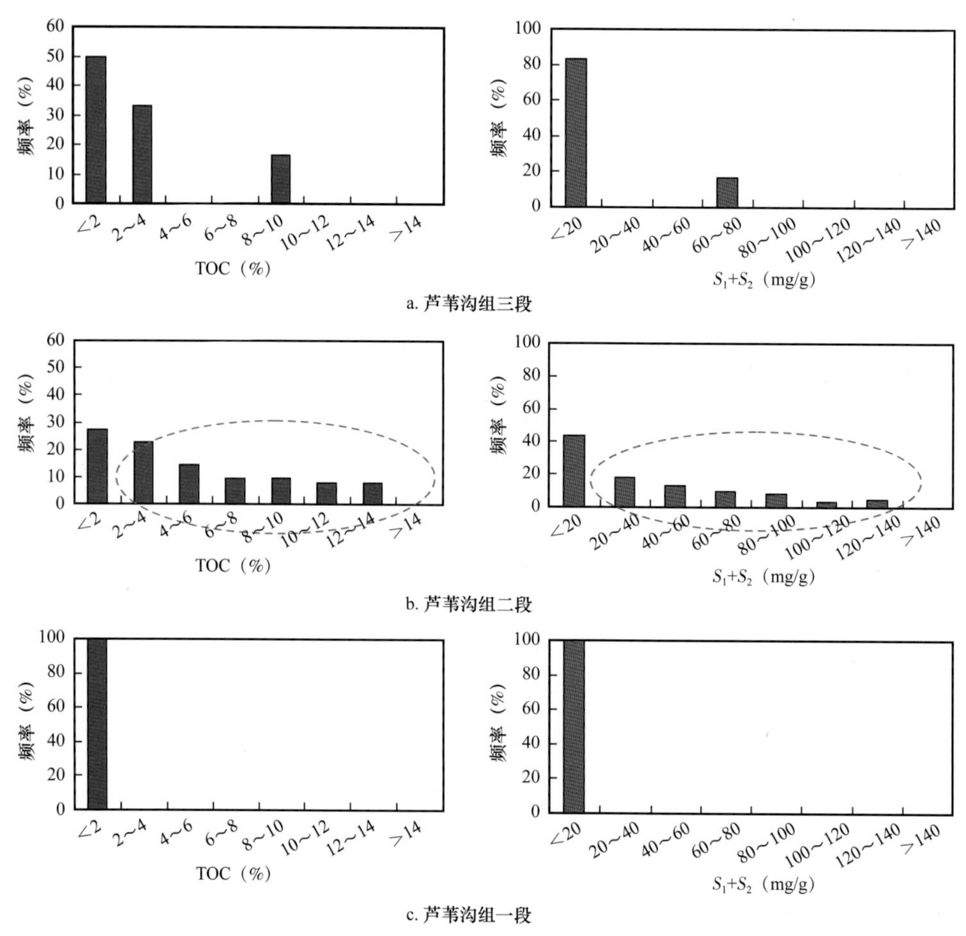

图 6–13　芦草沟组烃源岩有机碳含量和生烃潜量频率分布图

马朗凹陷芦草沟组泥质岩镜质组反射率实测数据分布在 0.5%～0.9% 范围内，总体处于低成熟—早成熟阶段。条湖凹陷两个岩屑样品平均镜质组反射率分别为 1.26% 和 1.3%，显示为成熟烃源岩特征。镜质组反射率值随深度的变化有一定趋势，推测 1600m 处烃源岩已经进入成熟阶段，传统的生烃高峰对应深度大致在 3800m。

（2）芦草沟组储层岩性复杂，既发育陆源碎屑的砂砾岩、灰质砂岩，也发育台地边缘的鲕粒灰岩，凹陷中心部位主要发育凝灰岩、白云岩、泥岩及过渡岩性，纵向及横向变化迅速。储层主要成分为长石、石英、方解石、白云石、黏土、黄铁矿，岩性纵向上变化明显，常常以毫米级甚至微米级互层发育，尤其在凹陷中央普遍居多。

芦 1 井芦草沟组储层主要分为无机矿物孔及有机孔，无机孔为晶间孔、晶内溶孔、粒间孔及局部裂缝溶蚀孔（图 6-14），其中晶间孔与有机孔是主要孔隙类型。晶间孔普遍发育，孔隙半径在 50～300nm 之间，是最主要的储集空间；有机孔在多数有机质中均可见到，以近圆形气孔为主，孔隙半径为 10～1000nm。裂缝及裂缝溶蚀孔在全区均有分布，但分布不均，多数被充填，少部分为半充填或属于张开的有效缝，缝面普遍含油。勘探表明，高产井储层均发育大量裂缝，虽然占比很少，但渗流改善作用明显。

芦草沟组整体物性致密，属于特低孔特低渗，个别样品受微裂缝影响物性较好，孔隙度主要集中在小于 12% 的范围，渗透率则主要是小于 0.1mD 范围。斜坡部位物性相对较好，孔隙度和渗透率均较高，孔隙度高于 5%，渗透率在 0.5～5mD 之间。马朗凹陷腹部孔隙度较低但渗透率较高，可能是微裂缝及局部溶蚀作用改善储层渗流性能所致。从含油饱和度上看，凹陷腹部优于斜坡区，这与斜坡区相对缺乏样品有一定关系。

芦草沟组发育两种储层类型。一类以厚层凝灰岩为主，发育在条湖凹陷芦草沟组一段；一类以厘米级互层为主，源储交互，发育在马朗凹陷芦草沟组二段中上部（图 6-15）。

斜坡区储层物性较好，埋藏较浅，虽然含油饱和度略低于凹陷腹部地区，仍有多口工业油流井证实为当前现实的勘探领域。凹陷腹部地区虽然物性较差，但含油饱和度较高，纵向上含油段长，资源潜力大，根据芦草沟组二段油层厚度平面图看出，芦草沟组二段油层厚度为 15～67m，主要分布在条湖凹陷南缘斜坡带、马朗凹陷中央—北斜坡区及条湖与马朗凹陷的结合部。

2. 富集主控因素

芦草沟组混积岩致密油属生储一体、源内供油的源储特殊油藏，油藏的富集条件主要体现在有效烃源岩、优质储层、源储配置关系和保存条件等方面。

（1）源储一体自生自储，优质烃源岩控藏作用明显。

二叠系芦草沟组致密混积岩油藏分布于芦草沟组二段，岩性为灰质、白云质和凝灰质泥岩，厚度为 50～250m。烃源岩有机碳含量为 2.0%～14.0%，热解生烃潜量为 20～140mg/g，属好烃源岩；烃源岩类型为 II_1—Ⅰ型，以生油为主，且伽马蜡烷含量高，显示为咸化、还原水介质环境沉积，有利于有机质保存。油气显示段集中于生烃条件好的泥灰岩和灰质泥岩段，优质烃源岩以马朗凹陷最为发育，厚度最大可达 120m，而条湖凹陷厚度只有 60m。芦草沟组烃源岩热演化程度普遍处于低成熟—成熟阶段，镜质组反射率值一般在 0.7%～1.3%之间。受烃源岩分布和热演化程度的控制，氯仿沥青“A”含量的

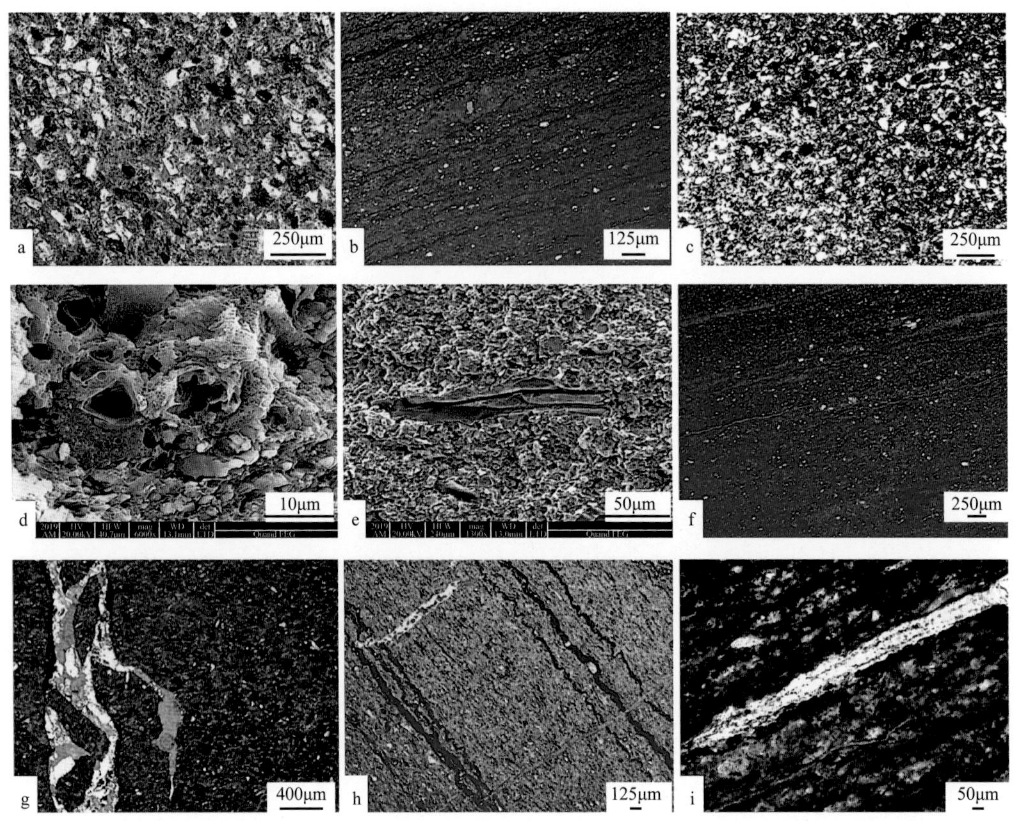

图 6-14 芦草沟组致密储层场发射扫描电镜照片

a—条 3402H，3227.72m，蚀变火山尘晶屑凝灰岩，溶孔；b—芦 1 井，3144.38m，泥晶灰质白云岩，晶间溶孔；c—条 3402H，3226.97m，蚀变晶屑火山尘凝灰岩，火山尘溶孔、晶屑溶孔、粒间孔；d—ML1 井，3552.13m，凝灰质白云岩，有机孔、溶蚀孔；e—ML1 井，3587.5m，凝灰质白云岩，溶蚀孔，见生物碎屑及有机质；f—芦 1 井，3164.63m，泥质泥晶灰岩，层间缝；g—条 34 井，3287.11m，含凝灰泥晶白云岩，溶蚀裂缝；h—芦 1 井，3126.05m，泥质泥晶白云岩，石英脉晶间孔、构造缝；i—马 6 井，3128.95m，含砂屑泥晶白云岩，构造、方解石脉

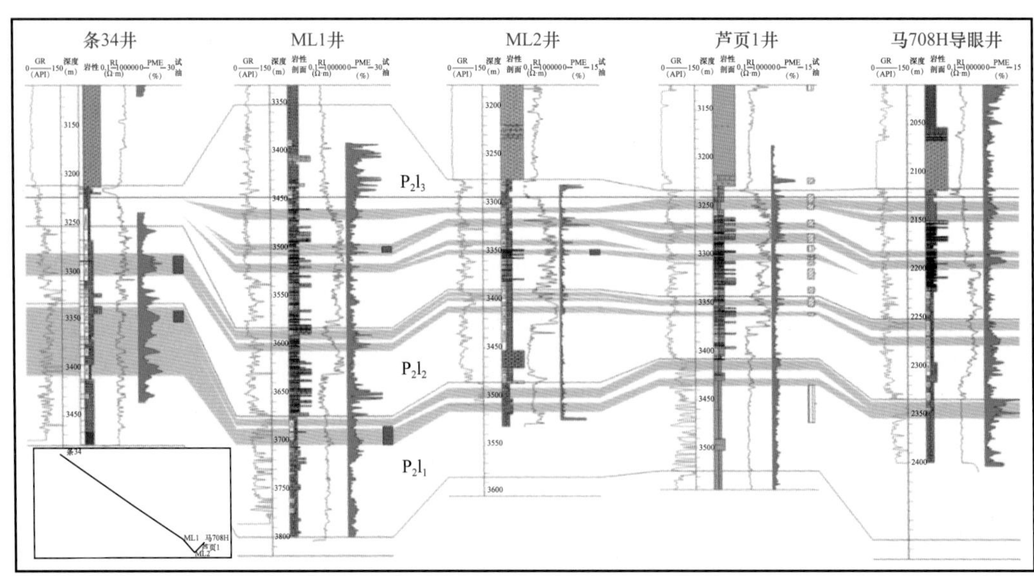

图 6-15 马朗—条湖凹陷芦草沟组储层对比图

高值区出现在厚度大和成熟度高的叠加区域，烃源岩控藏作用明显。

（2）环洼古相带控制储层分布，构造高部位与构造活跃区控制储层甜点。

芦草沟组混积岩致密油藏连续分布，平面上存在一定差异，储层分布受沉积时期古环境及物源控制。如马朗凹陷牛东—马中地区中二叠统沉积前古构造具有缓坡结构，由北向南围绕洼陷依次呈现三个台阶带（图 6–16），高台阶带小规模三角洲及湖湾沉积，发育碳酸盐岩、碎屑岩储层，但后期已基本被剥蚀殆尽；中间台阶带环境稳定，物源供给不足，但具有一定水动力条件，发育亮晶—粒屑级碳酸盐岩、白云岩储层；洼陷低台阶区域由于物源供给不足，以凝灰质泥岩与碳酸盐岩互层为主。

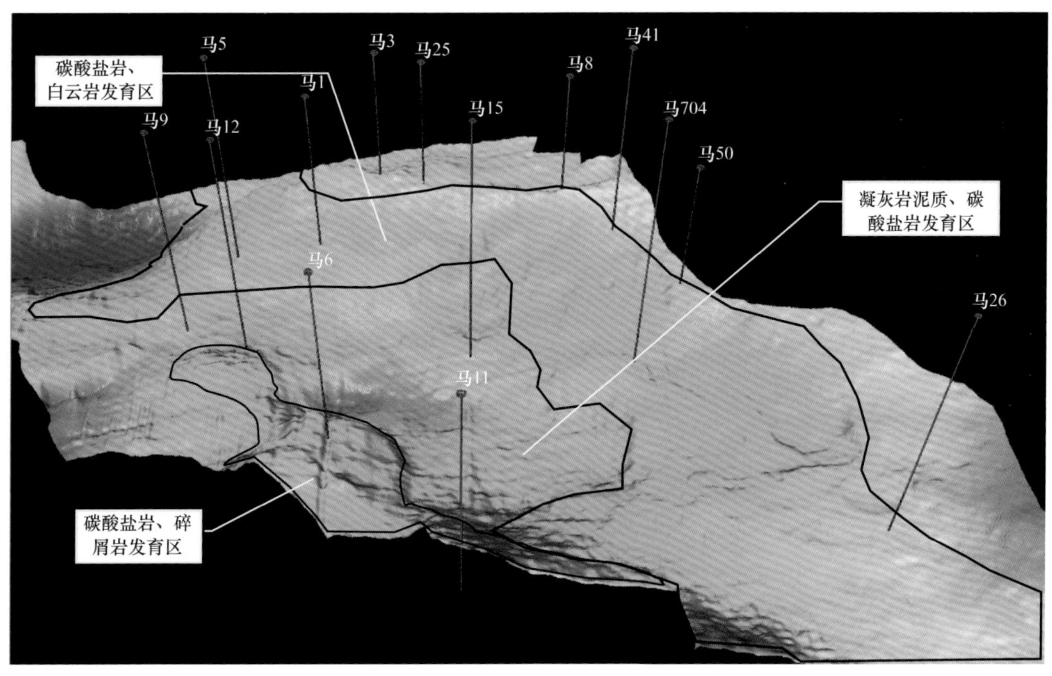

图 6–16　三塘湖盆地马朗凹陷二叠系沉积前古构造与岩性发育叠合图

目前发现的牛圈湖马 1 块、马中马 7 块、南缘黑墩含油气构造的芦草沟组混积岩致密油藏，均处于古环洼碳酸盐岩、凝灰岩岩相带，原生微孔隙较为发育；后期位于正向构造高部位，且又为构造活动最活跃区域，断裂和裂缝十分发育，既为油气运移提供通道，又有效地沟通了基质孔隙，改善了渗流条件，使得致密油储层甜点区具有裂缝—孔隙双重介质特征。因而古岩相带、后期构造活动构成了芦草沟组二段致密油储层甜点的特定条件。

第二节　资源分级标准、资源潜力及有利区优选

根据三塘湖盆地致密油形成的地质条件，建立分类评价标准，以条湖、马朗两个资源评价区为主，采用小面元容积法、快速资源评价法和改进的面积丰度类比法等进行资源量计算，最终综合计算出评价区两套致密油藏的地质资源量和可采资源量并汇总盆地资源量，根据分级评价，明确有利的勘探区带，指导下一步勘探方向。

一、条湖组凝灰岩致密油资源分级标准、资源潜力及有利区优选

条湖组凝灰岩致密油主要分布在马朗凹陷，钻探证实，油藏类型属于大孔隙、特低渗、高含油饱和度凝灰岩致密油藏，目前已进入开发建产阶段。

1. 分级评价标准及资源潜力

基于烃源岩、储层、保存等几个条件，按照钻探效果，建立了条湖组致密油三级分类评价标准（表 6–1），在此基础上，开展资源潜力分析。

表 6–1　条湖组凝灰岩致密油分级评价标准

评价参数		条湖组					
凹陷 / 构造带		条湖凹陷 / 石板墩构造带			马朗凹陷 / 牛圈湖—马东构造带		
资源分级		Ⅰ	Ⅱ	Ⅲ	Ⅰ	Ⅱ	Ⅲ
评价区面积（km^2）		289.18			272.45		
面积比（%）		0	0	100	8.7	12.48	78.82
钻探成功率（%）		0	0	10	80	50	15
埋深（m）		2000～3400			1400～3200		
岩性		凝灰岩			沉凝灰岩、凝灰质砂岩		
构造类型		冲断带			斜坡		
烃源岩条件	烃源岩面积（km^2）	952			1131		
	有机质类型	Ⅱ$_1$—Ⅰ	Ⅱ$_1$—Ⅱ$_2$	Ⅱ$_2$—Ⅲ	Ⅱ$_1$—Ⅰ	Ⅱ$_1$—Ⅱ$_2$	Ⅱ$_2$—Ⅲ
	生烃潜量（mg/g）	＞60	40～60	＜40	＞60	40～60	＜40
	生排烃高峰期	中生代中晚期					
	成藏关键时刻	中生代晚期					
	烃源岩厚度（m）	100～200	80～150	50～100	100～200	80～150	50～100
	有机质丰度（%）	＞6	2～6	＜2	＞6	2～6	＜2
	成熟度（%）	0.9～1.3	0.7～0.9	＜0.7	0.9～1.3	0.7～0.9	＜0.7
储层条件	厚度（m）	10～30	5～25	5～25	10～30	5～25	5～25
	孔隙度（%）	＞18	8～18	＜8	＞18	8～18	＜8
	渗透率（mD）	＞0.1	0.01～0.1	＜0.01	＞0.1	0.01～0.1	＜0.01
	含油饱和度（%）	＞65	40～65	＜40	＞65	40～65	＜40
	储层面积（km^2）	289.18			272.45		
	成岩阶段	晚成岩 A 亚期					
	黏土矿物含量（%）	12.95			14.46		

续表

评价参数		条湖组					
凹陷 / 构造带		条湖凹陷 / 石板墩构造带			马朗凹陷 / 牛圈湖—马东构造带		
资源分级		Ⅰ	Ⅱ	Ⅲ	Ⅰ	Ⅱ	Ⅲ
保存条件	盖层	泥岩					
	平均厚度（m）	462			195.6		
	封隔层面积（km^2）	289.18			272.45		
	断裂活动	弱					
油藏类型		岩性					
原油特征		中质高黏、高蜡、中凝					
平均资源丰度（10^4t/km^2）		7.49			37.71		

条湖、马朗致密油评价区的地质资源量期望值为 3098.07×10^4t、11214.4×10^4t，可采资源量期望值为 172.11×10^4t、625.9×10^4t。将条湖、马朗两个评价区加和可以求出三塘湖盆地条湖组凝灰岩致密油的地质资源量为 14312.47×10^4t，可采资源量为 798.01×10^4t（表 6–2）。

表 6–2　三塘湖盆地条湖组致密油资源量汇总表

凹陷	面积（km^2）	资源量（10^4t）				
		概率	95%	50%	5%	期望值
马朗凹陷	272.45	地质资源量	9172.55	10621.47	13855.4	11214.4
		可采资源量	511.75	594.13	773.27	625.9
条湖凹陷	289.18	地质资源量	2465.81	2913.74	3977.5	3098.07
		可采资源量	136.89	161.92	216.2	172.11
三塘湖盆地	561.63	地质资源量	11638.36	13535.21	17832.9	14312.47
		可采资源量	648.64	756.05	989.47	798.01

同时，在资源汇总的基础上，依据分级评价标准，对条湖组凝灰岩致密油系统地进行了分级评价，从结果看出，Ⅰ类资源量相对较多，占比达到 25.87%，Ⅱ类和Ⅲ类占比达到 74.13%（表 6–3），潜力巨大。

表 6–3　条湖组凝灰岩致密油资源分级评价数据表

凹陷	评价区面积（km^2）	Ⅰ类资源量（10^8t）	Ⅱ类资源量（10^8t）	Ⅲ类资源量（10^8t）	总资源量（10^8t）
条湖凹陷	289.18	0	0.18	0.16	0.34
马朗凹陷	272.45	0.37	0.33	0.39	1.09
合计	289.18	0.37	0.51	0.55	1.43

2. 有利区优选

依据条湖组分级评价结果，结合储量、产量等基础数据，综合评价出条湖组凝灰岩致密油三类有利区（图 6–17）。

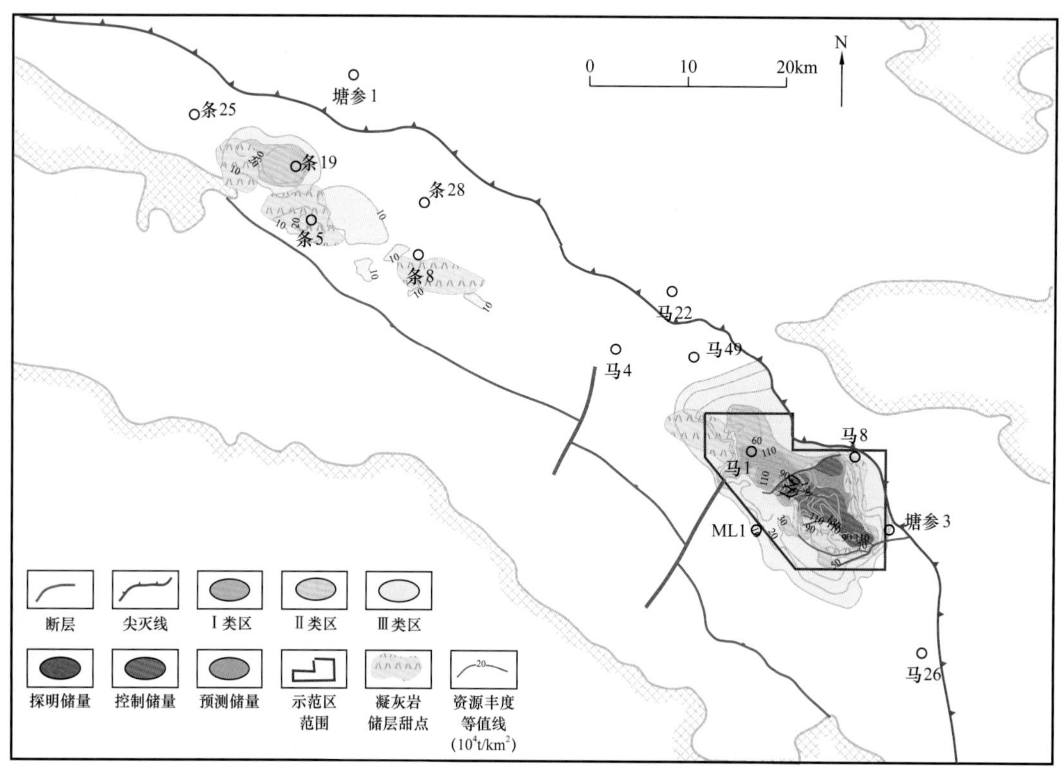

图 6–17　三塘湖盆地条湖组凝灰岩致密油资源分级评价及储量分布图

二、芦草沟组混积岩致密油资源分级标准、资源潜力及有利区优选

芦草沟组致密油主要分布在条湖、马朗凹陷，总面积 1676.98km^2，储层厚度大，连续分布，埋藏深度在 1500～4500m 之间，岩性为灰色灰质泥岩、泥灰岩等。钻探证实，无论构造位置高低，均有油层发育，表现出连片分布的特点。

1. 分级评价标准及资源潜力

基于烃源岩、储层、保存等几个条件，按照钻探效果，建立了芦草沟组致密油三级分类评价标准（表 6–4），在此基础上，开展资源潜力分析。

条湖、马朗致密油评价区的地质资源量期望值为 6920.82.10×10^{4}t、25070.44×10^{4}t，可采资源量期望值为 347.18×10^{4}t、1256.53×10^{4}t。将条湖、马朗两个评价区加和可以求出芦草沟组混积岩致密油的地质资源量为 31991.26×10^{4}t，可采资源量为 1603.71×10^{4}t（表 6–5）。

表 6-4 芦草沟组混积岩致密油分级评价标准

评价参数		芦草沟组					
构造带、凹陷		条湖凹陷			马朗凹陷		
资源分级		Ⅰ	Ⅱ	Ⅲ	Ⅰ	Ⅱ	Ⅲ
评价区面积（km^2）		846.135			830.848		
面积比（%）		0	0	100	3.46	9.02	87.52
钻探成功率（%）		0	0	10	100	80	25
埋深（m）		2500～4100			1700～4000		
岩性		泥灰岩、白云岩、凝灰岩					
构造类型		凹陷中心			凹陷中心		
烃源岩条件	烃源岩面积（km^2）	952			1131		
	有机质类型	$Ⅱ_1$—Ⅰ	$Ⅱ_1$—$Ⅱ_2$	$Ⅱ_2$—Ⅲ	$Ⅱ_1$—Ⅰ	$Ⅱ_1$—$Ⅱ_2$	$Ⅱ_2$—Ⅲ
	生烃潜量（mg/g）	＞60	40～60	＜40	＞60	40～60	＜40
	生排烃高峰期	中生代中晚期					
	成藏关键时刻	中生代晚期					
	烃源岩厚度（m）	100～200	80～150	50～100	100～200	80～150	50～100
	有机质丰度（%）	＞6	2～6	＜2	＞6	2～6	＜2
	成熟度（%）	0.9～1.3	0.7～0.9	＜0.7	0.9～1.3	0.7～0.9	＜0.7
储层条件	厚度（m）	42～63	30～60	10～60	42～63	30～60	10～60
	孔隙度（%）	5.5～10	3.6～10	1～10	5.5～10	3.6～10	1～10
	渗透率（mD）	＞0.1	0.01～0.1	＜0.01	＞0.1	0.01～0.1	＜0.01
	含油饱和度（%）	＞60	40～60	＜40	＞60	40～60	＜40
	储层面积（km^2）	846.135			830.848		
	成岩阶段	晚成岩 A 亚期					
	黏土矿物含量（%）	28.86			9.9		
保存条件	盖层	泥岩					
	平均厚度（m）	190			200		
	平均封隔层面积（km^2）	846.135			830.848		
	断裂活动	弱					
油藏类型		岩性					
原油特征		中质高黏、高蜡、中凝					
平均资源丰度（$10^4t/km^2$）		8.24			30.89		

表 6-5　三塘湖盆地芦草沟组混积岩致密油资源量汇总表

凹陷	面积（km^2）	资源量（10^4t）				
		概率	95%	50%	5%	期望值
马朗凹陷	830.848	地质资源量	20232.34	24111.84	30750.98	25070.44
		可采资源量	1016.24	1206.76	1549.04	1256.53
条湖凹陷	846.135	地质资源量	5616.93	6632.23	8384.19	6920.82
		可采资源量	281.44	332.93	417.89	347.18
三塘湖盆地	1676.983	地质资源量	25849.27	30744.07	39135.17	31991.26
		可采资源量	1297.68	1539.69	1966.93	1603.71

在资源汇总基础上，依据分级评价标准，对芦草沟组混积岩致密油系统地进行了分级评价，从结果看出，Ⅰ类资源量相对较少，占比达到 16.88%，Ⅱ类和Ⅲ类占比达到 83.12%（表 6–6）。

表 6-6　芦草沟组混积岩致密油资源分级评价数据表

凹陷	评价区面积（km^2）	Ⅰ类资源量（10^8t）	Ⅱ类资源量（10^8t）	Ⅲ类资源量（10^8t）	总资源量（10^8t）
条湖凹陷	846.14	0	0.12	0.33	0.45
马朗凹陷	830.85	0.54	1.03	1.18	2.75
合计	1676.99	0.54	1.15	1.51	3.2

2. 有利区优选

依据芦草沟组分级评价结果，结合储量、产量等基础数据，综合评价出芦草沟组混积岩致密油各类分布区（图 6–18）。

Ⅰ类有利区带主要位于马朗凹陷的马中构造带，已经过较长期的勘探，区带油气成藏控制因素相对清楚，地质风险较低，目前已有多口井获得突破，剩余石油地质资源量较多，是盆地中长期的有利勘探目标区。

Ⅱ类有利区带依次是条湖凹陷的石板墩构造带条 34 块以及马朗凹陷的马中构造带外围区域，相对Ⅰ类区带而言，剩余待探明油气资源总量较少，探井密度相对较低，地质评价偏低，油气成藏控制因素尚未完全把握清楚，但已有油气田发现，是较有利的勘探区。

Ⅲ类有利区带剩余待探明油气资源总量较丰富，但地质评价值较低，虽然相对Ⅱ类有利区带剩余石油地质资源量并不低，但探井密度低，已发现油气储量少，油气成藏控制因素尚不清楚，是致密油气勘探的远景区。

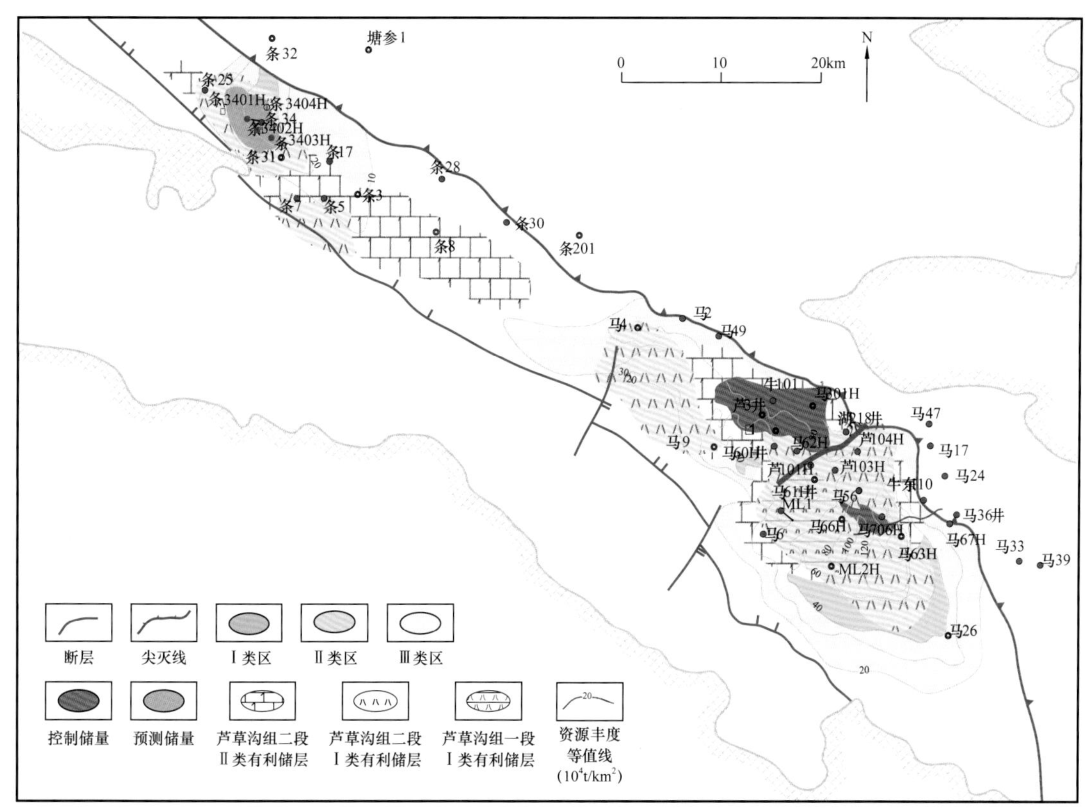

图 6-18　三塘湖盆地芦草沟组混积岩致密油资源分级评价及储量分布图

第三节　甜点区（段）评价标准、识别与预测

通过“十三五”致密油重大专项的实施，基于储层物性、储集空间类型、烃源岩地球化学指标以及油藏参数等方面的研究，明确了致密油甜点富集的关键参数，建立了致密油甜点评价标准；通过开展致密油甜点的测井、地震综合评价预测方法的研究，基本明确了致密油资源潜力与甜点区分布；同时完成了凝灰岩致密油甜点区分布地质综合评价图、地球物理纵向响应及平面分布预测等基础图件。

一、条湖组凝灰岩致密油甜点段评价

基于三塘湖盆地凝灰岩致密油主控因素分析，从地质、工程因素两个角度，建立了烃源岩、储层、油藏、工程品质 4 个方面 15 项甜点评价关键参数体系。

1. 烃源岩品质评价

甜点是致密油分布区的核心地质单元，优质高效规模分布的烃源岩是形成致密油甜点区的基础，对甜点评价具有非常重要的意义。烃源岩品质评价包括有机质丰度评价（表 6-7）、成熟度评价和烃源岩厚度评价。

2. 储层品质评价

储层品质评价包括岩性、物性、含油饱和度、储层厚度评价等。规模发育物性相对较好的致密储层是影响甜点分布的核心要素。

表 6-7　三塘湖盆地芦草沟组烃源岩有机质丰度评价表

层位	凹陷	有机碳（%）	氯仿沥青“A”（%）	总烃（μg/g）	生烃潜量（mg/g）	有机质丰度
芦草沟组	马朗	3.87	0.4146	2597	26.23	极好
	条湖	2.21	0.1068	709	10.45	极好

3. 油藏品质评价

油藏品质包括压力系统、原油黏度等几个方面，研究表明，压力系数是反映致密油藏能量的重要指标。根据研究成果（表 6-8），三塘湖盆地条湖组二段致密油藏品质评价为Ⅱ类及Ⅲ类。

4. 工程品质评价

工程参数及工程品质包括裂缝发育程度、地应力、岩石地球物理指数（脆性指数等）。对于致密油而言，裂缝的发育程度直接影响着产量，裂缝越复杂，越有利于增产；同时，水平两向主应力差、岩石脆性也是评价工程品质的主要参数，研究区最大与最小主应力差值为 6.0～8.8MPa，有利于储层压裂体积改造。凝灰岩致密油储层段岩石的各种弹性模量参数比较大，杨氏模量在 16400～40000MPa 之间，即岩石的抗破坏能力比较强。由岩心脆度实验结果、全应力应变曲线测试及单轴压缩后岩石破坏分析可知，条湖组储层脆度较高（表 6-9），具备形成体积裂缝的储层条件。

表 6-8　油藏品质评价标准表

评价参数	Ⅰ类	Ⅱ类	Ⅲ类
压力系数	＞1.2	1.0～1.2	0.7～1.0
原油黏度（mPa·s）	＜10	10～50	＞50

表 6-9　条湖组岩石脆度评价成果表

井号，井段（m）	峰值强度（MPa）	残余强度（MPa）	脆度 1	杨氏模量（10^4MPa）	泊松比	脆度 2
马 56 井，2143.08～2151.0	33.58	17.9	47	3.08	0.22	51
芦 1 井，2548.56～2548.71	47.25	21.89	54	2.52	0.23	46

二、条湖组凝灰岩致密油甜点区评价标准

甜点区是平面上致密储层通过水平井多级压裂等增产措施后具有商业开采价值的致密油富集区域。根据二叠系条湖组二段凝灰岩致密油成藏条件，从地质、工程因素两个角度，综合烃源岩、储层、油藏、工程品质 4 个方面 15 项甜点评价关键参数，在资源分级评价的基础上，开展凝灰岩致密油甜点区综合评价。

1. 烃源岩分级评价标准

条湖组凝灰岩致密油主要来自芦草沟组二段烃源岩，且热演化程度普遍处于低成熟—成熟阶段，R_o 值一般在 0.7%～1.3%之间，根据马朗凹陷芦草沟组烃源岩的研究成果及认识，确定了分级评价标准（表 6–10）。

表 6–10　芦草沟组烃源岩参数分级评价表

烃源岩评价参数	Ⅰ类	Ⅱ类	Ⅲ类
总有机碳（%）	＞6	2～6	＜2
镜质组反射率（%）	0.9～1.3	0.7～0.9	＜0.7
生烃潜量（mg/g）	60	40～60	＜40
烃源岩厚度（m）	100～200	80～150	50～100

2. 储层分级评价标准

由于凝灰岩储层的特殊性，在开展分级评价的同时，重点考虑凝灰岩沉积环境，结合岩性、脆性、物性、含油性、敏感性、压汞孔喉与储层含油性等资料（图 6–19），确定了条湖组二段致密油储层的分级评价标准（表 6–11）。条湖组凝灰岩储层可分为三类。

3. 工程品质分级评价标准

结合油田勘探开发及其工程的研究认识，从裂缝发育程度、地应力、岩石地球物理指数（脆性指数等）几个指标，初步建立了工程品质涉及的几个参数的分级评价标准（表 6–12），考虑到凝灰岩致密油勘探开发的特殊性以及实施体积压裂等改造措施的复杂程度，后续将根据地质工程一体化的研究成果，不定期地对标准进行修订。

三、条湖组凝灰岩致密油甜点区综合评价

根据条湖组凝灰岩致密油的成藏模式，按照模式控带（区带）、参数控质（质量）、融合控点（甜点）的技术思路，通过多信息融合，指出三塘湖盆地有利的勘探区及其潜力区（图 6–20）。可以看出，已经开发建产的马 56 块、芦 1 块、芦 104 块及马 706 块吻合度较高，马 60H 井区以及马 56 块南侧是凝灰岩致密油勘探的潜力区。

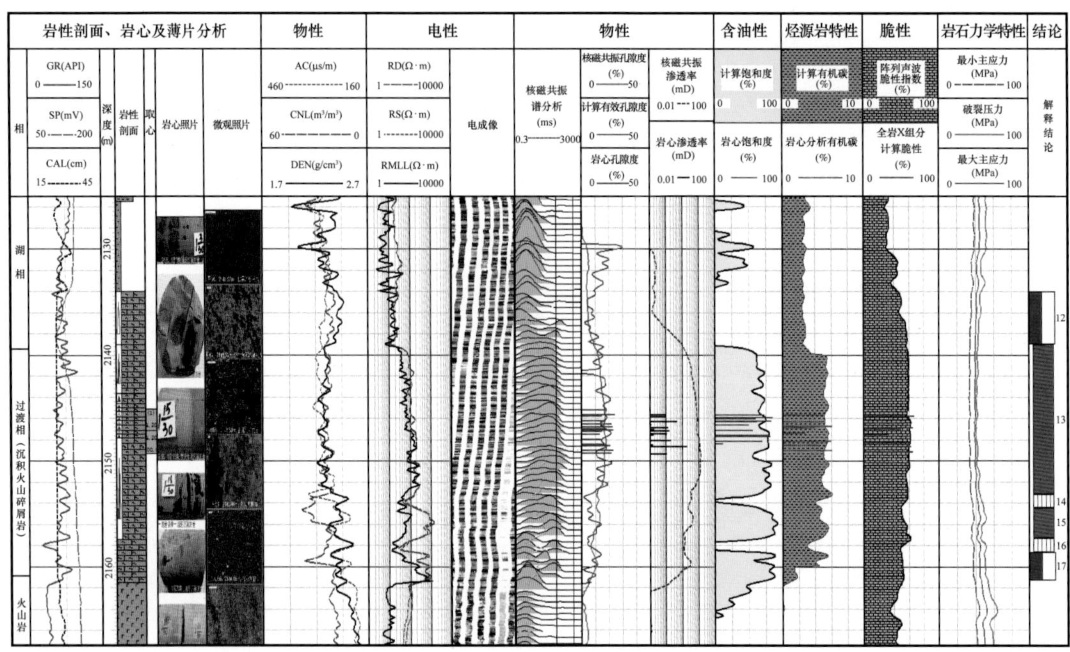

图 6-19　马 56 井条湖组致密油“七性”关系综合评价成果图

表 6-11　条湖组储层参数分级评价表

参数	评价指标	致密储层分类		
		Ⅰ类	Ⅱ类	Ⅲ类
沉积特征	沉积相	浅湖—半深湖（中远火山口）	浅湖（近火山口）	半深湖（中远火山口）
	沉积类型	玻屑凝灰岩	玻屑晶屑凝灰岩	泥质凝灰岩
物性特征	孔隙类型	脱玻化孔为主（矿物粒间孔和溶蚀粒内孔）	粒间孔、晶屑溶孔、基质微孔	基质微孔
	凝灰岩孔隙度（%）	≥18	8～18	<8
	空气渗透率（mD）	≥0.1	0.01～0.1	<0.01
矿物成分	石英含量（%）	>55	35～55	<55
	黏土含量（%）	<10	10～15	>10
孔隙结构	平均孔喉半径（μm）	≥0.05	0.03～0.05	<0.03
	排替压力（MPa）	≤3.5	3.5～15	>15
	退汞效率（%）	≥40	20～40	<20
脆性	岩石脆性指数（%）	≥50	30～50	<30

表 6-12　条湖组凝灰岩致密油工程参数分级评价表

工程评价参数	Ⅰ类	Ⅱ类	Ⅲ类
天然裂缝（条/m）	＞0.33	0.2～0.33	＜0.2
水平两向主应力差（MPa）	＜3	3～5	＞5
岩石脆性指数（%）	＞50	30～50	＜30

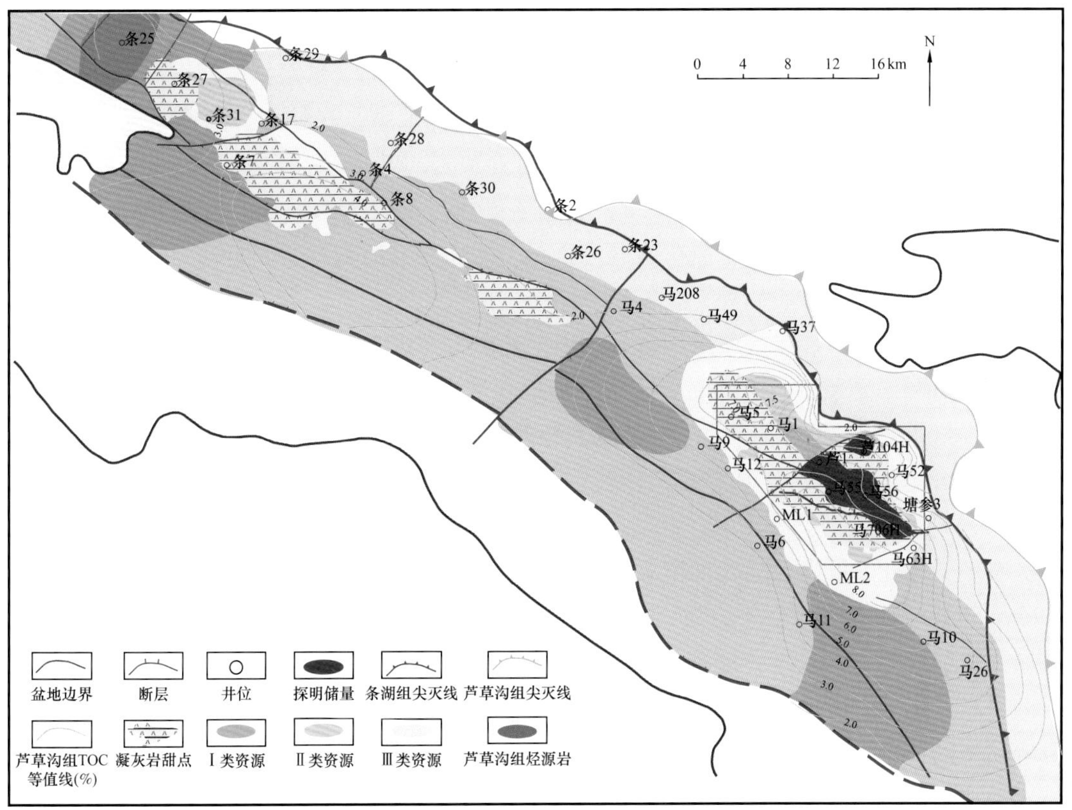

图 6-20　三塘湖盆地二叠系条湖组致密油甜点区平面分布

第四节　勘探开发工程关键技术进展及应用

三塘湖盆地凝灰岩致密油藏主要勘探时期是 2012—2018 年，由勘探实践形成和发展了独具特色的成藏地质理论和工程技术系列，丰富了中国陆相盆地油气地质理论与勘探实践，非常规油气已成为三塘湖盆地油气储量增长的主要领域。

一、勘探历程

针对二叠系的勘探相对较早，期间经历了艰难曲折的探索过程，致密油藏成为三塘湖盆地的重点勘探开发领域并取得了重大进展。

（1）初探二叠系，在芦草沟组发现优质烃源岩及裂缝性油藏（1996—2005 年）。随着三塘湖盆地塘参 1 井取得突破，发现北小湖油田，证实有三叠系—侏罗系含油组合，又有二叠系生油层。1996 年后马朗凹陷相继在马 1、马 6 及马 7 井芦草沟组凝灰岩、泥晶灰岩储层中获得工业油流，普遍认为，该类特殊岩性形成的油藏是由于裂缝发育有效地改善了储层空间所致，当时在寻找构造、裂缝性油气藏的背景下，构造运动强度较弱、分布稳定的这种特殊岩性，能否形成油藏并有效开发未引起足够的重视，勘探重点始终围绕中—新生界碎屑岩开展。

（2）以浅带深，二叠系勘探在不断探索中等待曙光（2005—2010 年）。按照“评价马朗大型构造—岩性圈闭东部含油性，兼探下成藏组合”的部署思路，相继发现马朗凹陷西山窑组大型岩性油藏和牛东油田石炭系火山岩风化壳油藏，在针对侏罗系—石炭系的勘探中，马 41、条 25、条 27 等井在二叠系钻遇凝灰岩，常规试油仅获低产油流。2010 年在牛东构造带南侧较低部位部署马 52 井，在条湖组上部火山角砾岩中见到了 6m 的油斑、油迹显示。通过研究，明确了凝灰岩及“误诊”的“白云质粉砂岩”特殊类型岩性的沉积模式，即从火山喷发中心向外，岩性从火山熔岩向火山角砾岩、凝灰岩沉积过渡，斜坡区存在凝灰岩油藏，而该类油藏采用常规试采工艺能否实现有效动用仍需进一步探索。

（3）再探二叠系，内引外联促进致密油勘探取得新进展（2010—2012 年）。受国内外非常规油气勘探开发实践启示，三塘湖盆地芦草沟组成为吐哈探区非常规油气勘探的重点。2010 年起实施内引外联方式，开展致密油勘探产学研一体化技术攻关。2012 年，赫世石油公司开展马朗凹陷芦草沟组混积岩致密油研究，先后钻探 ML1、ML2H 两口井，首次发现了高孔、低渗、高含油饱和度的蚀变凝灰岩储层（孔隙度普遍大于 10%，渗透率小于 0.5mD，含油饱和度平均为 76.5%），基本明确了致密油勘探的几项关键要素：一是要紧邻优质烃源岩；二是要具有一定厚度的有效储层；三是直井具有初产较高、递减速度快的特点，水平井可能是解决工业油气及开发动用的核心；四是核磁共振测井技术是识别有效储层的关键。因此，下步需要对储层甜点重新评价及进一步开展工艺技术改造，以获得工业油气流。

（4）静心苦究，凝灰岩致密油终获突破（2012—2018 年）。在致密油地质条件与勘探潜力评价基础上，按照致密油“源储一体、大面积连续稳定分布”的思路，在北部斜坡靠近洼陷区的部位钻探芦 1 井，条湖组 2545.9～2561.9m 井段气测显示良好，测井评价含油饱和度平均值 75.7%，为一套凝灰岩高孔低渗储层，致密油勘探自此迎来新的曙光。此后基于坚定信念，目标锁定条湖组，抓住芦 1 井条湖组凝灰岩良好的油气显示，静心苦究，明确了条湖组凝灰岩致密油成藏控制因素，地质认识及工艺技术观念不断创新，终于迎来致密油勘探质的飞跃。

按照凝灰岩致密油藏的勘探思路，实施地质工程一体化，2013 年后相继部署马 57H、马 58H、芦 101H 等井，表明随着水平段长度、压裂规模的逐渐提高，单井原油日产量和累计产量显著提高，致密油效益动用路线基本形成。继马 56 块成功后，东南方向扩展马 7 块，钻探马 706 井获得成功，发现条湖组 2 号、3 号致密油藏，向北扩展钻探芦 104H 获得成功。截至 2016 年底，牛东油田马 56 等 3 个区块条湖组落实了 5000×10^4t 整装规模的致密油藏。通过先导矿场试验，实施从注水吞吐为主的蓄能增压及水平井井网加密的开发技术方案，实现了致密油效益勘探及高效快速建产。2018 年建产 25.6×10^4t/a，建成了中国第一个凝灰岩致密油藏水平井技术示范区和规模开发试验区。

随着条湖组凝灰岩致密油勘探取得成功，积累了丰富的勘探实践经验，区域扩展芦草沟组、复查卡拉岗组，均取得不同程度的突破，相继发现或再认识马芦 1 块、条 34 块芦草沟组页岩油及马 33 块卡拉岗组凝灰岩致密油藏，由此进入致密油的快速勘探开发阶段。

二、条湖组凝灰岩致密油勘探开发配套技术

“十三五”以来通过重构勘探评价技术、规范、标准，深化非常规油气地质理论，支撑勘探部署，形成了相对成熟、适用的配套关键技术，主要表现在勘探技术和井筒技术两大方面。

1. 致密油勘探技术系列

通过系统总结，形成了凝灰岩致密油“七性”关系评价技术和“模式控区带、参数控质量、融合控甜点”致密油甜点预测技术（图 6-21），以及凝灰岩致密油藏储量、储层、测井评价、甜点预测评价规范、分类标准及技术手册，有力地支撑了三塘湖盆地致密油的勘探开发。

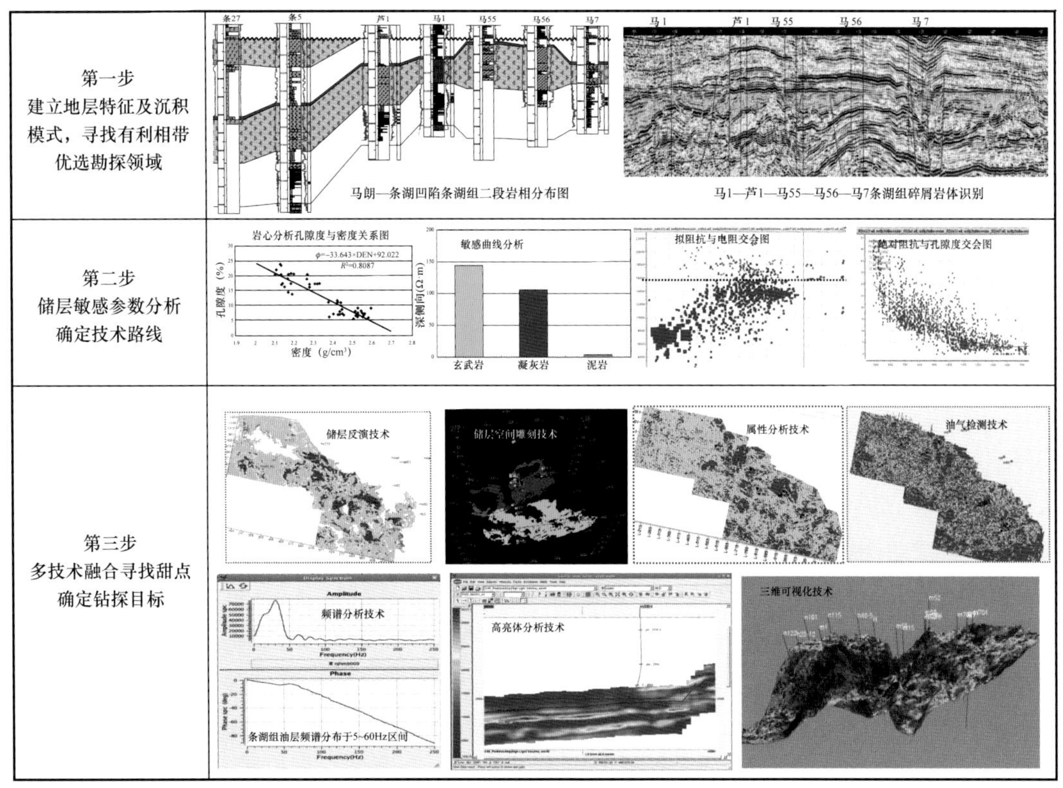

图 6-21　致密储层预测技术流程

2. 致密油井筒配套技术系列

针对钻井过程中存在地层分布复杂，安全钻井难度大、可钻性差，钻井周期长、长水平段摩阻扭矩大，井眼轨迹控制、清洁及井壁稳定以及在开发过程中致密储层能量递减快、采收率低等问题，通过水平井钻完井技术攻关（图 6–22），解决了安全快速钻井难题，钻井周期缩短 38.4%，机械钻速提高 101%，固井质量一次合格率提高至 100%，固井优质率提高至 78.9%，实现了安全快速钻井目标，单井钻井成本下降 40.1%，提速效果明显。降本增效方面主要通过优化滑溜水使用比例，全面推进工艺、工具和服务的国产化，实现高产稳产的同时，成本得到良好控制。转变致密油开发模式，形成了以速钻桥塞 + 分簇射孔体积压裂技术和注水吞吐为主的致密油藏增产技术系列，实现了三塘湖盆地致密油效益动用。

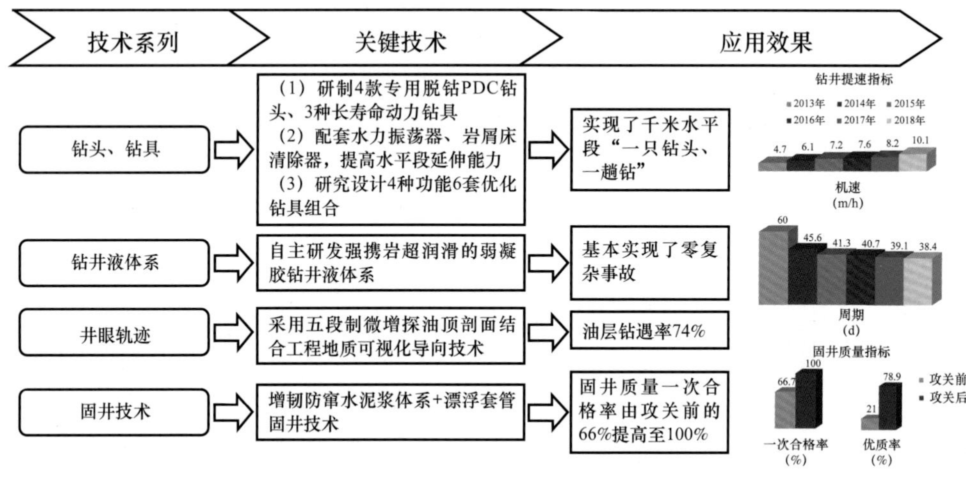

图 6–22　致密油水平井低成本优快钻井技术路线

第五节　条湖组试验区开发效果分析与经验总结

牛东油田条湖组凝灰岩致密油藏是三塘湖盆地非常规油气勘探首先获得重大突破的油藏，地理位置位于哈密市伊吾县境内，构造位置位于马朗凹陷腹地斜坡区，芦 1—马 56 块、马 706H 块局部构造为一东南向西北倾伏的单斜构造，芦 104H 块局部构造为一东北向西南倾伏的单斜构造（图 6–23）。其南部为黑墩构造带，西部为牛圈湖构造带。

条湖组凝灰岩致密油藏于 2012 年由马朗凹陷芦 1 井发现，总体为岩性油气藏，截至 2020 年底，已探明含油面积 24.6km^2，石油地质储量 3698.35×10^{4}t。2013 年实施产能建设，截至 2020 年 11 月，建产能 44.6×10^{4}t/a，累计生产原油 93.71×10^{4}t。

条湖组凝灰岩致密油藏，直井常规试油基本无自然产能或低产，压裂可以获得较高的产量，但稳产时间短、累计产油量低。2013 年，开展水平井 + 大型体积压裂技术攻关，实施了马 57H 水平井钻探，采用固井滑套 7 级 21 簇体积压裂，产量达到直井常规压裂的 7～10 倍。2013 年 10 月，又实施马 58H 水平井钻探，采用速钻桥塞 8 段 24 簇射孔体积压裂，自喷初期日产原油超百吨获成功。2015 年，在马 56 块部署建立了水平井 + 大型体积压裂技术开发试验区，已经部署开发 34 口井，试验区内投产 30 口井，共计压裂 192 段，采用速钻桥塞 + 分簇压裂铸体工艺，提高致密油单井产量，增产效果良好。同时，芦 1 井区又先后实施芦 101H 和芦 1-1H 两口水平井的大型体积压裂，部署开发 10 口井，投产 8 口井，均获成功。

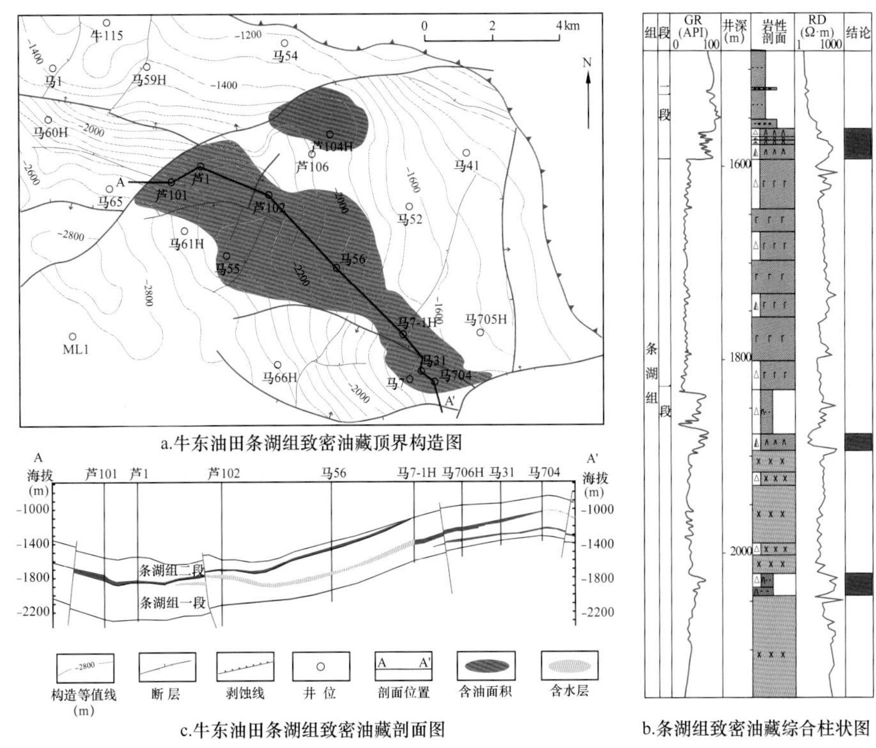

图 6-23　三塘湖盆地二叠系条湖组凝灰岩致密油藏分布及含油面积图

通过实施水平井 + 多段压裂技术、注水吞吐、水平井井网加密等增产措施，效果明显，采收率由 2.5% 提高至 10%。截至 2020 年 11 月，建产能 44.6×10^4t/a。牛东条湖组凝灰岩致密油藏采油井 145 口，日产原油 413t，累计产原油 93.71×10^4t，平均年产原油 13.45×10^4t，最高峰年产原油 26.12×10^4t，综合含水率 35.84%，可采储量采油速度 18.3%，可采储量采出程度 33.63%。

第六节　主要结论及“十四五”展望

一、主要结论

围绕制约三塘湖盆地致密油勘探中存在的主要问题，开展理论技术攻关，取得了重要进展，推动了三塘湖盆地非常规油气勘探进展，取得的主要认识如下。

（1）综合分析芦草沟组混积岩和条湖组凝灰岩致密油的地质条件，致密油资源量计算分为条湖、马朗两个评价区，评价三塘湖盆地条湖—马朗凹陷芦草沟组致密油地质资源量

31991.3×10^4t、可采资源量 1603.71×10^4t，条湖组凝灰岩致密油资源量 14312.47×10^4t、可采资源量 798.01×10^4t。

（2）明确条湖组发育凝灰质砂岩、凝灰岩两类储层，凝灰岩是主要产层类型，凝灰质碎屑砂岩、凝灰岩两类储层的发育主要受盆地南北火山喷发和古地貌控制。凝灰岩以火山爆发空落沉积为主，主要发育在半深湖沉积相，是致密油勘探主要目的层；凝灰质碎屑岩则是在浅湖区，油气显示变差。储集空间以基质微孔、脱玻化晶间微孔、溶蚀微孔（微洞）为主，分布均匀、连通性好，主要受火山灰成分与脱玻化程度控制，总体表现为中高孔、特低渗、高含油饱和度的特征，火山灰的性质与成分、脱玻化程度和黏土矿物含量控制了致密储层的物性。

（3）条湖组泥质烃源岩有机质丰度整体较低，马朗凹陷好于条湖凹陷，有机质类型以II_2—Ⅲ为主，处于低成熟—成熟早期，油源对比表明条湖组凝灰岩致密油主要来自下部芦草沟组二段。

（4）马朗凹陷腹地条湖组二段碎屑岩地层—岩性油藏源储一体，油藏不受构造控制，大面积分布，沉积期古构造背景、岩相控制着油藏类型及其展布。自源润湿、混源成藏、润湿性改变是凝灰岩致密层石油成藏和富集的主要机制，具有“自源润湿、混源充注、断—缝输导、大面积成藏、甜点富集”的成藏模式。芦草沟组优质烃源岩—断裂—古地形低洼处较厚凝灰岩储层三者配置好的领域是下一步勘探的主要方向。

（5）芦草沟组甜点段储层岩性主要为蚀变凝灰岩及凝灰质白云岩、云质凝灰岩，基质微孔发育，纵向上发育两类储层：一类储层以凝灰岩为主，发育在条湖凹陷芦草沟组一段；一类储层以薄互层状云质凝灰岩、泥质云岩为主，发育在马朗凹陷芦草沟组二段中上部，优质储层分布受有利相带控制。受古地形和物源输入的影响，有利储层呈环带状分布。

（6）提出了芦草沟组油气运移的微观机理及成藏机理。纵向上芦草沟组混积岩致密油从有机质 / 凝灰质纹层到白云质纹层作初次运移，横向上沿层理缝、构造裂缝和断层作短距离二次运移；芦草沟组混积岩致密油成藏机理表现为先致密后成藏；芦草沟组混积岩致密油“七性”关系表明，岩性控制物性，物性控制含油性，有效烃源岩展布控制储层甜点，岩性控制脆性及岩性控制敏感性。

（7）建立了条湖—马朗凹陷致密油储层评价标准。临界孔喉直径一般为 30～70nm，芦草沟组二段含油饱和度一般为 30%～60%，中值为 45%。初步确定孔隙型致密油下限 $\phi \geqslant 6\%$，$K \geqslant 50\mathrm{nD}$；裂缝型致密油下限 $\phi \geqslant 2\%$、$K \geqslant 1\mathrm{nD}$。

（8）通过“十三五”致密油重大专项技术攻关，形成了凝灰岩致密油“七性”关系评价技术和“模式控区带、参数控质量、融合控甜点”致密油甜点预测技术，以及凝灰岩致密油藏储量、储层测井评价、甜点预测评价规范、分类标准等技术，形成了针对致密油勘探开发的钻完井及效益动用配套技术，包括水平井低成本优快钻井、水平井体积压裂改造、降本增效及致密油开发提产技术，实现了致密油效益动用，有力地支撑了盆地致密油的勘探开发。

在成藏认识的支撑和指导下，“十三五”以来形成并完善了针对不同类型致密油藏勘探开发的配套关键技术，优选有利区带及钻探目标，钻探井位 126 口，其中针对条湖组凝灰岩致密油 97 口，针对芦草沟组混积岩致密油 29 口，取得了五项勘探成果。一是扩展了三塘湖盆地二叠系条湖组凝灰岩致密油藏，提交探明石油地质储量 736.45×10^4t，控制石油地质储量 1333×10^4t。二是三塘湖盆地芦草沟组混积岩致密油勘探获得突破，发现了条湖凹陷条 34 块致密油藏，新增预测石油地质储量 2206×10^4t。三是明确了芦草沟组混积岩致密油、条湖组凝灰岩致密油藏资源量。四是形成了凝灰岩致密油“七性”关系评价技术和“模式控区带、参数控质量、融合控甜点”致密油甜点预测技术，以及凝灰岩致密油藏储量、储层测井评价、甜点预测评价规范、分类标准等技术。五是形成了针对致密油勘探开发的钻完井及效益动用配套技术。

二、“十四五”展望

1. 条湖组凝灰岩致密油“十四五”展望

目前条湖组凝灰岩致密油的勘探主要集中在马朗凹陷马 56 区块，形成了相对完善的配套技术，建成了国内第一个凝灰岩示范基地，但自 2013 年以来，扩展勘探并不理想，说明凝灰岩致密油成藏机理的复杂性，展望“十四五”，围绕条湖组凝灰岩致密油勘探，应抓好以下几个关键点：（1）凝灰岩致密油成藏机理攻关。条湖组凝灰岩沉积范围大，目前仅在马 56 块取得了突破，条湖凹陷还没有取得进展，说明不同凹陷凝灰岩成藏的差异性较大，借鉴马 56 块的成果认识，解剖已知油藏，拓展研究思路，深化成藏机理，力争在条湖凹陷取得突破。（2）致密油甜点段、甜点区识别。致密油甜点段、甜点区的评价是致密油勘探的关键，继续完善“十三五”的评价标准，系统评价优选有利勘探区带，指导下一步勘探部署。（3）深化一体化组织方式。将通过采用地质工程一体化、科研生产一体化、部署决策一体化、钻井完井一体化，满足安全、提速、提产和提效的要求。

2. 芦草沟组混积岩页岩油“十四五”展望

受混积岩储层复杂性的制约，芦页 1 井试采效果并不理想，针对芦草沟组页岩油的勘探，需要做好以下几方面的工作：（1）页岩油资源潜力评价。重新开展芦草沟组混积岩资源潜力分析，进行资源分级评价，明确页岩油有利目标区。（2）混积岩岩相特征及分布研究。对混积岩进行岩相类型划分和识别，明确不同岩相展布规律，建立沉积模式。（3）储集特征研究。研究混积岩物性特征、储集空间类型、成因、结构、空间组合，剖析储集性能主控因素，落实储集空间发育规律，建立并完善页岩油储集性能评价标准。（4）页岩油赋存特征研究。建立页岩油含量的测试技术，通过不同演化阶段页岩油相态变化及含油气量分析，明确不同类型岩相页岩油赋存方式；并对研究区不同层位、不同沉积相带、不同构造位置、不同类型的页岩油赋存状态进行研究。（5）页岩油甜点段、甜点区识别。基于烃源岩、致密储层和源储最优配置三个条件，系统评价优选有利区带，指导三塘湖盆地芦草沟组页岩油的勘探部署。（6）进一步优化页岩油配套技术。通过一体化技术攻关，实现三塘湖盆地芦草沟组页岩油勘探的更大突破。

第七章　华北探区致密油资源潜力、甜点区预测与关键技术应用

“十三五”（2016—2020 年）期间，华北油田致密油研究团队在国家科技重大专项课题 6 专题 6“华北探区致密油资源潜力、甜点预测与关键技术应用”的研究目标导向和经费资助下，分析总结了渤海湾盆地束鹿凹陷和二连盆地阿南凹陷致密油资源形成条件与富集规律，评价预测了资源潜力和甜点区分布，探索形成了地质—地球物理致密油气甜点区预测评价技术，形成了适用于束鹿凹陷泥灰岩—砾岩致密油的有效开发配套技术，为该类致密油气的有效开采提供了理论依据和技术保障。

第一节　区域成藏条件与富集主控因素分析

一、束鹿凹陷

1. 总体地质特征

束鹿凹陷整体具南北分洼、东西分带特征。其中从南到北，由于荆丘和台家庄古隆起的分割作用，凹陷存在南、中、北 3 个次级洼槽区，由西至东，按断裂发育的规模和断裂空间组合形式可划分为 3 个构造带：西部斜坡外带、中部洼槽带和东部陡坡带。其中泥灰岩—砾岩致密油气富集区主要分布于中洼漕区的西部斜坡外带和中部洼漕带（图 7–1）。束鹿凹陷古近系自下而上发育沙河街组三段、二段、一段，以及东营组和馆陶组 5 套地层，泥灰岩—砾岩致密油层段发育于沙河街组三段下亚段（以下简称“沙三段下亚段”），为致密油的主要勘探层系。沙三段下亚段划分为 1 个二级层序，并根据地震反射界面变化，结合测井、岩心及分析测试数据，进一步划分出 5 套三级层序（图 7–2）。SQ1 发育在湖盆扩张初期，层序内部发育大套砾岩，同时伴随有厚层的泥灰岩；SQ2 沉积期气候湿润，降水供给充足，在最大湖泛期，发育密集段优质烃源岩；SQ3 层序底部发育大套砾岩，随湖平面升高，陆源碎屑输入减少，形成大段纹层状泥灰岩、块状泥灰岩，高位体系域为岩屑砂岩、粉砂岩与泥灰岩互层；SQ4 与 SQ5 均以泥灰岩为主，内夹薄层粉砂岩或含砾泥灰岩。

束鹿凹陷至今已在晋 98 井、晋 116 井、晋古 11 井、束探 1H 井、束探 2X 井、束探 3 井等十余口井沙三段下亚段的角砾岩、泥灰岩中发现了油气显示以及工业油气流。

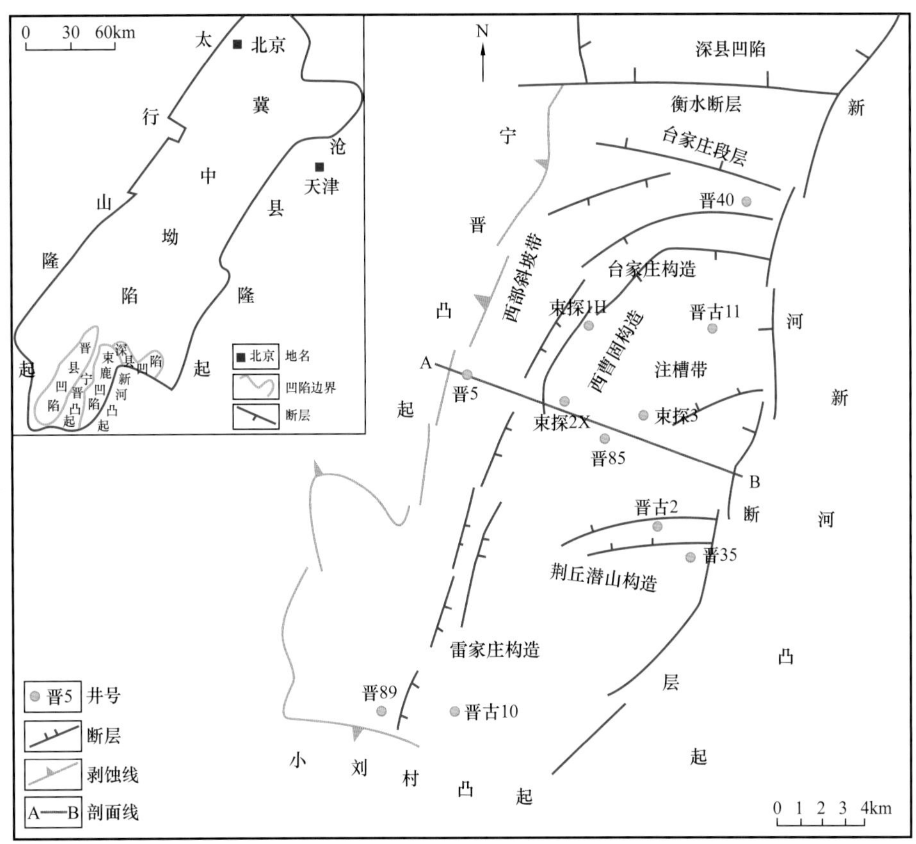

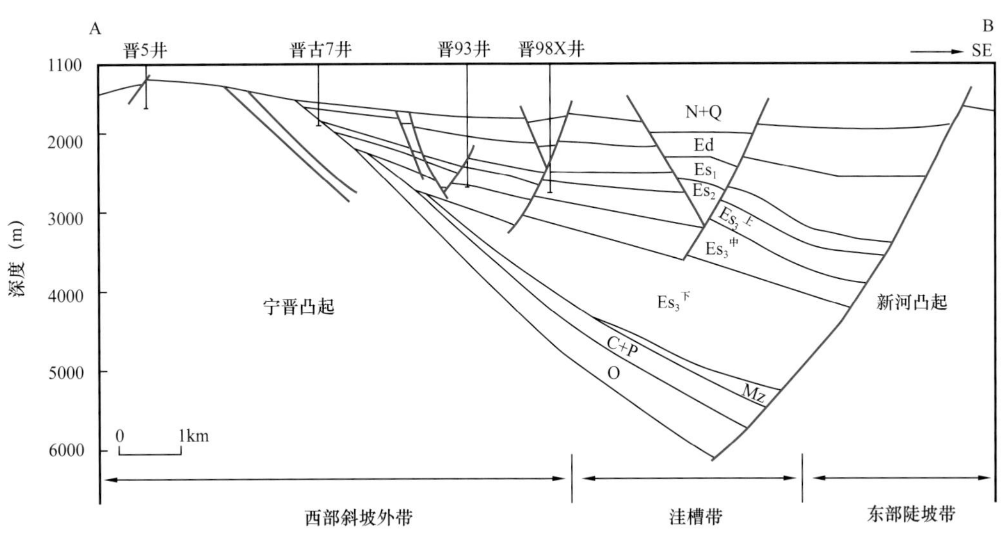

图 7–1　束鹿凹陷构造纲要

2. 烃源岩特征

束鹿凹陷中—南洼槽相对封闭的湖盆发育了沙三段下亚段巨厚（300～1500m）的泥灰岩，厚度大于 200m 的分布面积约 200km^2（图 7–3），有机碳含量高、类型好（以Ⅱ$_1$ 型为主）、转化率高、排烃能力强，为优质烃源岩。

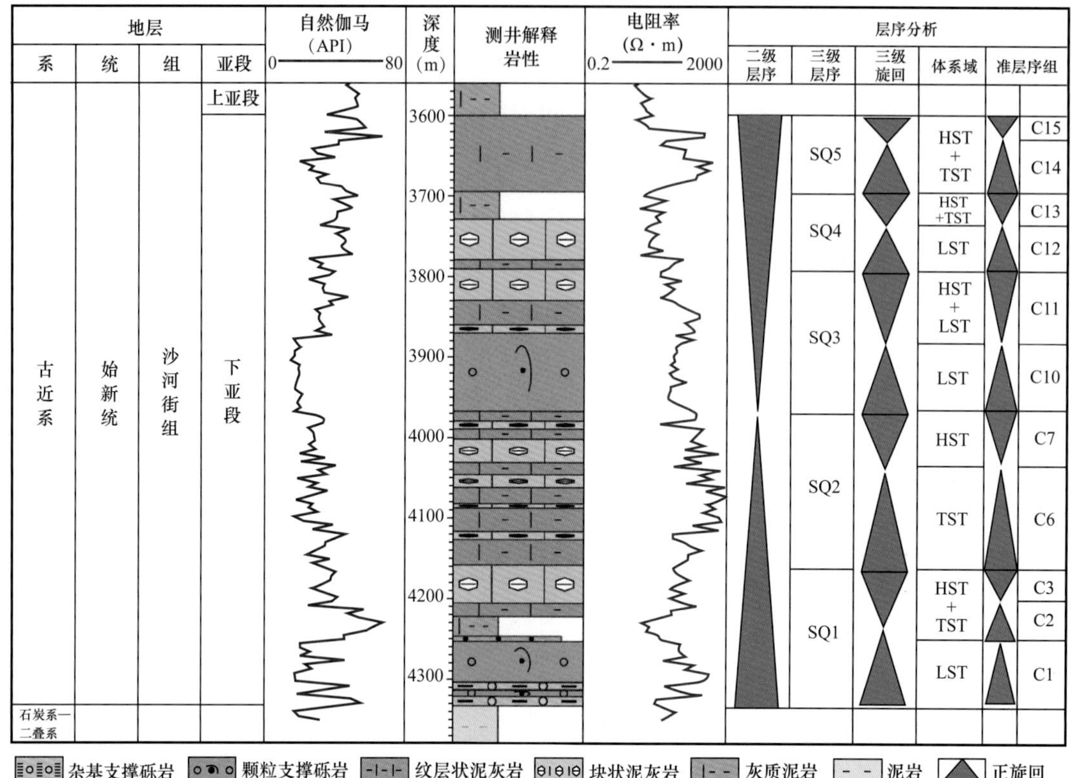

图 7-2　束鹿凹陷束探 3 井沙三段下亚段层序地层划分

束探 3 井钻遇沙三段下亚段泥灰岩 609m，SQ5、SQ4 泥灰岩为中等—好烃源岩，SQ3 泥灰岩为好烃源岩，SQ2 泥灰岩为很好—好烃源岩（图 7-4）。在中—南洼槽 SQ2 有机碳含量在 1% 以上的分布面积大约有 230km^2，氯仿沥青“A”含量在 0.1% 以上的分布区域大约也是 230km^2。SQ5、SQ4、SQ3、SQ2 的氢指数介于 600～800mg/g 之间，属于 II_1 型干酪根；SQ1 的氢指数介于 200～400mg/g 之间，属于 II_2—Ⅲ型干酪根。泥灰岩热解氢指数较高，热解氢指数在 350mg/g 以上的 II_1 型分布区域大约有 110km^2。SQ2 氯仿沥青“A”/TOC 介于 20%～30% 之间，主体为 25%，具有较强的排烃能力；SQ5、SQ4、SQ3、SQ1 氯仿沥青“A”/TOC 介于 0～15% 之间，主体为 10%，也具有排烃能力。在中—南洼槽氯仿沥青“A”/TOC 在 5% 以上的分布区域大约有 200km^2，镜质组反射率（R_o）在 0.7% 以上的分布区域大约也有 230km^2。沙三段下亚段在馆陶组沉积末期进入成熟门限，目前整体处于大量生油阶段（赵贤正，2014）。

3. 优势储层特征

束鹿凹陷沙三段下亚段泥灰岩、（砂）砾岩储层中纹层状泥灰岩和颗粒支撑陆源砾岩为致密油储层的优势岩性（崔周旗等，2015）。

1）纹层状泥灰岩

纹层状泥灰岩在研究区分布比较广泛、厚度大。目前区内 10 余口探井均有钻遇，初步预测分布面积达 200km^2；累计厚度一般为 50～200m。孔隙度一般为 0.5%～1.5%，平均为 1.47%；渗透率一般为 0.06～2.47mD，平均为 1.06mD。储集空间主要为溶蚀孔、纹层缝、黏土矿物晶间孔和黄铁矿晶间孔，表现为纹层缝—孔隙型双重孔隙介质特征。CT 扫描孔缝连通体积高达 68.27%，孔喉结构较复杂，以纳米级孔隙为主，发育一定量的微米级孔隙。由于碳酸盐矿物含量较高，一般为 50%～100%，平均为 79.3%，因此脆性较好，有利于储层体积压裂改造。实钻证实，纹层状泥灰岩含油性较好，构造缝、纹层缝及各种类型的纳米级与微米级孔隙均含油（表 7–1，图 7–5a、b、c、d）。

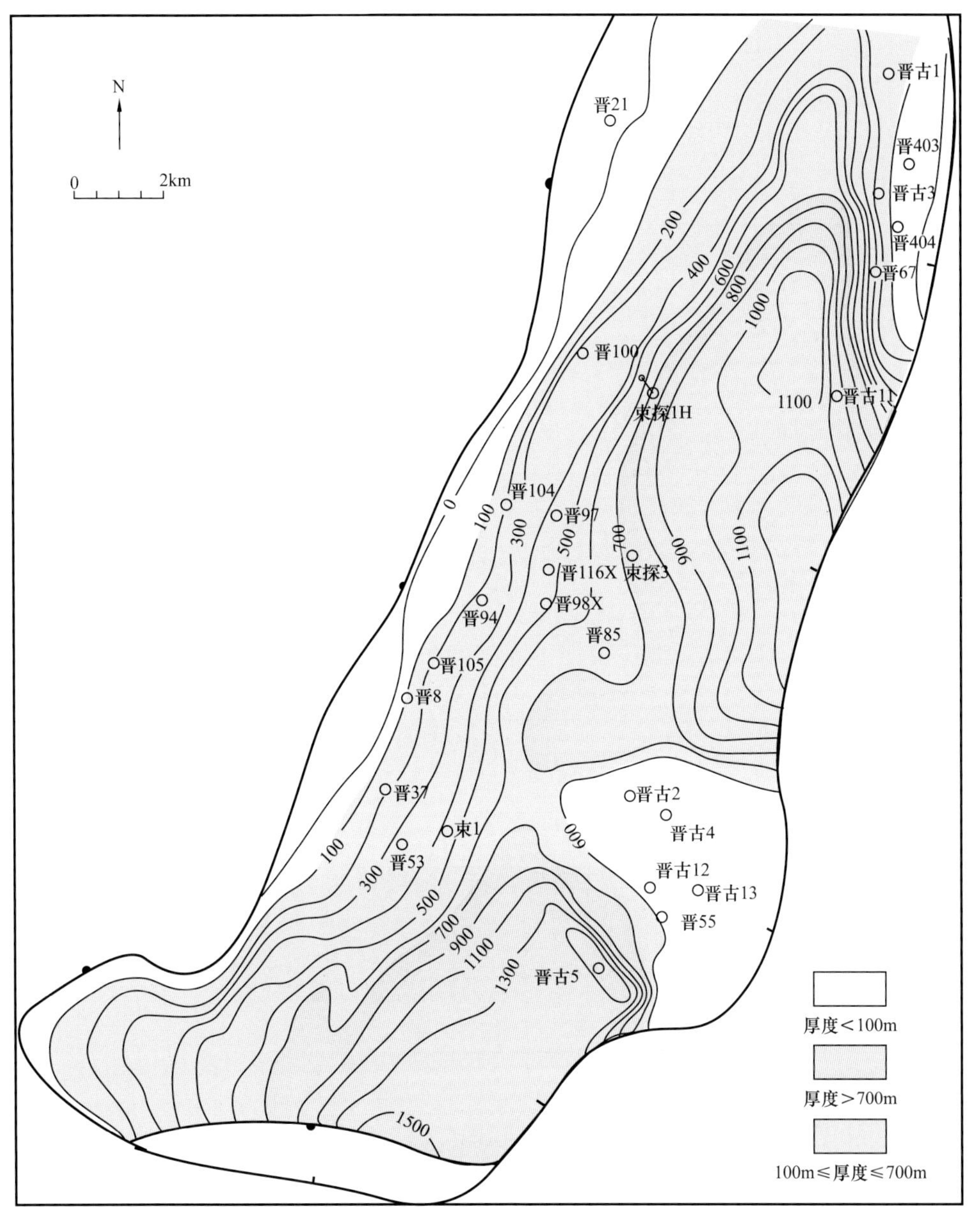

图 7–3　束鹿凹陷沙三段下亚段泥灰岩分布图

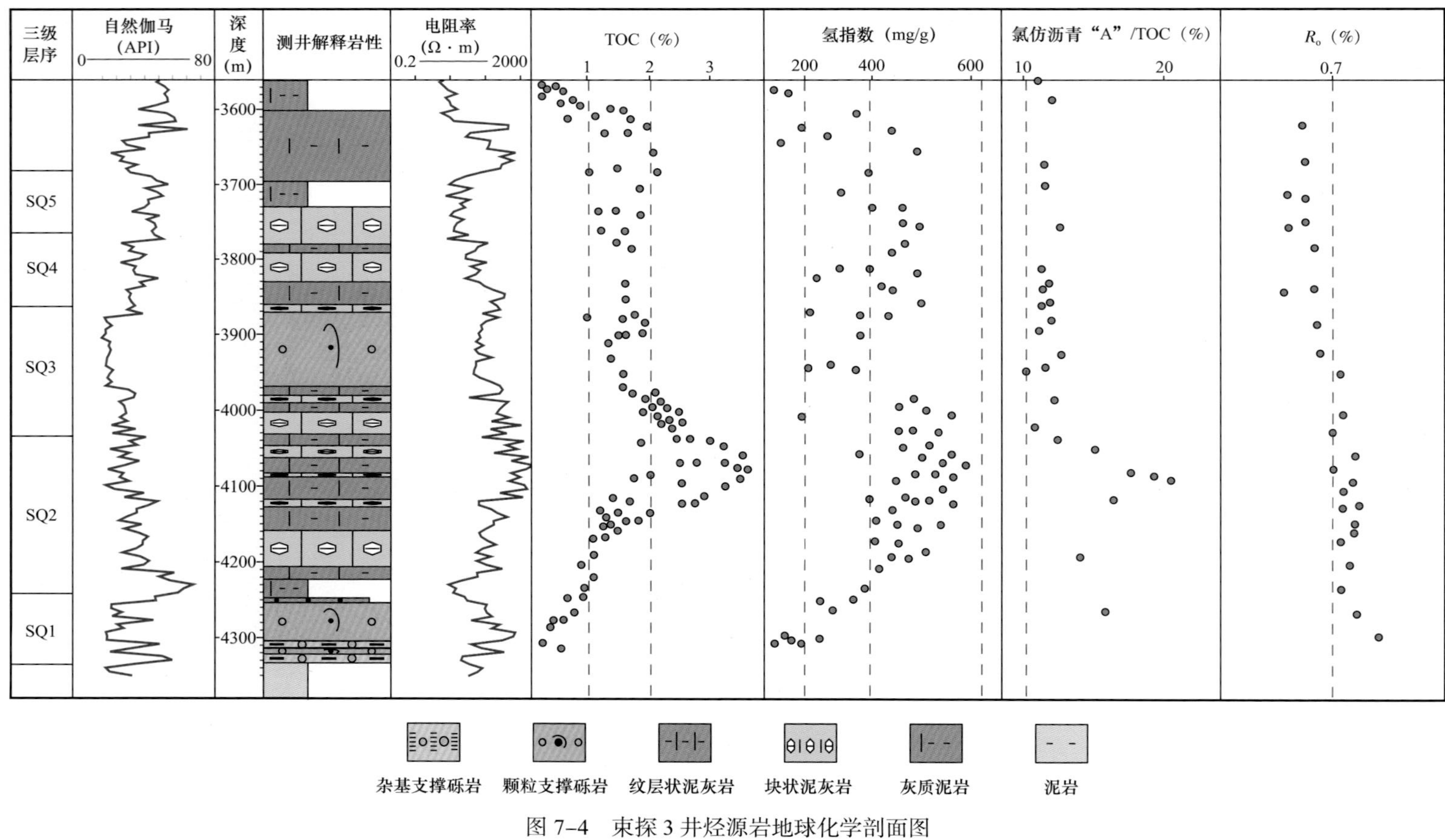

图 7–4　束探 3 井烃源岩地球化学剖面图

表 7-1　束鹿凹陷沙三段下亚段致密油储层优势岩性储集空间及储集性能（据束探 3 井）

<table>
<tr><th>岩性</th><th>测井解释厚度（m）</th><th>主要储集空间</th><th>孔隙形态</th><th>孔喉直径</th><th>孔隙度（%）</th><th>渗透率（mD）</th><th>CT 扫描连通体积（%）</th><th>碳酸盐百分含量（%）</th><th>样品数量（个）</th></tr>
<tr><td rowspan="5">纹层状泥灰岩</td><td rowspan="5">168.2</td><td>溶蚀孔</td><td>椭圆状</td><td>主要在 200nm～10μm 之间</td><td rowspan="5">$\frac{0.5\sim1.5}{1.47}$</td><td rowspan="5">$\frac{0.06\sim2.47}{1.06}$</td><td rowspan="5">68.27</td><td rowspan="5">$\frac{47\sim96}{79.3}$</td><td rowspan="5">49</td></tr>
<tr><td>黏土矿物层（晶）间孔</td><td>长条状、网状</td><td>主要在 100nm～2μm 之间</td></tr>
<tr><td>黄铁矿晶间孔</td><td>不规则状</td><td>主要在 50～800nm 之间</td></tr>
<tr><td>构造缝</td><td></td><td></td></tr>
<tr><td>纹层缝</td><td>主要沿黏土矿物和有机质富集的纹层发育</td><td>宽度：50nm～2μm</td></tr>
<tr><td rowspan="4">颗粒支撑陆源砾岩</td><td rowspan="4">152.6</td><td>粒间孔、粒间溶孔</td><td>主要发育在杂基部分，以不规则状为主</td><td>主要在 50nm～50μm 之间</td><td rowspan="4">$\frac{0.6\sim5.8}{2.76}$</td><td rowspan="4">$\frac{0.04\sim5.03}{0.85}$</td><td rowspan="4">70.02</td><td rowspan="4">$\frac{65\sim100}{96}$</td><td rowspan="4">59</td></tr>
<tr><td>砾内溶孔</td><td>泥粉晶云岩、石灰岩砾内，规则状</td><td>主要在 1～300μm 之间</td></tr>
<tr><td>溶蚀孔洞</td><td>沿构造—溶蚀缝分布，不规则状</td><td>主要在 2mm～1cm 之间</td></tr>
<tr><td>构造—溶蚀缝</td><td>构造缝扩大</td><td>宽度毫米至厘米级</td></tr>
</table>

注：$\frac{2\sim19}{8.9}$表示$\frac{\text{最低值}\sim\text{最高值}}{\text{平均值}}$。

2）颗粒支撑陆源砾岩

颗粒支撑陆源砾岩在研究区分布也比较广，多个砾岩体叠加面积达 100km^2 以上；砾岩体累计厚度较大，如束探 3 井测井解释厚度可达 152.6m。孔隙度一般为 0.6%～5.8%，平均为 2.76%；渗透率一般为 0.04～5.03mD，平均为 0.85mD。储集空间以粒间孔、粒间溶孔、角砾内溶孔、溶蚀孔洞和构造—溶蚀缝为主，溶蚀孔发育与裂缝密切相关，沿构造裂缝呈串珠状分布。CT 扫描孔缝连通体积高达 70.02%，孔喉结构较好，同时砾内存在大量不均一分布的微孔。岩石脆性较好，碳酸盐矿物含量一般为 65%～100%，平均值为 96%，同样有利于储层体积压裂改造。实钻证实，该类型砾岩含油性较好，原油主要分布在溶蚀孔洞、粒间杂基内微孔、粒内溶孔和裂缝中，渗流通道主要是裂缝（图 7-5e、f、g、h、i）。

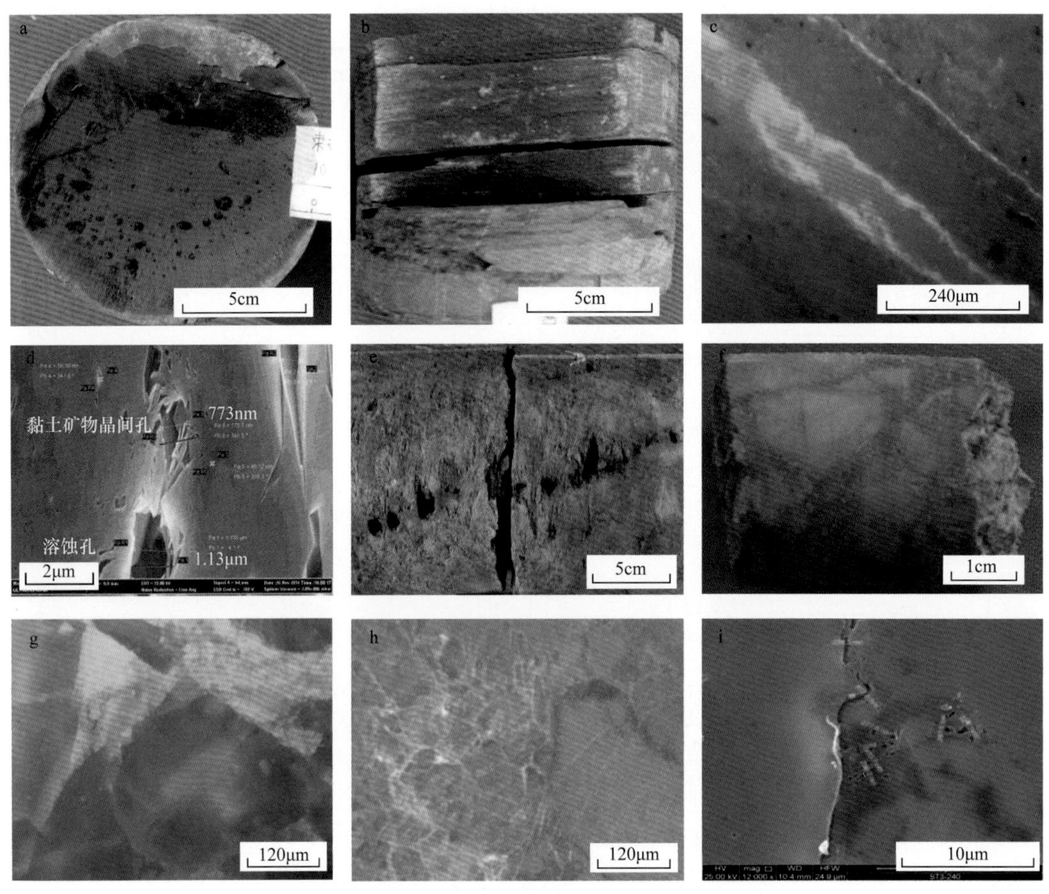

图 7-5　束鹿凹陷沙三段下亚段储集空间与含油性

a—束探 3 井，3975.5m，纹层状泥灰岩，层间缝含油；b—束探 3 井，3688.31m，纹层状泥灰岩高角度裂缝、层间缝含油；c—束探 3 井，3813.94m，纹层状泥灰岩，层间缝含油，发淡黄色光，荧光薄片；d—束探 3 井，3981.93m，纹层状泥灰岩，溶蚀孔、黏土矿物晶间孔发育，场发射扫描电镜；e—束探 3 井，4261.2～4261.6m，颗粒支撑陆源砾岩，溶蚀孔洞沿裂缝呈现串珠状分布，且含油；f—束探 2X 井，4170m，陆源颗粒支撑砾岩，填隙物及砾石均含油，井壁钻心；g—束探 3 井，3897m，颗粒支撑陆源砾岩，填隙物微孔中含油，发淡黄色光，荧光薄片；h—束探 1H 井，3979.98m，颗粒支撑陆源砾岩，白云岩砾石内晶间孔含油，发淡黄色光，荧光薄片；i—束探 3 井，4266.53m，颗粒支撑陆源砾岩，晶间微孔及微裂缝发育，场发射扫描电镜

4. 泥灰岩—砾岩致密油储集模式

通过对不同岩性致密储层孔喉网络系统量化表征，识别出沙三段下亚段存在纹层状泥灰岩、颗粒支撑砾岩两类甜点储层，结合储层含油性和原油赋存状态分析，综合建立了束鹿凹陷沙三段下亚段致密油储集模式（图 7-6）。

纹层状泥灰岩中的原油为排烃后滞留液态烃，未发生明显运移，原油主要赋存在以机械沉积为主的纹层中，粒间微孔、溶蚀微孔、晶间孔、有机孔和纹层缝等都可有效储油。泥灰岩纹层越发育，或其中粉砂夹层含量越高，越有利于原油的富集；而构造缝的存在，可进一步改善其储集性能，因此纹层 + 构造缝发育区是该类型致密油甜点的有利分布区。

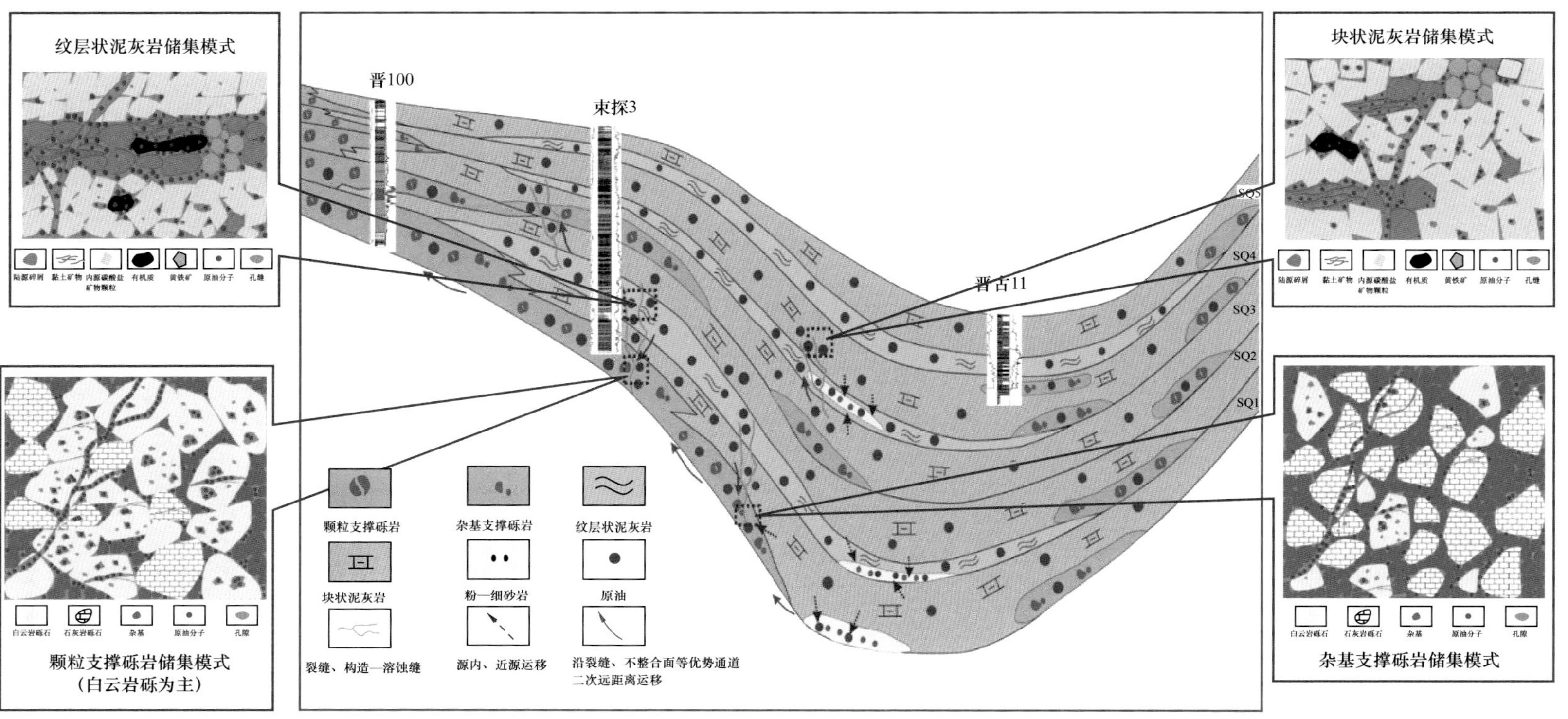

图 7-6　束鹿凹陷沙三段下亚段致密油储集模式图

颗粒支撑砾岩相对于杂基支撑砾岩孔隙更发育，原油可赋存在砾内溶孔 / 晶间孔、砾内裂缝、砾间 / 粒间微孔、构造—溶蚀缝洞等各类储集空间中。尤其是白云岩砾石含量高的颗粒支撑砾岩，其白云岩砾石内继承性的溶孔和晶间孔发育，孔喉相对较粗大，再加上构造缝、构造—溶蚀缝的沟通，渗透能力极大改善，形成砾岩型致密油甜点。

5. 泥灰岩类致密储层甜点主控因素

泥灰岩类致密油甜点储层主要受岩石结构（纹层发育程度）、有机质丰度与成熟度以及裂缝发育程度等因素综合控制。

1）*岩石结构*

纹层状泥灰岩和块状泥灰岩两类岩性致密储层孔、渗条件和孔喉结构分析对比显示，纹层发育程度是泥灰岩类甜点储层发育的重要控制因素之一。纹层状泥灰岩孔隙度总体上要明显高于块状泥灰岩，前者孔隙度主要分布在 0.5%～2.5% 之间，后者孔隙度则主要在 1.5% 以下（图 7–7）。纹层发育程度对泥灰岩孔隙结构同样具有控制作用，纹层状泥灰岩具有双重孔隙介质特征，同时发育纹层缝和基质孔两类储集空间，孔隙结构相对较好，而块状泥灰岩纹层缝不发育，孔隙以基质微孔为主，且孔隙中微米级中大孔所占比例也要低于纹层状泥灰岩。核磁共振孔隙结构指数与可动流体孔隙度分析也表明纹层状泥灰岩孔隙结构优于块状泥灰岩（图 7–8）。纹层发育程度不同的两块泥灰岩样品压汞曲线和孔喉半径分布存在较明显差异，纹层密集发育的泥灰岩驱替压力相对较低，微米级孔喉和纳米级孔喉皆发育；而纹层相对不发育的泥灰岩，其驱替压力更高，基本为纳米级孔喉，微米级孔喉比例极低。泥灰岩的纹层发育程度决定了其孔渗条件和孔喉结构，总体来说纹层发育，物性条件和孔喉结构相对要好，纹层发育程度是泥灰岩类甜点储层发育的重要控制因素。

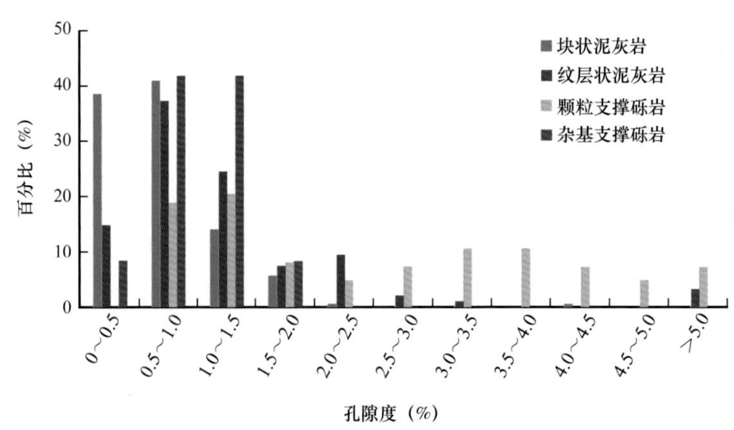

图 7–7　束鹿凹陷沙三段下亚段不同岩性致密储层孔隙分布直方图

2）*有机质丰度*

束鹿凹陷沙三段下亚段泥灰岩有机质丰度高，TOC 含量主要分布在 0.5%～4.0% 之间，既是致密油储层，也是烃源岩。泥灰岩作为自生自储、源储一体型致密油储层，其原始生油能力对滞留油量具有明显的控制作用。岩石热解参数（S_0+S_1）可在一定程度上反映储

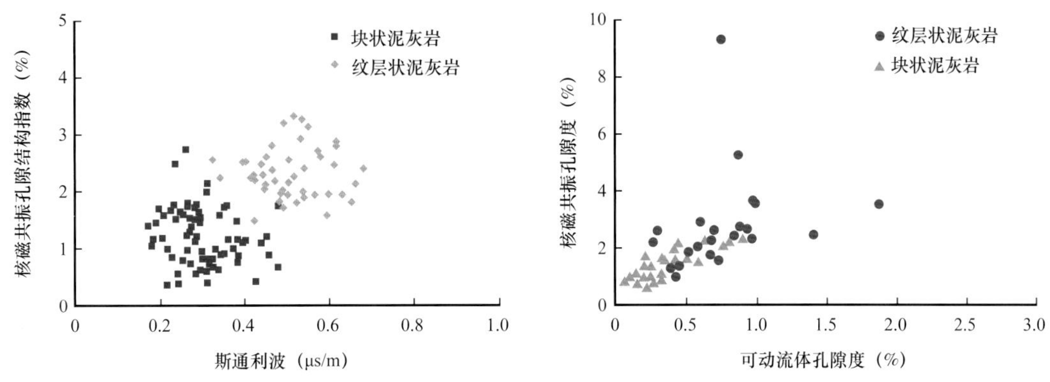

图 7–8　束鹿凹陷沙三段下亚段纹层状泥灰岩与块状泥灰岩孔隙结构参数对比

层中致密油的富集程度和含量。泥灰岩 TOC 与岩石中游离烃含量（S_0+S_1）呈现出明显的正相关性（图 7–9）。TOC 与游离烃含量关系表明有机质丰度是泥灰岩类致密油甜点储层发育的重要控制因素，高有机质丰度的泥灰岩段，其中滞留的原油量也更高，是致密油富集的甜点段。

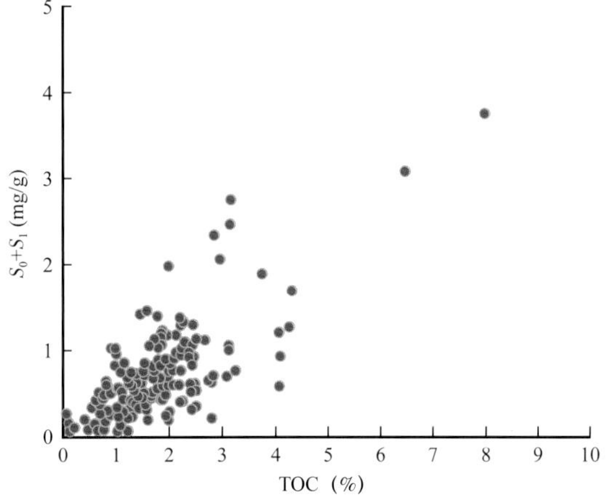

图 7–9　束鹿凹陷沙三段下亚段泥灰岩 TOC 与游离烃含量关系图

3）泥灰岩有机质成熟度

成熟度对储层含油性具有明显控制作用。生油窗范围内，随着成熟度（埋深）的增加，有机质累计生油量增加，生成的原油密度、黏度降低。从束鹿凹陷烃源岩有机质成熟度与埋深、总烃/总有机碳关系来看（图 7–10），该凹陷烃源岩生烃门限深度在 2800m 左右（R_o>0.5%，T_{max}>435℃），生成成熟油的门限深度在 3300m 左右（R_o>0.7%，T_{max}>440℃）。因此沙三段下亚段泥灰岩要作为有效的致密油储层，其埋深应大于 2800m。岩石热解游离烃含量可在一定程度上反映致密储层中含油量的高低。沙三段下亚段泥灰岩游离烃含量（S_o+S_1）随成熟度（T_{max} 值）增加先增加后降低，在 T_{max} 值为 445℃之前，随成熟度增加，有机质生成的烃类产率增加，因而游离烃含量增加；在模拟温度 450℃之后，随着成熟度增加，虽烃类产率继续增加，但生成的原油密度降低，在岩心取样和放置过程中容易损失，因而热解游离烃含量开始降低。

4）构造裂缝发育程度

沙三段下亚段泥灰岩以碳酸盐矿物为主，黏土矿物含量低，脆性指数高，在构造活跃期容易产生构造裂缝。裂缝密度为 0.3～4 条/m，主要为高角度缝（表 7–2），多被方解石完全充填或部分充填，岩心观察和荧光薄片分析显示裂缝及方解石脉富含油（图 7–11）。对于泥灰岩这类特低孔渗的致密储层来说，构造裂缝既可作为油气运移的通道，又是重要的储集空间类型，高角度的构造缝与近水平的纹层缝叠加可形成一种近似的网状缝，有利于泥灰岩类致密油的富集和开发动用。

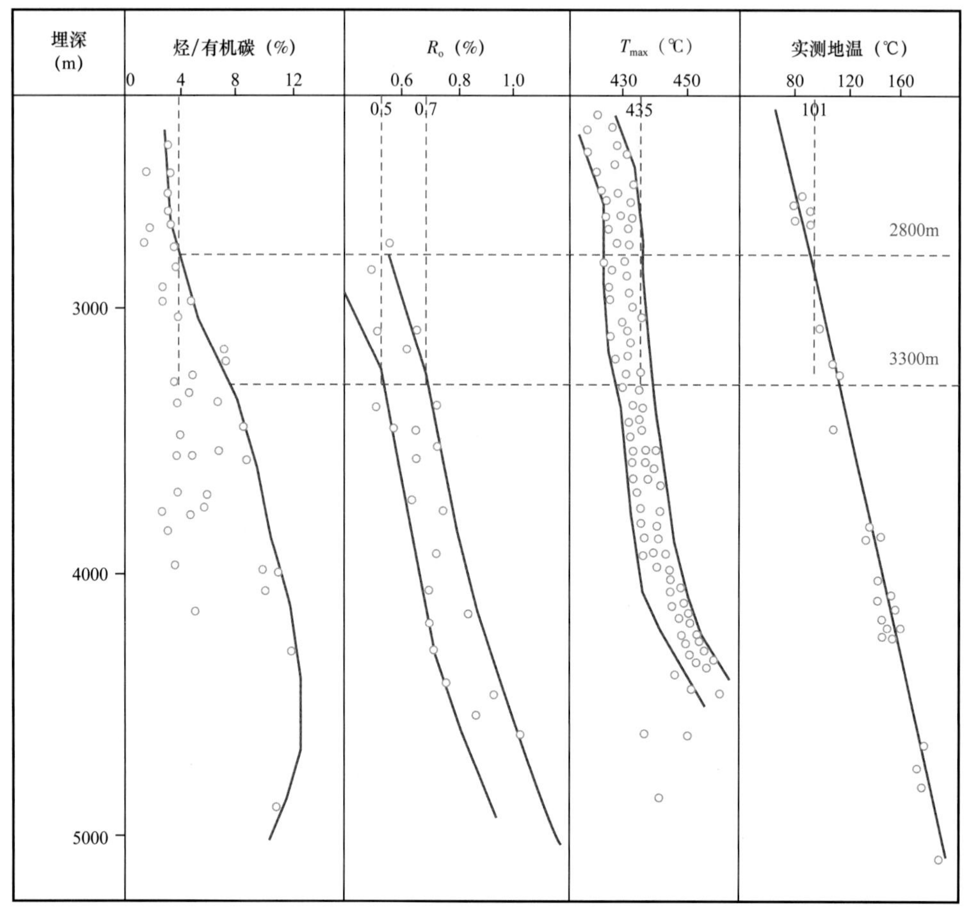

图 7-10　束鹿凹陷有机质热演化程度与总烃含量关系图（据秦建中等，2005，修改）

表 7-2　束探 3 井沙三段下亚段泥灰岩岩心裂缝统计表

取心筒次	裂缝条数（条）	裂缝密度（条 /m）	裂缝类型	充填物成分	充填情况
1～2	45	2	高角度	油、方解石，少量含沥青	全充填
3～4	9	0.3	中—高角度	油、少量方解石	全充填
10～11	22	0.81	中—高角度	油、方解石，少量含沥青	全充填
12	16	4	高角度	油、方解石、沥青	全充填

6. 砾岩类致密储层甜点主控因素

沙三段下亚段砾岩型致密油甜点储层主要受岩石成分、岩石结构和裂缝发育程度、溶蚀作用共同控制。

1）岩石成分

沙三段下亚段砾岩储层中砾石主要包括石灰岩和白云岩两大类，薄片及电镜观察表明，白云岩砾石中常见继承自碳酸盐岩母岩的砾内白云石晶间孔；而石灰岩类砾石则较致密，少见砾内发育孔隙。砾岩中白云岩砾石含量对甜点储层的发育具有重要的控制作用。白云岩砾石，尤其是粉细晶的白云岩砾石含量越高，储层孔隙越发育；白云岩砾石内溶孔和晶间孔多为微米级的孔隙，孔隙结构较好。因此白云岩砾石含量高的砾岩段，是砾岩甜点储层发育的有利层段。利用统计法从岩心尺度统计了束探3井砾岩取心段白云岩砾石的含量（图7-12）。束探3井砾岩取心段每单位长度（1m）砾岩中白云岩砾石含量主要在10%～50%之间变化，其中SQ3下部砾岩（第8、9次取心）白云岩砾石含量较高，孔隙度、渗透率相对较高，SQ3上部砾岩（第6、7次取心）白云岩砾石含量较低，孔隙度、渗透率相对较低，表明白云岩砾石含量可有效控制储层物性条件。中粗粒的白云岩砾石较常见，白云岩砾石内溶孔、晶间孔发育，是砂砾岩类致密储层主要的储集空间类型，荧光下常发黄色、黄褐色等荧光。岩石热解和TOC分析也表明白云岩砾石内明显含油，部分白云岩砾石TOC含量可达0.5%以上，游离烃（S_0+S_1）含量为1～5mg/g，热解烃（S_2）含量为1.5～2.5mg/g，低于游离烃含量，表明砾石中的有机质主要为后期运移充注的原油，而非母岩中的沉积有机质。

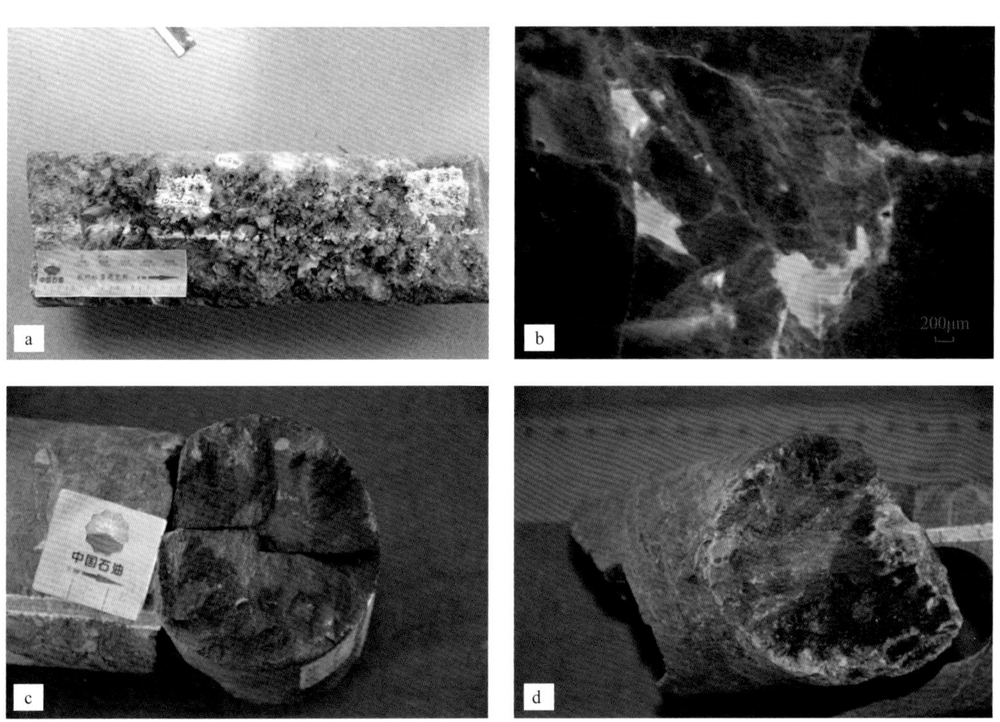

图7-11　束鹿凹陷沙三段下亚段泥灰岩类储集空间与含油性

a—纹层状泥灰岩张裂缝中充填粗晶方解石脉，束探3井，10～60/92块；b—方解石脉中晶间孔和解理缝含油，束探3井，10～60/92块，荧光薄片；c—块状泥灰岩直立缝含油，束探1井，8～6/31块；d—纹层状泥灰岩高角度缝含油，束探1井，13～57/10块

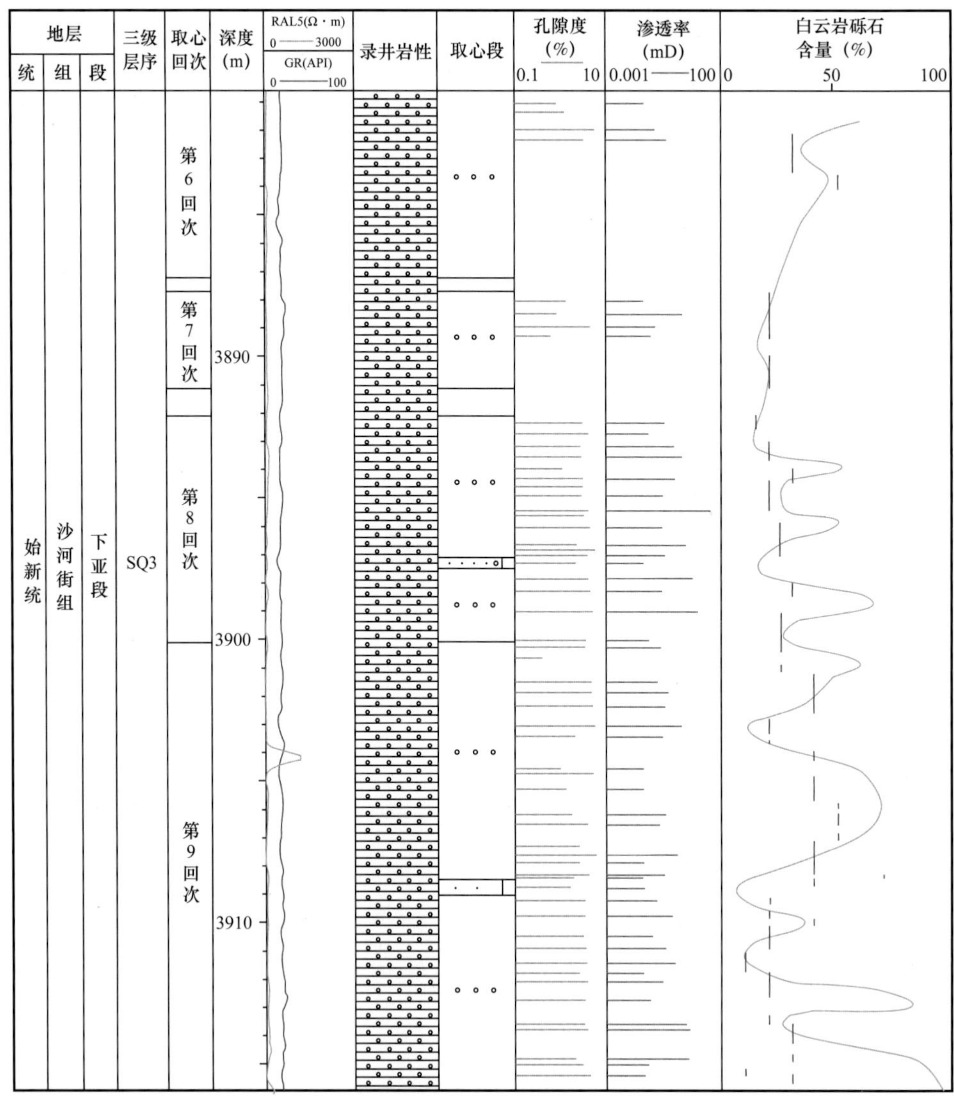

图 7-12　束探 3 井沙三段下亚段砾岩段白云岩砾石含量纵向变化

2）岩石结构

沙三段下亚段砾岩类致密储层中，颗粒支撑砾岩相对于杂基支撑砾岩孔隙更发育，孔隙度总体上要明显高于杂基支撑砾岩（图 7-13）。二者孔隙度的差异，主要是因为岩石结构不同所致，岩石结构对砾岩储层孔隙发育的影响主要表现在以下四方面：一是因为颗粒支撑砾岩中砾石粒径通常较大，有利于来自母岩中砾石的砾内溶孔、晶间孔等继承性孔隙的保存；二是因为颗粒支撑砾岩砾石之间相互支撑搭成“骨架”，抗压实能力相对杂基支撑砾岩更强，在埋深过程中砾石之间充填的杂基部分粒间微孔更容易保存下来；三是颗粒支撑砾岩脆性比较大，更有利于后期构造裂缝的形成；四是颗粒支撑砾岩碳酸盐矿物含量更高，由于后期溶蚀作用以溶蚀碳酸盐成分为主，因此其形成的次生溶孔也更多。

3）裂缝发育程度与溶蚀作用强弱

束鹿凹陷北西西向—近东西向和北东向两组断层活动产生大量构造裂缝，为油气运移提供通道和储集空间。由于砾岩脆性矿物含量高，构造缝往往可以切穿砾石，延伸较远，极大地改善储层的渗透性。

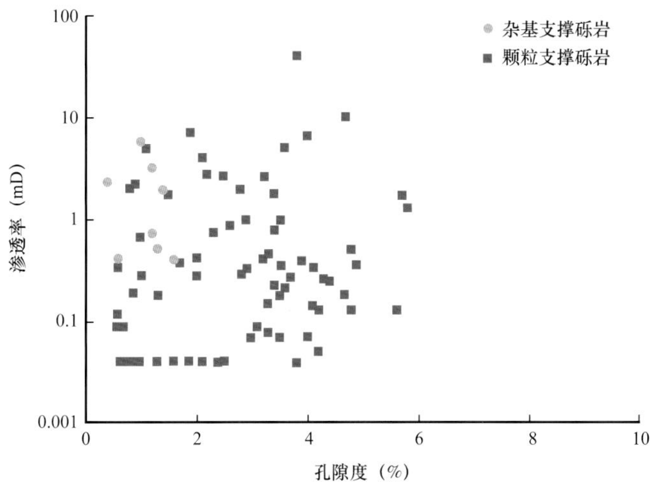

图 7-13　束鹿凹陷沙三段下亚段颗粒支撑砾岩与杂基支撑砾岩储集物性对比

二、阿南凹陷

1. 总体地质特征

阿南凹陷位于内蒙古东乌珠穆旗西南部，二连盆地马尼特坳陷东部，整体呈北东—南西向展布。阿南凹陷是在海西期褶皱基底上发育起来的中生代内陆裂谷盆地，其下部缺失三叠系，主要发育侏罗系、白垩系，其上覆新生界盖层不发育（图 7-14）。主要勘探目的层系为下白垩统，自下而上由一个大的粗—细—粗完整沉积旋回构成，其中包含四个正 / 反旋回。阿南凹陷大体经历了侏罗纪末期、白垩纪阿尔善组沉积末期、腾格尔组一段组沉积末期、腾格尔组二段组沉积末期和赛汉塔拉组沉积末期的构造沉积事件，相应形成了四个（T11、T8、T6、T3）大的区域性不整合面或沉积间断面。钻井揭示地层以下白垩统巴彦花群为主，从下至上可划分为 6 个三级层序，其中阿尔善组划分为 3 个三级层序，即 SQ1 包括阿尔善组一段 + 阿尔善组二段（Tg—T10），SQ2 为阿尔善组三段（T10—T9）SQ3 为阿尔善组四段（T9—T8）；腾格尔组划分为 2 个三级层序，即 SQ4 包括腾格尔组一段（T8—T6）和 SQ5 包括腾格尔组二段（T6—T3）；赛汉塔拉组划分为 1 个三级层序，即 SQ6（T3—T1）（图 7-14）。

2. 烃源岩特征

阿南凹陷发育两套烃源层，分别位于腾格尔组一段下亚段（以下简称“腾一下段”）和阿尔善组。腾一下段黏土质烃源岩有机碳含量主要在 1.0%～3.0% 之间，生烃潜量大多大于 2mg/g，属于中等—好烃源岩；特殊岩性段烃源岩有机碳含量全部大于 1.0%，主要分布在大于 2.0% 的区域，生烃潜量几乎全部大于 6mg/g，为有机质丰度极好的优质烃源

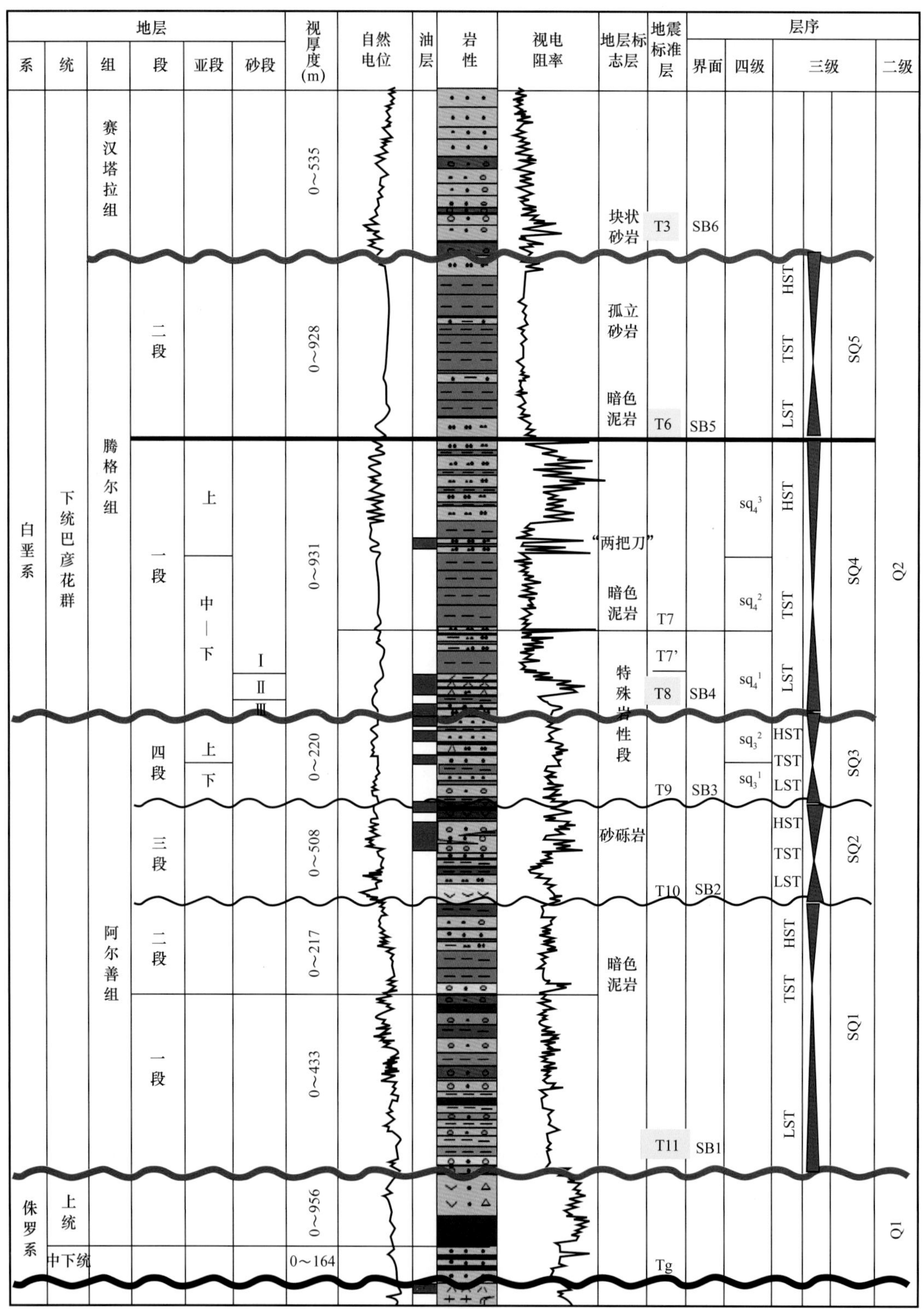

图 7–14　阿南凹陷层序地层划分综合柱状图

岩。阿尔善组烃源岩有机碳含量多在1.0%～2.0%之间，生烃潜量以2～6mg/g为主，同时存在小于2mg/g或大于6mg/g的烃源岩，为中等—好烃源岩。腾一下段烃源岩$Ⅱ_1$、$Ⅱ_2$型干酪根广泛分布在整个善南洼槽，Ⅰ型富油干酪根主要分布在善南洼漕西北部，与云质泥岩发育位置相匹配。阿尔善组烃源岩以$Ⅱ_1$、$Ⅱ_2$型干酪根为主，$Ⅱ_1$型主要分布在阿南背斜边缘和哈南洼槽，存在水生生物和陆源高等植物输入，有机质类型较好。腾一下段烃源岩主要处于低成熟阶段，R_o在0.5%～1.0%之间，生成低成熟原油，近洼槽中心R_o为0.8%～1.0%，达到生油高峰。阿尔善组四段成熟烃源岩广泛分布在善南洼槽和哈南洼槽，R_o在0.5%～1.1%之间，属于低成熟—成熟烃源岩，在近洼槽中心位置R_o达0.9%～1.1%，可大量生成正常原油，且成熟烃源岩分布范围较腾一下段广泛（图7-15）。阿南凹陷特殊岩性段优质烃源岩（TOC＞2%）分布面积约331km^2。其中，阿尔善组四段优质烃源岩厚度介于20～60m之间，腾一下段优质烃源岩厚度介于20～100m之间。优质烃源岩发育区主要位于靠近洼槽中心的斜坡低部位。

3.优势储层特征

根据岩石的分布、储集性能、含油性等特征分析，阿南凹陷腾一下段致密油优势储层为凝灰岩及砂岩类。

1）*凝灰岩*

凝灰岩主要发育晶屑、岩屑、火山玻璃等碎屑及碎屑间溶蚀形成的溶蚀孔（图7-16a、b、j），以及火山玻璃脱玻化形成的脱玻化晶间孔（图7-16c）。偏光显微镜、共聚焦荧光显微镜和场发射电镜下可观察到凝灰岩纳米级孔隙及微米级孔隙都十分发育。微米级孔隙主要为次生溶孔，孔隙直径多在1～300μm之间；纳米级微孔主要为脱玻化晶间微孔和火山灰/尘粒间微孔。核磁共振T_2谱表现出较明显的双峰特征，右峰高于左峰（图7-17a），表明微米级孔隙对储集能力起主要贡献。压汞分析表明凝灰岩进汞饱和度高，单位体积岩样有效孔隙和喉道个数多、体积较大；但退汞率较低，排驱压力较高。高压压汞喉道直径均值介于0.25～0.76μm之间，恒速压汞有效喉道直径均值介于3.6～7.36μm之间，喉道较细小，孔喉比大，表现为中大孔、微细喉特征。饱和水岩心离心前后核磁共振T_2谱左峰变化不大，基本还是重叠的，右峰则差异明显，表明微小孔隙连通性差，而微米级中—大孔隙连通性好。

2）*砂岩类*

储层中细砂岩和中—粗砂岩孔隙较发育，主要有溶蚀孔和残余粒间孔两类，少量被方解石半充填的构造缝（图7-16h、i、l）。溶蚀孔包括粒间溶孔，以及长石、岩屑粒内溶孔；粒内溶孔以长石的溶蚀最为常见，呈斑点状、蜂窝状、条纹状、长条状，部分长石溶蚀后尚见长石残晶，有的颗粒则大部分或完全溶蚀而形成铸模孔（图7-16h）。残余粒间孔主要见于中—粗砂岩，扩溶现象不明显（图7-16i）。粉砂岩次生溶孔较少，储集空间主要为粒间微孔。砂岩类储层孔喉结构受岩石颗粒组构和溶孔发育程度影响，细砂岩、中—粗砂岩粒间孔大多发生扩溶，同时在长石、岩屑内还发育大量粒内溶孔，孔隙直径主要分布在10nm～400μm之间。岩心离心前核磁共振T_2谱峰表现为双峰型或偏右的单峰型，

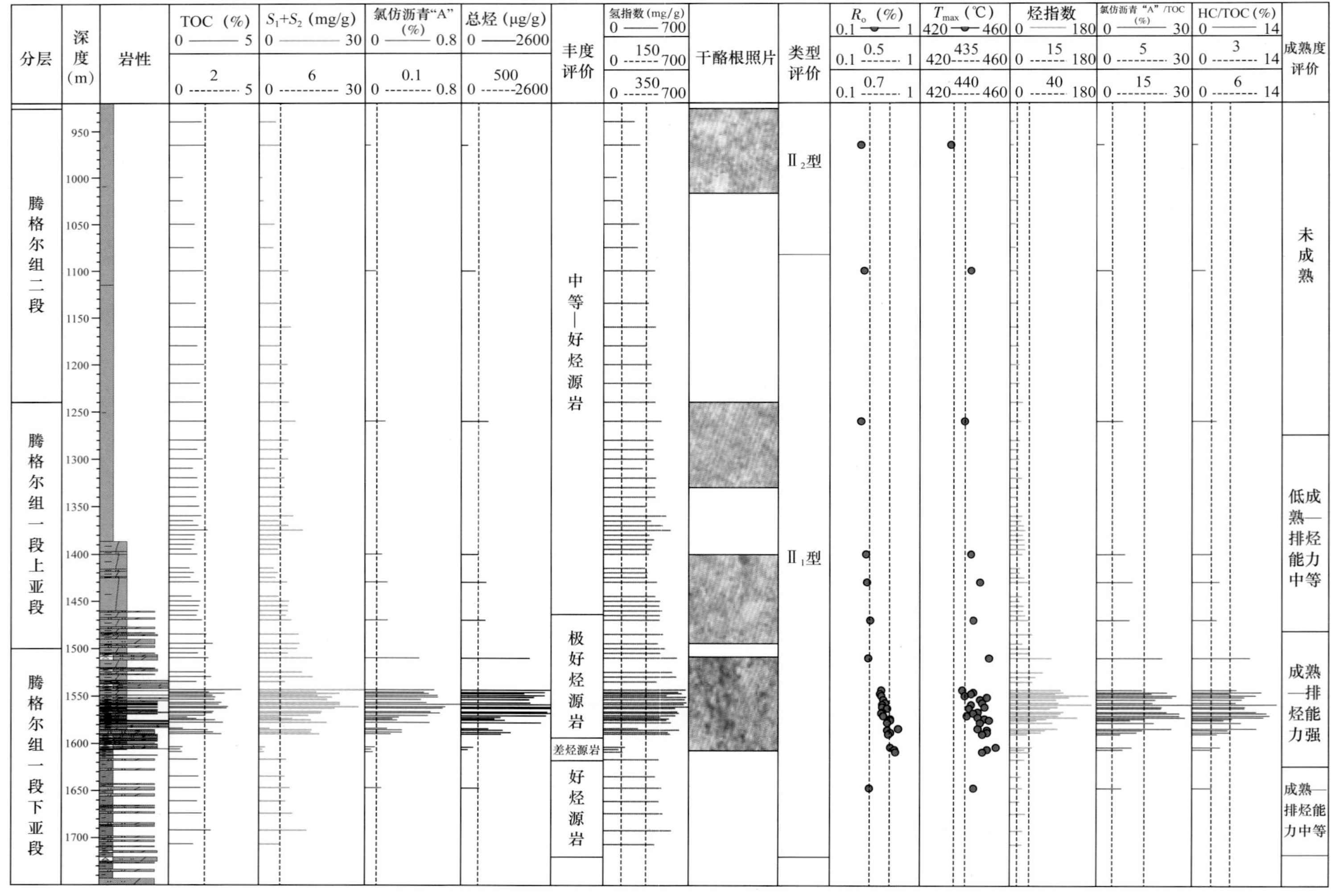

图 7-15 阿南凹陷烃源岩综合地球化学剖面图

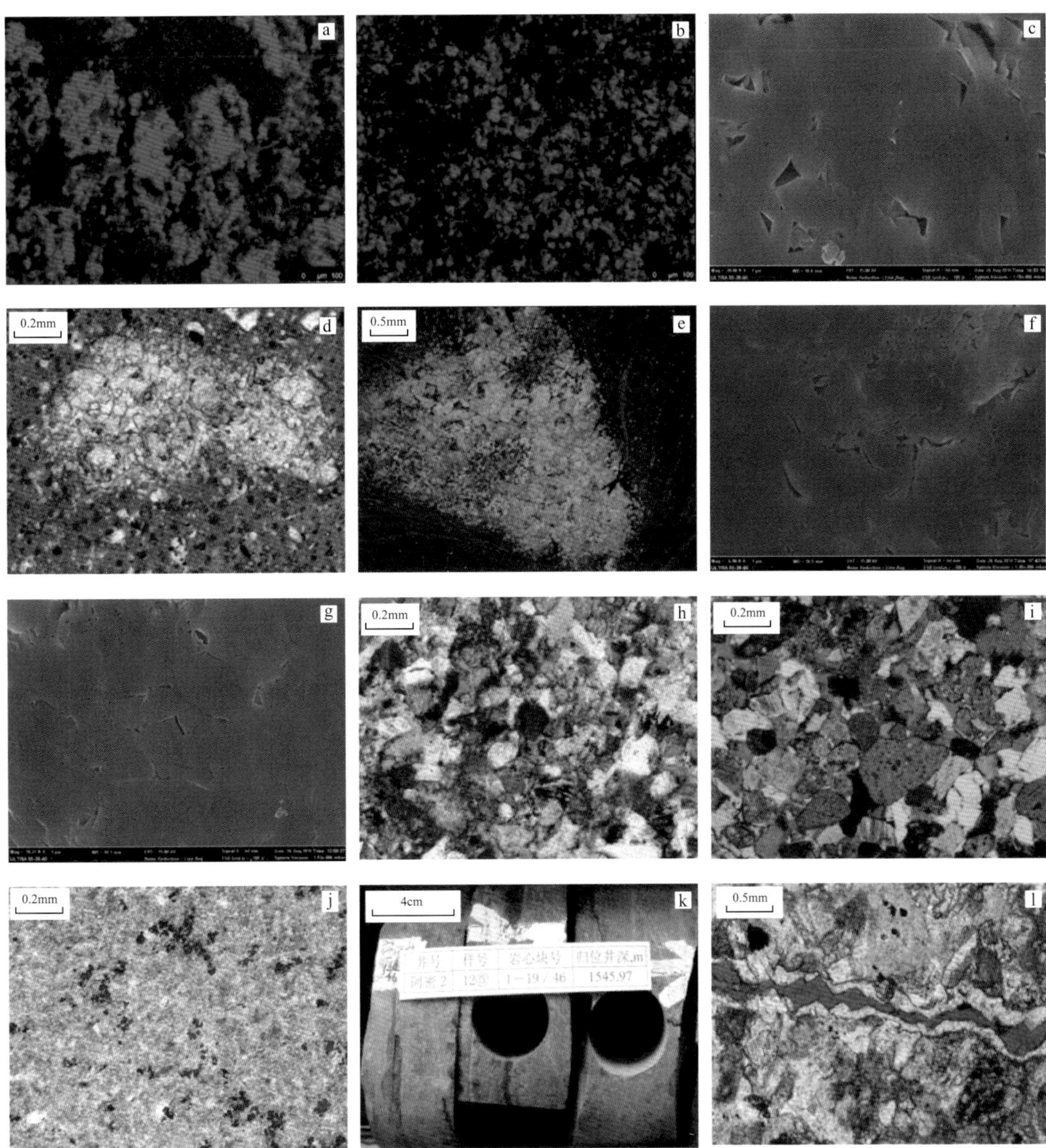

图 7-16　阿南凹陷腾一下段致密油储层储集空间类型及特征

a—阿密 2 井，1556.49m，碳酸盐岩屑凝灰岩，蓝色为溶蚀孔，激光共聚焦照片；b—阿密 2 井，1568.50m，岩屑凝灰岩，溶蚀孔发育，激光共聚焦照片；c—与 b 为同一样品，脱玻化晶间孔，氩离子抛光—场发射电镜照片，×20000；d—阿密 2 井，1566.8m，沉凝灰岩，斑状方解石 / 白云石晶间孔、晶间溶孔，铸体薄片；e—阿 43 井，2054.8m，含云沉凝灰岩，泄水孔被方解石、方沸石不完全充填，铸体薄片；f—阿密 2 井，1584.66m，灰化沉凝灰岩，粒间、晶间微孔，氩离子抛光—场发射电镜照片，×6900；g—阿密 2 井，1578.17m，泥晶白云岩，晶间微孔，氩离子抛光—场发射电镜照片，×18000；h—阿密 2 井，1591.60m，长石岩屑细砂岩，粒间溶孔，铸体薄片；i—阿密 2 井，1602.58～1602.78m，长石岩屑中粗砂岩，粒间孔、粒间溶孔，铸体薄片；j—阿密 2 井，1556.49m，安山质岩屑凝灰岩，岩屑内及岩屑间溶孔，铸体薄片；k—阿密 2 井，1566.8m，沉凝灰岩，层间缝；l—阿密 2 井，1555.16m，云质细砂岩，构造缝被方解石半充填说明同时发育微小孔隙和中大孔隙；离心后右峰消失，左峰也有较明显变化（图 7–17e）。高压压汞毛细管压力曲线表现为高进汞饱和度，低排驱压力，喉道直径均值基本在 2μm 以上；恒速压汞显示单位体积岩样有效孔隙和喉道体积大、个数多。总体上，细砂岩、中—粗砂岩喉道较粗，流体运移顺畅、孔隙间连通性好；粉砂岩喉道较细小，孔隙连通性差。

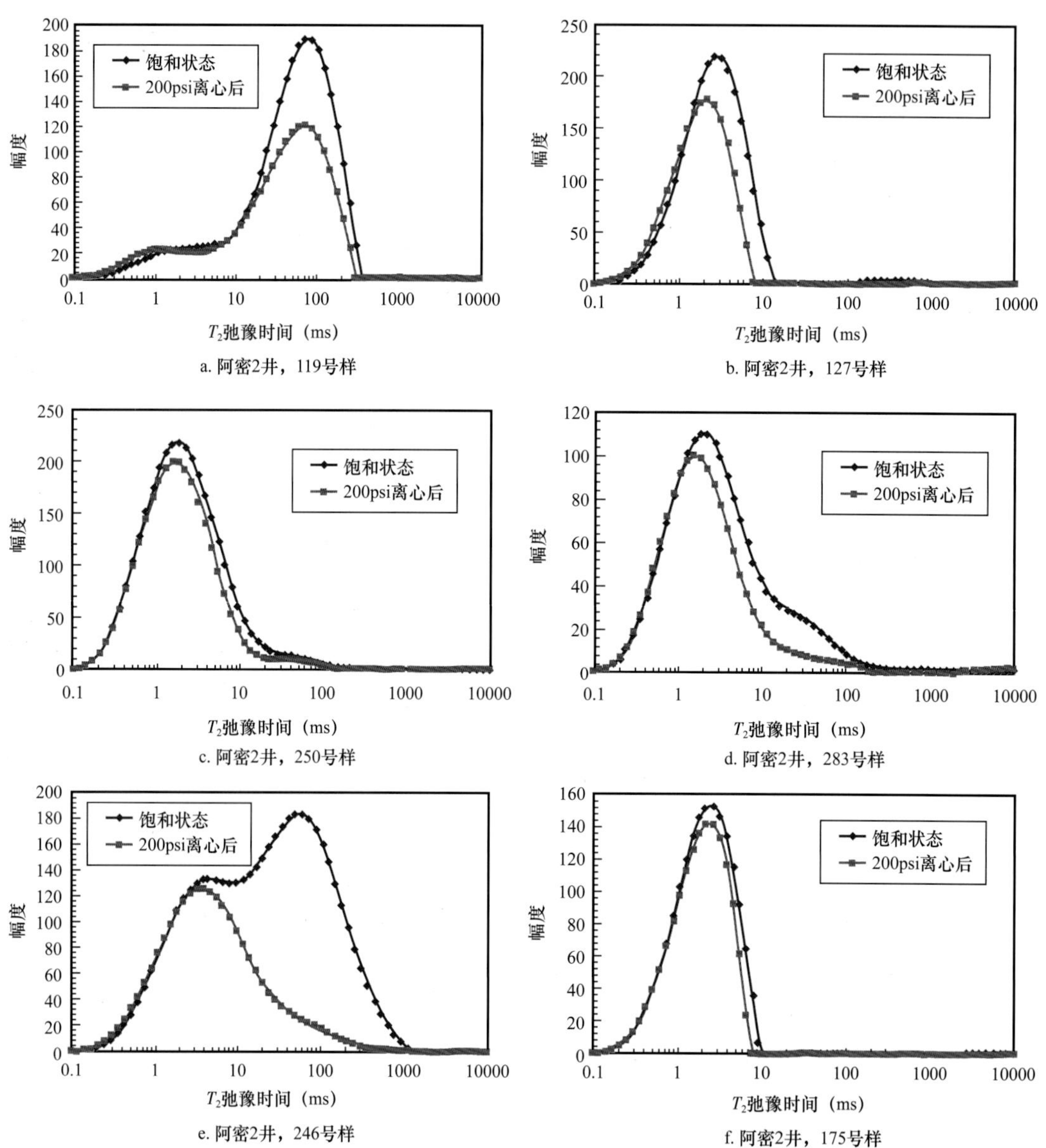

图 7–17　阿南凹陷阿密 2 井腾一下段不同岩性致密油储层核磁共振 T_2 谱峰分布

a—凝灰岩，1565.3m；b—沉凝灰岩，1566.8m；c—粉砂岩；1582.77m；d—粉细砂岩，1599.24m；e—细砂岩，1591.6m；f—泥晶白云岩 1578.17m

4. 特殊岩性致密油储集模式

通过对不同岩性致密储层孔喉网络系统量化表征，识别出腾一下段存在以风携沉积为主的凝灰岩和溶孔发育的致密砂岩两类甜点储层，结合储层含油性和原油赋存状态分析，综合建立了阿南凹陷腾一下段致密油储集模式（图 7–18）。

具有连通型孔隙结构的凝灰岩主要发育于厚层的泥质岩烃源岩内，为源内型致密油储层，源—储配置关系良好。凝灰岩储层总体上来说孔隙度、渗透率相对较高，孔喉结构较好，烃源层中排出的原油经短距离运移后进入储层，使得储层中大量的脱玻化晶间孔、溶蚀微孔都普遍含油，形成致密油甜点（图 7–18）。部分凝灰岩层段虽然孔隙度较高，但主要为纳米级孔喉，孔隙结构差，毛细管阻力大；在烃源岩—储层界面处，烃源层内因为生烃形成的增压难以克服储层毛细管压力，导致原油不能有效充注进入储层，出现储层有孔无油或孔多油少的现象。

溶孔发育的砂岩类甜点致密储层主要发育在腾一下段下部，为源下型储层，或者与优质烃源岩侧向对接。烃源层中排出的原油经过短距离的侧向运移充注到溶孔发育，孔隙度、渗透率都较高，具有连通型孔喉结构的细砂岩、中—粗砂岩储层中富集。由于该类砂岩储层连通性好，发育的粒间溶孔、残余粒间孔、砾内溶孔等各类孔隙都可有效储油，从而形成砂岩型致密油甜点（图 7–18）。粉砂岩虽然厚度较大，分布广泛，但原生粒间孔不发育，后期又受压实、胶结、交代等作用的影响而十分致密，酸性流体难以进入并发生溶蚀，溶蚀孔欠发育，导致储层孔隙结构差，原油难以有效充注并富集。

5. 特殊岩性致密储层甜点主控因素

腾一下段四大类岩性中凝灰质岩和砂岩是致密油储层的两类有利岩性。但同一岩类储层物性条件和含油性也存在明显的非均质性，明确致密油储层甜点发育主控因素，对腾一下段致密油甜点分布预测具有重要意义。以下重点针对凝灰质岩和砂岩两类有利岩性，分析致密油储层甜点区发育的主控因素。

1）沉积微相

腾一下段不同沉积微相的砂岩物性差异明显，辫状河三角洲前缘水下分流河道砂岩物性条件最好，该微相砂岩碎屑颗粒较粗、结构成熟度较好，高孔高渗砂岩基本属于该微相。其次为重力流沉积的湖底扇砂岩，该类砂岩储层常见滑塌、扰动构造，岩屑组分由于经过二次搬运改造，易被酸性流体溶蚀形成孔隙，从而改善储集条件。分支坝、水下分流河道间和楔状砂等微相主要为粉砂岩和泥质粉砂岩，储层物性总体变差。水下分流河道和与重力流相关的湖底扇沉积砂岩可达到Ⅰ、Ⅱ类储层标准；分支坝、水下分流河道间和楔状砂等微相沉积的砂岩基本为Ⅲ类储层。凝灰质岩致密储层分布和物性条件与沉积环境间存在密切关系。三角洲前缘水动力强，火山灰等细粒沉积物难以稳定沉积，凝灰岩储层不发育。前三角洲和浅湖环境水动力相对较弱，水携 + 风携火山碎屑和陆源碎屑以不同比例混合沉积，形成了较厚的沉凝灰岩。沉凝灰岩中火山碎屑以水携搬运为主，不稳定成分在水流搬运过程中容易发生水解，不利于后期脱玻化和溶蚀改造形成次生孔隙，且泥质含量较高，因而孔渗条件和孔隙构都较差，主要为Ⅲ类储层。在火山强烈活动期，火山灰/尘经风力搬运至离火山口较远的半深湖—深湖区空降沉积，形成了多套薄层凝灰岩段。半

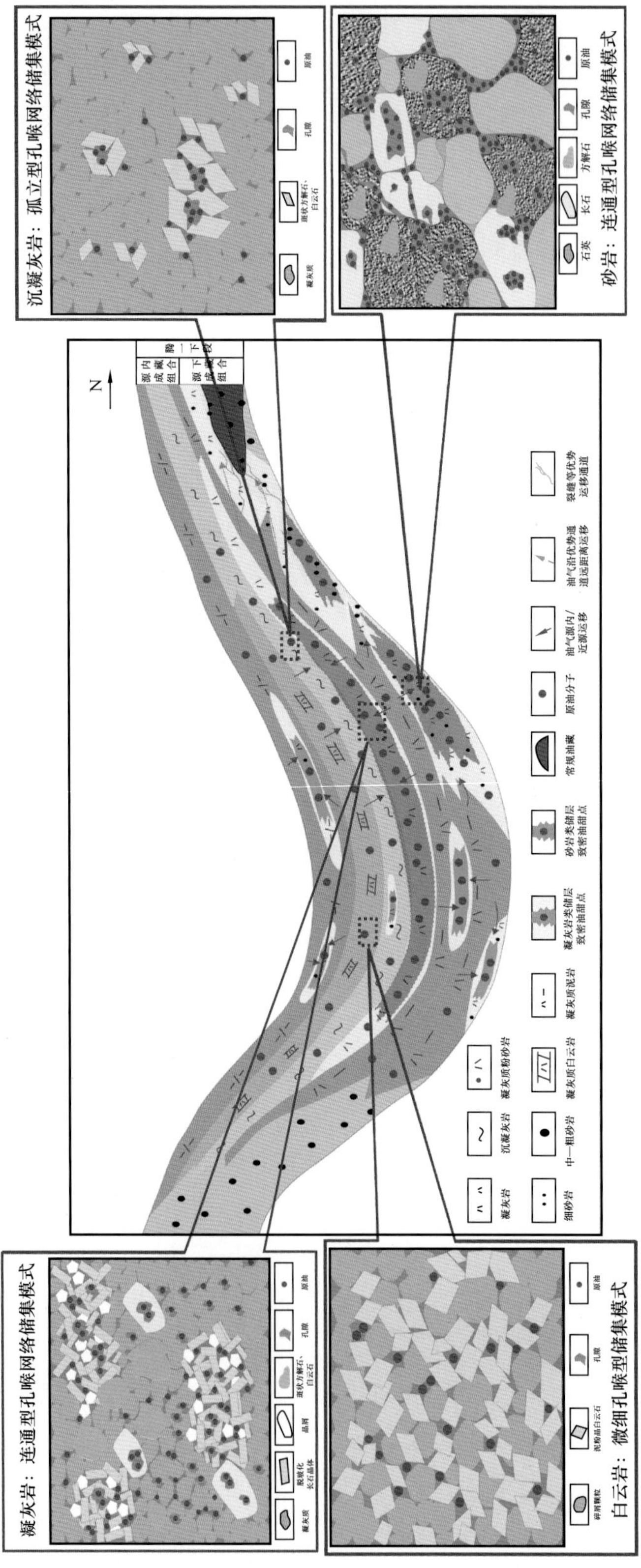

图 7-18 阿南凹陷腾一下段致密油储集模式图

深湖—深湖相凝灰岩中火山碎屑主要经风携空降沉积，未经历原地风化剥蚀和水流长距离搬运，凝灰质中化学性质不稳定的易溶组分能更好地保存下来，在成岩过程中，这些不稳定组分容易发生脱玻化和溶蚀作用，形成大量次生孔隙。因此半深湖—深湖相的凝灰岩储层总体物性条件较好，多为Ⅱ类或Ⅰ类储层。

2）*岩石结构*

岩石结构对砂岩类致密储层孔隙度、渗透率具有明显控制作用，随着碎屑颗粒粒径增大，储层物性条件变好（图 7-19）。腾一下段粉砂岩平均孔隙度仅 4.7%，平均渗透率为 0.08mD，统计的样品中孔隙度达 8.0% 以上Ⅰ类储层标准的仅占 5%。细砂岩平均孔隙度为 5.45%，平均渗透率为 0.26mD，孔隙度达Ⅰ类储层标准的样品约占 17%。中—粗砂岩平均孔隙度为 11.3%，平均渗透率为 1.14mD，孔隙度达Ⅰ类储层标准的样品占 61%。凝灰岩储层孔渗条件和孔隙构受火山碎屑及其脱玻化形成的次生矿物结构的影响。岩屑和晶屑等相对粗粒的火山碎屑含量高的凝灰岩储层段，其物性条件较好，这可能是因为粗火山碎屑抗压实能力较强，有利于火山灰沉积后原始粒间微孔的保持，从而为后期溶蚀作用发生，形成高孔渗甜点储层创造有利条件。火山碎屑以火山尘（粒径小于 10μm）为主的凝灰岩段，虽然也发育大量的脱玻化孔，但脱玻化形成的石英和长石晶体细小，脱玻化孔基本为纳米级微孔，导致该类凝灰岩相对高孔、特低渗，孔隙结构差，含油性差。

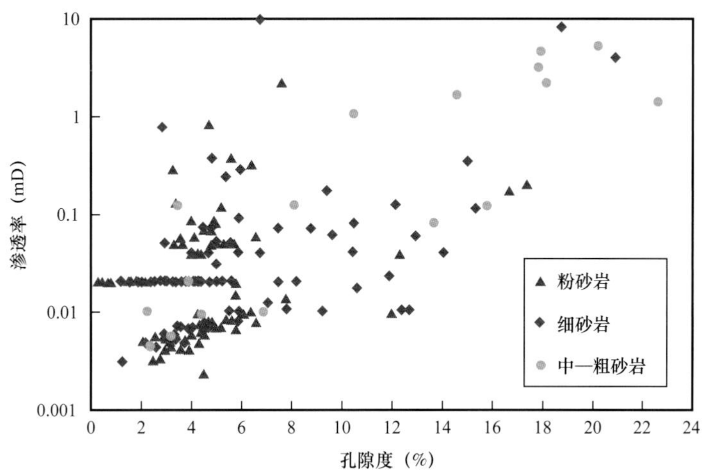

图 7-19 阿南凹陷腾一下段砂岩类致密储层孔隙度—渗透率关系图

3）*成岩作用*

（1）脱玻化作用。腾一下段凝灰岩可见大量脱玻化形成的基质孔隙及晶间孔（图 7-20a、b）。腾一下段砂岩中岩屑主要为火山熔岩屑和凝灰岩屑，填隙物中含较高的凝灰质成分。成岩过程中岩屑和填隙物中的火山玻璃发生脱玻化可形成一定量微孔，脱玻化作用对砂岩储层物性改善也起到一定的建设性作用。（2）溶蚀作用。次生溶孔是腾一下段相对高孔渗的凝灰岩和砂岩类储层中重要的孔隙类型，凝灰质及其脱玻化形成的长石、方沸石等易溶成分，在溶解作用下，可形成孔径较大的次生溶孔。腾一下段凝灰岩和砂岩中的次生溶孔，可能为不同时期大气淡水溶蚀和有机酸溶蚀两种作用叠加改造的结果。阿密 2 井等腾一下段凝灰岩中白云石去云化现象较明显，茜素红染色后暗红色的去云化方解石呈现白云石菱形晶形（图 7–20c）；部分沉凝灰岩中还存在示顶底构造，可见早期形成的溶孔后期被渗滤泥和碳酸盐矿物充填（图 7–20d）。（3）胶结、交代作用。腾一下段砂岩类致密储层碳酸盐矿物胶结、交代碎屑颗粒十分普遍。碳酸盐矿物含量与孔隙度、渗透率之间总体呈现出负相关性（图 7–21），表明碳酸盐矿物的胶结、交代作用是导致原生孔隙减少的重要因素。

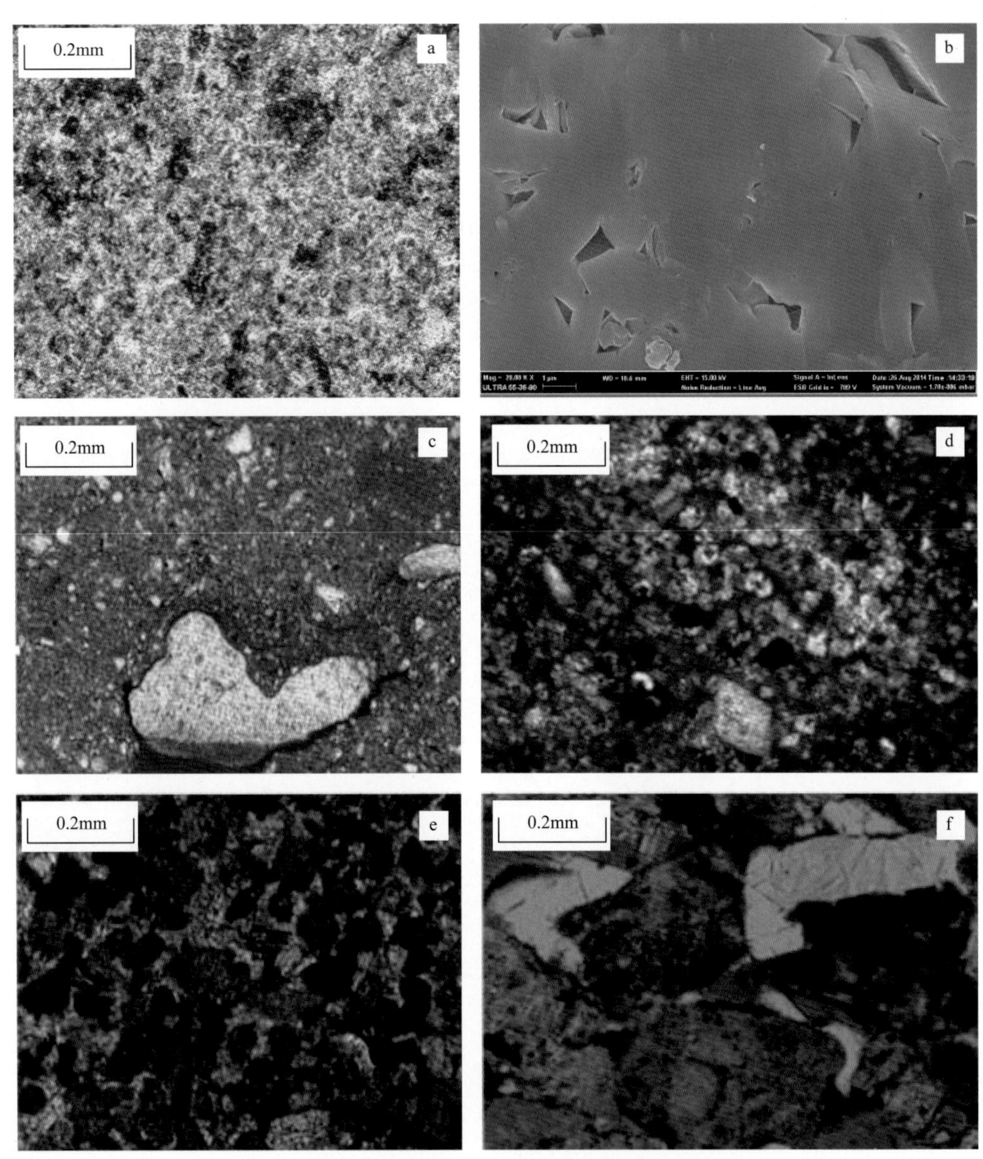

图 7–20　阿南凹陷腾一下段致密储层成岩作用

a—阿密 2 井，1568.35m，安山质岩屑凝灰岩，脱玻化形成基质孔隙，单偏光；b—阿密 2 井，1568.50m，安山质岩屑凝灰岩，脱玻化形成的晶间孔，场发射电镜照片；c—阿密 2 井，1566.8m，含灰 / 云沉凝灰岩，白云石发生去云化，正交偏光；d—阿 43 井，2067.78m，含灰沉凝灰岩，见示底构造，单偏光；e—阿密 2 井，1595.23m，长石岩屑细砂岩，方解石连晶胶结，正交偏光；f—阿密 2 井，1602.58m，长石岩屑中—粗砂岩，方解石胶结、石英次生加大，单偏光

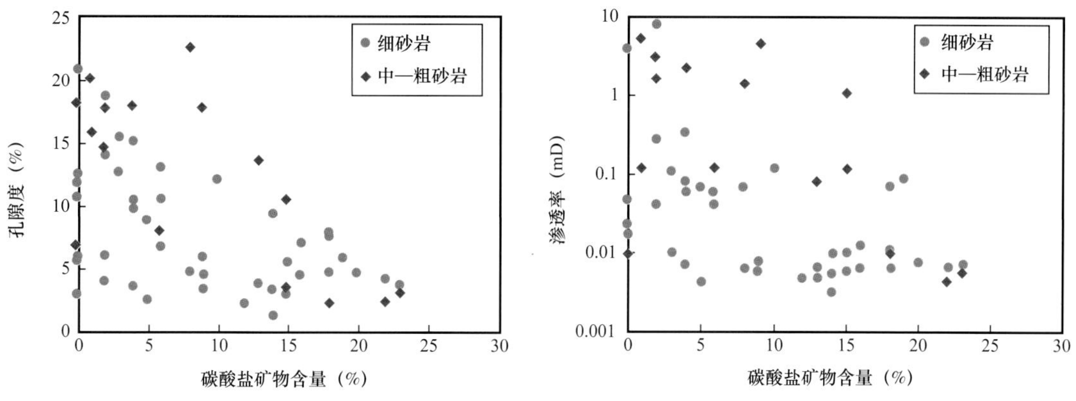

图 7-21 阿南凹陷腾一下段砂岩致密储层物性与碳酸盐矿物含量关系

第二节 资源分级标准、资源潜力及有利区优选

致密油在赋存方式、形成条件、富集机理及分布规律等方面均不同于常规油气藏，其油气规模和数量的准确评价仍然是一个探索课题。本次根据束鹿凹陷泥灰岩、阿南凹陷特殊岩性段致密油气地质与成藏特点，分别选取不同的评价方法对其进行了致密油气资源评价。

一、束鹿凹陷

根据束鹿凹陷地质特征及勘探情况，结合各致密油资源评价方法的特点，选取小面元容积法、资源丰度类比法和盆地模拟法分别对束鹿凹陷进行致密油资源评价。

1. 小面元容积法

（1）参数选取与工区确定。统计 20 口井沙三段下亚段原油密度，取平均值 0.8658g/cm^3；统计 20 口井沙三段下亚段含油饱和度，取平均值 64.75%；统计 13 口井沙三段下亚段充注系数，取平均值 0.5；根据压力—体积关系拟合曲线，结合晋 98X 井高压物性数据，确定体积系数为 1.1599。然后根据有机碳平面分布、优质烃源岩分布、沉积相、构造综合评价及单井（20 口）地质综合分析确定出工区边界。（2）小面元容积法计算。共统计关键井 52 口，按井位坐标导入小面元法资源评价软件，生成 PEBI 网格。构建物性分布，分三种岩性、四个油组，共 12 套数据，进行插值，然后将上述确定的关键参数导入小面元容积法软件，得到各个油组不同岩性致密储层资源量及资源丰度分布。（3）计算束鹿凹陷致密油分层系、分油组资源量：Ⅰ油组块状泥灰岩 9564.8×10^4t、纹层状泥灰岩 1579.9×10^4t、砾岩 368.8×10^4t，共 11513.5×10^4t；Ⅱ油组块状泥灰岩 3233.7×10^4t、纹层状泥灰岩 1192.5×10^4t、砾岩 1463.7×10^4t，共 5889.9×10^4t；Ⅲ油组块状泥灰岩 3641.1×10^4t、纹层状泥灰岩 1663×10^4t、砾岩 906.9×10^4t，共 6211×10^4t；Ⅳ油组块状泥灰岩 2060.9×10^4t、纹层状泥灰岩 1679.3×10^4t、砾岩 2211.8×10^4t，共 5952×10^4t。致密油资源量总计 29566.4×10^4t。

2. 资源丰度类比法

开展地质特征对比分析，优选类比刻度区。通过相似系数评价优选吉木萨尔凹陷芦草沟组、马朗凹陷条湖组、公山庙大安寨段致密油区作为类比刻度区（表 7–3）。通过相似系数计算，运用资源丰度类比法软件，最终得到束鹿凹陷沙三段下亚段致密油地质资源量为 23042.92×10^4t，可采资源量为 2160.99×10^4t。

表 7–3　刻度优选统计表

参数	束鹿凹陷沙三段下亚段	吉木萨尔凹陷芦草沟组	马朗凹陷条湖组	公山庙大安寨段
评价区面积（km^2）	250	620/420	430	627.5
岩性	泥灰岩、砾岩	白云质粉砂岩	沉凝灰岩	介壳灰岩
烃源岩厚度（m）	125	150	20	20
TOC（%）	3	3.7	8.1	1.5
R_o（%）	0.7	1.0	0.8	1.1
储层厚度（m）	200	40	20	25
孔隙度（%）	4	9	15	1
渗透率（mD）	＜1	0.02	0.5	0.1
储集空间类型	溶蚀孔—裂缝	溶孔—裂缝	溶孔	原生孔—溶蚀孔
地质资源量（10^8t）	?	4.9/10	2.8	0.735
地质资源丰度（$10^4t/km^2$）	?	48	66	11.7
平均采收率（%）	?	9	10	10

3. 盆地模拟法

结合模拟实验结果，以及沙三段下亚段烃源岩、储层及成藏研究（地层厚度、烃源岩厚度、丰度、成熟度、岩性比等），选用油气资源规划所最新版盆地模拟软件 BASIMS6.0，对研究区开展盆地模拟。其中，Ⅳ油组生排烃模拟取Ⅰ油组模拟实验结果。通过模拟四个油组生排烃情况得到致密油资源丰度，最终结果为：Ⅰ油组资源量为 9009.64×10^4t；Ⅱ油组资源量为 5122.76×10^4t；Ⅲ油组资源量为 7737.47×10^4t；Ⅳ油组资源量为 3990.14×10^4t，合计 25860.01×10^4t。

4. 致密油有利区优选

利用小面元容积法、资源丰度类比法与盆地模拟法评价研究区泥灰岩—砾岩致密油

资源量为 $2.30 \times 10^8 \sim 2.96 \times 10^8$t。该区发育深湖—半深湖相碎屑流碳酸盐质砂砾岩与泥灰岩互层沉积，储层预测甜点较发育，为Ⅰ、Ⅱ类泥灰岩—砾岩储层发育区。泥灰岩、碳酸盐质砂砾岩性脆，有利于酸压工程改造。同时该区也是油气的运移指向，源储配置关系较佳，易于形成近源致密油气聚集。束鹿凹陷中洼槽周缘沙三段下亚段泥灰岩—砾岩区是下步泥灰岩致密油气藏勘探的最有利区带。

从岩性和资源量分析，上述有利区带可划分为三个层次，Ⅱ、Ⅲ、Ⅳ油组砾岩＋Ⅲ油组纹层状泥灰岩为第一层次，Ⅰ油组砾岩＋Ⅰ、Ⅱ、Ⅳ油组纹层状泥灰岩＋Ⅰ、Ⅲ油组块状泥灰岩为第二层次，Ⅱ、Ⅳ油组块状泥灰岩为第三层次（图 7-22）。

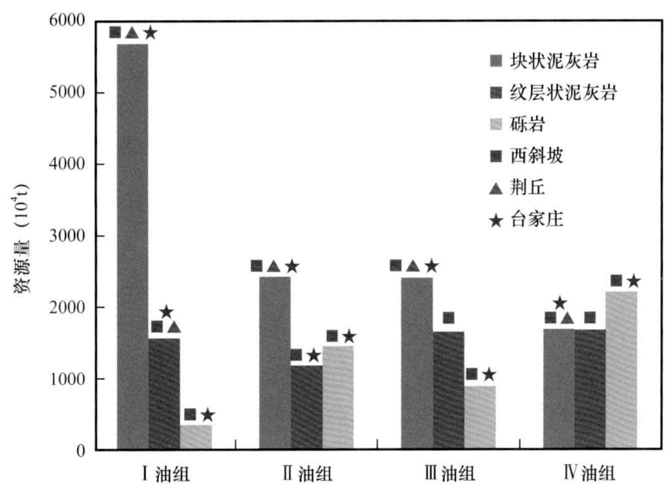

图 7-22　束鹿凹陷沙三段下亚段泥灰岩—砾岩致密油有利区预测图

二、阿南凹陷

根据阿南凹陷地质特征及勘探情况，结合各致密油资源评价方法的特点，选取小面元容积法、资源丰度类比法分别对阿南凹陷进行致密油资源评价。

1. 小面元容积法

通过已上交的阿 3、阿 10、阿 11、阿 23、哈 76 和哈 71 等探明储量区块的统计，确定阿南凹陷地面原油密度为 0.87t/m^3，原油体积系数为 1.09，石油充注系数为 70%，含油饱和度为 56%。

运用小面元容积法进行各属性的插值。最终计算阿南凹陷阿尔善组四段致密油资源量为 6340.3×10^4t，资源丰度为 19.1×10^4t/km^2；腾一下段致密油资源量为 15873.4×10^4t，资源丰度为 48.6×10^4t/km^2。

2. 资源丰度类比法

在对阿南凹陷致密油地质特征进行综合研究的基础上，按照致密油资源评价标准，确定 10 个关键参数作为阿南凹陷致密油地质类比评价标准（表 7-4）。

表 7-4　阿南凹陷致密油地质类比评价标准表

地质条件	参数名称	分值			
		4	3	2	1
储层条件	储层厚度（m）	>20	15～20	10～15	<10
	储层岩性	砂岩、白云岩	粉砂岩、云质泥岩	泥质粉砂岩、泥质灰岩	砂岩、灰质泥页岩
	孔隙类型	基质孔 + 溶蚀孔	基质孔 + 裂缝	溶蚀孔 + 裂缝	裂缝
	有效孔隙度（%）	>9.0	8.0～9.0	6.0～8.0	<6.0
烃源岩条件	烃源层厚度（m）	>40	20～40	10～20	<10
	TOC（%）	>5.0	3.0～5.0	1.5～3.0	<1.0
	R_o（%）	0.85～0.95	0.75～0.85/0.95～1.0	0.65～0.75/1.05～1.15	<0.65/>1.15
	有机质类型	Ⅰ、Ⅱa	Ⅱa、Ⅱb	Ⅱb、Ⅲ	Ⅲ
保存条件	封隔层岩性	盐岩、膏岩	泥岩、页岩	钙质泥页岩	砂质泥页岩
	封隔层厚度（m）	>50	30～50	15～30	<15

对储集条件、烃源条件、保存条件进行评价，建立资源丰度类比法基本参数数据表。同时，通过地质类比研究，选取 Bakken、歧口凹陷沙一段下亚段、吉木萨尔凹陷芦草沟组作为类比刻度区。最终计算阿南凹陷阿尔善组四段致密油资源量为 8405.82×10^4t，资源丰度为 25.37×10^4t/km^2；腾一下段致密油资源量为 11571.78×10^4t，资源丰度为 34.93×10^4t/km^2。

3. 致密油有利区优选

据小面元容积法、资源丰度类比法致密油资源评价研究，研究区致密油气资源为 2×10^8～2.22×10^8t，具有较大勘探潜力。据油气资源、储层特征与钻井资料分析，阿南凹陷善南洼槽西北缘、哈东洼槽西北缘腾一下段特殊岩性段具有较好的致密油气成藏条件，分布区面积约 73km^2，可作为下步致密油气藏勘探的有利区带。

储层评价与预测研究表明，研究区（云化）凝灰岩、云质粉细砂岩等优势储层厚度为 20～30m，孔隙度为 10%～15%，属于甜点储层分布区。同时该区处于有利排烃区或有利排烃指向区，易形成源储共生近源致密油气藏。

第三节　甜点区（段）评价标准、识别与预测

通过束鹿凹陷沙三段下亚段泥灰岩—砾岩、阿南凹陷腾一下段特殊岩性段致密油研究与勘探实践，探索形成了以优质烃源灶精细刻画—致密储层甜点预测—地层可压性评价为核心的地质—地球物理致密油气甜点区预测评价技术。该技术包括致密油气测井“三品质”评价技术和致密油甜点区地震预测技术等两项核心技术。

一、致密油测井“三品质”评价和岩性识别标准

致密油储层品质总体较差，需采用“差中寻优”的思路寻找相对富集且易于动用的油气层开展储层甜点测井评价，甜点评价主要立足于“三品质”评价及配置关系研究。

1. 岩性识别方法及标准

首先利用岩心刻度常规测井和电成像测井，经过严格归位使岩心深度和测井深度相一致，利用岩心岩性命名结果与测井识别结果进行相互标定，进一步提高测井识别岩性精度。然后利用反映岩性变化的敏感测井信息，如自然伽马、电阻率、补偿中子、补偿密度等参数可以较好地进行岩性识别，由于致密油储层岩性的复杂性及对识别精度有更高的要求，因此，仅仅利用常规测井识别岩性不能满足致密油气勘探开发的需要。近年来，由于元素俘获测井的推广应用，极大提高了岩性识别及岩石矿物组分的计算精度。其基本方法是，通过元素俘获测井确定出岩石中含有硅、钙、镁、硫、铁、钛等元素的质量分数，根据储层的优势岩性种类选用相应的岩性模型确定出矿物组分。

通过建立各类交会图进行岩性识别。图 7–23 为束鹿凹陷沙三段下亚段各种岩性电阻率与自然伽马、电阻率与补偿中子、电阻率与声波时差及元素俘获测井计算出的方解石与白云石含量交会图版。根据测井响应特征分析及各类岩性识别图版，得出束鹿凹陷沙三段下亚段泥灰岩—砾岩测井识别标准，根据测井识别标准可以有效进行不同岩性的测井识别。

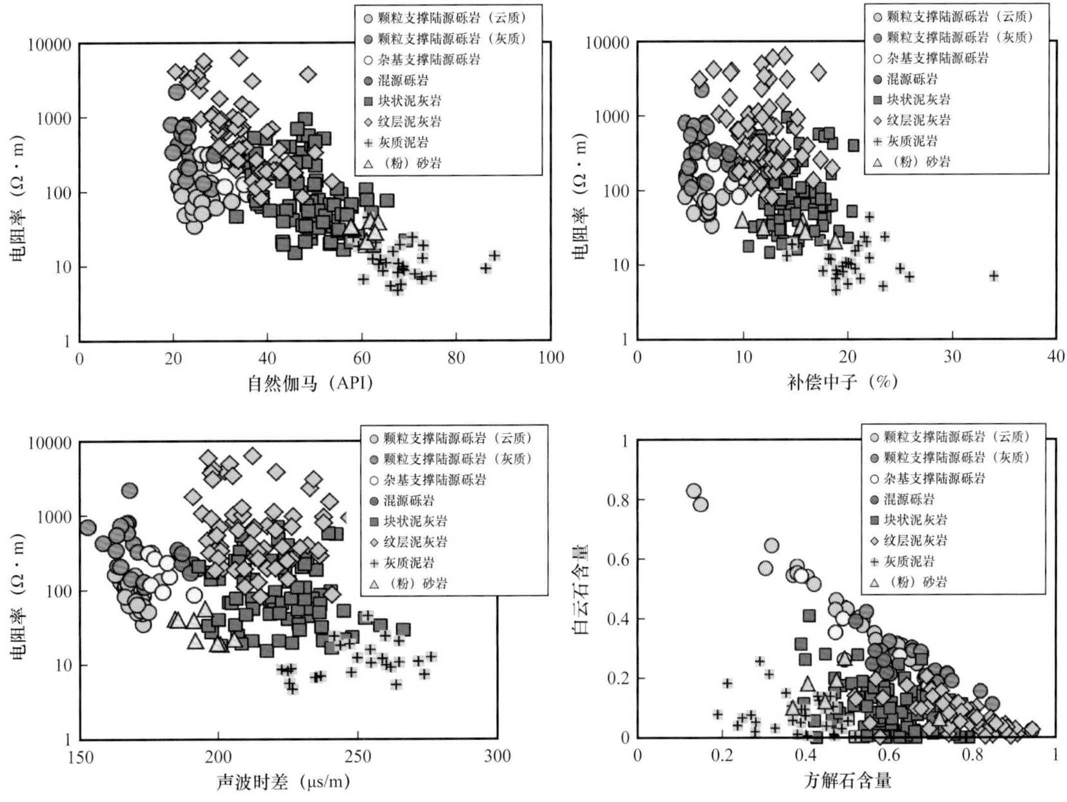

图 7–23　束鹿凹陷沙三段下亚段岩性测井识别图版

2. 烃源岩品质评价及标准

烃源岩测井评价主要参数有：有机碳含量、单位岩石中储藏的液态烃（S_1），以及单位岩石中所含重烃、胶质、沥青质等裂解烃量（S_2）与电阻率、声波时差等。图 7-24、图 7-25 分别为有机碳含量与 S_1+S_2 关系图和电阻率与声波时差判别有机碳含量图，根据测井综合解释结果及评价图版，得出束鹿凹陷泥灰岩、砾岩烃源岩测井评价标准。在优质烃源岩评价中，除了依据评价标准外，还要根据烃源岩的厚度等参数。

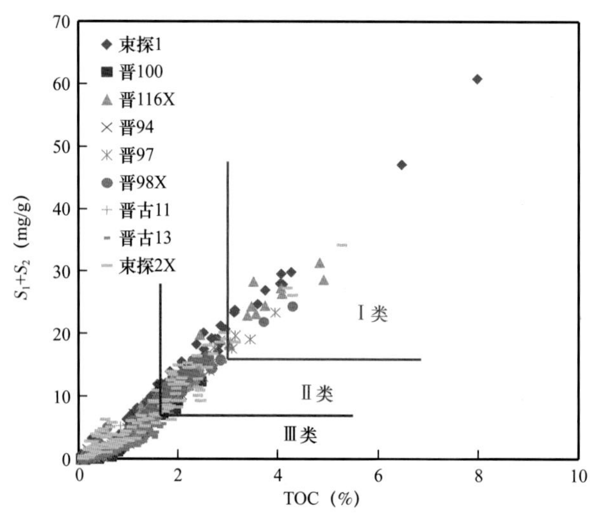

图 7-24　有机碳含量与 S_1+S_2 关系图

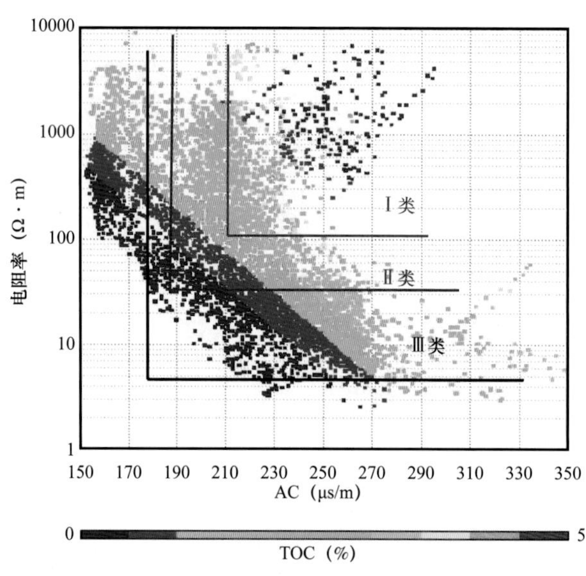

图 7-25　电阻率与声波时差交会评价有机碳含量图

3. 储层品质评价

核磁共振测井、阵列声波测井、微电阻率扫描成像测井的深化处理研究，为泥灰岩储层有效性评价提供了丰富的技术手段。通过核磁共振测井资料不同孔径所占的比例、核磁共振有效孔隙度、井径差值，变换得到反映储层孔隙结构的指数；通过斯通利波幅度、泥质含量、扩径大小，变换得到反映储层渗透性的指数；通过微电阻率扫描成像测井深化处理得到裂缝孔隙度、裂缝密度及裂缝长度等参数。根据束探 2X 及束探 3 井测井解释结果，编制了各类储层测井评价参数的交会图版。图 7–26 至图 7–28 分别为束鹿凹陷沙三段下亚段裂缝密度与裂缝长度、孔隙度与裂缝孔隙度、孔隙结构指数与渗透性指数交会图版。根据测井综合解释结果，通过储层分类评价图版，得出束鹿凹陷沙三段下亚段泥灰岩、砾岩储层评价标准（表 7–5）。

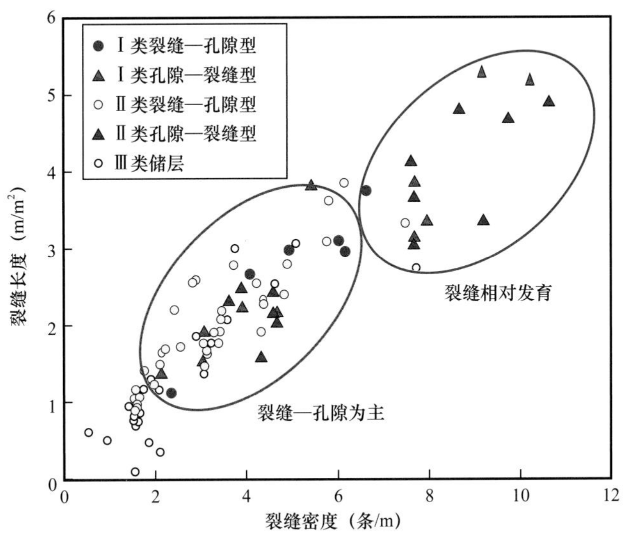

图 7–26　裂缝密度与裂缝长度交会图

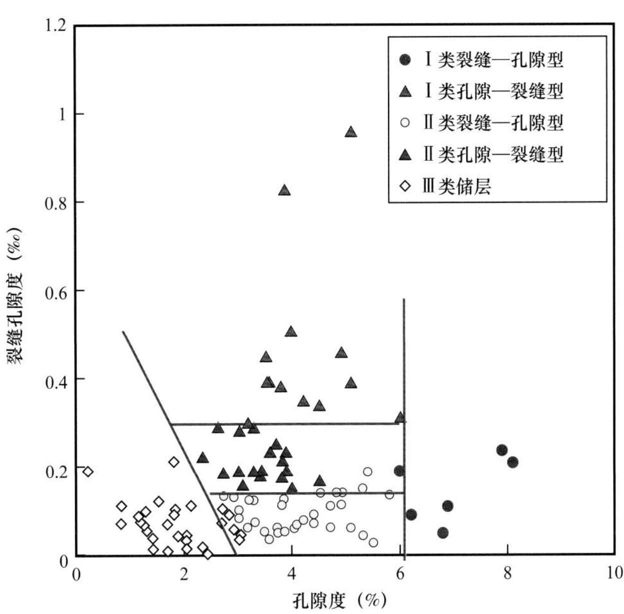

图 7–27　孔隙度与裂缝孔隙度交会图

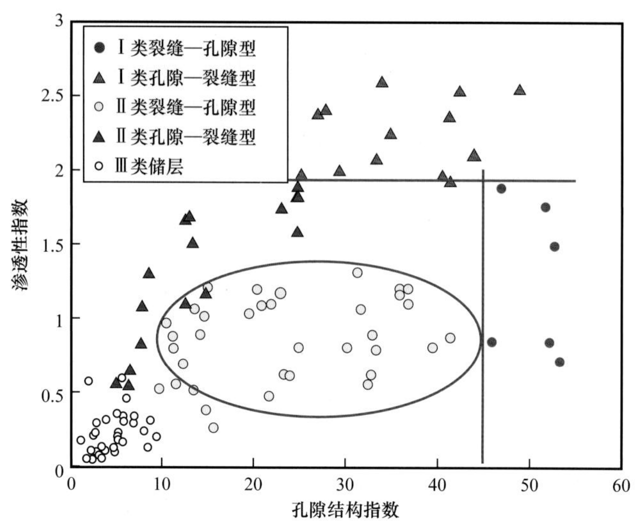

图 7–28　孔隙结构指数与渗透性指数交会图

表 7–5　束鹿凹陷沙三段下亚段泥灰岩、砾岩储层测井评价标准

岩性		砾岩			泥灰岩		
储层类别		Ⅰ	Ⅱ	Ⅲ	Ⅰ	Ⅱ	Ⅲ
孔渗条件	柱塞样气测孔隙度（%）	≥6	2～6	＜2	≥2	1～2	＜1
	核磁共振孔隙度（%）	≥6	2～6	＜2	≥3	2～3	＜2
	渗透率（mD）	≥5	0.5～5	＜0.5	≥1	0.1～1	＜0.1
	裂缝参数	≥20	10～20	＜10	30	10～30	＜10
孔喉结构	核磁共振孔隙结构指数	≥20	10～20	10	—	—	—
	压汞平均孔喉半径（μm）	≥3	1～3	＜1	≥1	0.5～1	＜0.5
有机质丰度、含油性	实测 TOC（%）	—	—	—	≥2	1～2	＜1
	测井计算 TOC（%）	—	—	—	≥3.0	1.5～3.0	＜1.5
	S_1+S_2（mg/g）	—	—	—	≥10	5～10	＜5
	S_0+S_1（mg/g）	≥1	0.5～1	＜0.5	≥1	0.5–1	＜0.5
	氯仿沥青“A”（%）	≥0.15	0.1～0.15	＜0.1	≥0.2	0.15–0.2	＜0.15
测井响应	电阻率（Ω·m）	20～50	150～500	900～1800	40.0～70.0	40.0～300.0	50～1000

4. 工程品质评价

为了对泥灰岩储层的工程品质进行评价，在束鹿凹陷沙三段下亚段泥灰岩地层选取不同岩性的样品，开展了岩心三轴应力实验。实验条件：围压 70MPa、孔压 45MPa。从而得到杨氏模量、泊松比、体积压缩系数、颗粒压缩系数、孔隙弹性系数、抗压强度等参数。实验结果表明：泥灰岩类与砾岩类岩石脆性特征明显不同，砾岩类杨氏模量大、泊松比小表明其脆性好，泥灰岩类杨氏模量小、泊松比大表明其脆性偏差。

三轴应力实验为储层脆性评价、破裂压力计算乃至工程品质的评价奠定了基础。为了建立工程品质测井评价标准，根据测井综合评价结果，编制了束鹿凹陷沙三段下亚段泥灰岩、砾岩不同岩性杨氏模量与泊松比关系图及脆性指数与破裂压力关系图。根据测井综合解释结果及评价图版，得出束鹿凹陷沙三段下亚段泥灰岩、砾岩储层工程品质测井评价标准。

二、致密油甜点区地震预测技术

束鹿凹陷沙三段下亚段泥灰岩—砾岩、阿南凹陷腾一下段特殊岩性初步探索形成了地质—物探相结合的致密油气甜点区地震预测技术。主要包括变分频反褶积高分辨率处理技术、地震多属性融合烃源岩预测技术、拟声波模型反演储层预测技术、分方位处理与叠前方位各向异性裂缝预测技术、叠前流体因子与叠后油气指数融合流体预测技术等。

致密油甜点区地震预测技术是致密油气甜点区综合评价预测技术的关键，其在地质评价与测井评价基础上，通过地震敏感参数分析，确定甜点区的岩性、物性、脆性、厚度及围岩特征对地震响应的影响，据此优选适用的预测方法，利用地震多属性融合分析技术预测优质烃源岩分布区，利用波阻抗反演、拟声波模型反演以及随机模拟反演技术预测甜点储层发育区，以分方位处理及叠前方位各向异性技术预测裂缝发育区，以叠前流体因子与叠后油气指数融合流体预测技术预测含油气性，最终多参数叠合确定甜点区的平面分布。综合解释各种预测成果，评价甜点区分布范围。对泥灰岩 TOC、泥灰岩和砾岩空间形态、裂缝及含油气等预测成果进行综合解释，降低每种方法分析的局限性、不确定性。通过多方法融合，确定优质烃源岩、纹层状泥灰岩、颗粒支撑砾岩、缝洞及油气富集的交会区，即泥灰岩的甜点区，为井位部署、井轨迹设计提供依据。泥灰岩甜点区综合解释评价方法为：通过泥灰岩钻井、录井、测井及生产动态资料，对各种预测方法进行标定，确定参与综合解释评价的方法、属性及其参与的权重，最后加权融合，分数越高，重叠越重，储集性能越好。甜点主要发育在 SQ1、SQ2、SQ3 三个层序中，最优甜点区均发育在斜坡区的中北部，以条带状呈北东向—北北东向展布。

第四节　勘探开发工程关键技术进展及应用

在国内外致密油气勘探开发技术广泛调研基础上，通过钻完井工艺技术、储层改造技术等攻关研究及现场应用，初步形成了适用于束鹿凹陷泥灰岩—砾岩致密油气的有效动用配套技术，为该类致密油气的有效动用提供了技术保障。

一、泥灰岩—砾岩致密油气优快钻完井技术

根据地层垮塌机理研究及早期钻井、完井领域存在的技术问题，进行井身结构、

钻井液体系、钻具组合、套管选型、井眼轨迹及井眼控制等优化设计，形成系统配套的钻完井工程方案。通过束探1H、束探2X、束探3井等三口井的钻完井工程方案的优化与实施，形成了三开井身结构—聚胺KCl—聚磺钻井液体系—复合螺杆钻具组合+双筒取心工具—10.54mm套管+TAP阀+桥塞泥灰岩优快钻完井技术，实现了安全高效钻井。

二、致密储层改造一体化工艺配套技术

1. 致密油储层钻—完—改一体化设计流程

总结提出了逆向设计和正向实施的一体化设计理念：（1）确定改造技术模式；（2）确定适合对应改造技术模式的压裂改造工具；（3）确定需要的完井方式，包括裸眼完井、套管固井完井等；（4）根据改造的需求确定最佳钻井方式，是否需要欠平衡钻井；（5）确定井身结构和套管尺寸及钢级；（6）设计最优的井型来匹配最初选择的技术模式；（7）布井及井型选择。从致密油储层钻井、完井、改造一体化角度考虑，需要按照上述原则，从体积压裂改造技术的选择逆向追索到地面井场的选择，这就需要压裂技术早期介入，实施逆向设计的关键，然后从井场布井到压裂进行正向施工。

2. 致密油储层钻—完—改一体化实施方法

主要设计思路都是最大限度地增加压裂裂缝与储层的接触面积，要求从井位部署、钻井设计、完井优化以及压裂改造四方面综合考虑，通过四步控缝实现对储层最大限度的改造（图7-29）。通过对钻—完—改一体化技术的研究提出了从储层井位部署—钻井—完井—储层改造全过程的裂缝形态控制，提高储层改造裂缝复杂程度，提高体积压裂改造效果。

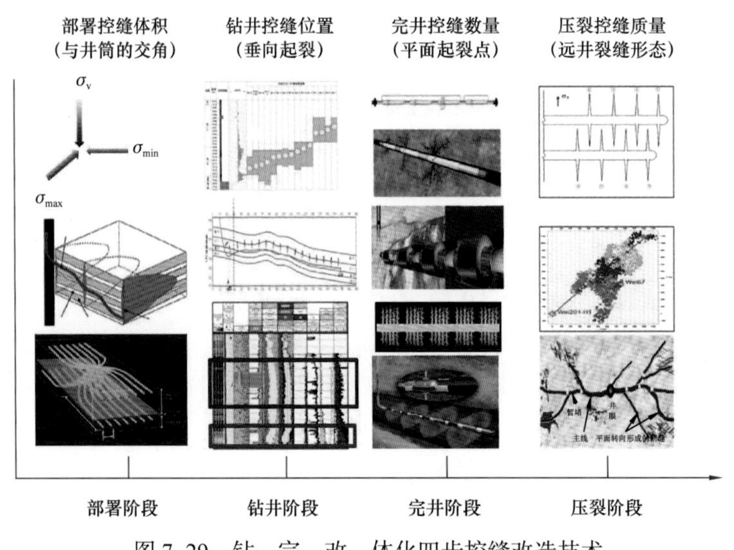

图7-29　钻—完—改一体化四步控缝改造技术

第五节　主要结论及“十四五”展望

一、主要结论

通过大量实物工作和不断科研攻关，重新认识了华北探区致密油勘探对象，进一步明晰了勘探方向，五年潜心攻关研究取得以下认识和进展。

（1）明确陆相断陷泥灰岩生排烃模式及致密油气成因。热压模拟实验揭示了泥灰岩的生排烃特征及致密油气成因类型，创建了泥灰岩生排烃与致密油气演化模式。回答了致密油气成因、形成演化与有利成藏阶段等问题，为致密油气有利烃源岩灶预测与成藏模式构建奠定了理论基础，同时，应用小面元容积法、资源丰度类比法与盆地模拟法等致密油资源评价方法，综合预测束鹿凹陷致密油资源量为 2.30×10^8～2.96×10^8t，阿南凹陷致密油资源量为 2.00×10^8～2.22×10^8t，具有较大的资源潜力基础。

（2）搞清了陆相断陷特殊岩性致密储层油气储集机理。揭示泥灰岩—砾岩、特殊岩性致密储层均具有双重孔隙结构，连通型孔隙网络决定致密油气的赋存状态与富集，具有连通型孔隙网络的岩石为甜点储层。这一认识为致密油气优势储集岩性的确定和储层甜点预测提供了依据。

（3）配套完善了（泥灰岩）致密油综合评价勘探技术系列。其中，致密油气甜点区综合预测与评价技术包括地质样品联测技术、测井“三品质”评价技术和甜点区地震预测技术，在束鹿凹陷、阿南凹陷落实多个甜点区带和勘探靶区，“七性”关系测井解释符合率、甜点地震预测符合率、甜点综合预测符合率均达到 70% 以上。致密油气有利区带综合评价和目标识别技术包括层序约束下的致密油气勘探层段优选技术、致密油气甜点区预测基础上的区带优选技术和地质、工程多因素叠合的靶区优选技术，在束鹿凹陷、阿南凹陷优选四个目标实施钻探，均获工业油流或见良好油气显示。

（4）探索形成了泥灰岩优快钻完井与体积压裂改造技术，包括优快钻完井技术、缝网体积压裂改造技术，实施钻探束探 1H、束探 2X、束探 3 三口井，钻井周期缩短 46%～31%，改造后均获高产工业油流，单井初期（前五个月）试采产量均达到 10t/d 以上，其后基本保持在 4～6t/d。

二、“十四五”展望

华北探区冀中坳陷、二连盆地发育多层位、多类型的致密油及页岩油，基于“十三五”专项对冀中坳陷束鹿凹陷沙三段下亚段泥灰岩—砾岩及二连盆地阿南凹陷腾格尔组一段致密砂岩致密油成藏有利条件、甜点储层储集机理及主控因素、甜点区综合预测及评价技术与结果、致密油的有效开发配套技术等方面攻关成果，利用大角度斜井井组降低开发成本，提高单井产量及稳产时间，为华北油田产量提升作出突出贡献。

针对冀中坳陷饶阳凹陷沙一段下亚段、沙三段上亚段中低成熟度页岩油，开展页岩油“七性”关系评价，搞清页岩油成藏机理、储集机理，明确优势岩性甜点区综合预测分布，力争形成华北油田储量接替区；针对二连盆地乌里雅斯太凹陷洼槽区腾一下段、阿尔善组致密砂砾岩，目前多口井已获高产，且试采 6 个月后产量还能稳定在 5～12t/d 之间，已初步展现出该地区洼槽区致密油良好的勘探开发前景，“十四五”期间将重点对该地区致密砂砾岩开展优势储层含油性、储集空间及储集机理研究，建立含油及储集物性下限标准，形成一套适用于二连盆地的致密砂砾岩甜点区预测与评价技术，为二连盆地其他富油凹陷洼槽区致密油勘探奠定基础。

第八章　四川盆地致密油资源潜力、甜点区预测与关键技术应用

“十三五”（2016—2020 年）期间，西南油气田致密油研究团队在国家科技重大专项课题 6 专题 7“四川盆地致密油资源潜力、甜点区预测与关键技术应用”的研究目标导向和经费资助下，分析总结了四川盆地侏罗系致密油资源形成条件和富集规律，评价预测了资源潜力和甜点区分布，创新提出大安寨段具备页岩油与致密油气两大非常规油气勘探开发潜力的新思路，指出页岩油气主要发育在半深湖区，致密油主要发育在滨浅湖区，完善了侏罗系大安寨段湖相介壳灰岩致密储层分类及评价技术，创建了页岩油评价指标体系，为四川盆地侏罗系油气的再次规模勘探开发提供了新依据，开辟了新天地。

第一节　区域成藏条件与富集主控因素分析

一、地质特征

1. 勘探开发现状

四川盆地原油主要分布在盆地中部侏罗系中（图 8–1），勘探工作始于 1956 年蓬基井，经过半个多世纪，纵向上发现 5 套产油层，自下向上依次为珍珠冲段、东岳庙段、大安寨段、凉高山组上段、沙溪庙组一段，累计探明 5 个油田（桂花、金华、中台山、莲池、公山庙），发现 18 个含油气构造或区块，获石油地质储量 1.61×10^8t，其中探明储量 8118.36×10^4t、控制储量 2354.1×10^4t、预测储量 5649.07×10^4t；探明可采储量 514.48×10^4t（表 8–1）。截至 2020 年 12 月，川中获工业油井 763 口，目前生产油井 438 口，2020 年生产原油 1.86×10^4t、伴生气 0.248×10^8m^3、产水 0.10×10^4m^3，累计产原油 517.73×10^4t、伴生气 44.97×10^8m^3、水 90.96×10^4m^3。以公山庙、桂花、莲池三个油田产油为主，产出程度均在 60% 以上，平均采出程度为 81.48%（表 8–2）。川中侏罗系纵向上产油层位以大安寨段为主，其次为凉高山组和沙溪庙组，其中原油总产量大安寨段占 80.27%，凉高山组占 12.37%，沙溪庙组占 4.19%。

四川盆地侏罗系原油自 1956 年钻探以来，经历了勘探起步、滚动勘探开发、原油上产、原油调整稳定、重大科技攻关试验、页岩油气探索六个阶段（图 8–2）。

2. 地层及沉积体系条件

侏罗系大安寨段是四川盆地侏罗系自流井组几次湖侵中湖侵规模最大、湖盆面积最广

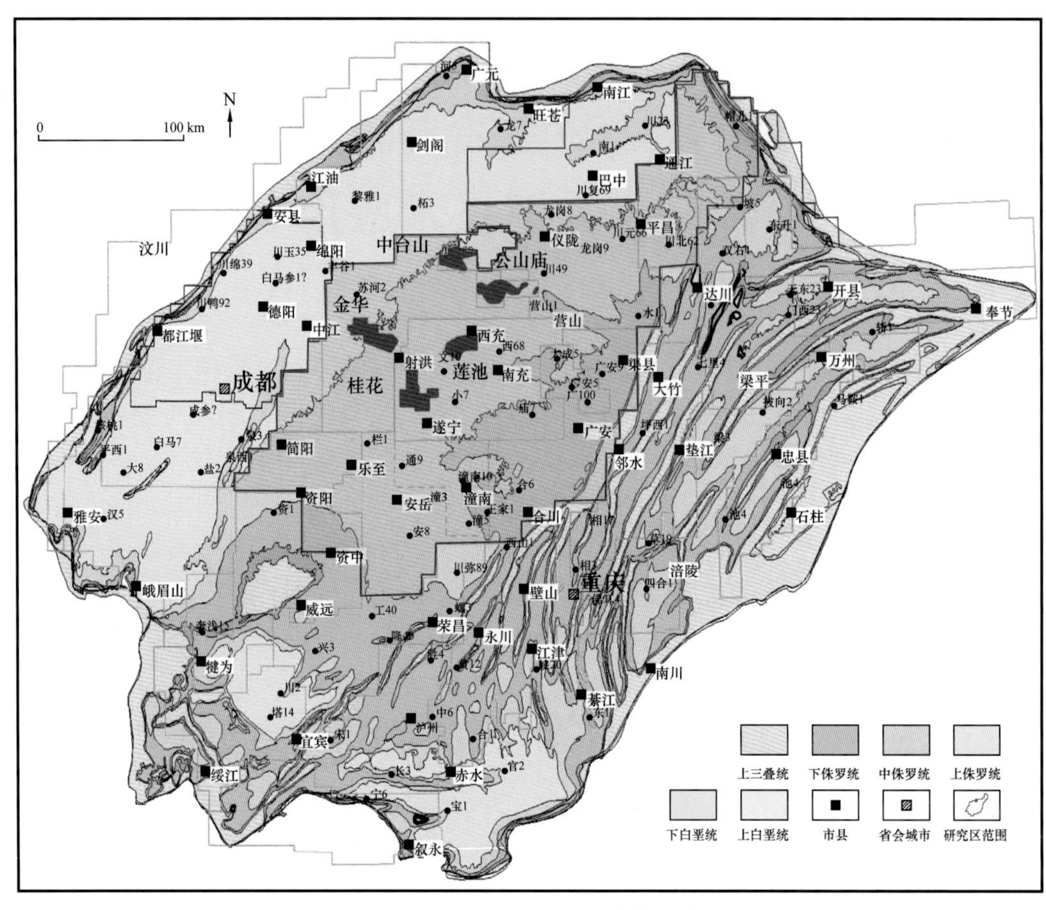

图 8-1 四川盆地川中地区区域构造位置图

表 8-1 四川盆地川中地区侏罗系石油三级储量统计表

级别	区块或构造名称	申报时间	面积（km^2）	地质储量		可采储量		
				原油（10^4t）	溶解气（10^8m^3）	采收率（%）	原油（10^4t）	溶解气（10^8m^3）
探明	桂花油田大安寨段	1978 年	338.00	2413	22.43	9.2	222.06	—
	金华油田大安寨段	1995 年	305.00	1280	24.25	4.1	52.7	5.12
	中台山油田大安寨段	1995 年	197.69	1320.68	50.85	3.3	43.88	1.36
	莲池油田大安寨段	1997 年	224.00	1492	22.53	5.9	88.42	4.5
	公山庙区块沙溪庙组一段	2002 年	71.20	583	2.8	11.0		
	公山庙大安寨段	2004 年	165.00	581	13.01	6.3	107.42	4.04
	公山庙北大安寨段	2005 年	128.12	448.68	10.05	6.3		
	探明小计			8118.36	145.92		514.48	15.02
控制	公山庙区块沙溪庙组一段	2002 年	297.00	2354.1	11.3	11.0	259	1.24

续表

级别	区块或构造名称	申报时间	面积（km^2）	地质储量		可采储量		
				原油（10^4t）	溶解气（10^8m^3）	采收率（%）	原油（10^4t）	溶解气（10^8m^3）
预测	公 75 井区大安寨段	2005 年	248.00	1063.77	23.83	6.3	67.02	6.19
	公山庙北部沙溪庙组一段	2004 年	138.20	1150.4	5.52	11.0	126.5	0.61
	公山庙区块凉高山组	2000 年	230.00	2192	51.7	15.0	329	7.8
	天池沙溪庙组一段	2003 年	61.70	475.9	2.28	11.0	52.3	0.25
	双河场沙溪庙组一段	2003 年	66.00	767	3.7	11.0	84.4	0.4
	预测小计			5649.07	87.03		659.22	15.25
原油三级储量合计				16121.53	244.25	9.0	1432.7	31.51

表 8-2 四川盆地川中地区侏罗系石油开发现状表

油田（区块）	探明地质储量（10^4t）	可采储量（10^4t）	生产井数（口）	2000 年产量			累计产量			可采储量采出程度（%）
				油（10^4t）	伴生气（10^8m^3）	水（10^4m^3）	油（10^4t）	伴生气（10^8m^3）	水（10^4m^3）	
桂花	2413.00	222.06	102	0.35	0.08	0.009	198.05	11.42	74.769	89.19
金华	1280.00	52.70	41	0.01	0.0009	0.0001	44.53	4.15	1.0248	84.50
中台山	1320.68	43.88	31	0.03	0.006	0	34.77	4.81	0.029	79.24
莲池	1492.00	88.42	69	0.05	0.02	0.06	81.77	6.19	8.3613	92.48
公山庙	1612.68	107.42	93	1.11	0.03	0.004	66.59	3.15	0.3505	61.99
小计	8118.36	514.48	336	1.55	0.14	0.08	425.72	29.73	84.53	82.75
其他			102	0.30	0.11	0.02	92.01	15.24	6.43	
合计	8118.36	514.48	438	1.69	0.25	0.10	517.73	44.97	90.96	

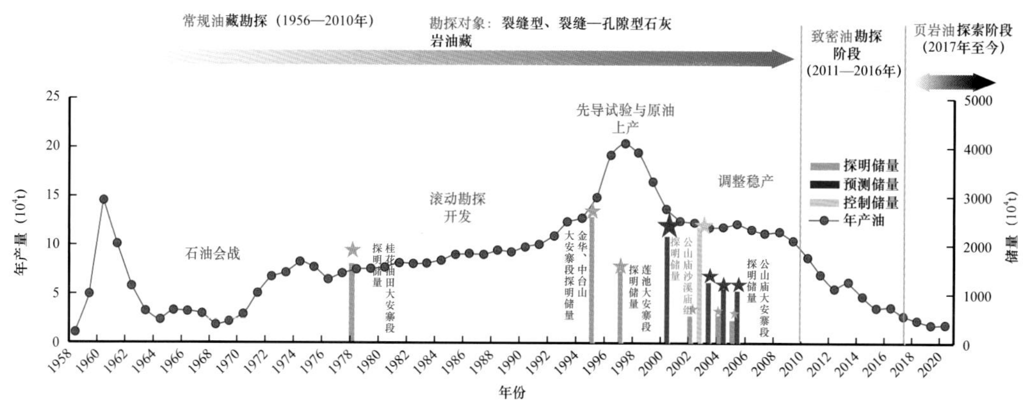

图 8-2 四川盆地侏罗系石油勘探开发历程简图

的一次。大安寨段沉积时期为淡水湖泊沉积，岩性主要为褐色—灰黑色介壳灰岩、泥质介壳灰岩与黑色、灰绿色、紫红色泥页岩互层，地层厚度南薄北厚、西薄东厚，地层厚度一般在 50～70m 之间。大安寨湖盆经历了扩张期—极盛期—收缩期完整旋回，介壳滩主要分布在西南环带，沉积中心位于川中中北部和川东北部地区（图 8–3）。大安寨段从上而下划分为大一、大一三、大三亚段，大一、大三亚段主要发育滨—浅湖高能介壳滩体，为储层发育层段，大一三亚段主要发育浅湖—半深湖泥页岩，为烃源岩发育层位（图 8–4）。

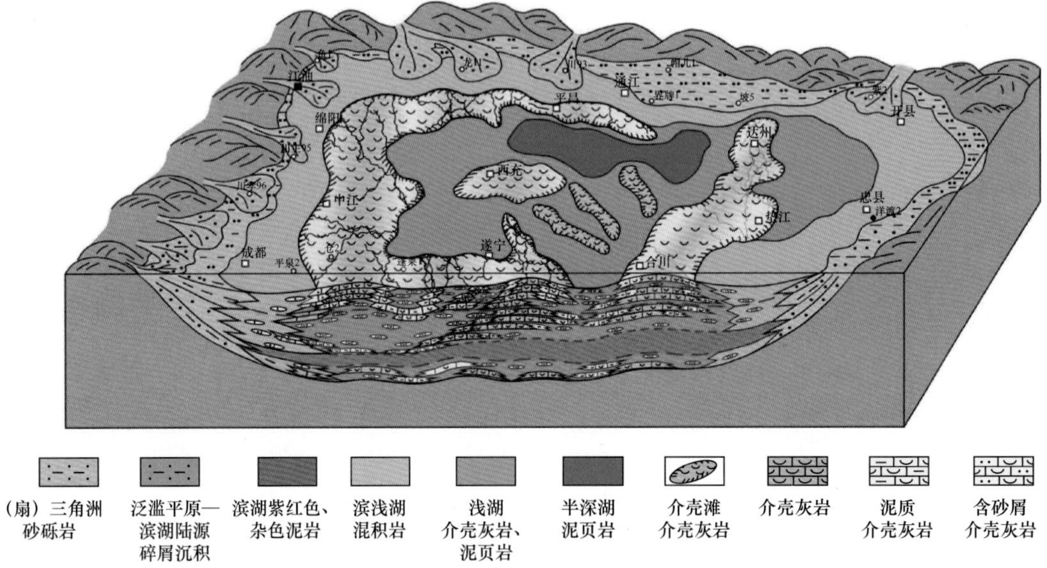

图 8–3　四川盆地侏罗系大安寨段沉积环境示意图

二、区域成藏条件

1. 烃源岩条件

1）有机碳含量

大安寨段页岩以黑色、灰黑色页岩与生物介壳灰岩不等厚互层为主，普遍含丰富的瓣鳃、介形虫、叶肢介等水生生物化石及陆源高等植物化石碎片，黄铁矿呈分散状分布。野外剖面常见页岩呈片状分布，岩心搁置一段时间后页岩呈千层饼状（图 8–5）。根据四川盆地大安寨段 618 个岩心、野外样品岩石热解分析，有机碳含量为 0.1%～4.27%，平均为 1.15%。91.4% 的样品有机碳含量小于 2%（图 8–6）。总体上大安寨段页岩有机碳含量具有呈环带状围绕湖盆沉积中心分布的特征，湖盆中心有机碳含量普遍大于 1.8%。

2）有机质类型

壳质组含量为 60%～80%，以腐殖无定形体为主。岩石热解参数 T_{max}—HI 关系图版和 H/C—O/C 的范氏图显示，干酪根总体为Ⅱ型，以$Ⅱ_1$以及$Ⅱ_2$型为主（图 8–7）。

3）有机质成熟度

有机质成熟度主要在 0.9%～1.5% 之间（图 8–8），自南往北随着埋藏深度增加，有机质成熟度不断增加，绝大部分地区处于生油高峰期；川北地区大巴山前缘的仪陇—达州—通江一带有机质成熟度一般大于1.3%，有机质热演化程度较高，处于生气阶段。

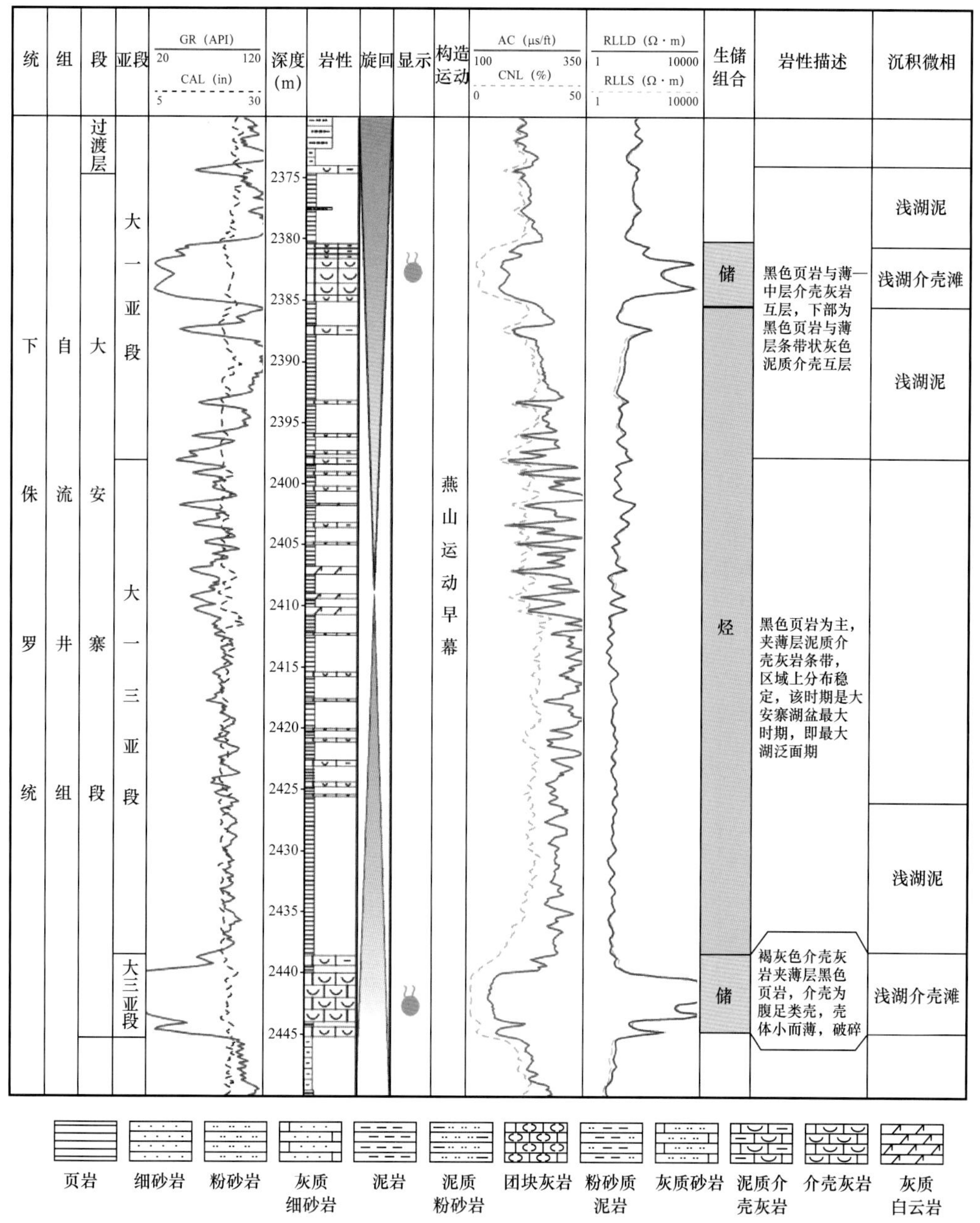

图8-4　四川盆地侏罗系大安寨段综合柱状图

2. 储层条件

侏罗系大安寨段为淡水湖泊沉积，岩性主要为杂色泥岩、深灰色—黑色页岩、灰色泥质介壳灰岩、褐色介壳灰岩等，储集岩主要为介壳灰岩和页岩两大类，纵向上介壳灰岩主要分布在大一亚段和大三亚段，页岩主要分布在大一三亚段。

a. PL103，大一三亚段灰黑色页岩

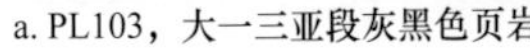

b. X3，大一三亚段黑色页岩，页理发育

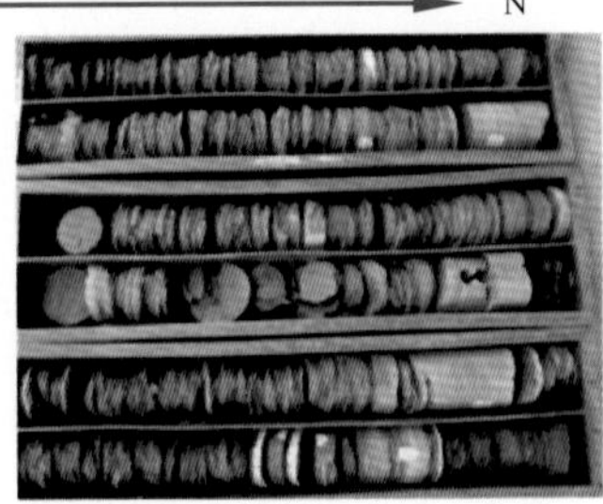

c. X39，大一三亚段灰黑色页岩，页理发育

d. MQ1H，大一三亚段深灰色块状泥页岩

e. NC8，大一三亚段黑色块状泥页岩

f. G4，大一三亚段黑色页岩，页理发育

图 8–5　四川盆地侏罗系大安寨段页岩岩心照片

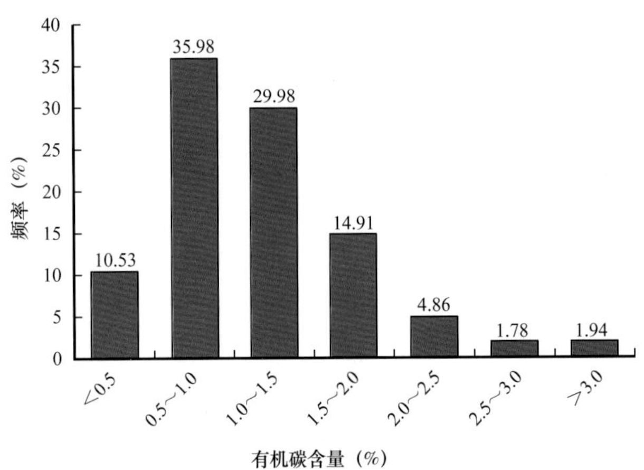

图 8–6　四川盆地侏罗系大安寨段有机碳含量频率分布直方图

1）介壳灰岩储层

大量实测岩心物性分析表明，介壳灰岩平均孔隙度仅 0.97%，平均渗透率为 0.07mD（图 8–9）。介壳灰岩有效储集空间为溶蚀洞、孔和裂缝，主体发育微纳米级孔喉（表 8–3）。大安寨段介壳灰岩孔喉充注下限为 32nm，根据大量压汞实验分析得到孔隙结构参数，其中饱和中值半径与孔隙度关系较好（图 8–10），对应充注孔隙度下限约 1.5%。总体上介壳灰岩孔隙度大于 1.5% 的相对优质储层比例占 10%～15%，平面上主要分布在川中南部地区滨湖相介壳滩。

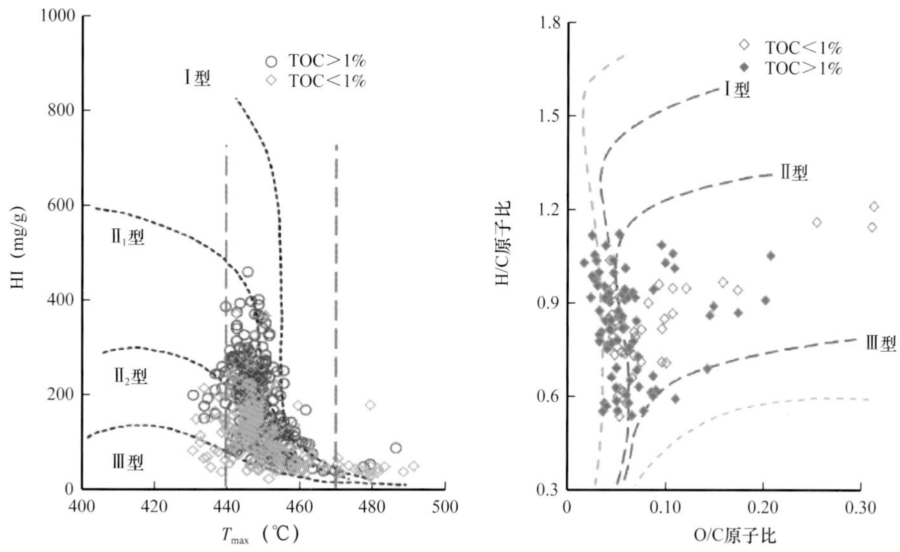

图 8-7　四川盆地侏罗系大安寨段页岩有机质类型判识图

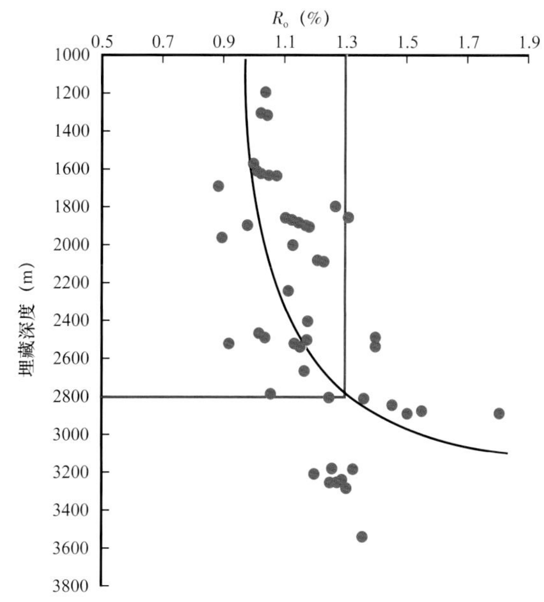

图 8-8　四川盆地侏罗系大安寨段页岩有机质热演化程度与埋深关系图

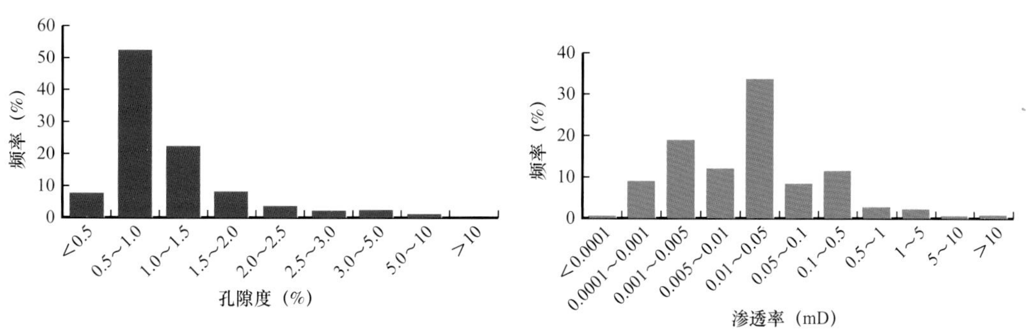

图 8-9　四川盆地侏罗系大安寨段储层物性分布直方图

表 8-3　四川盆地侏罗系大安寨段储层孔隙类型、尺度特征

孔隙分类	大孔隙	中孔隙	小孔隙	微孔隙	纳米孔隙
孔隙半径（μm）	＞4	4～0.4	0.4～0.04	0.04～0.004	＜0.004
孔隙类型	粒内溶孔、粒间溶孔	粒内孔、粒间孔	粒间孔	粒内孔	晶间孔、晶间溶孔
发育程度	低	低	较高	较高	高
岩性	介壳灰岩	泥质介壳灰岩	介壳灰岩、泥质介壳灰岩	介壳灰岩、泥质介壳灰岩	泥质介壳灰岩、介壳灰岩
典型镜下照片					

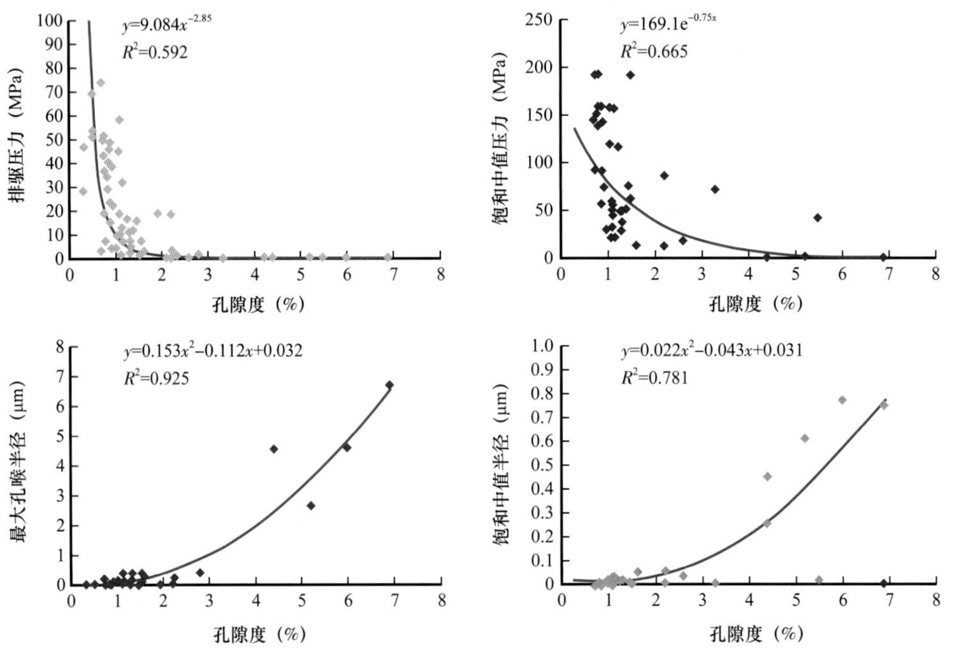

图 8-10　四川盆地川中地区侏罗系大安寨段介壳灰岩孔隙结构参数交会图

2）页岩储层

大安寨段野外及 141 个岩心样品全岩分析表明，平均黏土含量为 36.6%，主要由伊利石、绿泥石构成，平均石英含量为 38.6%，平均方解石含量为 16.7%，平均黄铁矿含量为 0.9%（表 8-4，图 8-11），总体上脆性矿物含量介于 37.60%～89.17% 之间，平均为 63.40%，脆性矿物含量高，利于储层压裂改造。页岩的物性明显优于致密介壳灰岩，页岩取心井 108 个样品物性分析显示，页岩孔隙度介于 0.35%～13.65% 之间，平均孔隙度为 5.80%，孔隙度集中在 4.0%～9.0% 之间；页岩渗透率介于 0.084～9.790mD 之间，平均为

1.760mD；39 个页岩氦气孔隙度介于 0.64%～7.32% 之间，平均孔隙度为 3.8%，孔隙度集中在 3%～6% 之间（图 8–12）。页岩储层储集空间主要为微米—纳米级孔隙，主要包括有机孔、次生溶蚀孔、晶间孔、矿物铸模孔以及黏土矿物间微孔等类型，总体上无机矿物孔发育程度要高于有机孔（表 8–4）。

表 8–4　四川盆地侏罗系大安寨段页岩储集空间特征表

储集空间类型	粒间残留孔	粒内溶孔	黄铁矿晶间孔	生物体腔粒内溶孔
镜下照片	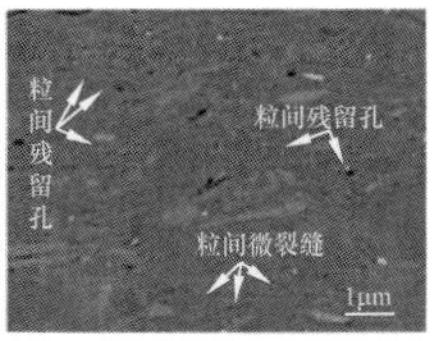 粒间残留孔；粒间残留孔；粒间微裂缝；1μm	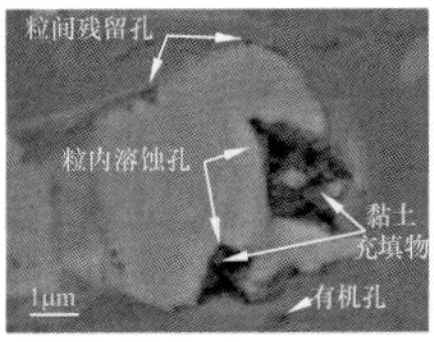 粒间残留孔；粒内溶蚀孔；黏土充填物；有机孔；1μm	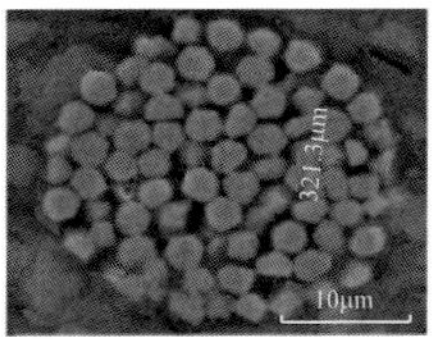 321.3μm；10μm	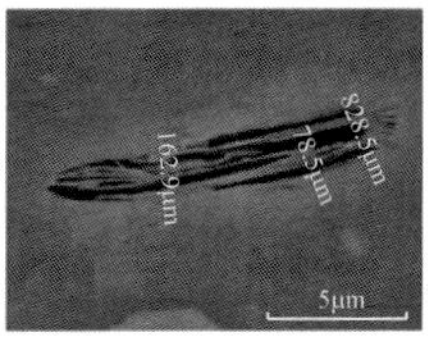 828.5μm；78.5μm；162.9μm；5μm
发育程度	高	高	低	低
储集空间类型	有机质纳米孔	有机质收缩缝	微裂缝	页理缝
镜下照片	 200μm；10μm	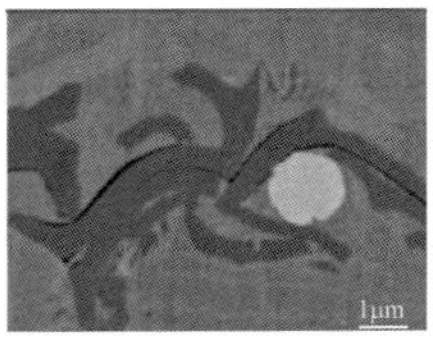 1μm	 微裂缝；微裂缝	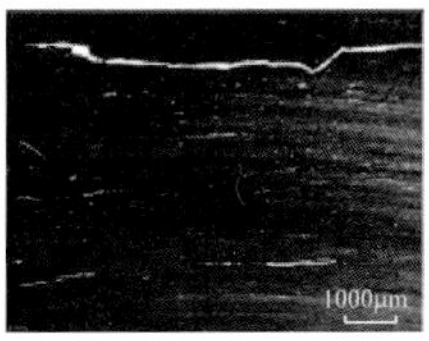 1000μm
发育程度	较高	较高	较高	高
储集空间类型	各类孔隙组合特征		各类孔隙组合特征	
镜下照片	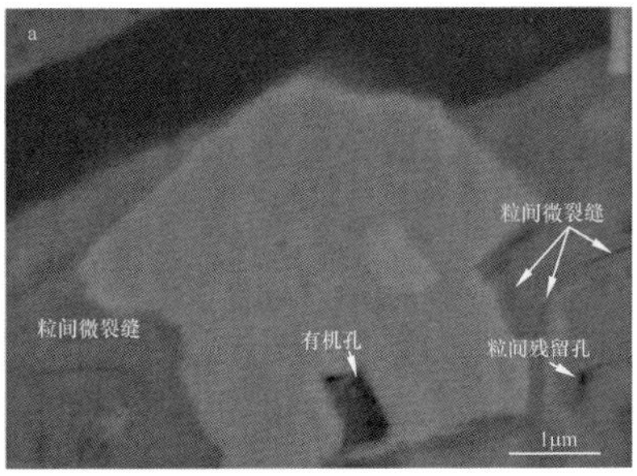 a　粒间微裂缝；粒间微裂缝；有机孔；粒间残留孔；1μm		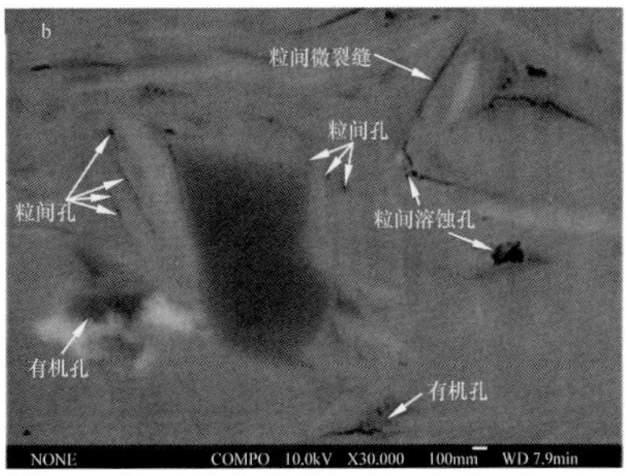 b　粒间微裂缝；粒间孔；粒间孔；粒间溶蚀孔；有机孔；有机孔；NONE COMPO 10.0kV X30,000 100mm WD 7.9min	

3. 源储配置条件

1）致密油源储配置

大安寨段为内陆湖泊沉积，受陆源、古地形、湖平面升降等因素影响，各种沉积微相纵横叠置，源储配置多样。按照源储岩性组合关系和沉积微相演化特征，可划分为 5 类：厚储下薄源上、厚储上薄源下、厚储夹厚源、薄储夹厚源及源储侧向接触（图 8–13）。不同源储配置模式油气均有不同程度的富集，万吨油井数量、累计产量、储量丰度及单井平均产量（万吨井）均揭示滨湖相带下的厚源储配置类型最好。

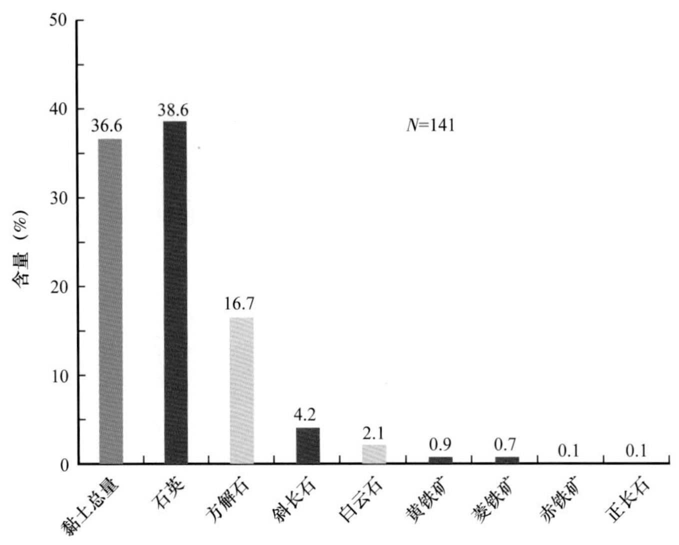

图 8-11　四川盆地侏罗系页岩全岩矿物分析直方图

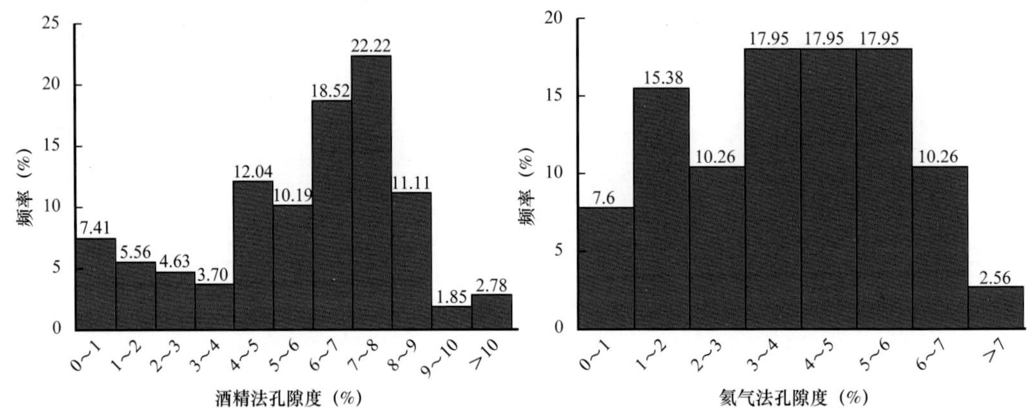

图 8-12　四川盆地侏罗系大安寨段页岩岩心物性直方图

2）页岩油气源储配置

大一三亚段是主要页岩层系；半深湖沉积相页岩最为发育，岩性主要为黑色页岩，页岩厚度普遍大于 60m，页地比大于 0.7；其次为浅湖沉积相带，岩性主要为页岩与介壳灰岩条带不等厚互层，页岩厚度大于 40m，页地比大于 0.5；滨湖沉积相带底部主要为紫红色滨湖泥，中部为滨湖介壳灰岩，上部发育浅湖黑色页岩与介壳灰岩组合体，页岩厚度一般在 10～20m 之间，页地比大于 0.4（图 8-14）。页岩段具有良好的源储配置关系，物性最好，源储一体（图 8-15），是目前较为理想的勘探开发对象。

3）埋藏深度及保存条件

川中地区大安寨段页岩埋深较浅，具有南浅北深特征，总体埋深浅于 4000m，普遍在 1500～2500m 之间。大安寨段页岩保存条件较好，普遍异常高压，上下夹持致密介壳灰岩，形成有效顶底板（图 8-16）。

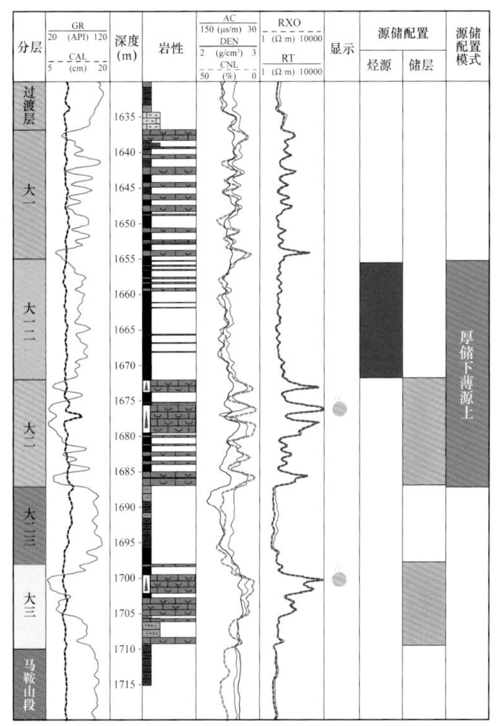

a. 桂花、蓬莱、遂南

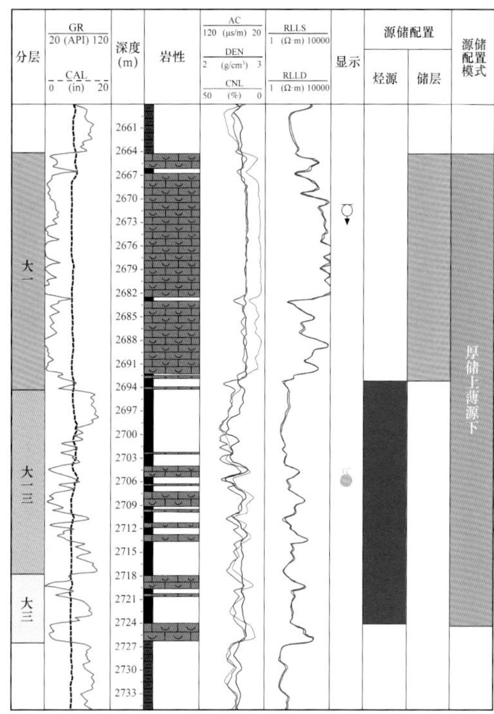

b. 中台山、狮子场、万年场

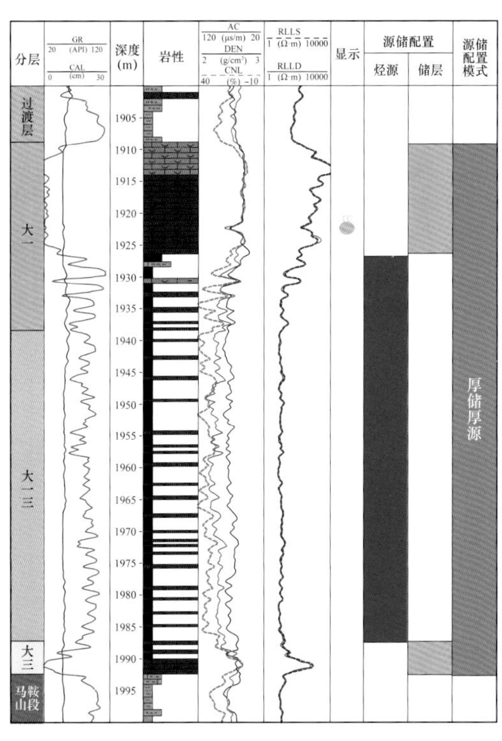

c. 莲池、明月、柳树

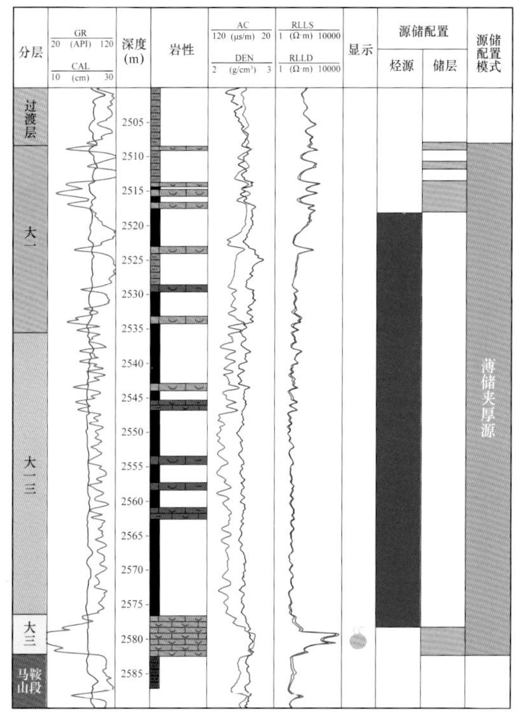

d. 公山庙、八角场、金华

图 8-13　四川盆地川中地区侏罗系大安寨段致密油源储配置类型图

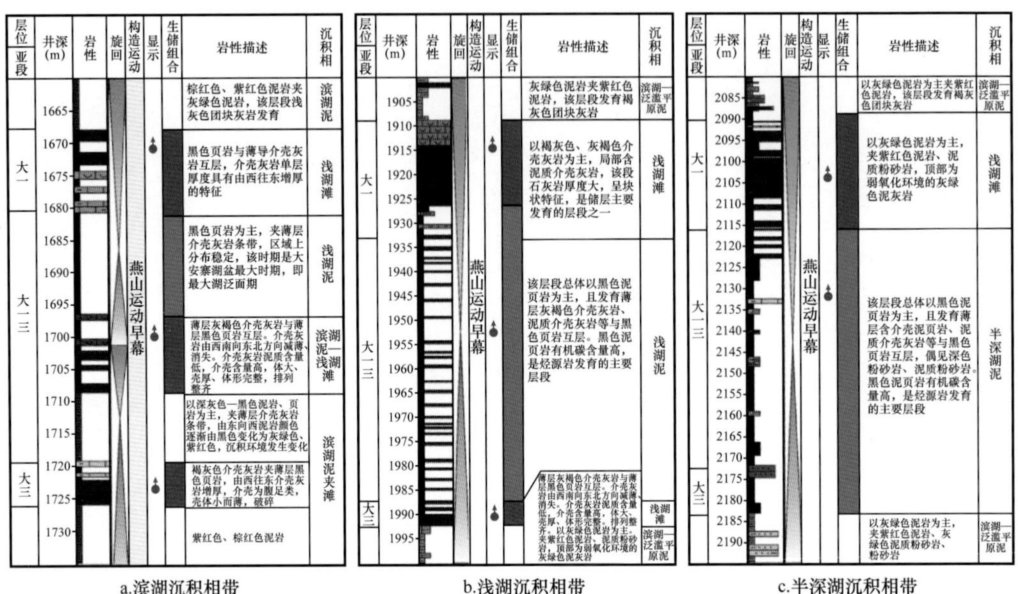

图 8-14　四川盆地川中地区侏罗系大安寨段页岩油源储配置类型图

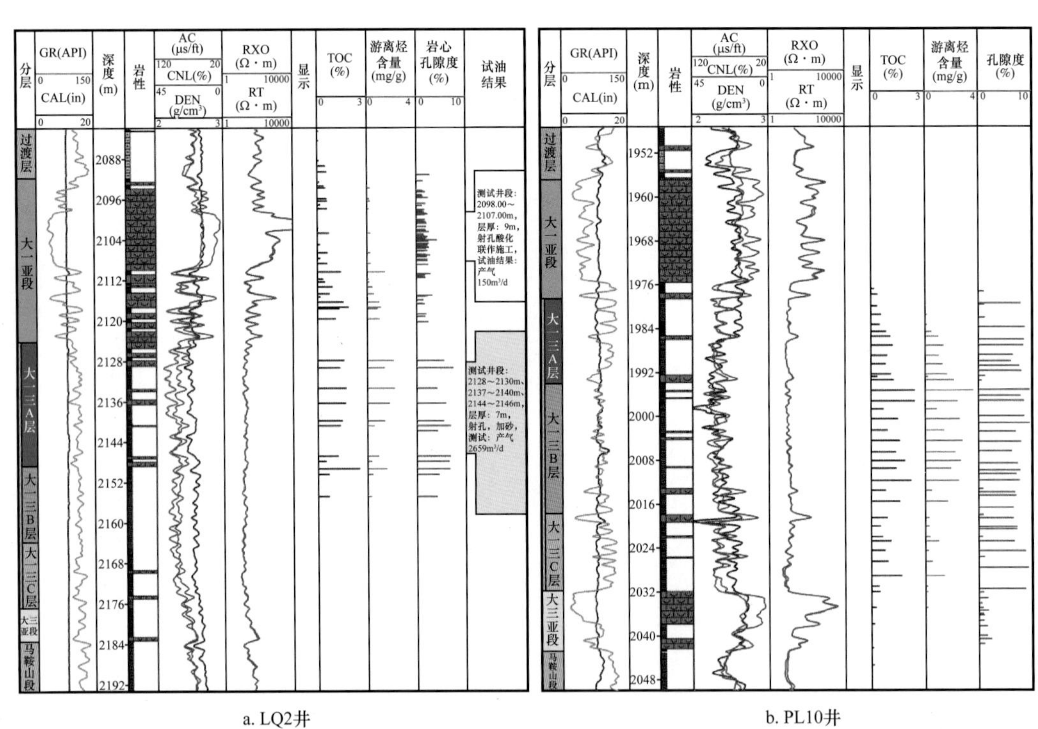

图 8-15　四川盆地侏罗系大安寨段页岩源储配置关系图

4）成藏类型与分布

半深湖区主要赋存页岩油气，滨湖—浅湖区主要赋存致密油（图 8-17），目前页岩油气是下一阶段首要目标对象。

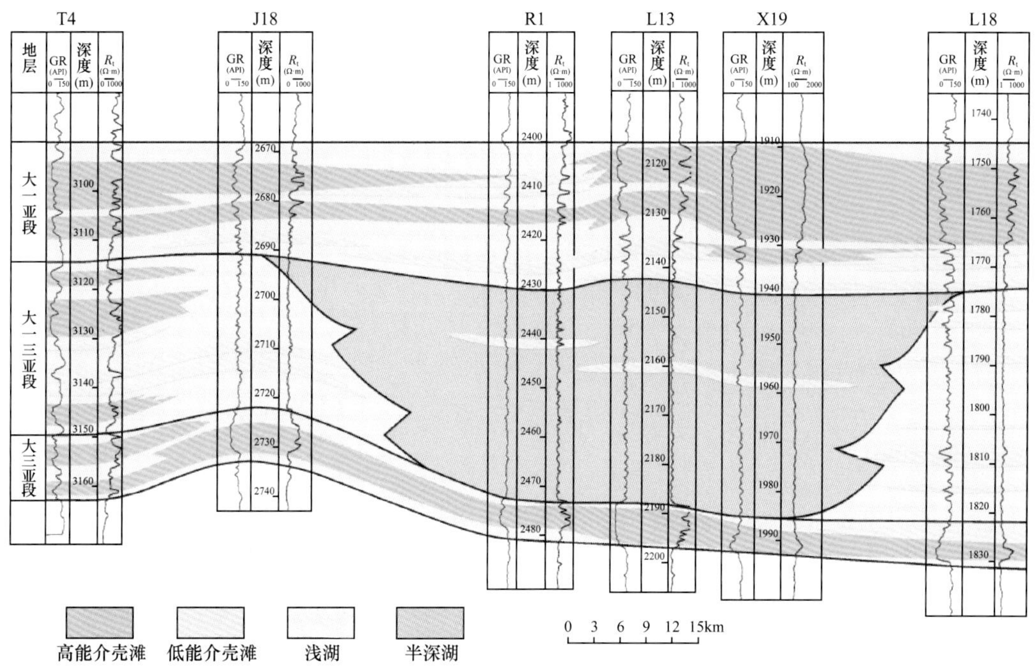

图 8-16 四川盆地川中地区大安寨段沉积相大剖面图

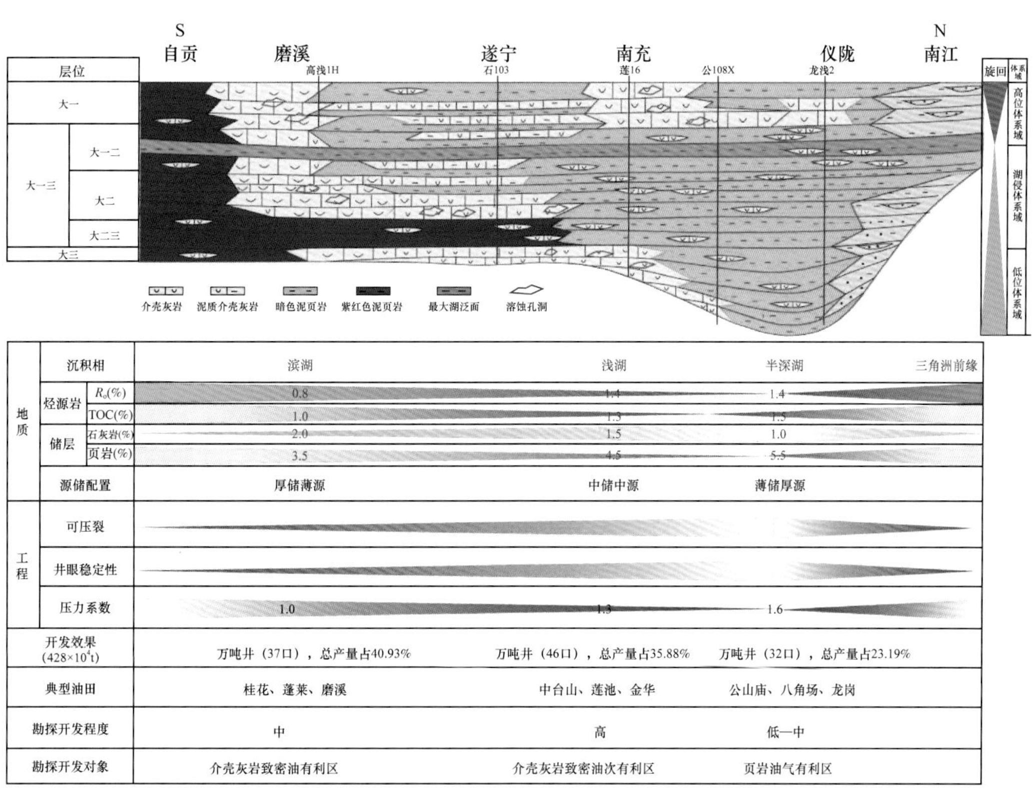

图 8-17 四川盆地川中地区侏罗系大安寨段非常规油气综合评价图

5）致密油勘探对象

中长期将技术攻关部署在资源量最大、开发效果最好、投资成本较高的大安寨段介壳灰岩致密油，通过科技创新形成配套适应技术，逐步将资源量转化为储量、产量，推动侏罗系致密油效益发展。优选川中南部滨湖相大安寨段致密介壳灰岩为攻关试验区。

6）页岩油气勘探对象

积极开展侏罗系页岩油气资源评价和勘探潜力研究，评价湖相页岩油气资源，夯实页岩油气增储上产资源基础，争取投资和实物工作量，以气带油，盘活原油。

三、典型油田解剖

1. 桂花油田（滨湖）

桂花油田位于川中古隆中斜平缓构造带。油田发现始于 1959 年 8 月蓬 40 井大安寨段混层（大一二亚段、大二亚段、大三亚段）酸化获得平均日产 71.4t 高产油流。1978 年申报大安寨油藏Ⅰ类探明石油地质储量 2413×10^4t，溶解气地质储量 22.43×10^8m^3，原油技术可采储量 222.06×10^4t，溶解气技术可采储量 14.39×10^8m^3。桂花油田是四川盆地油气勘探发现较早的油田之一，也是历年累计产油量最多、效益最好的油田，目前已累计产油 196.39×10^4t，占全盆地大安寨段原油累计产量的一半。桂花油田主力产油层为大安寨段介壳灰岩，油层埋深由北往南变浅，埋深在 1500～2000m 之间，处于滨湖—浅湖沉积环境，具介壳灰岩与黑色泥页岩、紫红色泥页岩互层特征。

桂花油田投入生产井 139 口，48 口井累计产量大于 1×10^4t，累计产油 132.17×10^4t，控制了 66.8% 以上产量。研究发现造成大二亚段介壳滩（高能、低能滩）万吨级油井数量多、油井高产稳产主要有三方面原因：一是相对优质储层发育，桂花地区位于滨浅湖相，储层物性好，孔隙度为 3.2%～5.46%；二是相变带附近介壳滩处于低势区，是油气近源运聚有利场所，而且油田东北侧逐渐相变为浅湖—半深湖相暗色泥页岩，烃源层直接与介壳滩体侧向接触，极大提高了致密油充注效率和充注范围（图 8-18、图 8-19）；三是低角度层裂缝发育，利于烃源岩向介壳滩体排烃输导。根据 118.913m 岩心观察统计，层裂缝最发育，多半为未被充填张开缝，溶蚀孔洞也多沿该裂缝分布，小裂缝、小溶洞最常见，统计的 1711 条裂缝中，小裂缝占 1708 条（0.1～5mm）。

2. 莲池油田（浅湖）

莲池油田位于川中低平区南充构造西端文井近东西向的陡缓变化带。钻探始于 1959 年西 1 井，完钻层位马鞍山段，全裸眼，试油获得 25t/d 高产油流；1991 年以大安寨段为目的层，部署钻探了一批油井，大安寨段油藏试油效果良好，其中西 28 井获日产油 9.5t，部分井在凉高山组试油也获得较好效果。截至 1997 年底，提交大安寨段探明石油地质储量 1492×10^4t，溶解气地质储量 22.53×10^8m^3，原油可采储量 89.50×10^4t，溶解气可采储量 4.50×10^8m^3。莲池油田大安寨段储层主要发育于大一亚段和大三亚段，处于大安寨湖盆西环带北部浅湖—滨浅湖相，发育高能介屑滩相石灰岩。

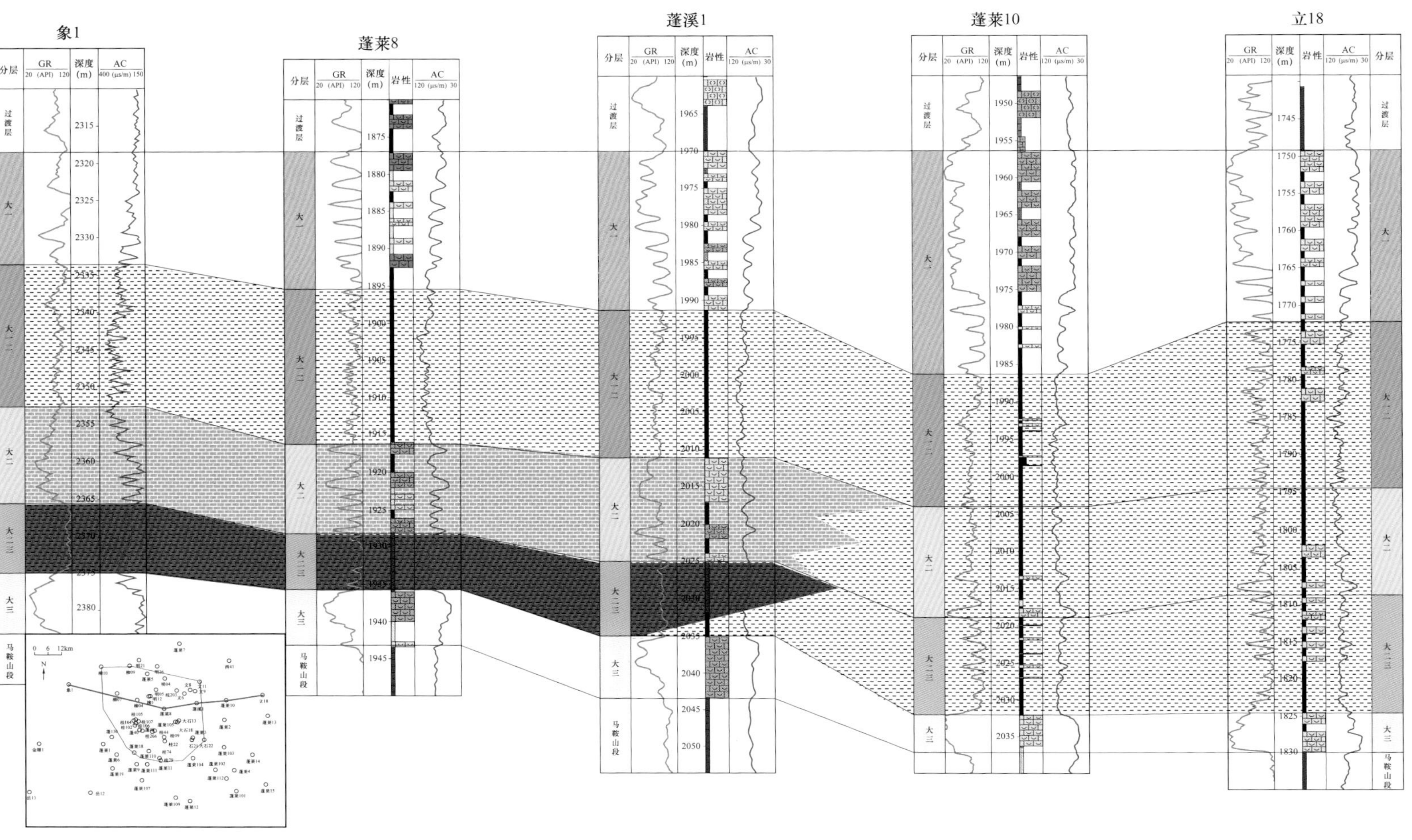

图 8-18　四川盆地川中地区侏罗系大安寨段桂花油田地层及沉积微相对比图（东西向）

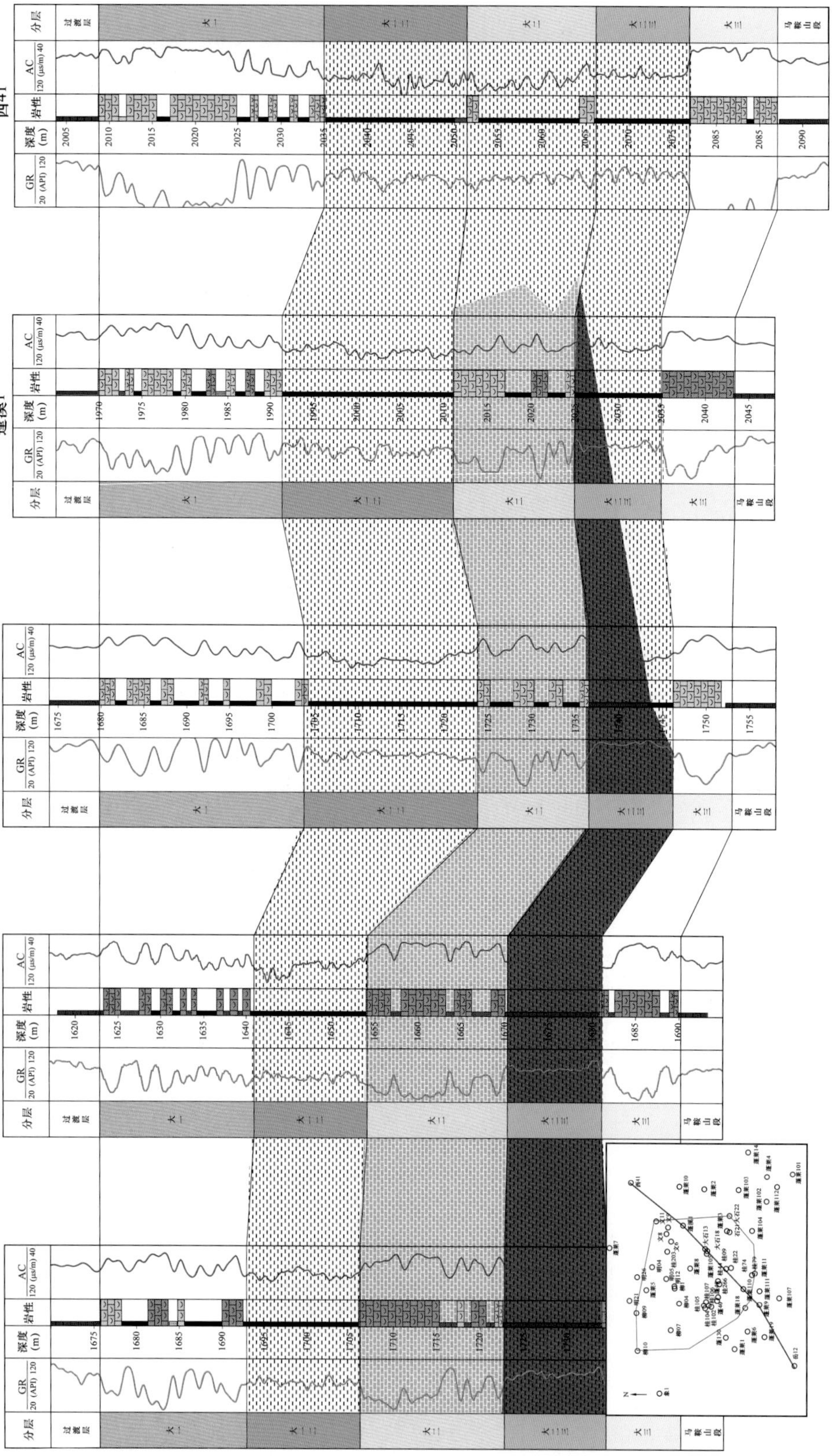

图 8-19　四川盆地川中地区侏罗系大安寨段桂花油田地层及沉积微相对比图（南北向）

莲池油田大安寨段共投入生产井 62 口，万吨级油井 20 口，累计产油 39.2×10^4t，最高累计产油井西 38 井累计产油 3.76×10^4t。研究发现富集高产有三方面原因：一是烃源岩品质好，充注能力强，平均有机碳含量为 1.5%，主体厚度为 30～40m（图 8-20）；二是大一亚段介壳灰岩优质储层发育，孔隙度较高，张裂缝和溶孔较发育，含油性较好；三是源储配置好，源储压差较高，大安寨段测试产量大和累计产量高的油井主要分布在烃源岩发育附近一侧的介壳滩（图 8-21）。

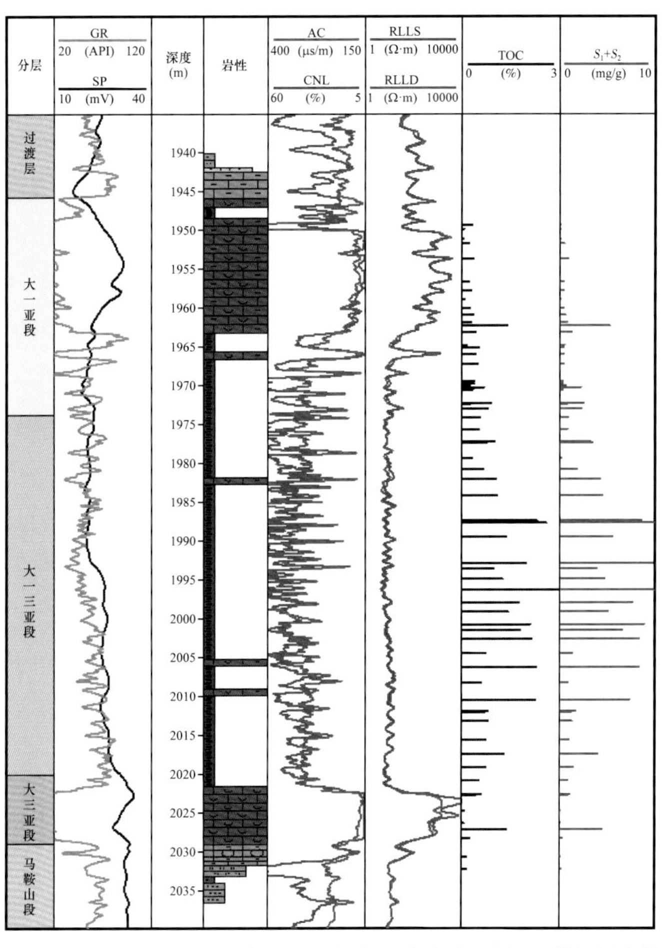

图 8-20　四川盆地川中地区侏罗系大安寨段莲池油田西 28 井烃源岩柱状图

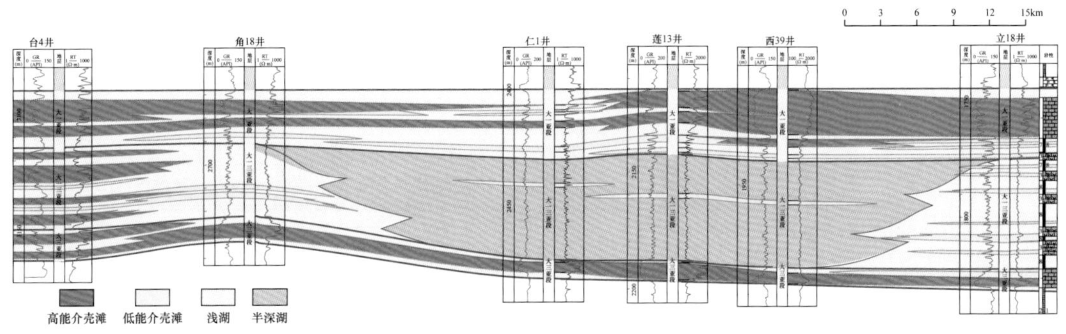

图 8-21　四川盆地川中地区侏罗系大安寨段莲池油田源储配置图

四、富集主控因素

大安寨段大量生产资料揭示，累计产量大于 1×10^4t 的油井只占总井数的 10%～20%，产量却占总量的 60% 以上，是主要解剖对象（图 8–22）。大安寨段致密油具“四带”富集特征。（1）烃源岩发育带：源储紧邻，利于致密油充注。已发现油田或高产油井均分布在优质烃源岩附近，叠合烃源岩 TOC 平面分布与已发现油田可见，桂花油田 TOC 为 1.2%～1.4%，莲池油田 TOC 为 1.5%～1.7%，金华油田 TOC 为 1.3%～1.6%，公山庙油田 TOC 为 1.5%～1.6%，中台山油田 TOC 为 1.3%～1.4%，已发现油田主要 TOC 分布区间为 1.2%～1.7%。叠合烃源岩厚度与已发现油田，桂花油田烃源岩厚度为 15～30m，莲池油田烃源岩厚度为 40～50m，金华油田烃源岩厚度为 15～25m，公山庙油田烃源岩厚度为 30～40m，中台山油田烃源岩厚度为 10～20m，已发现油田主要烃源岩厚度分布区间为 10～50m。叠合烃源岩生油强度与已发现油田，桂花油田生油强度为 20×10^4～30×10^4t/km^2，莲池油田生油强度为 50×10^4～60×10^4t/km^2，金华油田生油强度为 20×10^4～30×10^4t/km^2，公山庙油田生油强度为 40×10^4～50×10^4t/km^2，中台山油田生油强度为 10×10^4～20×10^4t/km^2，已发现油田主要烃源岩生油强度分布区间为 10×10^4～60×10^4t/km^2。（2）储层发育带：源储紧邻，利于优质储层规模聚集石油。已发现五个油田储量报告中储层参数表明，物性越好，储能系数越大，探明储量越大，累产原油越多，发现万吨油井越多。（3）沉积相变带：源储配置，沉积相突变带有效增大了源储接触面积。已发现 5 个油田烃源岩生油强度与储层物性呈幂函数关系，储层物性越好，所需生油强度越低。（4）裂缝发育带：裂缝发育区提高了致密储层油气充注效率。对川中大安寨段油藏，自 50 年前裂缝型油藏到如今裂缝—孔隙型油藏，均证明微裂缝极大改善了大安寨段致密储层渗流能力。从勘探开发实践来看，高产稳产油井在测井曲线上往往具有裂缝响应特征，如金 61 井（图 8–23）。

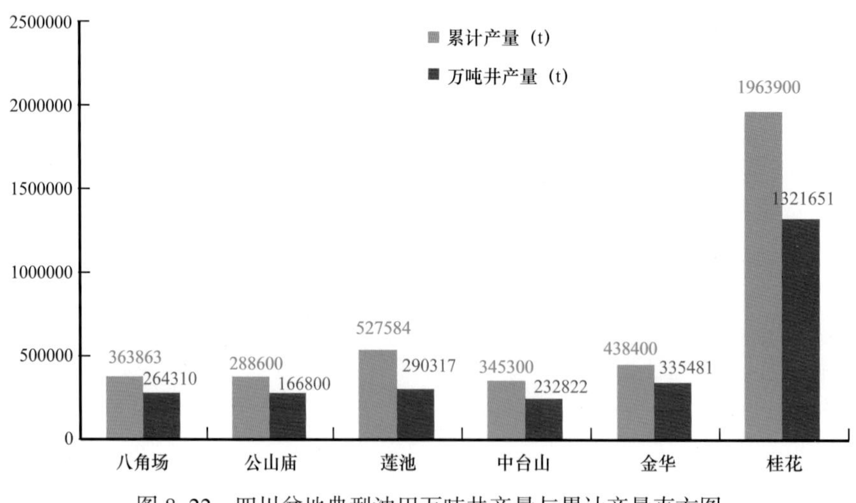

图 8–22　四川盆地典型油田万吨井产量与累计产量直方图

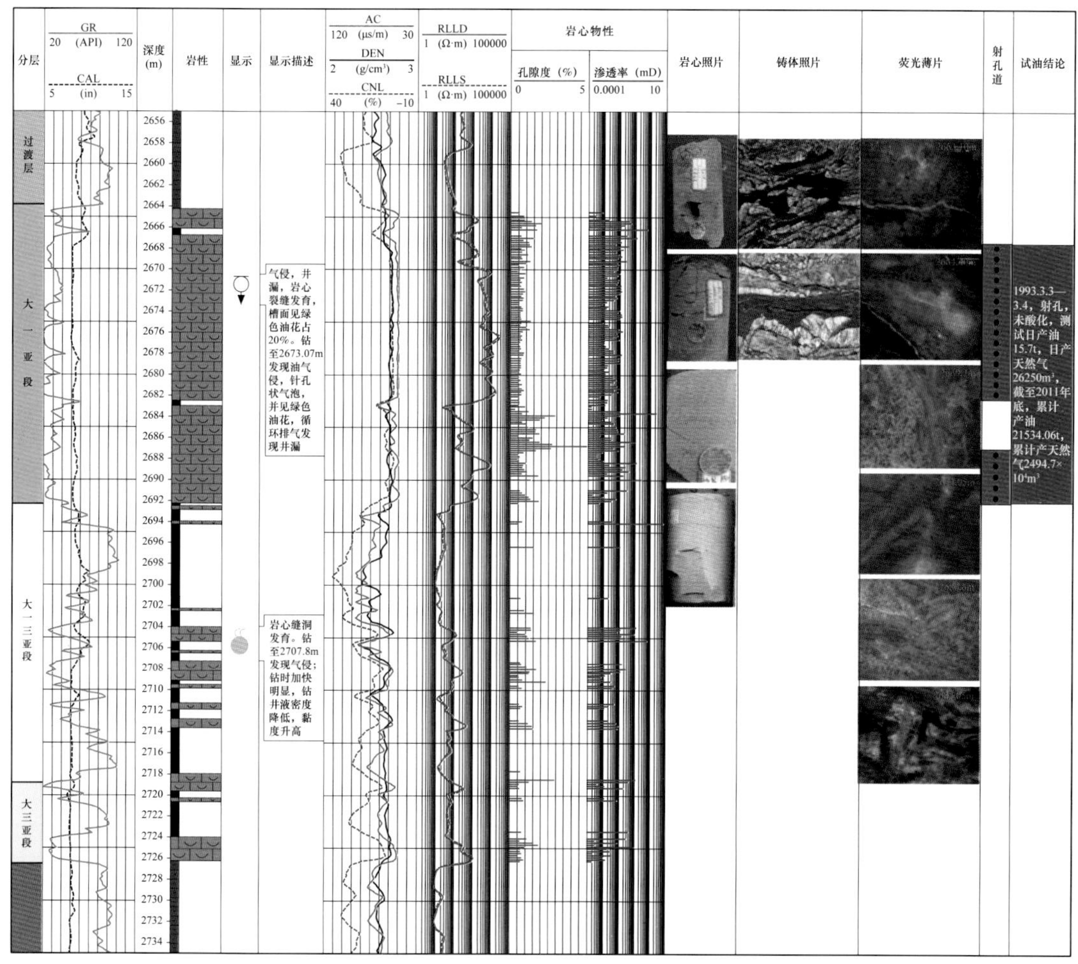

图 8–23　金 61 井大安寨段储层综合柱状图

第二节　资源分级标准、资源潜力及有利区优选

四川盆地侏罗系大安寨段存在致密油和页岩油两种资源类型，致密油采用资源丰度类比法、EUR 类比法和小面元容积法三种计算方法，前期已有较成熟研究结果。本次资源分级标准、资源潜力及有利区优选重点在页岩油这个新对象。

一、资源分级标准

有机碳含量（TOC）是页岩油气重要的评价指标之一。受地质背景和沉积环境影响，大安寨段湖相黑色页岩有机碳含量较盆地下古生界海相黑色页岩低。根据 618 个岩心、野外样品岩石热解分析，有机碳含量分布在 0.1%～4.27% 之间，平均为 1.15%，91.41% 样品有机碳含量小于 2%。按照 TOC=1.5% 为页岩油商业开采标准下限，分级评价页岩油资源，0<TOC<1.5% 为贫瘠区；1.5%≤TOC<1.6% 为优质区（Ⅲ级）；1.6%≤TOC<1.7% 为富集区（Ⅱ级）；1.7%≤TOC 为核心区（Ⅰ级）。

二、资源量及潜力分析

页岩油资源潜力评价方法主要包括动态法和静态法两大类。动态法主要运用页岩油开发过程中的动态资料，按照一定数学模型计算资源量。静态法则主要应用静态参数计算资源量，可进一步分为统计法、类比法和成因法三种。目前由于缺少系统的页岩油开采动态资料和典型样本，难以应用动态法和统计法；同时四川盆地页岩油地质情况与北美页岩油有较大差异，难以将北美页岩油成熟开发区与中国页岩油类比。因此，成因法是四川盆地页岩油资源潜力评价最适用的方法。

川中地区侏罗系大安寨段页岩油以大一三亚段为主，以 TOC＞1.5% 为界，根据大一三亚段及各小层平面展布特征，运用氯仿沥青“A”法进行页岩油资源量评价。按照一级构造单元和小层划分，分别计算大一三亚段 A、大一三亚段 B 和大一三亚段 C 小层川中隆起带和川北坳陷带的资源量（表 8-5）。计算得到大一三亚段 A 小层地质资源量为 3.82×10^8t，大一三亚段 B 小层地质资源量为 5.20×10^8t，大一三亚段 C 小层地质资源量为 1.26×10^8t，盆地内页岩油大一三亚段总地质资源量为 10.3×10^8t，总技术可采资源量为 0.649×10^8t；中国石油矿权内页岩油大一三亚段总地质资源量为 10.28×10^8t，总技术可采资源量为 0.648×10^8t。

表 8-5　四川盆地大安寨段页岩油分层资源量计算结果数据表

构造分区	层系	地质资源量（10^4t）		可采资源量（10^4t）		地质资源丰度（10^4t/km^2）		技术可采资源丰度（10^4t/km^2）	
		中国石油	四川盆地	中国石油	四川盆地	中国石油	四川盆地	中国石油	四川盆地
川中隆起带	大一三亚段 A 小层	28924.91	28924.91	1822.27	1822.27	3.651	3.651	0.230	0.230
川北坳陷带		9297.25	9504.09	585.73	598.76	3.651	3.651	0.230	0.230
川中隆起带	大一三亚段 B 小层	40303.13	40303.13	2539.10	2539.10	5.356	5.356	0.337	0.337
川北坳陷带		11687.29	11687.29	736.30	736.30	5.356	5.356	0.337	0.337
川中隆起带	大一三亚段 C 小层	8468.47	8468.47	533.51	533.51	1.849	1.849	0.116	0.116
川北坳陷带		4167.98	4167.98	262.58	262.58	1.849	1.849	0.116	0.116
总计		102849.03	103055.87	6479.49	6492.52				

为进一步分析大安寨段页岩油开发潜力，根据页岩气开发经验，按照＜2000m、2000～3500m、3500～4500m 三个深度计算了页岩油资源量，计算结果表明，页岩油资源量主要分布在 2000～3500m，地质资源量为 7.16×10^8t，占总地质资源量的 69.45%（表 8-6）。

根据 TOC 为 1.5%～1.6%、1.6%～1.7% 及＞1.7% 对大安寨段大一三亚段页岩油品位分级评价（表 8-7），整体上以Ⅰ级—Ⅱ级资源量为主。

表 8–6　四川盆地大安寨段页岩油不同深度资源量计算结果数据表

层系	深度分布（m）	地质资源量（10^4t）		技术可采资源量（10^4t）	
		中国石油	四川盆地	中国石油	四川盆地
大一三亚段 A 小层	<2000	10620.87	10620.87	669.11	669.11
	2000～3500	26311.47	26518.32	1657.62	1670.65
	3500～4500	1290	1290	81.27	81.27
大一三亚段 B 小层	<2000	11393.40	11393.40	717.78	717.78
	2000～3500	33940.50	33940.50	2138.25	2138.25
	3500～4500	6656.47	6656.47	419.36	419.36
大一三亚段 C 小层	<2000	1223.03	1223.03	77.05	77.05
	2000～3500	11140.69	11140.69	701.86	701.86
	3500～4500	272.68	272.68	17.18	17.18
总计		102849.11	103055.96	6479.48	6492.51

表 8–7　四川盆地大安寨段页岩油资源量分级评价计算结果数据表

层系	地质资源量（10^4t）						技术可采资源量（10^4t）					
	中国石油			四川盆地			中国石油			四川盆地		
	Ⅰ级	Ⅱ级	Ⅲ级	Ⅰ级	Ⅱ级	Ⅲ级	Ⅰ级	Ⅱ级	Ⅲ级	Ⅰ级	Ⅱ级	Ⅲ级
大一三亚段 A 小层	13811.07	18328.83	6082.26	14017.91	18328.83	6082.26	870.10	1154.72	383.18	883.13	1154.72	383.18
大一三亚段 B 小层	13590.28	20624.67	17775.47	13590.28	20624.67	17775.47	856.19	1299.35	1119.85	856.19	1299.35	1119.85
大一三亚段 C 小层	5288.11	3148.43	4199.90	5288.11	3148.43	4199.90	333.15	198.35	264.59	333.15	198.35	264.59
总计	32689.46	42101.93	28057.63	32896.3	42101.93	28057.63	2059.44	2652.42	1767.62	2072.47	2652.42	1767.62

三、有利区评价及优选

大安寨段页岩油初步建立了 4 大类、12 项关键评价参数（表 8–8），通过关键参数平面图叠合，划分各小层页岩油有利区，计算了资源量。

根据上述有利区划分标准，以 TOC 为重点指标，圈定了大一三亚段 A 小层川中—川北区带优质页岩区，面积为 10524.81km^2；大一三亚段 B 小层川中—川北区带优质页岩区，面积为9706.67km²；大一三亚段C小层川中—川北区带优质页岩区，面积为6835.51km²。

表8-8 川中地区侏罗系大安寨段湖相页岩油有利区划分标准

评价指标	评价参数	页岩油
有利岩相	有机碳含量	＞1.5%
	储集性能	孔隙度＞6%
	沉积相	半深湖、浅湖相
	优质页岩厚度	＞15m
适宜演化程度	R_o	0.7%～1.3%
充分游离组分	压力系数	＞1.2
	S_1	＞2mg/g
	含气量	1.5m³/t
良好的可压性	脆性矿物	＞40%
	黏土矿物	＜40%
	天然裂缝	发育
	埋深	1800～3000m

第三节 甜点区（段）评价标准、识别与预测

一、甜点区（段）评价标准

根据四川盆地大安寨段致密油和页岩油特点，并结合国内外致密油、页岩油甜点区（段）评价标准，建立了适用于该区地质背景和开发规律的甜点区（段）评价标准（表8-9）。

表8-9 川中地区侏罗系大安寨段甜点区（段）评价标准

类型	地质甜点				工程甜点			
页岩油	烃源层（%）	储层（%）	裂缝	构造	压力系数	脆性指数（%）	水平主应力差（MPa）	埋深（m）
	TOC＞1.5	孔隙度＞6	发育	斜坡	＞1.2	＞40	＜10	＜3500
致密油	烃源层	储层	裂缝	构造	压力系数	脆性指数（%）	水平主应力差（MPa）	埋深（m）
	TOC＞1	孔隙度＞1.5	发育	相对高	＞1	＞40	＜10	＜2500

页岩有机碳含量下限是页岩油评价中的关键参数之一，此次作重点研究和说明。四川盆地湖相大安寨段页岩油有机碳含量下限值是一个值得深入研究的科学问题，只有明确了页岩油有机碳含量下限值，才能科学评估湖相页岩油的勘探开发前景。

1. 有机碳含量与热解参数 S_1 关系

根据四川盆地近 700 个大安寨段页岩热解数据分析，有机碳含量与热解游离烃 S_1 具一定正相关关系。可将有机碳含量与热解游离烃 S_1 交会图划分为三段：稳定低值阶段，TOC＜0.7%，S_1＜1mg/g，随着 TOC 增加 S_1 基本不变，该阶段有机碳含量低，生成的油气难以满足页岩自身残留需要，为无效资源；显著增长阶段，0.7%＜TOC＜1.5%，1mg/g＜S_1＜2mg/g，随着 TOC 增加 S_1 也增加，页岩含油气量不断增大，为低效资源；稳定高值阶段，TOC＞1.5%，S_1＞2mg/g，随着 TOC 增加 S_1 基本稳定在高值段不变，当有机碳含量达到临界值 1.5% 时，生成的油气量满足页岩各种形式的残留需要，多余油被排出，该类页岩含油量最丰富，为富集资源（图 8–24）。

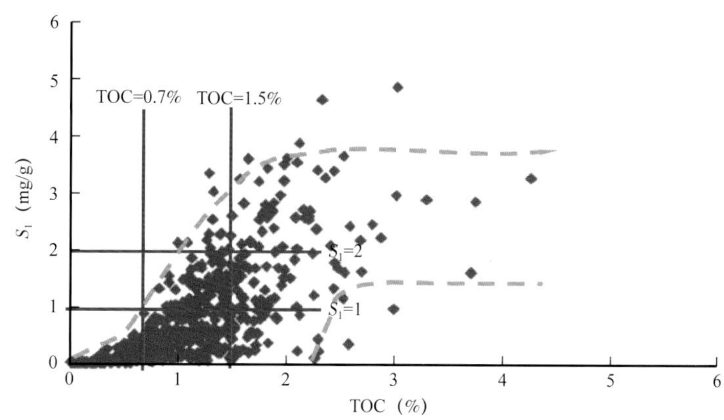

图 8–24　四川盆地侏罗系大安寨段有机碳含量与热解游离烃 S_1 关系图

2. 页岩产油段与有机碳含量关系

秋林地区处于浅湖—半深湖沉积环境，页岩发育，厚度一般大于 40m，有机质热演化程度适中，一般介于 1.0%～1.1% 之间，处于生油高峰期。QL19 井钻井过程中大一三亚段见到气测异常显示，总烃从 23% 增加到 48%，点火，火炬高度为 1～1.5m。完井后分别对大一三亚段页岩的下部和上部开展了两次压裂，其中下部页岩无产量，统计分析岩心平均 TOC 为 1.33%，岩心孔隙度为 3.5%；而上部页岩段测试最高日返排油量为 7.2m^3，最高日产气量为 2336m^3，获油气段岩心平均 TOC 为 1.57%，岩心孔隙度为 3.8%（图 8–25），该井测试成果揭示页岩油气有机碳含量下限为 1.5%。

二、甜点区（段）综合识别

1. 地质甜点区（段）

大安寨段页岩油甜点主要发育在半深湖沉积相带的半深湖泥沉积微相，页地比大于

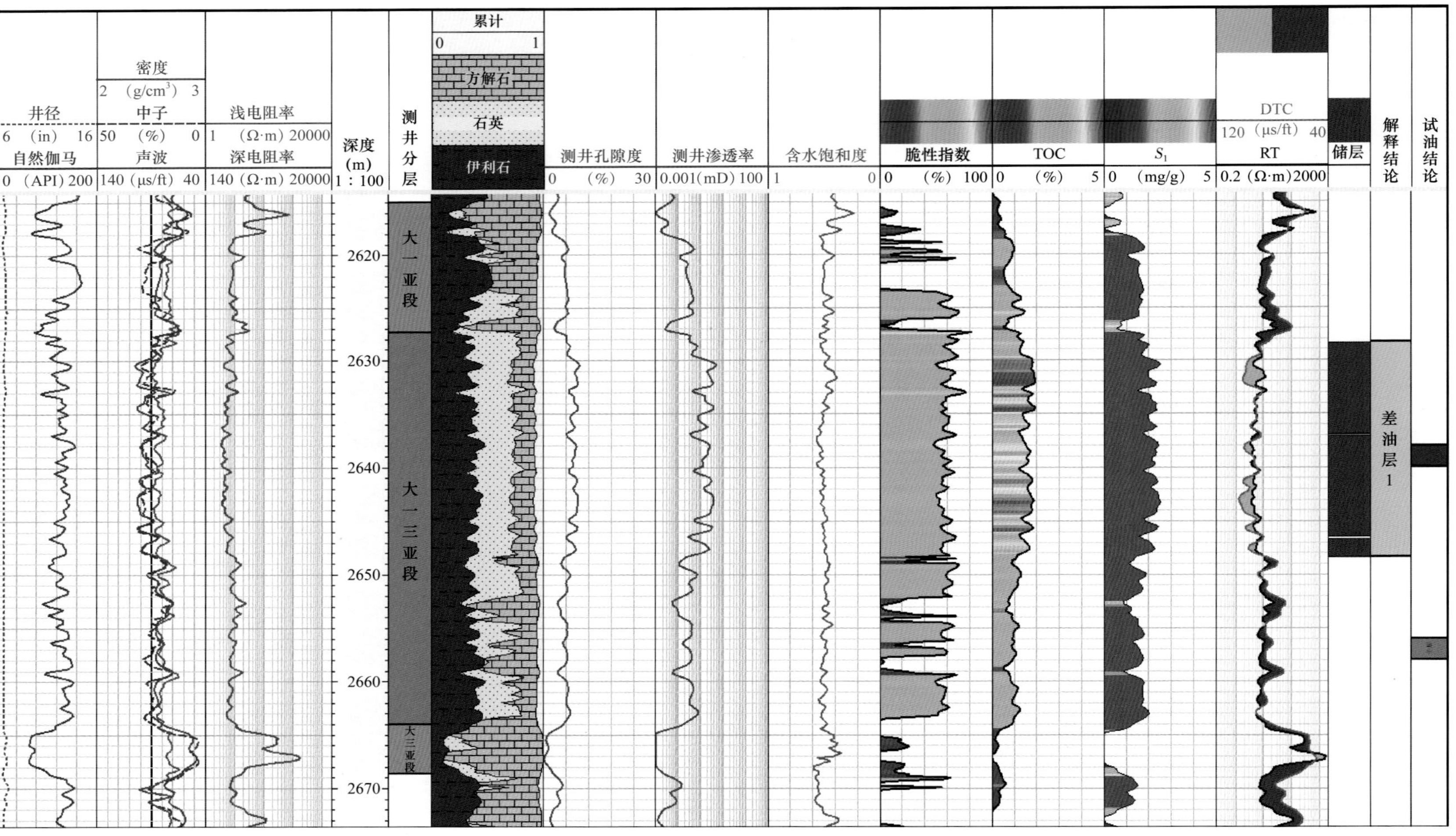

图 8-25 QL19 井大安寨段页岩测井解释综合图

0.5，页岩有机碳含量大于 1.5%，页岩孔隙度大于 6%，发育有机孔、次生溶蚀孔、晶间孔、矿物铸模孔以及黏土矿物间微孔，S_1 含量普遍大于 2mg/g，纵向上主要分布在大一三亚段 A 小层和大一三亚段 B 小层。

大安寨段致密油甜点主要发育在靠近浅湖相带的滨湖介壳滩沉积微相，介壳灰岩厚度大，一般为 5～30m，靠近浅湖相带的页岩有机碳含量大于 1%，介壳灰岩孔隙度一般大于 1.5%，有效储集空间为溶蚀洞、孔和裂缝，储集空间为多级裂缝 + 溶蚀孔洞，以及多级裂缝 + 晶间、晶内溶孔共同构成，主要发育裂缝—孔洞型储层、裂缝—孔隙型储层，纵向上主要分布在大一亚段、大三亚段。

2. 测井甜点区（段）

根据大安寨段页岩地质甜点特征，通过岩心标定测井，页岩甜点具以下测井响应特征（图 8-26）：自然伽马较高值（≥80API），双侧向低值（＜25Ω·m），页理发育段高声波时差（＞85μs/ft）、低密度与高中子值，电成像处理成果图可见大量水平状页理发育。

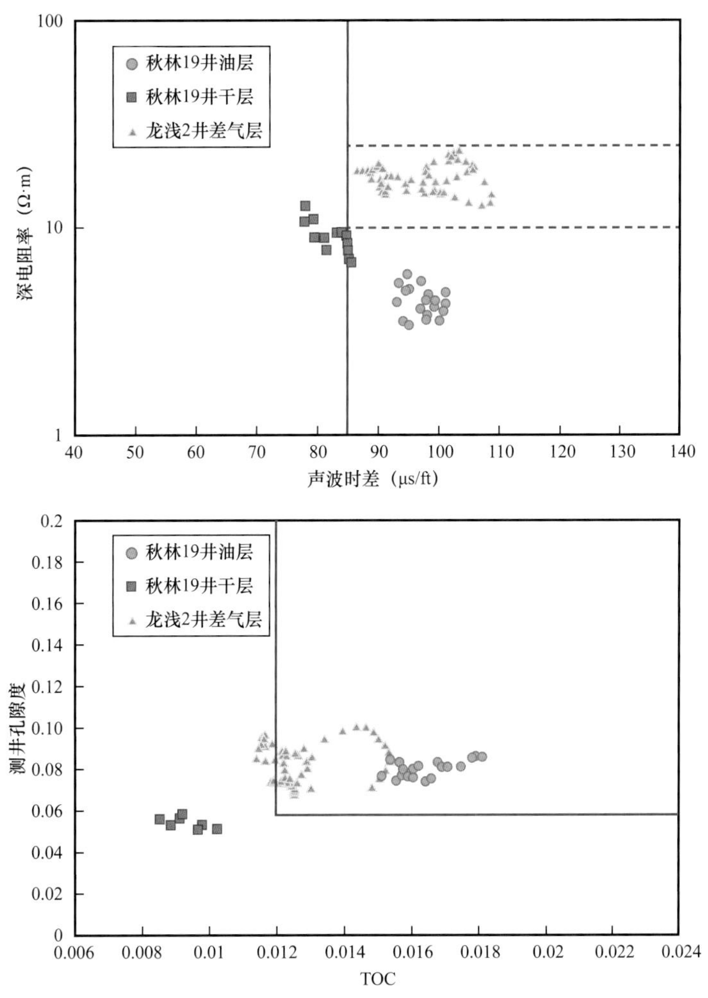

图 8-26　川中地区大安寨段页岩油甜点测井响应特征

根据大安寨段介壳灰岩取心物性、薄片、显示，结合测井解释成果等资料证实，储层物性相对较好层段，声波时差相对较大、电阻率较小；致密储层段声波时差值较小、电阻率大。其中相对优质储层自然伽马（GR）低于40API，声波时差（AC）一般大于50μs/ft，根据区内测井参数统计分析表明，GR在20～40API之间的岩性均有含油气性，AC≥50μs/ft时，AC分布范围越大，测试产量越高，说明其含油气性好，测试工业油井一般也具有同样的特征。

3. 地震甜点区（段）

在页岩油地质甜点与测井甜点研究基础上，开展井震标定，其中浅湖相页岩储层响应特征为大安寨段底界上部中强波峰反射，反射越强页岩储层物性和有机碳含量越高，甜点越甜（图8-27）。半深湖相页岩油甜点顶为波峰和波谷的转换面，底为强振幅，储层位于大安寨段底界强波峰的顶部，甜点越甜，底界反射越强（图8-28）。

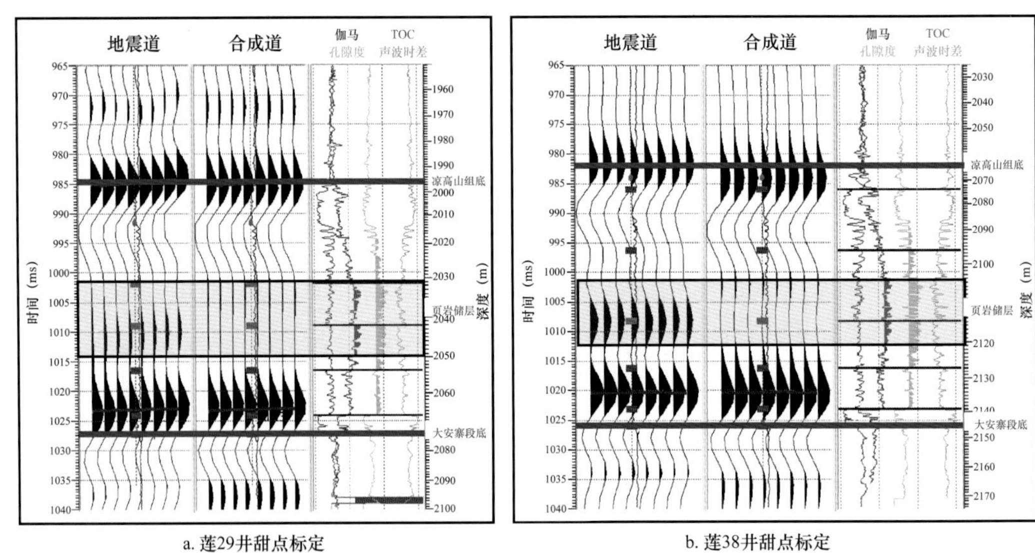

图8-27　川中地区大安寨段浅湖页岩油甜点标定

在致密油地质甜点与测井甜点研究基础上，开展井震标定，其中滨湖相致密油甜点相对优质储层具有明显的速度降低特征，即高速中的相对低速特征，在致密介壳灰岩中，速度越低代表储层物性越好，储集能力越好，从实钻的高浅1H井看，介壳灰岩中的低速异常体是相对优质储层地震响应特征，该井获得了53.5t/d原油的测试高产。

三、甜点区（段）地震预测

1. 页岩油甜点预测

在页岩油有利区评价基础上，结合已有钻井显示、测井评价及三维区分布，重点在南充2井区（170km^2）、莲池地区（280km^2）、龙岗9井区（350km^2）开展大安寨段页岩油甜点地震三维预测。

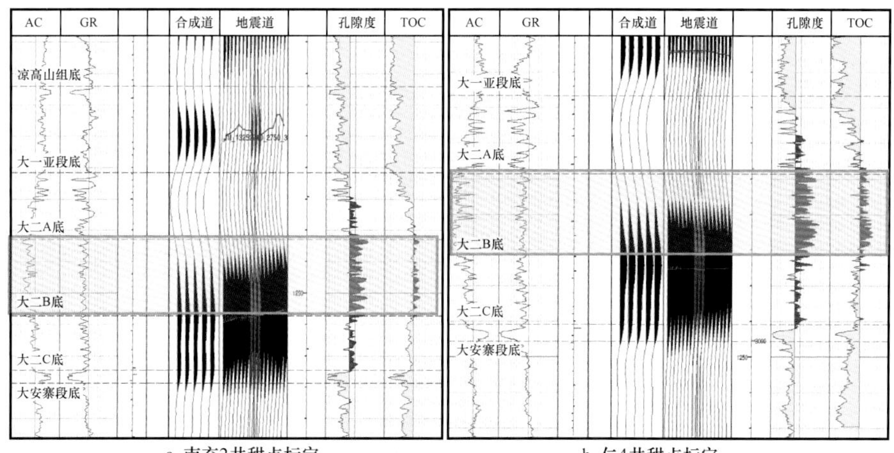

a. 南充2井甜点标定　　b. 仁4井甜点标定

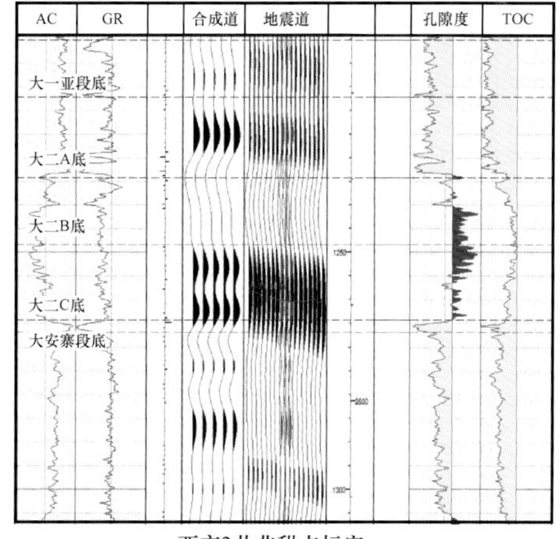

c. 西充2井非甜点标定

图 8-28　川中地区大安寨段半深湖页岩油甜点标定

根据页岩油甜点评价指标，结合已有资料情况，运用叠后随机反演方法开展 TOC、孔隙度参数地震反演，以 TOC 大于 1.5%、孔隙度大于 6% 为页岩起算标准，得到大一三亚段甜点厚度，其中南充 2 井区页岩油甜点主要分布在工区西南部，厚度大于 15m，面积约 $80km^2$；莲池地区页岩油甜点主要分布在工区南部，厚度大于 15m，面积约 $150km^2$；龙岗 9 井区页岩油甜点主要分布在工区西部，厚度大于 20m，面积约 $100km^2$。

2. 致密油甜点预测

在致密油有利区评价基础上，结合已有钻井显示、测井评价及三维区分布，重点在高石梯—磨溪地区（$790km^2$）开展大安寨段致密油甜点地震三维预测。

通过油井解剖发现，川中南部地区沉积微相在横向上变化较川中北部地区频繁，区内地震响应特征也相应变化。单井合成记录标定可将地震相划分为三类：Ⅰ类表现为双相位特征，前强、后弱，代表井磨溪 12、岳 3 井等（图 8-29）；Ⅱ类表现为三相位特征，前强、中强、后弱，代表井磨 34 井等（图 8-30）；Ⅲ类表现为三相位特征，前弱、中强、后弱，代表井磨 10 井等（图 8-31）。

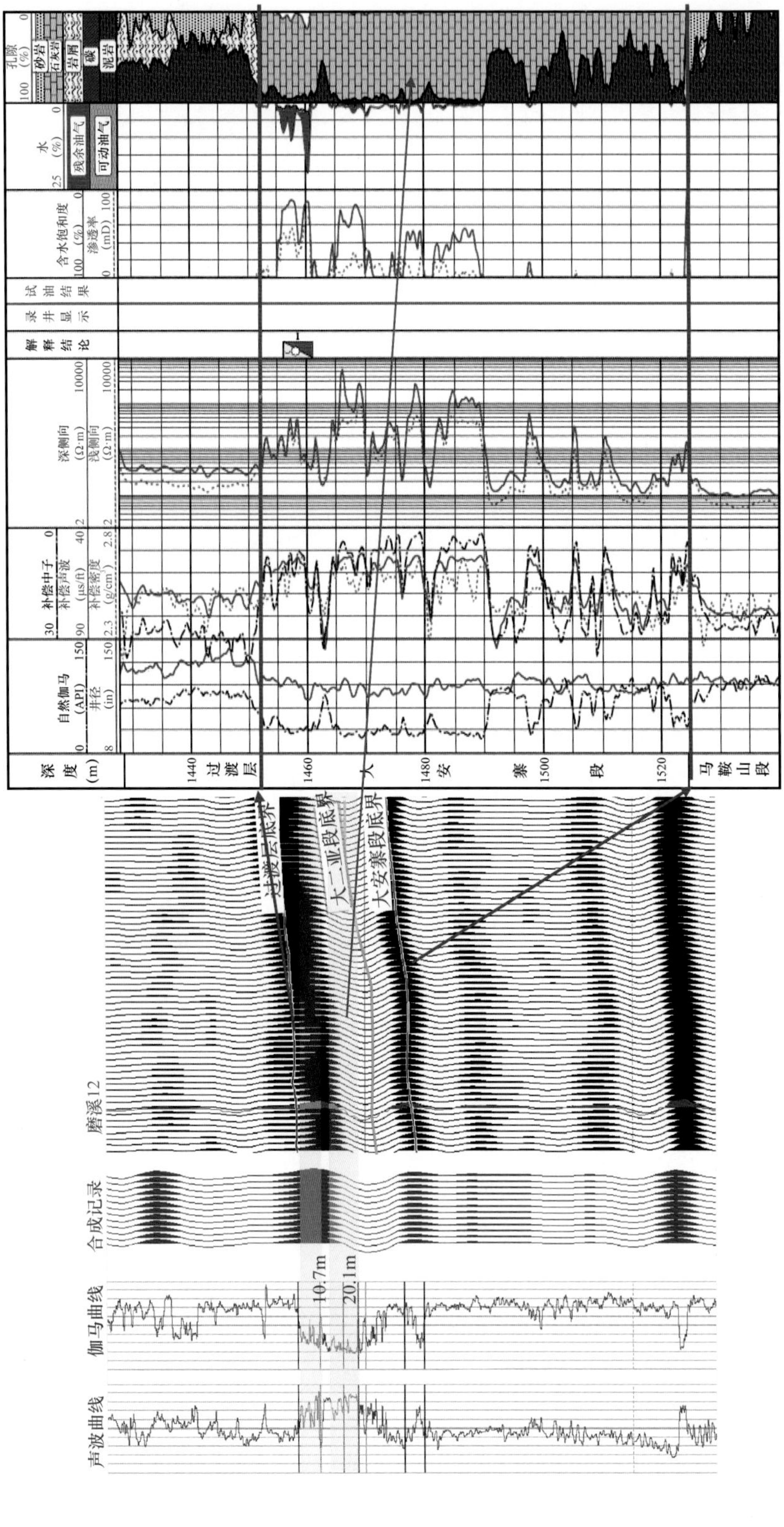

图 8-29　磨溪 12 井大安寨段合成记录

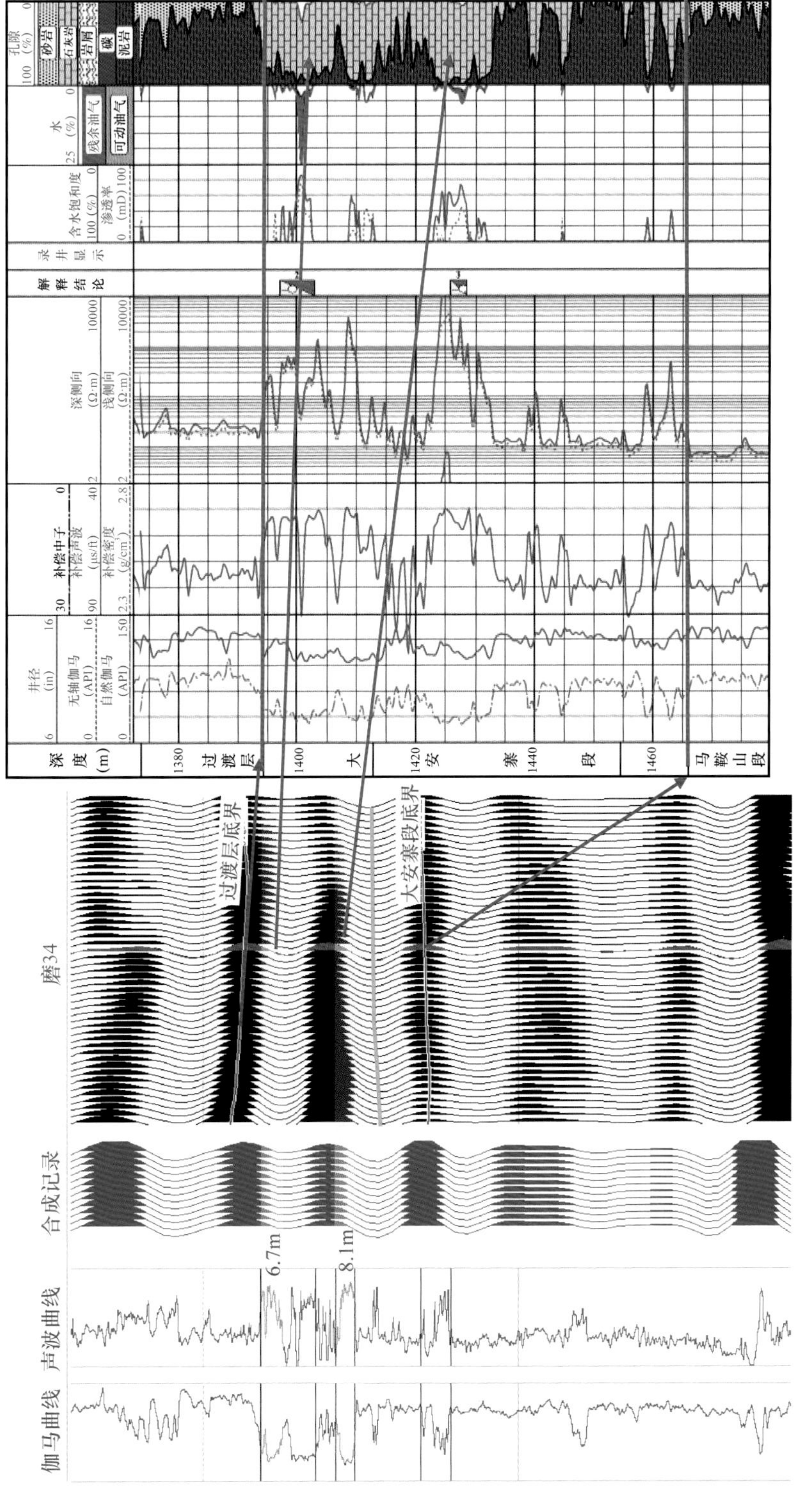

图 8-30　磨 34 井大安寨段合成记录

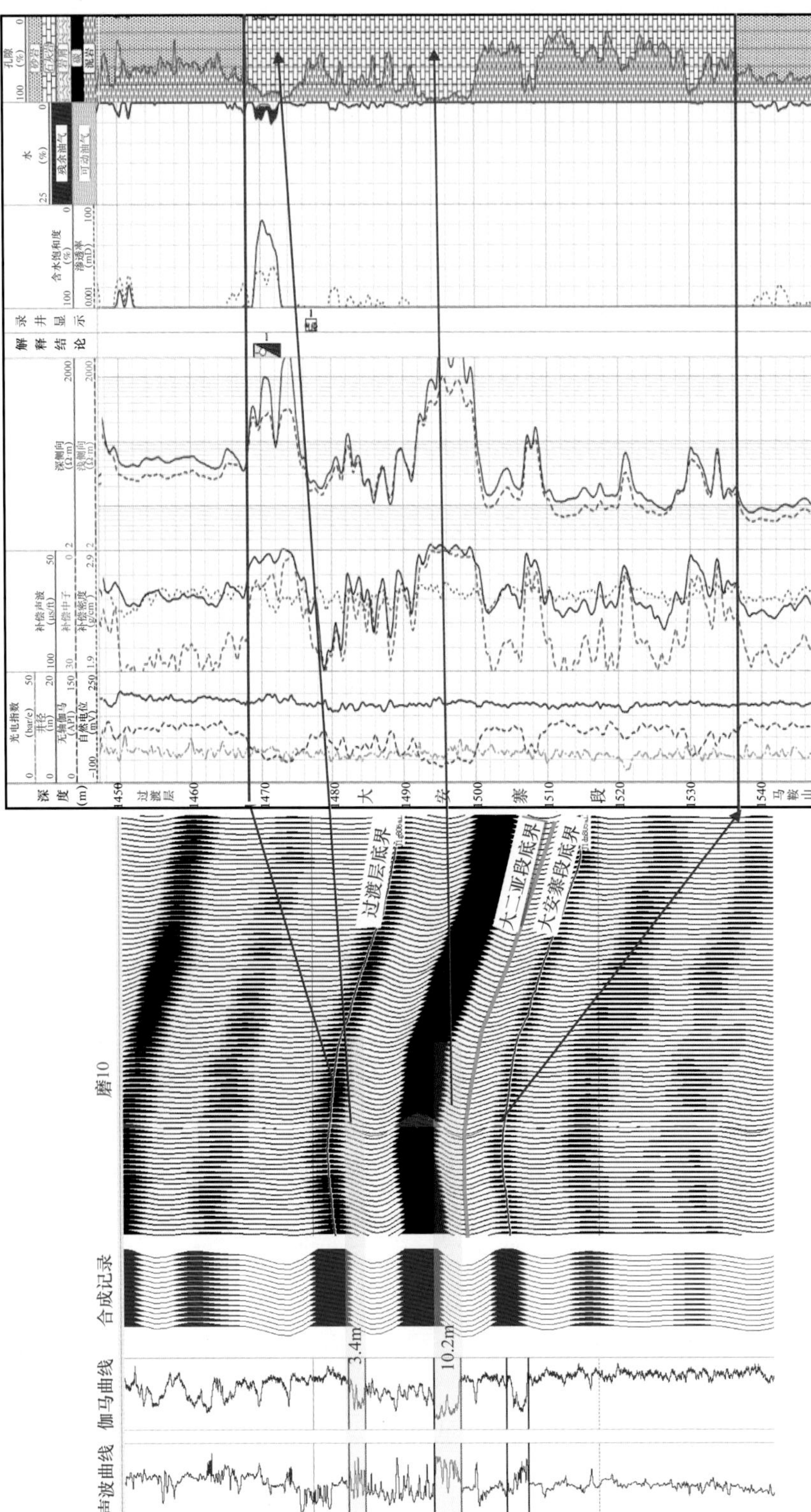

图 8-31 磨 10 井大安寨段合成记录

总体上可将三类地震相特征总结为三类地质模式：Ⅰ类代表岩性组合为中上部发育厚层介壳灰岩，烃源岩发育差；Ⅱ类代表岩性组合为中上部发育中层介壳灰岩，烃源岩一般；Ⅲ类代表岩性组合为中上部发育薄层介壳灰岩，烃源岩发育好。三相位时石灰岩厚度不如双相位发育，但大一二亚段泥页岩（烃源岩）发育。三相位时，反射强度越弱，代表上部泥页岩（烃源岩）越发育。双相位时，上部泥页岩（烃源岩）不发育。介壳灰岩是储层发育基础，从不同地震相代表的地质意义看，以Ⅰ类地震相介壳灰岩最为发育，Ⅲ类地震相烃源岩最为发育（图 8–32）。

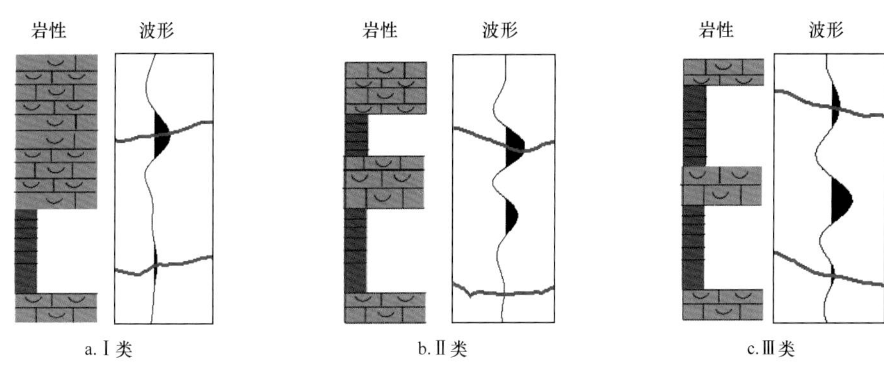

图 8–32　高石梯—磨溪地区大安寨段地震相模式图

根据地震波形特征划分区内大安寨段地震相，其中Ⅰ类地震相分布在磨溪 12—磨溪 8—磨溪 13 井区，Ⅱ类地震相分布在岳 119—岳 123—磨 205 井区及磨溪 27—磨溪 204—磨 28 井区，Ⅲ类地震相分布在岳 128—岳 129 井区、磨 10—磨 11—磨溪 16 井区及高浅 1 井区附近（图 8–33）。

高浅 1H 井为一口典型井，测试获得高产油流，过高浅 1H 井连井常规剖面看，高浅 1H 井水平段处于Ⅰ类地震相与Ⅲ类地震相的过渡带，过高浅 1H 井地震预测剖面同样可以看出，井区南部烃源岩厚度明显增加，源储侧向接触关系明显（图 8–34）。

根据致密油甜点评价标准中的指标，结合目前的资料情况，主要开展了烃源岩（TOC＞1%）、地震相识别、速度、裂缝地震反演，最后根据地震预测成果开展叠合，致密油甜点区主要分布在工区中部地区，大安寨段三层共评价出致密油有利区累计面积达 $832.93km^2$。

四、甜点区（段）资源规模

1. 页岩油甜点资源量

目前页岩油尚处探索阶段，资源量计算主要根据周边公山庙、莲池等油田勘探实践，采用类比法初步估算了三个三维区块页岩油资源量。南充 2 井区页岩油甜点主要分布在工区西南部，厚度大于 15m，面积约 $80km^2$，测算页岩油甜点资源量为 424×10^4t；莲池地区页岩油甜点主要分布在工区南部，厚度大于 15m，面积约 $150km^2$，测算页岩油甜点资源量为 795×10^4t；龙岗 9 井区页岩油甜点主要分布在工区西部，厚度大于 20m，面积约 $100km^2$，测算页岩油甜点资源量为 530×10^4t。

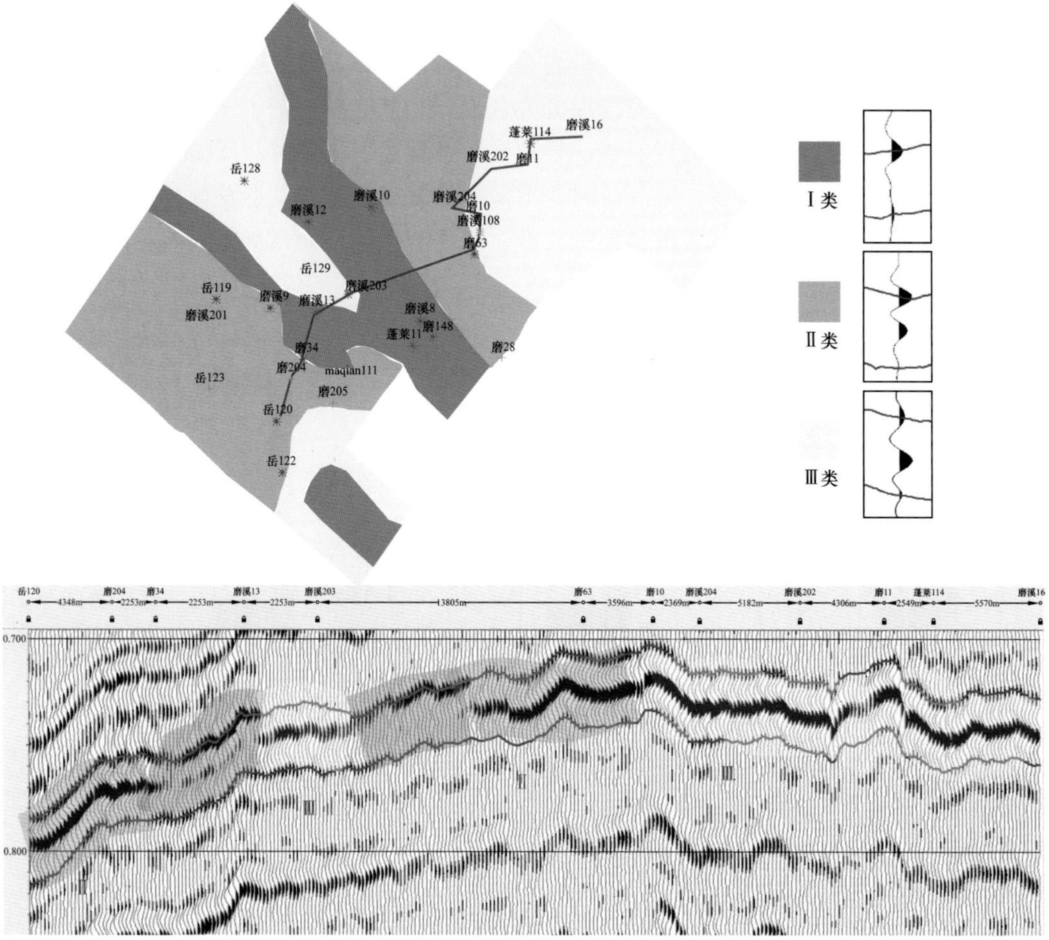

图 8-33　高石梯—磨溪地区大安寨段地震相分布图

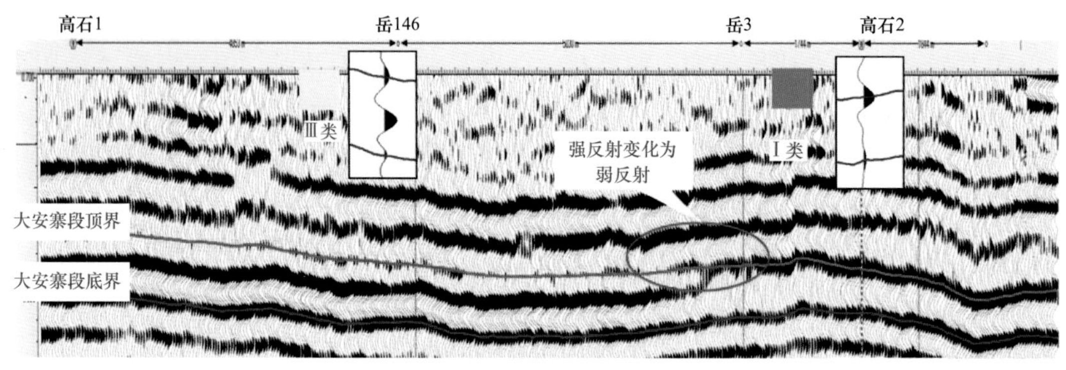

图 8-34　过高浅 1H 井大安寨段常规剖面

2. 致密油甜点资源量

1）大一亚段甜点

根据致密油评价标准，将Ⅰ类地震相与大一亚段低速异常体、裂缝预测进行叠合，然后再考虑Ⅰ类地震相与Ⅲ类地震相的配置，并与烃源岩等值线进行叠合，筛选出致密油甜点三个。Ⅰ类甜点两个：（1）磨溪101—磨溪9—磨溪13甜点区，面积48.3km^2，资源量344.86×10^{4}t；（2）磨溪10—磨溪19—磨溪8甜点区，面积153.9km^2，资源量1098.85×10^{4}t。Ⅱ类甜点一个：高石2—高浅1H甜点区，面积33.9km^2，资源量242.05×10^{4}t。甜点累计面积236.1km^2，累计资源量1685.76×10^{4}t。

2）大一二亚段甜点

根据致密油评价标准，将Ⅰ类地震相与大一二亚段储层品质、裂缝预测进行叠合，然后再考虑Ⅰ类地震相与Ⅲ类地震相的配置，并与烃源岩等值线进行叠合，筛选出致密油甜点两个。Ⅰ类甜点一个：磨溪10—磨溪19—磨溪8甜点区，面积219.5km^2，资源量1567.23×10^{4}t。Ⅱ类甜点一个：高石2—高浅1H甜点区，面积49.47km^2，资源量353.22×10^{4}t。两个甜点区累计面积268.97km^2，累计资源量1920.45×10^{4}t。

3）大二亚段甜点

根据致密油评价标准，将Ⅰ类地震相与大二亚段储层品质、裂缝预测进行叠合，然后再考虑Ⅰ类地震相与Ⅲ类地震相的配置，并与烃源岩等值线进行叠合，筛选出致密油甜点两个。Ⅰ类甜点一个：磨溪10—磨溪9—磨溪13甜点区，面积282.25km^2，资源量2015.27×10^{4}t。Ⅱ类甜点一个：高石2—高浅1H甜点区，面积45.61km^2，资源量325.66×10^{4}t。两个甜点区累计面积327.86km^2，累计资源量2340.93×10^{4}t。

三个层位甜点，累计甜点面积832.93km^2，累计资源量5947.14×10^{4}t。其中，大一亚段甜点面积236.1km^2，累计资源量1685.76×10^{4}t；大一二亚段甜点面积268.97km^2，累计资源量1920.45×10^{4}t；大二亚段甜点面积327.86km^2，累计资源量2340.93×10^{4}t。

第四节　勘探开发工程关键技术进展及应用

已实施9口水平井和5口直井，共试验18项技术，其中15项达到试验目的，7项可推广应用。

一、钻井工艺

共试验7项工艺，其中有6项达到试验目的，2项可推广应用。

1. 快速钻井

（1）气体钻：在先导试验井龙浅009-H1井遂宁组—沙溪庙组一段和龙浅2井遂宁组—沙溪庙组二段开展了气体钻井提速试验。两口井使用空气钻井后，平均机械钻速是常规钻井的2～3倍，钻井速度明显更快，与邻井龙浅009-H2井对比，受限于井段不长、钻井周期过短，安装拆卸井口时间占整个周期比例较大，导致平均后的相同井段钻速仅有小幅增加，没有体现出气体钻提速的优势。因此，气体钻仅适用于可气体钻井段较长，安装拆卸井口设备时间占整个周期比例较小的井。（2）PDC钻头+螺杆：在公山庙油田公117H、公003-H17、公118H3口井直井段试验了PDC钻头+螺杆。3口井平均机械钻速达13.6m/h，而同一区块采用常规钻进的邻井在同井段最高机械钻速仅为10.07m/h。同比机械钻速提高 3.53m/h，提速效果较为明显，可以在直井段推广应用。

2. 水平段轨迹控制

（1）LWD 常规导向：公 117H 井试验了 LWD 常规地质导向工具，随钻测井项目为常规的自然伽马和电阻率两项。用时 23d 顺利地完成 1112m 进尺，其中水平段长 1000m，储层钻遇率 84.3%，实钻轨迹符合设计要求，较好地完成了地质导向任务。该项技术值得在靶体厚度相对较大且轨迹较为平滑的水平段中进行推广应用。（2）斯伦贝谢特殊导向：一是斯伦贝谢超高分辨率侧向电阻率成像仪（Microscope），值得在裂缝比较发育的特殊复杂地层中推广使用；二是边界探测仪 + 旋转导向（Periscope+PD），适用于目标靶体有明显边界的地层，但不建议推广使用；三是随钻声波测井（Soniscope），水平段导向时与 Periscope+PD 组合使用，因费用太高，不宜推广；四是方位密度中子成像测井（AND），作用是测量储层中子孔隙度及成像，但成像质量较 MicroScope 差，不宜在特殊复杂水平轨迹中推广。

二、完井与增产改造工艺

共试验 11 项工艺，9 项达到试验目的，其中 5 项可推广应用。

1. 完井方式

（1）裸眼完井：为保护储层，川中一般针对裂缝发育、钻井有较强烈油气显示的油井进行裸眼完井，在龙浅 009-H2 井与公 003-H18 井水平段进行了试验，该工艺值得在油气显示较好且井壁比较稳定的产层段继续试验。（2）裸眼封隔器完井：龙浅 009-H1 井、高浅 1H 井、公 118H 井试用，适用于需选择性改造且一次改造成功率较大、无须二次分段改造的井。（3）套管射孔完井：公 003-H16、公 115H、公 117H、龙浅 3、公 003-H17 五口井水平段试验了 114.3mm 套管射孔完井，值得在需进行体积压裂的水平井中推广应用。

2. 增产改造

重大专项实施以来，针对 12 口井开展了大安寨段储层改造现场试验，直 / 斜井 4 口，水平井 8 口，采用酸化、酸压工艺 6 井次，采用加砂压裂 6 井次（表 8-10）。（1）介壳灰岩储层改造现场试验：一是针对致密灰岩储层裂缝发育井主要进行裸眼封隔器分段酸压现场试验，分别对龙浅 009-H2 井实施解堵酸化，对公 003-H18 井实施水力喷射酸化、对龙浅 009-H1、高浅 1H 和公 118H 井实施分段酸压现场试验，对公 107X 井实施降阻酸酸压，试验了多种不同酸液体系组合，仅高浅 1H 井通过水平井油乳酸 + 转向酸 + 降阻酸分段酸压获高产油流；二是针对裂缝欠发育储层主要开展加砂压裂现场试验，水平井试验了公 115H、龙浅 3、公 003-H17 井，均采用 114.3mm 套管射孔完井、空心桥塞分段压裂配套技术，公 115H 井压裂规模最大，测试获低产油气流。（2）页岩大型加砂压裂改造试验：仅试验了龙浅 2 井，工艺取得成功，但测试仅获微量日产气，效果较差，有待进一步深化研究和现场试验。

表 8-10　大安寨段储层改造现场试验汇总表

序号	井号	井型	层段	改造方式	水平段长 / 厚度（m）	总液量（m^3）	总砂量（m^3）	油（t/d）	气（m^3/d）
1	公 115H	水平井	大三亚段	10 段体积压裂 +1 段酸压	920	7030.36	300.5	0.3	2600
2	公 003-H17	水平井	大一亚段	6 段体积压裂	820	3623.24	188.1	排液见油花	
3	龙浅 3	水平井	大一亚段	5 段体积压裂	500	3307	135.1	未测试	
4	公 118H	水平井	大一亚段	8 段酸压	884	2343.7	—	未测试，见油花	
5	龙浅 009-H1	水平井	大一亚段	8 段酸压 +2 次合层酸化	810	957.83	—	0.1	1000
6	龙浅 009-H2	水平井	大一亚段	裸眼替喷 + 解堵酸洗	506	182	—	1.3	27417
7	高浅 1H	水平井	大一亚段	4 段酸压	980	539.58	—	53.3	5849
8	公 003-H18	水平井	大一亚段	水力喷射酸化	326	260.9	—	0.5	29
9	龙岗 172	直井	大一亚段	大型加砂压裂	4.4	2043	48.38	2	3000
10	公山 1	直井	大一亚段	大型加砂压裂	3.8	1054.12	75.4	1	600
11	龙浅 2	直井	大一亚段	大型加砂压裂	18	2140.06	60.01	微量	2659
12	公 107X	斜井	大一亚段	降阻酸酸压	21	237.44	—	1.2	—

3. 径向钻孔

优选出公 36 井开展径向钻孔技术试验，该井沙溪庙组一段河道砂物性与含油性均较好，但裂缝不发育。径向钻孔增加了油层泄流半径，但未沟通裂缝，储层渗透性未根本性改善，仍需深入。

4. 微地震监测

（1）微地震地面监测龙岗 172 井和公 003-H17 井，龙岗 172 井直井体积压裂试验时，确定 92 个有效事件点，清晰描述裂缝形态；公 003-H17 井裂缝监测解释压裂裂缝长度为 390m，平均裂缝高度为 130m，微地震地面监测为评价两口井压裂效果提供了一定依据。（2）井下微地震裂缝监测先后分别由斯伦贝谢、威德福、东方物探三家公司在公 115H、公 003-H16、公 117H 井实施，获取了人造裂缝空间展布情况，为水平井施工井段和方案及时调整提供了依据，试验均取得成功。总体上，不论是地面监测，还是井下监测，目前难以客观评价监测出的人造裂缝的空间展布形态可信度，该项技术可继续试验，暂不提倡推广。

5. 欠平衡下油管

现场试验了水平井公 003-H16、公 117H、公 115H、公 003-H17 井和直井龙岗 172、公山 1、公 026-2 井，7 口井均顺利地下入排液或生产管柱，其中高产井井口最大欠压值公 117H 井为 6MPa、公 003-H16 井为 5MPa，总体达到试验要求，技术基本成熟，可推广。

第五节　主要结论及“十四五”展望

一、主要结论

通过大量实物工作和不断攻关研究，重新认识了四川盆地侏罗系勘探对象，进一步明晰了勘探方向，取得了以下认识和进展。

（1）有机统一了致密油与页岩油地质认识。提出大安寨段具备页岩油与致密油两大非常规油气勘探开发潜力的新思路，指出页岩油主要发育在半深湖区，致密油主要发育在滨浅湖区，二者均是目前现实的勘探开发对象，为该层系下步整体勘探开发指明了方向。

（2）完善了湖相介壳灰岩致密储层分类及评价技术。大安寨段介壳灰岩超致密储层划分为裂缝—孔洞、裂缝—孔隙、裂缝型三类储层，突破了以往单一裂缝型储层类型的认识，丰富了超致密油藏储层非均质分布规律的认识，拓宽了四川盆地超致密油藏勘探领域。

（3）创新形成了致密介壳灰岩相对优质储层识别技术。筛选出 GR、AC 两项关键测井参数，创新建立相对优质储层的识别标准，推动介壳灰岩储层定性评价向半定量评价转变，指出大安寨段有效储层主要分布在川中南部地区。

（4）首次创建了侏罗系大安寨段页岩油评价指标体系。初步建立了 4 大类、12 项关键评价参数，划分了各小层页岩油气有利区，计算了资源量，论证部署各类井 13 口。

（5）建议下步重点关注以下三方面内容：① 川中侏罗系大安寨段致密油主要富集在滨湖沉积相带中的裂缝—孔洞（孔隙）型储层中，裂缝和天然气是高产稳产的关键，下步勘探应以川中南部地区大安寨段为对象开展先导试验；② 系统开展侏罗系页岩油气甜点研究、资源评价、赋存与渗流机理及关键配套技术前沿基础地质研究，摸清侏罗系页岩油气资源潜力，以气带油，油气并举，推动侏罗系非常规油气协调发展，加快井位实施，采用各类井（风险井、探井、评价井、参数井）组合拳的非常规模式，降低风险，评价出先导试验区；③ 克服配套技术不成熟和开发成本高的影响，加大对该领域技术研发的持续投入。

二、“十四五”展望

页岩气、致密油等非常规能源已经进入我国油气储量行列，逐步显现出巨大的社会经济价值。四川盆地侏罗系非常规油气资源量大、分布范围广，开发潜力巨大。

立足四川盆地侏罗系致密油、页岩油气勘探开发现状和地质特征，有计划、有层次、有重点地推进勘探开发，践行“三大发展”总体思路：一是致密砂岩油气稳健发展，砂岩是现实勘探开发对象，以砂岩为重点突破对象，先易后难，稳健发展；二是页岩油气协调发展，页岩油气是潜力对象，以页岩气为依托对象，以气带油，油气并举，协调发展；三是致密灰岩油气效益发展，介壳灰岩是技术攻关对象，以介壳灰岩配套技术为攻关对象，形成适应技术，效益发展。

第九章 结论与建议

第一节 主要研究结论

（1）组织编制了以全国陆相致密油、页岩油勘探开发形势图及成果图为代表的5类18套成藏基础图件，分析总结了中国陆相页岩层系石油资源形成条件和富集规律，评价优选了资源富集区和钻探甜点区，提出了陆相页岩层系石油储层甜点、进（近）源找油、地质工程一体化等内涵，系统集成了勘探开发关键技术，为致密碎屑岩、混积岩—沉凝灰岩、碳酸盐岩、泥页岩等多种类型页岩层系油区的发现和发展提供了科学依据和技术支持。

（2）大庆油田扶余油层、高台子油层研究团队取得了5项地质认识，明确了4项甜点控制要素，形成8项致密油有效勘探开发配套技术，支撑松辽盆地北部建成17个开发试验区、新建产能 39.5×10^4t/a，2020年底累计产量 122.9×10^4t，勘探开发取得良好成效。

（3）吉林油田扶余油层研究团队形成了以甜点区评价预测为核心的地质综合评价技术、以水平井提产为目标的配套工程技术和以降本增效为标准的一体化开发管理新模式，支撑乾安试验区完钻水平井256口，探明储量 1.18×10^8t，建产能 46.45×10^4t/a，累计产原油 76.1×10^4t，吉林油田致密油一体化增储建产规模不断扩大。

（4）新疆油田研究团队建立了前陆构造背景下咸化湖盆页岩层系石油成藏模式，揭示了赋存机理及可动条件；形成了特色配套实验技术、“七性关系”测井评价技术、甜点预测地球物理配套技术，集成创新了水平井钻井及细分切割体积压裂技术，有力推动了准噶尔盆地非常规石油勘探开发工作。

（5）青海油田研究团队提出了七个泉—跃进下干柴沟组上段湖相碳酸盐岩、跃东—乌南上干柴沟组滨浅湖滩坝砂体和小梁山—南翼山油砂山组湖相混积岩等三种类型页岩层系石油有利区带，形成了一套测井、物探、钻完井、储层改造等经济适用的配套技术，为千万吨高原油田建设提供了靠实页岩层系石油理论技术保障。

（6）吐哈油田研究团队揭示了三塘湖盆地条湖组致密油聚集机理，明确了致密油资源潜力与甜点区分布，形成了配套适用的地质、测井、地震综合勘探技术和钻井、压裂、降本增产井筒技术等两类关键技术，有力支撑了致密油的勘探开发和效益动用。

（7）华北油田研究团队分析总结了渤海湾盆地束鹿凹陷和二连盆地阿南凹陷页岩层系石油资源形成条件和富集规律，评价预测了资源潜力和甜点区分布，探索形成了地质—地球物理页岩层系石油甜点区预测评价技术，形成了适用于束鹿凹陷泥灰岩—砾岩页岩层系石油的有效开发配套技术。

（8）西南油气田研究团队分析总结了四川盆地侏罗系页岩层系石油资源形成条件和富集规律，评价预测了资源潜力和甜点区分布，创新提出大安寨段具备页岩油气与致密油气两大非常规油气勘探开发潜力的新思路，创建了页岩油评价指标体系，为四川盆地侏罗系油气的再次规模勘探开发开辟了新天地。

第二节　主要建议

（1）中国陆相页岩层系石油剩余资源潜力大，通过攻关进一步明确了页岩层系石油富集地质规律，形成了一整套针对页岩层系石油勘探开发的配套技术，页岩层系石油将成为“十四五”乃至今后一个时期中国石油工业增储上产的重要现实领域。多技术多途径持续大力推进页岩层系石油勘探开发，对于确保中国石油 2×10^8t 持续稳产具有重要现实意义，对推动国家和地方经济社会发展具有重要战略意义。

（2）陆相烃源岩层系石油资源赋存的核心是生油岩层，资源富集的核心是有利储层。储层属性和烃源岩属性在根本上决定了陆相烃源岩层系石油成功开发的技术路径。地质历史时期有机质生烃演化与无机矿物成岩改造耦合作用，共同塑造了陆相烃源岩层系特殊的储层属性和烃源岩属性。实现陆相烃源岩层系致密储层中的油气流动，主要通过两种方式：一是通过人工压裂蓄能方式打碎致密储层，主要克服连通属性短板，中—高成熟度富气态烃页岩层系石油等是优先发展领域；二是通过人工加热等方式转化或改质或脱离，主要克服烃源岩层系油气的流动属性短板，中—低成熟度富有机质页岩油及油页岩油、低变质程度富挥发分煤岩油等是战略发展领域。对于具备烃源岩和储层双重属性的陆相烃源岩层系石油，如赋存规模富有机质且经历较高程度热演化的泥页岩、中深层富油富气煤岩等，利用何种开发路径需要立足全局慎重考量和决策。

（3）展望未来陆相页岩层系石油重点勘探开发领域，建议聚焦大盆地重点层系储层甜点，分类型大力推进鄂尔多斯、松辽、准噶尔、柴达木、四川、三塘湖、渤海湾等重点盆地多种类型页岩层系石油勘探开发。第一类型，鄂尔多斯盆地延长组 7 段、松辽盆地泉头组四段、青山口组二 + 三段、古龙页岩、四川盆地凉高山组等碎屑岩页岩层系石油，是页岩层系石油近期增储上产的重要现实阵地，建议加强示范引领，优先加快发展；第二类型，新疆北部二叠系、渤海湾盆地沧东凹陷孔店组二段及歧口凹陷沙河街组三段等混积岩—沉凝灰岩页岩层系石油，是页岩层系石油短期增储上产的接替资源阵地，建议加强试验试产，推进稳步发展；第三类型，四川盆地侏罗系黑色页岩及致密储层、准噶尔盆地风城组、柴达木盆地西部古近系等碳酸盐岩页岩层系石油，是长远发展的潜力资源阵地，建议加强突破发现，推进探索攻关。

（4）多层系立体人工油藏开发可能是页岩层系石油地质工程一体化发展的重要方向。人工油藏开发是以甜点区为单元，用压裂、注入与采出一体化方式，形成人造高渗区、重构渗流场，改变岩石的应力场、温度场、化学场、温度场及其油气润湿性与流动性，多层系多个甜点段整体设计，人工干预实现页岩层系石油规模有效开发。

（5）针对性建立不同类型页岩层系石油地质工程一体化参考模板，可能是小区块页岩层系石油整体效益动用的重要法宝。中国陆上有相当部分的富油气断陷盆地页岩层系小区块，几十到几百平方千米，尤其以渤海湾盆地星罗棋布的富油气小断陷盆地最为典型，一般 100～200km^2，分属于中国石油、中国石化等不同油气田公司，下一步可能需加强总体部署规划，避免由于各家自起炉灶、埋头探索，可能带来的大量不必要重复工作，造成人力、物力和财力浪费，难以形成较好的整体开发效果。因此，建议从国家层面着力打造不同类型页岩层系石油的地质工程一体化参考模板，“集中铸模范、散开满天星”，有利于推进全国小区块页岩层系石油的规模效益发展。

参考文献

Anne Pendleton Steptoe, Timothy R. Carr, 2010. Lithostratigraphy and depositional systems of the Bakken Formation in the Williston Basin, North Dakota [J] . AAPG Eastern Section Meeting, Kalamazoo, Michigan, September 25–29.

Bustillo Ma, Arribas M E, Bustillo M, 2002. Dolomitization and silicification in low–energy lacustrine carbonates (Paleogene, Madrid Basin, Spin) [J] . Sedimentary Geology, 151 (1/2) : 107–126.

By Janet K.Pitman, Leigh C Price, Julie A LeFever Pitman, 2001. Diagenesis and fracture developmentin the Bakken Formation, Williston Basin : Implications for reservoir quality in the middle member [M] . USGS.

Cander H, 2012. Sweet spots in shale gas and liquids plays : Prediction of fluid composition and reservoir pressure [R] . Search and Discovery Article #40936.

Clarkson C R, Pedersen P K, 2011. Production analysis of Western Canadianunconventional light oil plays [R] . CSUG/SPE 149005.

Cosima Theloy1, Stephen A Sonnenberg, 2012. Factors influencing productivity in the Bakken Play, Williston Basin [R] . AAPG Search and Discovery Article #10413.

Curtis M E, Ambrose R J, Sondergeld, et al, 2010. Structural characterization of gas shales on the micro– and nano–scales [R] //Canadian Unconventional Resources & International Petroleum Conference, Calgary, Alberta, Canada : Canadian Society for Unconventional Gas, CUSG/SSPE 37693.

D M Jarvie, 2010. Unconventional oil petroleum systems : Shales and shale hybrids [C] .AAPG Conference and Exhibition, Calgary, Alberta, Canada, September 12–15.

D M Jarvie, 2012. Shale resource systems for oil and gas : Part 2—Shale–oil resource systems [R] //J A Breyer, ed., Shale reservoirs—Giant resources for the 21st century : AAPG Memoir 97, 89–119.

Demaison G Huizinga B J, 1994. Genetic classification of petroleum systems using three factors : charge, migration and entrapment [R] //L B Magoon, W G Dow (Eds.) . The petroleum system, from source to trap. American Association of Petroleum Geologists Memoir 60, 73–89.

Demaison G, Murris R J, 1984. Petroleum geochemistry and basin evaluation [R] . The Generative Basin Concept, AAPGMemoir, 35: 1–14.

Desbois G, Urai J L, Kukla P A, 2009. Morphology of the pore space in claystones–evidence from BIB/FIB ion beam sectioning and cryo–SEM observations [J] . eEarth, 4: 15–22.

Dorrik A V Stow, 1981. Fine–grained sediments : Terminology [J] . Quarterly Journal of Engineering Geology and Hydrogeology. 14: 243–244.

Guillaume Desboisa, Janos L Urai, Peter A Kukla, et al, 2011. High–resolution 3D fabric and porosity model in a tight gas sandstone reservoir : A new approach to investigate microstructures from mm– to nm–scale combining argon beam cross–sectioning and SEM imaging [J] . Journal of Petroleum Science and Engineering.

Jeffery F Mount, 1984. Mixing of siliciclastic and carbonate sediments in shallow shelf environments [J] . Geology, 12: 432–435.

Jobe H, 2011. Natural fractures：Their role in resource plays [C] . Tight Oil From Shale Plays World Congress.

Joe H S Mac Quaker, A E Adams, 2003. Maximizing information from fine-grained sedimentary rocks：An inclusive nomenclature for mudstones [J] .Journal of Sedimentary Research, 73 (5): 735–744.

Laura J C, Robert L, Matthew W T, 1996. Silicilasticdiagenesis and fluid flow：Concepts and applications [J] . Tulsa, Oklahoma, U S A：1–217.

Li Jiarui, Yang Zhi, Wu Songtao, et al, 2021. Key issues and development direction of petroleum geology research on source rock strata in China [J] . Advances in Geo-Energy Research, 5 (2): 121–126.

Lin Lin, Li ChaoDong, Wu ChangFu, et al, 2017. Carbon and oxygen isotopic constraints on paleoclimate and paleoelevation of the south-western Qaidam Basin, northern Tibetan Plateau [J] . Geoscience Frontiers (5): 1175–1186.

Loucks R G, Reed R. M, Ruppel S C, 2010. Preliminary classification of matrix pores in mudstones [J] . Coast Association of Geological Societies (GCAGS), April.

Loucks R G, Reed R M, Ruppel S C, et al, 2009. Morphology, genesis, and distribution of nanometer-scale pores in Siliceous mudstones of the Mississipian Barnett shale [J] . Journal of Sedimentary Research, 79: 848–861.

Loucks R G, Reed R M, Ruppel S C, et al, 2012. Spectrum of pore types and networks in mudrocks and a descriptive classification for matrix-related mudrock pores [J] . AAPG Bulletin, 96 (6): 1071–1098.

Lucier A M, Hofmann R, Bryndzia L T, 2011. Evaluation of variable gas saturation on acoustic log data from the Haynesville Shale gas play, NW Louisiana, USA [J] . The Leading Edge, 30 (3): 300–311.

Milner M, McLin R, Petriello J, 2010. Imaging texture and porosity in mudstones and shales：comparison of secondary and ion milled backscatter SEM methods [R] . Canadian Unconventional Resources & International Petroleum Conference, Alberta, Canada：Canadian Society for Unconventional Gas, CUSG/ SSPE 138975.

Nelson P H, 2009.Pore throat sizes in sandstones, tight sandstones, and shales [J] . AAPG Bulletin, 93 (89): 329–340.

Poon A, 2011. Low-frequency seismic illuminates shale plays [M] . Hart Energy Publishing, E&P, 84 (3): 84–85.

Slatt E M, O' Neal N R, 2011. Pore types in the Barnett and Woodford gas shale：contribution to understanding gas storage and migration pathways in fine-grained rocks (abs.) [J] . AAPG annual Convention Abstracts, 20: 167.

Stephen A.Sonnenberg, James Vickery, Cosimo Theloy, 2011. Middle Bakken facies, Williston Basin, USA：A key to prolific production [J] . AAPG Annual Convention and Exhibition, Houston, Texas, USA, April 10–13.

Talbot M R, 1990. A review of the paleohydrological interpretation of carbon and oxygen isotopic rations in primary lacustrine carbonates [J] . Chemical Geology：Geoscience section, 80 (4): 261–279.

Talbot M R, Kelts K, 1990. Paleolimnological signatures from carbon and oxygen isotopic rations in carbonates, from organic carbon-rich lacustrine sediments [M] //KATZ B J. Lacustrine Basin exploration：

Case studies and modern analogs. Tulsa：AAPG，99–112.

Tang X，Chen X，Xu X，2012. A cracked porous medium elastic wave theory and its application to interpreting acoustic data from tight formations［J］. Geophysics，77（6）：D245–D252.

Thomas R Taylor，Melvyn R Giles，2010. Sandstone diagenesis and reservoir quality prediction：Models，myths，and reality［J］.AAPG.

Tom Andrews，2012. Experiences in Alberta's tight oil plays：Devonian to the Cretaceous［C］. Shale Gas & Oil Symposium，Calgary，Jan. 24–25.

Treadgold G，B McLain，S Sinclair，et al，2010. Seismic reveals Eagle Ford rock properties：Hart Energy Publishing［J］. E&P，83（9）：47–49.

Tyson R V，2001. Sedimentation rate，dilution，preservation and total organic carbon：some results of a modeling study［J］. Org.Geochem，32：333–339.

Walter E Dean，Margaret Leinen，Dorrik A V Stow，1985. Classification of deep–sea，fine–grained sediments［J］. Journal of Sedimentary Research，55：250–256.

Wang Hongyu，Fan Tailiang，Fan Xuesong，et al，2016. Principles of trap development and characteristics of hydrocarbon accumulation in a simple slope area of a lacustrine basin margin：an example from the northern section of the western slope of the Songliao Basin，China［J］. Journal of Earth Science，27（6）：1027–1037.

William Christian Krumbein，1932. The mechanical analysis of fine–grained sediments［J］. Journal of Sedimentary Research，2：140–149.

Yang Zhi，Zou Caineng，Wu Songtao，et al，2019. Formation，distribution and resource potential of the "sweet areas（sections）" of continental shale oil in China［J］. Marine and Petroleum Geology，102：48–60.

Yuan Jianying，Huang Chenggang，Zhao Fan，et al，2015. Carbon and oxygen isotopic composition，and paleoenvironmental significance of saline lacustrine dolomite from the Qaidam basin，western China［J］. Journal of Petroleum Science and Engineering，135（11）：596–607.

Zou C N，Yang Z，Tao S Z，2013. Continuous hydrocarbon accumulation in a large area as a distinguishing characteristic of unconventional petroleum：The Ordos Basin，North–Central China［J］.Earth–Science Reviews，126：358–369.

阿不力孜，钱永新，等，2012. 吉 35–H 井井位设计［R］. 新疆油田公司勘探开发研究院.

白忠峰，吕建才，赵莹，等，2012. 齐家地区高台子油层大比例尺沉积微相研究［R］.

边瑞康，武晓玲，包书景，等，2013. 美国岩油分布规律及成藏特点［J］. 西安石油大学学报（自然科学版），2014（1）：1–15.

蔡利学，雷茂盛，等，1998. 齐家—古龙凹陷及其两侧中下部含油组合油气运聚特征和成藏条件研究［R］.

蔡勋育，刘金连，张宇，等，2021. 中国石化"十三五"油气勘探进展与"十四五"前景展望［J］. 中国石油勘探，26（1）：17–29.

操应长，葸克来，朱如凯，等，2015. 松辽盆地南部泉四段扶余油层致密砂岩储层微观孔喉结构特征［J］. 中国石油大学学报，39（5）：7–17.

曹剑，雷德文，李玉文，等，2015. 古老碱湖优质烃源岩：准噶尔盆地下二叠统风城组［J］. 石油学报

（7）：19–28.
曹喆，柳广弟，柳庄小雪，等，2014. 致密油地质研究现状及展望［J］. 天然气地球科学，25（10）：1499–1508.
陈冬霞，庞雄奇，杨克明，等，2012. 川西坳陷中段上三叠统须二段致密砂岩孔隙度演化史［J］. 吉林大学学报（地球科学版），42（1）：42–51.
陈发景，汪新文，汪新伟，2005. 准噶尔盆地的原型和构造演化［J］. 地学前缘，2012（3）：77–89.
陈洪，钱永新，等，2011. 吉 174 井加深意见［R］. 新疆油田公司勘探开发研究院.
陈洪，钱永新，等，2012. 吉 31 井井位设计［R］. 新疆油田公司勘探开发研究院.
陈建平，孙永革，2014. 地质条件下湖相烃源岩生排烃效率与模式［J］. 地质学报，88（11）.
陈健，庄新国，吴超，等，2017. 准噶尔盆地南缘芦草沟组页岩地球化学特征及沉积环境分析——以准页 3 井为例［J］. 中国煤炭地质，8：32–38.
陈均亮，朱德丰，等，1999. 松辽盆地中浅层构造特征及形成机制研究［R］.
陈少军，董清水，宋立忠，2006. 松辽盆地南部泉四段沉积体系再认识［J］. 大庆石油地质与开发，25（6）：4–8.
陈世加，张焕旭，路俊刚，等，2015. 川中侏罗系大安寨段致密油富集高产控制因素［J］. 石油勘探与开发，42（2）：1–8.
陈世悦，李聪，杨勇强，等，2012. 黄骅坳陷歧口凹陷沙一下亚段湖相白云岩形成环境［J］. 地质学报，86（10）：1679–1687.
陈书平，张一伟，汤良杰，2001. 准噶尔晚石炭世—二叠纪前陆盆地的演化［J］. 中国石油大学学报（自然科学版），25（5）：11–24.
陈新，李新兵，等，2011. 2011 年度石油预测储量报告［R］. 新疆油田公司勘探开发研究院.
陈新，卢华复，舒良树，等，2002. 准噶尔盆地构造演化分析新进展［J］. 高校地质学报，8（3）：257–267.
陈旋，李杰，梁浩，等，2014. 三塘湖盆地条湖组沉凝灰岩致密油藏成藏特征［J］. 新疆石油地质，35（4）：386–390.
陈旋，刘俊田，冯亚琴，等，2018. 三塘湖盆地条湖组火山湖相沉凝灰岩致密油形成条件与富集因素［J］. 新疆地质，36（2）：246–251.
陈旋，刘小琦，王雪纯，等，2019. 三塘湖盆地芦草沟组页岩油储层形成机理及分布特征［J］. 天然气地球科学（8）：1180–1189.
陈业全，王伟锋，2004. 准噶尔盆地构造演化与油气成藏特征［J］. 中国石油大学学报（自然科学版），28（3）：4–9.
陈义才，李延钧，廖前进，2009. 烃源岩排烃系数的一元二次方程及其应用［J］. 地质科技情报，28（3）.
陈颙，黄庭芳，2001. 岩石物理学［M］. 北京：北京大学出版社.
迟元林，等，1992. 大庆长垣及其以西地区扶杨油层石油分布地质规律研究［R］.
迟元林，云金表，蒙启安，等，2002. 松辽盆地深部结构及成盆动力学与油气聚集［M］. 北京：石油工业出版社.
崔宝文，陈春瑞，林旭东，等，2020. 松辽盆地古龙页岩油甜点特征及分布［J］. 大庆石油地质与开发，39

（3）: 45–55.

崔守凯，杨鲜鲜，李晓宏，等，2013. 柴达木盆地油气勘探开发现状与发展趋势［J］. 中国石油和化工标准与质量，33（11）: 177.

戴金星，倪云燕，吴小奇，2012. 中国致密砂岩气及在勘探开发上的重要意义［J］. 石油勘探与开发，39（3）: 257–264.

邓宏文，钱凯，1990. 深湖相泥岩的成因类型和组合演化［J］. 沉积学报，8（3）.

邓宏文，王红亮，李小孟，1997. 高分辨率层序地层对比在河流相中的应用［J］. 石油天然气地质，18（2）: 90–95.

刁海燕，2013. 泥页岩储层岩石力学特性及脆性评价［J］. 岩石学报，29（9）: 3300–3306.

窦宏恩，马世英，2012. 巴肯页岩油开发对我国开发超低渗透油藏的启示［J］. 石油钻采工艺，42（3）: 120–124.

杜金虎，胡素云，庞正炼，等，2019. 中国陆相页岩油类型、潜力及前景［J］. 中国石油勘探，24（5）: 560–568.

杜金虎，何海清，杨涛，等，2014. 中国致密油勘探进展及面临的挑战［J］. 中国石油勘探，19（1）: 1–9.

杜金虎，刘合，马德胜，等，2014. 试论中国陆相致密油有效开发技术［J］. 石油勘探与开发，41（2）: 198–205.

范嘉松，2005. 世界碳酸盐岩油气田的储层特征及其成藏的主要控制因素［J］. 地学前缘，12（3）: 23–30.

范立国，侯启军，陈均亮，2003. 松辽盆地中浅层构造层序界面的划分及其对含油气系统形成的意义［J］. 大庆石油学院学报，27（2）: 13–16.

冯进来，胡凯，曹剑，等，2011. 陆源碎屑与碳酸盐混积岩及其油气地质意义［J］. 高校地质学报，17（2）: 297–307.

冯烁，田继军，孙铭赫，等，2015. 准噶尔盆地南缘芦草沟组沉积演化及其对油页岩分布的控制［J］. 西安科技大学学报，35（4）: 436–443.

冯小英，秦凤启，刘浩强，等，2013. 子波干涉研究在地震解释中的应用［J］. 长江大学学报（自然科学版），10（16）: 72–76.

冯子辉，霍秋立，王雪，等，2015. 青山口组一段烃源岩有机地球化学特征及古沉积环境［J］. 大庆石油地质与开发，34（4）: 1–7.

付金华，李士祥，牛小兵，等，2020. 鄂尔多斯盆地三叠系长 7 段页岩油地质特征与勘探实践［J］. 石油勘探与开发，47（5）: 870–883.

付金华，牛小兵，淡卫东，等，2019. 鄂尔多斯盆地中生界延长组长 7 段页岩油地质特征及勘探开发进展［J］. 中国石油勘探，24（5）: 601–614.

付金华，喻建，徐黎明，等，2015. 鄂尔多斯盆地致密油勘探开发新进展及规模富集可开发主控因素［J］. 中国石油勘探，20（5）: 9–19.

付锁堂，2010. 柴达木盆地西部油气成藏主控因素与有利勘探方向［J］. 沉积学报，28（2）: 373–379.

付锁堂，姚泾利，李士祥，等，2020. 鄂尔多斯盆地中生界延长组陆相页岩油富集特征与资源潜力［J］. 石油实验地质，42（5）: 698–710.

付锁堂，张道伟，薛建勤，等，2013. 柴达木盆地致密油形成的地质条件及勘探潜力分析［J］. 沉积学报，31（4）：672–681.

高岗，向宝力，李涛涛，等，2017. 吉木萨尔凹陷芦草沟组致密油系统的成藏特殊性［J］. 沉积学报，35（4）：179–188.

高瑞祺，蔡希源，1997. 松辽盆地油气田形成条件与分布规律［M］. 北京：石油工业出版社.

苟红光，赵莉莉，梁桂宾，等，2016. EUR 分级类比法在致密油资源评价中的应用——以三塘湖盆地芦草沟组为例［J］. 岩性油气藏，28（3）：27–33.

郭秋麟，陈宁生，吴晓智，等，2013. 致密油资源评价方法研究［J］. 中国石油勘探，18（2）：67–76.

郭秋麟，李峰，陈宁生，等，2016. 致密油资源评价方法、软件及关键技术［J］. 天然气地球科学，27（9）：1566–1575.

郭荣涛，张永庶，陈晓冬，等，2019. 柴达木盆地英西地区下干柴沟组上段高频旋回与古地貌特征［J/OL］. 沉积学报，1（24）：1–15.

郭旭光，何文军，杨森，等，2019. 准噶尔盆地页岩油甜点区评价与关键技术应用——以吉木萨尔凹陷二叠系芦草沟组为例［J］. 天然气地球科学，30（8）：1168–1179.

郭泽清，孙平，张春燕，等，2014. 柴达木盆地西部地区致密油气形成条件和勘探领域探讨［J］. 天然气地球科学，25（9）：1366–1377.

国建英，钟宁宁，梁浩，等，2012. 三塘湖盆地中二叠统原油的来源及其分布特征［J］. 地球化学，41（3）：266–277.

哈丽娅，钱永新，等，2012. 吉 36-H 井井位设计［R］. 新疆油田公司勘探开发研究院.

韩林，2006. 白云岩成因分类的研究现状及相关发展趋势［J］. 中国西部油气地质，400–406.

郝芳，陈建渝，1993. 沉积盆地中的有机相研究及其在油气资源评价中的应用［A］. 矿物岩石学论丛（9）［C］. 北京：地质出版社，101–109.

郝以岭，高鑫，陈国胜，等，2007. 冀中坳陷束鹿凹陷泥灰岩储层测井解释实践与认识［J］. 中国石油勘探（2）：51–85.

何登发，张磊，吴松涛，等，2018. 准噶尔盆地构造演化阶段及其特征［J］. 石油与天然气地质，39（5）：5–21.

何海清，范土芝，郭绪杰，等，2021. 中国石油“十三五”油气勘探重大成果与“十四五”发展战略［J］. 中国石油勘探，26（1）：17–30.

何接，杨文博，2017. 巴肯致密油地质特征及体积压裂技术研究［J］. 石油化工应用，36（12）：84–87.

何生，叶加仁，徐思煌，等，2010. 石油及天然气地质学［M］. 武汉：中国地质大学出版社.

何玉春，1985. 正演模型的多解性［J］. 石油地球物理勘探，20（5）：465–473.

侯明扬，杨国丰，2015. 美国致密油发展的历程、影响及前景展望［J］. 资源与产业，17（1）：11–17.

侯启军，2015. 深盆油藏—松辽盆地扶杨油层油藏形成与分布［M］. 北京：石油工业出版社.

侯启军，冯志强，冯子辉，等，2009. 松辽盆地陆相石油地质学［M］. 北京：石油工业出版社.

胡朝元，1982. 生油区控制油气田分布：中国东部陆相盆地进行区域勘探的有效理论［J］. 石油学报，3（2）：9–13.

胡见义，2007. 石油地质学理论若干热点问题的探讨［J］. 石油勘探与开发，34（1）：1–4.

胡素云，陶士振，闫伟鹏，等，2019. 中国陆相致密油富集规律及勘探开发关键技术研究进展［J］. 天然气地球科学，30（8）：1083–1093.

胡素云，赵文智，侯连华，等，2020. 中国陆相页岩油发展潜力与技术对策［J］. 石油勘探与开发，47（4）：819–828.

胡素云，朱如凯，吴松涛，等，2018. 中国陆相致密油效益勘探开发［J］. 石油勘探与开发，45（4）：737–748.

胡文瑞，翟光明，李景明，2010. 中国非常规油气的潜力和发展［J］. 中国工程科学，12（5）：25–29.

黄成刚，常海燕，崔俊，等，2017. 柴达木盆地西部地区渐新世沉积特征与油气成藏模式［J］. 石油学报，38（11）：1230–1243.

黄成刚，关新，倪祥龙，等，2017. 柴达木盆地英西地区 E32 咸化湖盆白云岩储集层特征及发育主控因素［J］. 天然气地球科学，28（2）：219–231.

黄成刚，王建功，吴丽荣，等，2017. 古近系湖相碳酸盐岩储集特征与含油性分析：以柴达木盆地英西地区为例［J］. 中国矿业大学学报，46（5）：1102–1115.

黄东，2019. 一种湖相致密介壳灰岩相对优质储层识别方法［P］. 中国发明专利，ZL 2016 1 0875907.1.

黄东，段勇，李育聪，等，2018. 淡水湖相页岩油气有机碳含量下限研究——以四川盆地侏罗系大安寨段为例［J］. 中国石油勘探，23（6）：38–45

黄东，段勇，杨光，等，2018. 淡水湖相沉积区源储配置模式对致密油的控制作用——以四川盆地侏罗系大安寨段为例［J］. 石油学报，39（5）：518–527.

黄东，杨光，韦腾强，等，2015. 川中桂花油田大安寨段致密油高产稳产再认识［J］. 西南石油大学学报（自然科学版），37（5）：23–32.

黄东，杨光，杨智，等，2019. 四川盆地致密油勘探开发新认识与发展潜力［J］. 天然气地球科学，19（1）：1–9.

黄东，杨跃明，杨光，等，2017. 四川盆地侏罗系致密油勘探开发进展与对策［J］. 石油实验地质，39（3）：304–310.

黄军平，杨占龙，马国福，等，2015. 中国小型断陷湖盆致密油地质特征及勘探潜力分析［J］. 天然气地球科学，26（9）：1763–1772.

黄薇，梁江平，赵波，等，2012. 松辽盆地北部白垩系扶余油层致密油成藏主控因素［J］. 石油勘探与开发，39（2）：129–136.

黄志龙，马剑，梁世君，等，2016. 源—储分离型凝灰岩致密油藏形成机理与成藏模式［J］. 石油学报，37（8）：975–985.

霍秋立，曾花森，张晓畅，等，2012. 松辽盆地北部青山口组一段有效烃源岩评价图版的建立及意义［J］. 石油学报，379–384.

吉鸿杰，邱振，陶辉飞，等，2016. 烃源岩特征与生烃动力学研究——以准噶尔盆地吉木萨尔凹陷芦草沟组为例［J］. 岩性油气藏，28（4）：34–42.

贾承造，2017. 论非常规油气对经典石油天然气地质学理论的突破及意义［J］. 石油勘探与开发，44（1）：1–11.

贾承造，郑民，张永峰，2012. 中国非常规油气资源与勘探开发前景［J］. 石油勘探与开发，39（2）：129–136.

贾承造，邹才能，李建忠，等，2012. 中国致密油评价标准、主要类型、基本特征及资源前景［J］. 石油学报，33（3）：343–350.

贾承造，邹才能，杨智，等，2018. 陆相油气地质理论在中国中西部盆地的重大进展［J］. 石油勘探与开发，45（4）：1–15.

江涛，唐振兴，党立宏，等，2006. 松辽盆地南部岩性油藏勘探潜力及技术对策［J］. 岩性油气藏，11（3）：24–29.

姜在兴，张文昭，梁超，等，2014. 页岩油储层基本特征及评价要素［J］. 石油学报，35（1）：184–196.

焦方正，邹才能，杨智，2020. 陆相源内石油聚集地质理论认识及勘探开发实践［J］. 石油勘探与开发，47（6）：1–12.

焦姣，杨金华，田洪亮，2015. 致密油地质特征及开发特性研究［J］. 非常规油气（1）：71–75.

焦淑静，张慧，薛东川，2019. 三塘湖盆地芦草沟组页岩有机显微组分扫描电镜研究［J］. 电子显微学报，38（3）：257–263.

金成志，董万百，白云风，等，2020. 松辽盆地古龙页岩油岩相特征与成因［J］. 大庆石油地质与开发，39（3）：35–44.

金强，朱光有，王娟，2008. 咸化湖盆优质烃源岩的形成于分布［J］. 中国石油大学学报（4）：19–23.

金振奎，冯增昭，1993. 华北地台东部下古生界白云岩的类型及储集性［J］. 沉积学报，2：11–18.

金之钧，白振瑞，高波，等，2019. 中国迎来页岩油气革命了吗？［J］. 石油与天然气地质，40（3）：451–458.

康玉柱，2012. 中国非常规泥页岩油气藏特征及勘探前景展望［J］. 天然气工业，32（4）：1–5.

康玉柱，2018. 中国非常规油气勘探重大进展和资源潜力［J］. 石油科技论坛，4：1–7.

匡立春，高岗，向宝力，等，2014. 吉木萨尔凹陷芦草沟组有效源岩有机碳含量下限分析［J］. 石油实验地质，36（2）：224–229.

匡立春，侯连华，杨智，等，2021. 陆相页岩油储层评价关键参数及方法［J］. 石油学报，42（1）：1–14.

匡立春，胡文瑄，王绪龙，等，2013. 吉木萨尔凹陷芦草沟组致密油储层初步研究：岩性与孔隙特征分析［J］. 高校地质学报，19（3）：529–535.

匡立春，孙中春，2013. 吉木萨尔凹陷芦草沟组复杂岩性致密油储层测井岩性识别［J］. 测井技术，6：11.

匡立春，孙中春，毛志强，等，2015. 核磁共振测井技术在准噶尔盆地油气勘探开发中的应用［M］. 北京：石油工业出版社.

匡立春，唐勇，雷德文，等，2012. 准噶尔盆地二叠系咸化湖盆相云质岩页岩油形成条件与勘探潜力［J］. 石油勘探与开发，39（6）：657–667.

匡立春，王霞田，郭旭光，等，2015. 吉木萨尔凹陷芦草沟组致密油地质特征与勘探实践［J］. 新疆石油地质，36（6）：629–634.

雷德文，阿布力米提•依明，秦志军，等，2017. 准噶尔盆地玛湖凹陷碱湖轻质油气成因与分布［M］. 北京：科学出版社.

黎茂稳，马晓潇，蒋启贵，等，2019. 北美海相页岩油形成条件、富集特征与启示［J］. 油气地质与采收率，26（1）：13–28.

李朝霞，王健，刘伟，等，2014. 西加盆地致密油开发特征分析［J］. 石油地质与程（4）：79–156.

李德生，1997. 中国石油天然气总公司院士文集：李德生集［M］. 北京：中国大百科全书出版社 .

李登华，李建忠，汪少勇，等，2016. 四川盆地侏罗系致密油刻度区精细解剖与关键参数研究［J］. 天然气地球科学，27（9）：1666–1678.

李登华，刘卓亚，张国生，等，2017. 中美致密油成藏条件、分布特征和开发现状对比与启示［J］. 天然气地球科学，28（7）：1126–1138.

李国欣，朱如凯，2020. 中国石油非常规油气发展现状、挑战与关注问题［J］. 中国石油勘探，25（2）：1–13.

李建忠，吴晓智，郑民，等，2016. 常规与非常规油气资源评价的总体思路、方法体系与关键技术［J］. 天然气地球科学，27（9）：1557–1565.

李钜源，李政，包友书，等，2014. 北美页岩油气研究进展及对中国陆相页岩油气勘探的思考［J］. 地球科学进展，29（6）：700–711.

李军，王世谦，2010. 四川盆地平昌—阆中地区侏罗系油气成藏主控因素与勘探对策［J］. 天然气工业，30（3）：16–21.

李俊武，2016. 柴西南地区古—新近系致密油储层特征及有利探区预测［D］. 成都理工大学 .

李鹭光，何海清，范土芝，等，2020. 中国石油油气勘探进展与上游业务发展战略［J］. 中国石油勘探，25（1）：1–10.

李明，赵一民，刘晓，等，2009. 松辽盆地南部长岭凹陷油气富集区分布特征［J］. 石油勘探与开发，36（4）：413–418.

李明诚，李剑，2010. “动力圈闭”—低渗透致密储层中油气充注成藏的主要作用［J］. 石油学报，31（5）：718–722.

李天仁，2010. 松辽盆地南部孤店逆断层活动性研究 . 内蒙古石油化工，3（3）：133–134.

李文浩，卢双舫，薛海涛，等，2016. 江汉盆地新沟嘴组页岩油储层物性发育主控因素［J］. 石油与天然气地质，37（1）：56–61.

李翔，王建功，张平，等，2018. 柴达木盆地英西地区 E32 裂缝成因与油气地质意义［J］. 岩性油气藏，30（6）：45–54.

李新宁，马强，梁辉，等，2015. 三塘湖盆地二叠系芦草沟组二段混积岩致密油地质特征及勘探潜力［J］. 石油勘探与开发，42（6）：763–771+793.

李新宁，任继红，辛铭，等，2017. 三塘湖盆地二叠系芦草沟组二段源岩油可动烃探讨［J］. 新疆石油地质，38（3）：296–301.

李秀英，肖阳，杨全凤，等，2013. 二连盆地阿南洼槽岩性油藏及致密油勘探潜力［J］. 中国石油勘探（6）：56–61.

李玉喜，张金川，2011. 我国非常规油气资源类型和潜力［J］. 国际石油经济，3：61–67.

李振宏，杨永恒，2005. 白云岩成因研究现状及进展［J］. 油气地质与采收率，5–8.

连承波，2007. CO2 成因与成藏研究综述［J］. 特种油气藏，14（5）：9–12.

梁狄刚，冉隆辉，戴弹申，2011. 四川盆地中北部侏罗系大面积非常规石油勘探潜力的再认识［J］. 石油学报，l32（1）：8–17.

梁浩，李新宁，马强，等，2014. 三塘湖盆地条湖组凝灰岩致密油地质特征及勘探潜力［J］. 石油勘探与开发，41（5）：563–572.

梁浩，罗权生，孔宏伟，等，2011. 三塘湖盆地火山岩中沸石的成因及其储层意义［J］. 沉积学报，29（3）：537–543.

梁宏斌，旷红伟，刘俊奇，等，2007. 冀中坳陷束鹿凹陷古近系沙河街组三段泥灰岩成因探讨［J］. 古地理学报（2）：167–174.

梁世君，罗劝生，王瑞，等，2019. 三塘湖盆地二叠系非常规石油地质特征与勘探实践［J］. 中国石油勘探，24（5）：624–635.

梁世君，黄志龙，柳波，等，2012. 马朗凹陷芦草沟组页岩油形成机理与富集条件［J］. 石油学报，33（4）：588–594.

梁树能，甘甫平，闫柏琨，等，2014. 绿泥石矿物成分与光谱特征关系研究［J］. 光谱学与光谱分析，7：1763–1768.

林承焰，刘伟，刘键，等，2009. 柴达木盆地油泉子油田中孔低渗型藻灰岩储层测井评价［J］. 西安石油大学学报（自然科学版），24（1）：25–28.

林森虎，邹才能，袁选俊，等，2011. 美国致密油开发现状及启示［J］. 岩性油气藏，23（4）：25–30.

刘超，卢双舫，薛海涛，2014. 变系数 ΔlogR 方法及其在泥页岩有机质评价中的应用［J］. 地球物理学进展，29（1）：312–317.

刘成林，李冰，吴林强，等，2016. 松辽盆地上白垩统页岩油地质条件评价［M］北京：地质出版社.

刘春慧，刘家铎，张鑫，2001. 准噶尔盆地东部五彩湾—石树沟地区中二叠统层序地层研究［J］. 成都理工大学学报（自然科学版），28（4）：371–375.

刘恩龙，沈珠江，2005. 岩土材料的脆性研究［J］. 岩石力学与工程学报，24（19）：3449–3453.

刘国恒，黄志龙，郭小波，等，2016. 新疆三塘湖盆地马朗凹陷中二叠统芦草沟组泥页岩层系 SiO2 赋存状态与成因［J］. 地质学报，90（6）：1220–1235.

刘合，匡立春，李国欣，等，2020. 中国陆相页岩油完井方式优选的思考与建议［J］. 石油学报，41（4）：489–496.

刘护创，王文慧，2001. Earthvision 软件在变速成图中的应用［J］. 吐哈油气，6（2）：15–17.

刘俊田，陈旋，李永林，等，2014. 马朗凹陷条湖组凝灰岩致密油藏成藏特征与主控因素［J］. 天然气技术与经济，8（3）：11–14+77.

刘俊田，卿忠，张品，等，2015. 马朗凹陷致密油藏烃源岩评价及油源分析［J］. 特种油气藏，22（6）：35–39+142.

刘俊田，张代生，黄卫东，等，2009. 三塘湖盆地马朗凹陷火山岩岩性测井识别技术及应用［J］. 岩性油气藏，21（4）：87–91.

刘伟，林承焰，王国民，等，2009. 柴西北地区油泉子油田低渗透储层特征与成因分析［J］. 石油学报，30（3）：417–421.

刘新，张玉玮，钟显东，等，2013. 国内外致密油开发状况调研［R］.

刘旭，钱永新，等，2011. 吉 30 井井位设计［R］. 新疆油田公司勘探开发研究院.

刘跃杰，刘书强，马强，等，2019. BP 神经网络法在三塘湖盆地芦草沟组页岩岩相识别中的应用［J］. 岩性油气藏，31（4）：101–111.
刘震，曾宪斌，等，1997. 沉积盆地地温与地层压力关系研究［J］. 地质学报（2）：23–28.
刘致水，孙赞东，2015. 新型脆性因子及其在泥页岩储集层预测中的应用［J］. 石油勘探与开发，42（1）：117–124.
柳波，吕延防，冉清昌，等，2014. 松辽盆地北部青山口组页岩油形成地质条件及勘探潜力［J］. 石油与天然气地质，35（2）：280–285.
柳波，石佳欣，付晓飞，等，2018. 陆相泥页岩层系岩相特征与页岩油富集条件——以松辽盆地古龙凹陷白垩系青山口组一段富有机质泥页岩为例［J］. 石油勘探与开发，45（5）：828–838.
柳广弟，2018. 石油地质学［M］. 北京：石油工业出版社 .
卢双舫，黄文彪，李文浩，等，2017. 松辽盆地南部致密油源岩下限与分级评价标准［J］. 石油勘探与开发，44（3）：473–480.
路俊刚，陈世加，欧成华，等，2010. 柴达木盆地西部北区干柴沟地区深层勘探潜力分析［J］. 石油实验地质，32（2）：136–139/146.
吕建中，刘嘉，孙乃达，等，2019. "超级盆地模式"—成熟盆地油气增储上产新思路［J］. 国际石油经济，27（9）：40–48.
吕明久，付代国，何斌，等，2012. 泌阳凹陷深凹区页岩油勘探实践［J］. 石油地质与工程，26（3）：85–87.
马达德，寿建峰，胡勇，等，2005. 柴达木盆地柴西南区碎屑岩储层形成的主控因素分析［J］. 沉积学报，23（4）：589–595.
马芳侠，李耀华，葛云锦，等，2017. 鄂尔多斯盆地延长组致密油有效烃源岩评价［J］. 特种油气藏，24（5）：37–41.
马剑，2016. 马朗凹陷条湖组含沉积有机质凝灰岩致密油成储—成藏机理［D］. 北京：中国石油大学（北京）.
马剑，黄志龙，高潇玉，等，2015. 新疆三塘湖盆地马朗凹陷条湖组凝灰岩油藏油源分析［J］. 现代地质，29（6）：1435–1443.
马磊，张雷，张学娟，等，2015. 大民屯凹陷沙四下段致密油储层特征与分布预测［J］. 科学技术与工程，15（33）：115–123.
马立桥，2005. 二连盆地阿南—阿北凹陷下白垩统层序发育特征与岩性地层油藏预测［D］. 浙江大学 .
马强，白国娟，闫立纲，2017. 三塘湖盆地芦草沟组致密储层特征及其"甜点"选择［J］. 新疆石油天然气，13（1）：1–5+107.
马新华，肖安成，2000. 内蒙古二连盆地的构造反转历史［J］. 西南石油学院报（2）：1–4.
马永生，冯建辉，牟泽辉，等，2012. 中国石化非常规油气资源潜力及勘探进展［J］. 中国工程科学，14（6）：22–29.
蒙启安，白雪峰，梁江平，等，2014. 松辽盆地北部扶余油层致密油特征及勘探对策［J］. 大庆石油地质与开发，33（5）：23–29.
孟元林，胡越，李新宁，等，2014. 致密火山岩物性影响因素分析与储层质量预测——以马朗—条湖凹陷条湖组为例［J］. 石油与天然气地质，35（2）: 244–252.
聂海宽，马鑫，余川，等，2017. 川东下侏罗统自流井组页岩储层特征及勘探潜力评价［J］. 石油与天然气地质，38（3）: 438–447.
聂海宽，张培先，边瑞康，等，2016. 中国陆相页岩油富集特征［J］. 地学前缘，23（2）: 55–62.
牛强，曾溅辉，王鑫，等，2014. X 射线元素录井技术在胜利油区泥页岩脆性评价中的应用［J］. 油气地质与采收率，21（1）: 24–27.
庞正炼，邹才能，陶士振，等，2012. 中国致密油形成分布与资源潜力评价［J］. 中国工程科学，14（7）: 60–67.
彭传利，2014. 冀中南部束鹿凹陷泥灰岩储层特征研究［D］. 北京：中国地质大学（北京）.
彭晖，刘玉章，冉启全，等，2014. 致密油储层水平井产能影响因素研究［J］. 天然气地球科学，25（5）: 771–777.
齐雪峰，吴晓智，唐勇，等，2013. 新疆博格达山北麓二叠系油页岩成矿特征及资源潜力［J］. 地质科学，48（4）: 1271–1285.
卿忠，刘俊田，张品，等，2016. 三塘湖盆地页岩油资源评价关键参数的校正［J］. 石油地质与工程，30（1）: 6–9+146.
邱隆伟，马郡，汪丽芳，2006. 束鹿凹陷古近纪构造活动对沉积作用的影响［J］. 油气地质与采收率（5）: 3–6.
邱振，李建忠，吴晓智，等，2015. 国内外致密油勘探现状、主要地质特征及差异［J］. 岩性油气藏，27（4）: 119–126.
邱振，吴晓智，唐勇，等，2016. 准噶尔盆地吉木萨尔凹陷二叠系芦草沟组致密油资源评价［J］. 天然气地球科学，27（9）: 1688–1698.
邱振，邹才能，李建忠，等，2013. 非常规油气资源评价进展与未来展望［J］. 天然气地球科学，24（2）: 238–246.
曲希玉，杨会东，刘立，等，2013. 松南油伴生 CO2 气的成因及其对油气藏的影响［J］. 吉林大学学报（地球科学版），43（1）: 39–47，17.
全国石油天然气标准化技术委员会，2020. 页岩油地质评价方法：GB/T—2020［S］. 北京：中华人民共和国国家质量监督检验检疫总局.
任延广，杨玉峰，杨波，等，1999. 松辽盆地中浅层地层层序及沉积相研究［R］. 大庆油田勘探开发研究院.
邵雨等，2015. 吉木萨尔凹陷二叠系芦草沟组沉积特征及沉积相演化［J］. 新疆石油地 .06–0635–07.
沈财余，崔汝国，2003. 影响测井约束地震反演地质效果因素的分析［J］. 物探与化探，27（2）: 123–127.
沈亚，李洪革，管俊亚，等，2012. 柴西地区古近系—新近系含油凹陷构造特征与勘探领域［J］. 石油地球物理勘探，47（增刊 1）: 111–117.
盛湘，陈祥，章新文，等，2015. 中国陆相页岩油开发前景与挑战［J］. 石油实验地质，37（3）: 267–271.
施立志，王卓卓，张永生，2014. 松辽盆地齐家地区高台子油层致密油分布及地质特征［J］. 天然气地球科学，25（12）：1943–1950.

施立志，杨波，于丹，等，2012. 齐家地区油气成藏特征与勘探目标优选研究［R］.

施培华，范宜仁，顾定娜，等，2015. 三塘湖盆地芦草沟组混积岩致密油烃源岩总有机碳含量计算［J］. 测井技术，39（4）：478–481，526.

史杰青，邓南涛，张文哲，等，2015. 国外致密油增产技术发展及中国致密油开发建议［J］. 当代化工（2）：335–337.

斯春松，陈能贵，余朝丰，等，2013. 吉木萨尔凹陷二叠系芦草沟组致密油储层沉积特征［J］. 石油实验地质，35（5）：528–533.

宋立忠，李本才，王芳，2007. 松辽盆地南部扶余油层低渗透油藏形成机制［J］. 岩性油气藏，19（2）：57–61.

宋涛，李建忠，姜晓宇，等，2013. 渤海湾盆地冀中拗陷束鹿凹陷泥灰岩源储一体式致密油成藏特征［J］. 东北石油大学学报，37（6）：47–53.

宋永，周路，郭旭光，等，2017. 准噶尔盆地吉木萨尔凹陷芦草沟组湖相云质致密油储层特征与分布规律［J］. 岩石学报，33（4）：1159–1170.

隋阳，郭旭东，叶生林，等，2016. 三塘湖盆地条湖组烃源岩地化特征及致密油油源对比［J］. 新疆地质，34（4）：510–516.

孙焕泉，2017. 济阳坳陷页岩油勘探实践与认识［J］. 中国石油勘探，22（4）：1–14.

孙焕泉，蔡勋育，周德华，等，2019. 中国石化页岩油勘探实践与展望［J］. 中国石油勘探，24（5）：569–575.

孙金声，许成元，康毅力，等，2020. 致密 / 页岩油气储层损害机理与保护技术研究进展及发展建议［J］. 石油钻探技术，48（4）：1–10.

孙龙德，2020. 古龙页岩油（代序）［J］. 大庆石油地质与开发，39（3）：1–7.

孙龙德，刘合，何文渊，等，2021. 大庆古龙页岩油重大科学问题与研究路径探析［J］. 石油勘探与开发，48（3）：1–11.

孙赞东，贾承造，李相方，等，2011. 非常规油气勘探与开发［M］. 北京：石油工业出版社.

唐晓明，2011. 含孔、裂隙介质弹性波动统一理论—Biot 理论的推广［J］. 中国科学，41（6）：69–78.

唐勇，徐洋，瞿建华，等，2014. 玛湖凹陷百口泉组扇三角洲群特征及分布［J］. 新疆石油地质，35（6）：628–635.

唐振兴，2007. 松辽盆地南部嫩江组—泉四段油气运移特征［J］. 大庆石油地质与开发，26（6）：40–42.

田继先，曾旭，易士威，等，2016. 咸化湖盆致密油储层“甜点”预测方法研究：以柴达木盆地扎哈泉地区上干柴沟组为例［J］. 地学前缘，23（5）：193–201.

童晓光，张光亚，王兆明，等，2018. 全球油气资源潜力与分布［J］. 石油勘探与开发，45（4）：1–10.

万传治，王鹏，薛建勤，等，2015. 柴达木盆地柴西地区古近系—新近系致密油勘探潜力分析［J］. 岩性油气藏，27（3）：26–31.

汪少勇，李建忠，王社教，等，2016. 辽河西部凹陷雷家地区沙四段油气资源结构特征［J］. 天然气地球科学，27（9）：1728–1741.

王成云，匡立春，高岗，2014. 吉木萨尔凹陷芦草沟组泥质岩类生烃潜力差异性分析［J］. 沉积学报，32

（2）.
王飞宇，贺志勇，孟晓辉，等，2011. 综合有机成熟、吸附和 PVT 模拟预测页岩气量：以 Barnett 页岩和四川盆地志留系页岩为例［G］// 中国非常规天然气勘探开发技术进展 . 北京：石油工业出版社，167–178.
王飞宇，严开峰，陈敬轶，等，2010. 典型含气盆地气源灶定量分析及供气特征［R］.
王贵文，朱振宇，朱广宇，2002. 烃源岩测井识别与评价方法研究［J］. 石油勘探与开发，29（4）.
王洪星，2010. 三肇凹陷扶杨油层上生下储式油运聚成藏规律［J］. 大庆石油地质与开发，29（6）：6–11.
王会来，高先志，杨德相，等，2009. 二连盆地烃源岩层内云质岩油气成藏研究［J］. 地球学报（4）：22–27.
王家映，2002. 地球物理反演理论［M］. 北京：高等教育出版社 .
王建功，2004. 大庆长垣扶杨油层岩性油气藏研究及目标优选［R］. 大庆油田勘探开发研究院 .
王理斌，段宪余，钟伟，等，2012. 地质建模在苏丹大位移水平井地质导向中的应用［J］. 岩性油气藏，24（4）：90–92.
王立武，梁春秀，邹才能，等，2004. 综合地震解释技术在松辽盆地南部岩性油藏预测中的应用［J］. 勘探地球物理进展，27（1）：58–62.
王敏，陈祥，严永新，等，2013. 南襄盆地泌阳凹陷陆相页岩油地质特征与评价［J］. 古地理学报，15（5）：63–671.
王社教，李峰，郭秋麟，等，2016. 致密油资源评价方法及关键参数研究［J］. 天然气地球科学，27（9）：1576–1582.
王世谦，胡素云，董大忠，2012. 川东侏罗系——四川盆地亟待重视的一个致密油气新领域［J］. 天然气工业，32（12）：22–29.
王铁冠，钟宁宁，侯读杰，等，1997. 中国低熟油的几种成因机制［J］. 沉积学报，15（2）：75–83.
王玮，黄东，易海永，等，2019. 淡水湖相页岩小层精细划分及地球化学特征—以四川盆地大安寨段为例［J］. 石油实验地质，39（2）：129–136.
王小军，宋永，郑孟林，等，2021. 准噶尔盆地复合含油气系统与复式油气聚集成藏［J］. 中国石油勘探，26（4）：29–43.
王彦仓，秦凤启，金凤鸣，等，2010. 饶阳凹陷蠡县斜坡三角洲前缘薄互层砂泥岩储层预测［J］. 中国石油勘探，15（2）：45–49.
王永辉，卢拥军，李永平，等，2012. 非常规储层压裂改造技术进展及应用［J］. 石油学报，33（S1）：149–158.
王玉华，梁江平，张金友，等，2020. 松辽盆地古龙页岩油资源潜力及勘探方向［J］. 大庆石油地质与开发，39（3）：20–34.
王志战，翟慎德，周立发，等，2005. 核磁共振录井技术在岩石物性分析方面的应用研究［J］. 石油实验地质，27（6）：619–623.
魏志平，唐振兴，江涛，等，2002. 长岭凹陷层序地层分析［J］. 石油与天然气地质，23（3）：170–173.
吴俊军，王霞田，等，2012. 吉 251_H 井井位设计［R］. 新疆油田公司勘探开发研究院 .
吴孔友，查明，王绪龙，等，2005. 准噶尔盆地构造演化与动力学背景再认识［J］. 地球学报，26（3）：

217–222.

吴丽荣，黄成刚，袁剑英，等，2015. 咸化湖盆混积岩中双重孔隙介质及其油气储集意义［J］. 地球科学与环境学报，37（2）：59–67.

吴林钢，李秀生，郭小波，等，2012. 马朗凹陷芦草沟组页岩油储层成岩演化与溶蚀孔隙形成机制［J］. 中国石油大学学报（自然科学版），36（3）：38–43.

吴萌萌，岳祯奇，孟子圆，等，2018. 柴达木盆地西部地区构造分区及构造演化研究进展［J］. 石油化工应用，37（10）：5–8.

吴奇，胥云，王晓泉，等，2012. 非常规油气藏体积改造技术—内涵、优化设计与实现［J］. 石油勘探与开发，39（3）：352–358.

吴文明，谷会霞，周慧成，等，2016. 马朗凹陷芦草沟组混积岩致密油储集层解释评价［J］. 录井工程，27（1）：67–72+93.

吴晓智，王社教，郑民，等，2016. 常规与非常规油气资源评价技术规范体系建立及意义［J］. 天然气地球科学，27（9）：1640–1650.

吴颜雄，杨晓菁，薛建勤，等，2017. 柴西地区扎哈泉致密油成藏主控因素分析［J］. 特种油气藏，24（3）：21–25.

吴因业，顾家裕，郭彬程，等，2014. 油气层序地层学——优质储层分析预测方法［M］. 北京：石油工业出版社.

吴因业，张天舒，张志杰，等，2010. 沉积体系域类型、特征及石油地质意义［J］. 古地理学报，12（1）：69–81.

武耀辉，田建章，王文军，等，2001. 束鹿西斜坡重力滑脱断层对油气富集的控制［J］. 石油地球物理勘探（6）：24–30.

蒽克来，操应长，朱如凯，等，2015. 吉木萨尔凹陷二叠系芦草沟组致密油储层岩石类型及特征［J］. 石油学报，36（12）：1495–1507.

向宝力，廖健德，周妮吉，2013. 木萨尔凹陷吉 174 井二叠系芦草沟组烃源岩地球化学特征［J］. 科学技术与工程，13（12）.

肖立志，1998. 核磁共振成像测井与岩石核磁共振及其应用［M］. 北京：科学出版社，1–26.

萧德铭，刘金发，侯启军，等，1999. 向斜区岩性油藏成藏条件及分布规律［G］// 大庆油田发现 40 年论文集. 北京：石油工业出版社.

邢新亚，林承焰，王东仁，等，2015. 低渗透油藏网状河道岔道口优质储层特征及其控制因素［J］. 油气地质与采收率，22（3）：29–33/41.

许冬进，廖锐全，石善志，等，2014. 致密油水平井体积压裂工厂化作业模式研究［J］. 特种油气藏，21（3）：1–6.

许涵越，2014. 松辽盆地南部青山口组页岩油资源潜力评价［D］. 大庆：东北石油大学.

薛永超，田虓丰，2014. 鄂尔多斯盆地长 7 致密油藏特征［J］. 特种油气藏，21（3）：111–115.

闫伟鹏，杨涛，马洪，等，2014. 中国陆相致密油成藏模式及地质特征［J］. 新疆石油地质（2）：131–136.

杨光，黄东，黄平辉，等，2017. 四川盆地中部侏罗系大安寨段致密油高产稳产主控因素［J］. 石油勘探与开发，45（5）：817–826.
杨华，牛小兵，徐黎明，等，2016. 鄂尔多斯盆地三叠系长 7 段页岩油勘探潜力［J］. 石油勘探与开发，43（4）：511–520.
杨华，李士祥，刘显阳，2013. 鄂尔多斯盆地致密油、页岩油特征及资源潜力［J］. 石油学报，34（1）：1–11.
杨竞，周莉，张鹏，等，2008. 柴达木盆地红沟子构造沟 7 井区烃源岩评价［J］. 油气地质与采收率，15（2）：61–66.
杨晓萍，赵文智，邹才能，等，2007. 低渗透储层成因及优质储层形成与分布［J］. 石油学报，28（4）：57–61.
杨跃明，黄东，杨光，等，2019. 四川盆地侏罗系大安寨段湖相页岩油气形成地质条件及勘探方向［J］. 天然气勘探与开发，39（2）：129–136.
杨跃明，杨家静，杨光，2016. 四川盆地中部地区侏罗系致密油研究新进展［J］. 石油勘探与开发，43（6）：873–882.
杨智，唐振兴，陈旋，等，2020. “进源找油”：致密油主要类型及地质工程一体化进展［J］. 中国石油勘探，25（2）：73–83.
杨智，邹才能，付金华，等，2017. 基于原位转化 / 改质技术的陆相页岩选区评价：以鄂尔多斯盆地三叠系延长组 7 段页岩为例［J］. 深圳大学学报（理工版），34（3）：221–228.
杨智，付金华，郭秋麟，等，2017. 鄂尔多斯盆地三叠系延长组陆相致密油发现、特征及潜力［J］. 中国石油勘探，22（6）：9–15.
杨智，侯连华，林森虎，等，2018. 吉木萨尔凹陷芦草沟组致密油、页岩油地质特征与勘探潜力［J］. 中国石油勘探，23（4）：76–85.
杨智，侯连华，陶士振，等，2015. 致密油与页岩油形成条件与“甜点区”评价［J］. 石油勘探与开发，42（5）：555–565.
杨智，邹才能，2019. “进源找油”：源岩油气内涵与前景［J］. 石油勘探与开发，46（1）：173–184.
杨智，邹才能，付金华，等，2019. 大面积连续分布是页岩层系油气的标志特征——以鄂尔多斯盆地为例［J］. 地球科学与环境学报，41（4）：459–474.
杨智，邹才能，吴松涛，等，2021. 从源控论到源储共生系统：论源岩层系油气地质理论认识及实践［J］. 地质学报，95（3）：618–631.
姚光庆，孙尚如，周锋德，等，2004. 非常规陆相油气储层［M］. 北京：中国地质大学出版社.
易定红，王建功，石兰亭，等，2019. 柴达木盆地英西地区 E32 碳酸盐岩沉积演化特征［J/OL］. 岩性油气藏，1（25）：1–10.
印兴耀，韩文功，李振春，等，2006. 地震技术新进展［M］. 东营：中国石油大学出版社，89–95.
袁青，罗群，李楠，等，2016. 齐家南地区高台子油层致密油成藏模式［J］. 特种油气藏，23（1）：54–57.
袁剑英，黄成刚，夏青松，等，2016. 咸化湖盆碳酸盐岩储层特征及孔隙形成机理——以柴西地区始新统下干柴沟组为例［J］. 地质论评，62（1）：111–126.
袁选俊，林森虎，刘群，等，2015. 湖盆细粒沉积特征与富有机质页岩分布模式——以鄂尔多斯盆地延长组长 7 油层组为例［J］. 石油勘探与开发，42（1）：34–43.

臧士宾，崔俊，郑永仙，等，2012. 柴达木盆地南翼山油田新近系油砂山组低渗微裂缝储集层特征及成因分析［J］. 古地理学报，14（1）：133–141.

查明，苏阳，高长海，等，2017. 致密储层储集空间特征及影响因素——以准噶尔盆地吉木萨尔凹陷二叠系芦草沟组为例［J］. 中国矿业大学学报，46（1）：88–98.

曾溅辉，孔旭，程世伟，等，2009. 低渗透砂岩油气成藏特征及其勘探启示［J］. 现代地质，23（4）：755–760.

翟光明，2008. 关于非常规油气资源勘探开发的几点思考［J］. 天然气工业，28（12）：1–3.

张斌，何媛媛，陈琰，等，2017. 柴达木盆地西部咸化湖相优质烃源岩地球化学特征及成藏意义［J］. 石油学报，38（10）：1158–1167.

张斌，胡健，杨家静，等，2015. 烃源岩对致密油分布的控制作用：以四川盆地大安寨为例［J］. 矿物岩石地球化学通报，34（1）：45–54.

张朝军，何登发，吴晓智，等，2006. 准噶尔多旋回叠合盆地的形成与演化［J］. 中国石油勘探（1）：47–58.

张道伟，马达德，伍坤宇，等，2019. 柴达木盆地致密油“甜点区（段）”评价与关键技术应用：以英西地区下干柴沟组上段为例［J］. 天然气地球科学，30（8）：1134–1149.

张荻南，刘淑琴，金曙光，等，1999. 龙虎泡地区高台子油层成藏条件与石油富集规律研究［R］.

张凤奇，王震亮，武富礼，等，2012. 低渗透致密砂岩储层成藏期油气运移的动力分析［J］. 中国石油大学学报（自然科学版），36（4）：32–38.

张革，林景晔，等，2001. 大庆长垣以西地区扶杨油层勘探潜力及目标优选研究［R］.

张厚福，1999. 石油地质学［M］. 北京：石油工业出版社.

张健，刘楼军，黄芸，等，2003. 准噶尔盆地吉木萨尔凹陷中—上二叠统沉积相特征［J］. 新疆地质，21（4）：412–414.

张金川，林腊梅，李玉喜，等，2012. 页岩油分类与评价［J］. 地学前缘，19（5）：322–331.

张君峰，毕海滨，许浩，等，2015. 国外致密油勘探开发新进展及借鉴意义［J］. 石油学报，36（2）：127–137.

张抗，2012. 从致密油气到页岩油气——中国非常规油气发展之路探析［J］. 中国地质教育，20（3）：9–15.

张连梁，段胜强，李会光，等，2016. 扎哈泉地区新近系致密油形成条件与分布特征［J］. 特种油气藏，23（2）：36–40.

张林晔，包友书，李钜源，等，2014. 湖相页岩油可动性——以渤海湾盆地济阳坳陷东营凹陷为例［J］. 石油勘探与开发，41（6）：641–649.

张敏，尹成明，寿建峰，等，2004. 柴达木盆地西部地区古近系及新近系碳酸盐岩沉积相［J］. 古地理学报，6（4）：391–400.

张妮妮，刘洛夫，苏天喜，等，2013. 鄂尔多斯盆地延长组长 7 段与威利斯顿盆地 Bakken 组致密油形成条件的对比及其意义［J］. 现代地质（5）：1120–1130.

张品，刘俊田，卿忠，等，2015. 三塘湖盆地芦草沟组二段有效烃源岩评价［J］. 石油地质与工程，29（6）：15–17+21.

张善文，2013. 准噶尔盆地哈拉阿拉特山地区风城组烃源岩的发现及石油地质意义［J］. 石油与天然气地质，34（2）：145–152.
张文朝，雷怀玉，等，1998. 二连盆地阿南凹陷的演化与油气聚集规律［J］. 河南石油（2）：1–5.
张文正，杨华，杨伟伟，等，2015. 鄂尔多斯盆地延长组长 7 湖相页岩油地质特征评价［J］. 地球化学，44（5）：505–515.
张新顺，王红军，马锋，等，2015. 致密油资源富集区与“甜点区”分布关系研究——以美国威利斯顿盆地为例［J］. 石油实验地质，37（5）：619–626.
张以明，刘震，等，1998. 二连盆地油气运移聚集特征分析［J］. 中国石油勘探（3）：6–16.
张义杰，齐雪峰，程显胜，等，2007. 准噶尔盆地晚石炭世和二叠纪沉积环境［J］. 新疆石油地质，12（6）：673–675.
张永庶，伍坤宇，姜营海，等，2018. 柴达木盆地英西深层碳酸盐岩油气藏地质特征［J］. 天然气地球科学，29（3）：358–369.
赵澄林，刘孟慧，1991. 内蒙古阿南凹陷中生代储层沉积特征与地质模式［J］. 石油大学学报（2）：10–18.
赵海玲，黄微，王成，等，2009. 火山岩中脱玻化孔及其对储层的贡献［J］. 石油与天然气地质，30（1）：47–52.
赵虎，尹成，鲍祥生，等，2013. 不同正演方法对地震属性的影响［J］. 石油地球物理勘探，48（5）：32–46.
赵靖舟，2012. 非常规油气有关概念、分类及资源潜力［J］. 天然气地球科学，23（3）：393–406.
赵靖舟，李军，曹青，等，2013. 论致密大油气田成藏模式［J］. 石油与天然气地质，34（5）：573–583.
赵俊龙，张君峰，许浩，等，2015. 北美典型致密油地质特征对比及分类［J］. 岩性油气藏，27（1）：44–50.
赵万金，唐传章，王孟华，等，2015. 湖相致密复杂岩性地震识别技术［J］. 石油学报，36 s.1：59–67.
赵文智，胡素云，侯连华，等，2020. 中国陆相页岩油类型、资源潜力及与致密油的边界［J］. 石油勘探与开发，47（1）：1–10.
赵文智，邹才能，汪泽成，等，2004. 富油气凹陷“满凹含油”论—内涵与意义［J］. 石油勘探与开发，31（2）：5–13.
赵贤正，姜在兴，张锐锋，等，2015. 陆相断陷盆地特殊岩性致密油藏地质特征与勘探实践——以束鹿凹陷沙河街组致密油藏为例［J］. 石油学报，36（增刊 I）：1–9.
赵贤正，周立宏，蒲秀刚，等，2020. 歧口凹陷歧北次凹沙河街组三段页岩油地质特征与勘探突破［J］. 石油学报，41（6）：643–657.
赵贤正，周立宏，蒲秀刚，等，2018. 陆相湖盆页岩层系基本地质特征与页岩油勘探突破——以渤海湾盆地沧东凹陷古近系孔店组二段一亚段为例［J］. 石油勘探与开发，45（3）：361–372.
赵贤正，朱洁琼，张锐锋，等，2014. 冀中坳陷束鹿凹陷泥灰岩—砾岩致密油气成藏特征与勘探潜力［J］. 石油学报（4）：613–622.
赵占银，董清水，宋立忠，等，2008. 松辽盆地南部河流相岩性油藏形成机制［J］. 北京：石油工业出版社.
赵占银，江涛，姜呈馥，2003. 保乾大型三角洲岩性油藏成藏条件［J］. 中国石油勘探，l8（3）：45–49.
赵政璋，杜金虎，2012. 致密油气［M］. 北京：石油工业出版社，164.

赵政璋，赵贤正，王英民，等，2005. 储层地震预测理论与实践［M］. 北京：科学出版社 .

赵志魁，张金亮，赵占银，等，2009. 松辽盆地南部坳陷湖盆沉积相和储层研究［M］. 北京：石油工业出版社 .

支东明，宋永，何文军，等，2019. 准噶尔盆地中—下二叠统页岩油地质特征、资源潜力及勘探方向［J］. 新疆石油地质，40（4）：389–401.

支东明，唐勇，杨智峰，等，2019. 准噶尔盆地吉木萨尔凹陷陆相页岩油地质特征与聚集机理［J］. 石油与天然气地质，40（3）：78–88.

周立宏，蒲秀刚，邓远，等，2016. 细粒沉积岩研究中几个值得关注的问题［J］. 岩性油气藏，28（1）：6–15.

周鹏，2014. 新疆吉木萨尔凹陷二叠系芦草沟组致密油储层特征及储层评价［J］. 西北大学，72.

周庆凡，杨国丰，2012. 致密油与页岩油的概念与应用［J］. 石油与天然气地质，33（4）：541–570.

朱超，夏志远，王传武，等，2015. 致密油储层甜点地震预测［J］. 吉林大学学报（地球科学版），45（2）：602–610.

朱如凯，邹才能，吴松涛，等，2019. 中国陆相致密油形成机理与富集规律［J］. 石油与天然气地质，40（6）：451–458.

邹才能，2013. 非常规油气地质［M］. 北京：地质出版社 .

邹才能，潘松圻，荆振华，等，2020. 页岩油气革命及影响［J］. 石油学报，41（1）：1–12.

邹才能，陶士振，侯连华，等，2011. 非常规油气地质［M］. 北京：地质出版社

邹才能，陶士振，杨智，等，2012. 中国非常规油气勘探与研究新进展［J］. 矿物岩石地球化学通报，31（4）：312–322.

邹才能，陶士振，袁选俊，等，2009. 连续型油气藏形成条件与分布特征［J］. 石油学报，30（3）：324–331.

邹才能，杨智，崔景伟，等，2013. 页岩油形成机理、地质特征及发展对策［J］. 石油勘探与开发，40（1）：14–26.

邹才能，杨智，何东博，等，2018. 常规—非常规天然气理论、技术及前景［J］. 石油勘探与开发，45（4）：575–587.

邹才能，杨智，陶士振，等，2012. 纳米油气与源储共生型油气聚集［J］. 石油勘探与开发，39（1）：13–26.

邹才能，杨智，王红岩，等，2019. "进源找油"：论四川盆地非常规陆相大型页岩油气田［J］. 地质学报，93（7）：1551–1562.

邹才能，杨智，张国生，等，2014. 常规—非常规油气"有序聚集"理论认识及实践意义［J］. 石油勘探与开发，41（1）：14–27.

邹才能，杨智，张国生，等，2019. 非常规油气地质学建立及实践［J］. 地质学报，93（1）：12–23.

邹才能，杨智，朱如凯，等，2015. 中国非常规油气勘探开发与理论技术进展［J］. 地质学报，89（6）：979–1007.

邹才能，翟光明，张光亚，等，2015. 全球常规—非常规油气形成分布、资源潜力及趋势预测［J］. 石油勘探与开发，42（1）：13–25.

邹才能，张国生，杨智，等，2013. 非常规油气概念、特征、潜力及技术——兼论非常规油气地质学［J］. 石油勘探与开发，40（1）：385–454.

邹才能，朱如凯，白斌，等，2015. 致密油与页岩油内涵、特征、潜力及挑战［J］. 矿物岩石地球化学通报，34（1）：3–17.

邹才能，朱如凯，吴松涛，等，2012. 常规与非常规油气聚集类型、特征、机理及展望—以中国致密油和致密气为例［J］. 石油学报（2）：173–187.